I0889200

DIE LEDERFABRIKATION

Praktische Handbücher
für die gesamte Lederindustrie

von

Joseph Borgman und **Oskar Krahner**

weiland Fabrikdirektor und Lehrer an der Deutschen Gerberschule zu Freiberg i. Sa.

Direktor und Redakteur der Deutschen Gerberzeitung Berlin

I. Teil: Die Unterlederfabrikation
II. Teil: Die Oberlederfabrikation
III. Teil: Die Feinlederfabrikation
IV. Teil: Die Chromgerbung
V. Teil: Die Mineralgerbung

Berlin W.
Verlag von M. Krayn
1925

DIE CHROMGERBUNG

Ihre gesamte Anwendungsweise auf den verschiedenen Lederarten

Praktisches Handbuch

für die gesamte Lederindustrie

Nach langjährigen praktischen Erfahrungen

bearbeitet von

Josef Borgman

weil Gerber, Fabrikdirektor und Lehrer an der Deutschen Gerberschule zu Freiberg i. Sa.

Dritte, erweiterte Auflage

von

Ferdinand Kohl

Mainkur

Mit 68 Abbildungen

Berlin W.

Verlag von M. Krayn

1925

Copyright 1925 by M. Krayn, Berlin W. 10.
Alle Rechte, insbesondere das der Übersetzung, vorbehalten.

Druck von Metzger & Wittig in Leipzig.

Vorwort zur dritten Auflage.

Borgman war einer der wenigen Pioniere in der Gerberei, die, den allgemeinen Anschauungen trotzend, es für verfehlt halten, daß sie ein Gebiet der Geheimnistuerei und Rezeptejägerei sein und bleiben soll. Er ging von der ganz richtigen Erkenntnis aus, daß, wenn man gibt, man stets ebensoviel oder noch mehr empfängt. Ohne Saat keine Ernte.

Leider ist er zu früh verstorben.

Andere treten aber in die Reihen und versuchen, dort Helle zu verbreiten, wo sie nützlich ist und hoffen dabei auf die Unterstützung Gleichgesinnter. Es soll damit selbstverständlich nicht die wirtschaftliche Schädigung Einzelner verbunden sein; da aber auch die besten Fabrikationsmethoden nicht einfach und ohne weiteres übertragen werden können, und viel Sorgfalt auf die Einpassung in die örtlichen Verhältnisse erforderlich ist, so darf auch von der vorliegenden 3. Auflage erwartet werden, daß sie als Bringer brauchbarer Anregungen für die Praxis und nicht als Universalrezept bewertet wird.

Das Buch wendet sich in erster Linie an den praktischen Gerber, dem es nur soviel Theorie zumutet, wie schlechterdings notwendig ist, um die Zusammenhänge zu verstehen. Praxis ohne jede Theorie ist ein Körper ohne Kopf.

Gegenüber den vorhergehenden Auflagen sind einige, der Zeit angepaßte Veränderungen und Erweiterungen vorgenommen worden; auch in den Abbildungen wurde versucht, die neuesten Maschinen zu veranschaulichen.

Für Verbesserungsvorschläge bin ich stets dankbar.

Mainkur, Herbst 1924.

Ferdinand Kohl.

Inhaltsverzeichnis.

Geschichtliche Übersicht.

Die Idee, mittels Metall- und Mineralsalzen Leder herzustellen, ist sehr alt, und tüchtige Chemiker waren bemüht, mittels dieser Materialien ein brauchbares Erzeugnis zu liefern.

Schon vor mehr als 140 Jahren wurde bereits versucht, ohne Vegetabilien Leder herzustellen, und nahezu 200 Patente sind in England, Frankreich und Amerika dafür genommen worden. Bereits im Jahre 1692 nahmen Doughty, Tyzake und Genossen in England ein Patent auf ein Gerbverfahren, bei welchem keine der damals bekannten Gerbstoffe zur Anwendung kamen; leider ist eine Beschreibung desselben nicht vorhanden. Die Mineralgerbung, und zwar mit Vitriol, Salzsäure und Salpetersäure, kommt zuerst in einem Patente von J. Johnson vom Jahre 1770 vor (s. Repert. of Arts VIII, S. 19). Das Verfahren bestand aus drei Prozeduren, wovon die mittlere noch eine Lohgerbung bildete. Die erste reine Mineralgerbung wurde im Jahre 1794 erfunden. Die in den Pelzgerbereien seit undenklichen Zeiten angewandte „Beize", bestehend aus Schwefelsäure und Salz gehört ebenfalls dazu. Der Engländer Sam. Ashton verwendete Eisenoxyd und Vitriol, Kupfererz und Zink, kalziniertes Eisenerz oder Eisenocker mit Pyriten. Die Gerbzeit war noch auf 5—7 Wochen angegeben und für Kalbfelle die Beimengung von Tonerde vorgeschrieben. Weit entwickelter ist die reine Eisengerbung von Jul. Bordier (Patent von 1842), welcher basisches schwefelsaures Eisenoxyd vorschrieb in Verbindung mit schwefliger Säure und Manganhyperoxyd oder Hydrat von Eisenoxyd und Salpetersäure. Die Gerbung geschah weit rascher als durch Lohe und lieferte, wie der Erfinder behauptete, ein dauerhafteres Leder als mit Lohe gegerbt. Die Erfindung scheint jedoch bald verlassen worden zu sein, denn im Jahre 1855 nahmen Joh. Daniel Friedel und R. de Kerca do Molac ein Patent fast auf ganz dasselbe Verfahren. Von allen chemischen Mitteln und Oxyden, sagen sie, seien die Eisensalze die besten, weil am billigsten und einfachsten zu verwenden. Sam. Lees (1858) nahm Mineralöl, das mit konzentrierter Schwefelsäure behandelt wurde. Die Säuren werden dann durch Ammoniak oder andere Alkalien beseitigt, und die Häute schließlich noch mit Alaun oder anderen Metallsalzen gegerbt.

Ein ähnliches Verfahren, wobei aber Alaun und Wolframsalze die Hauptrolle spielten, ließ sich Henri Constantine Jennings im Jahre 1861 patentieren, fast gleichzeitig mit Prof. Dr. Friedr. Knapp, dessen Verfahren sich auf die Gerbung mit Eisen-, Chrom-, Mangan- und anderen Metalloxyden in Verbindung mit Fettsäuren erstreckte. Ferner beanspruchte derselbe die Anwendung von Silikaten der Metalloxyde oder alkalischen Erden, wie Baryt, Kalk u. a., und auch einer Seifenlösung.

Fast dasselbe Verfahren wurde dann im Jahre 1864 an Fr. Pfannhauser patentiert, welcher nur die Eisensalze etwas anders darstellte.

Aber trotz der vielen Mühe waren die Erfolge nicht sehr ermutigend, und es beruhten die Erklärungen über das Wesen des Gerbeprozesses so sehr auf Vermutungen, individuellen Ansichten und daraus folgenden Trugschlüssen, daß in seiner Broschüre: „Natur und Wesen der Gerberei" Dr. Friedr. Knapp 1858 den Ausspruch tat: Wenige gewerbliche Zweige sind so sehr außerhalb der wissenschaftlichen Kenntnisse geblieben, wie dieses bei der Gerberei der Fall ist. Seit jenem Ausspruche sind reichlich 60 Jahre verflossen. In den letzten Jahrzehnten hat sich die Wissenschaft mehr und mehr unserer Branche angenommen, so daß die Vorgänge in der Lederbereitung in ihren chemischen und physikalischen Momenten jetzt aufgeklärter vor uns liegen, wodurch es ermöglicht worden ist, das Prinzip der Herstellung des Leders sowohl wissenschaftlich als auch systematisch in der Praxis verfolgen zu können.

In den 50er Jahren war es namentlich Dr. Friedr. Knapp in Braunschweig, welcher der Gerberei seine besondere Aufmerksamkeit schenkte und das Studium des Gerbens zn seinem Spezialfache machte, wodurch der Gerberbranche große Dienste geleistet worden sind. Wie ernst derselbe sein Studium genommen, beweist seine Abhandlung „Gerberei und Leder", Braunschweig 1866. Durch ihn wurde die Idee des Gerbens mittels Metallsalzen, ohne jegliche Mitanwendung von Vegetabilien, um ein bedeutendes gefördert. Dr. Friedr. Knapp dürfte denn auch als der Vater der Gerbung mittels Schwermetallen im engeren Sinne anzusehen sein.

Im Jahre 1861 löste Dr. Friedr. Knapp sein erstes Patent (siehe oben). Aber dieses Verfahren kam nicht in die Praxis, bis nach weiteren Versuchen und Anstrengungen es ihm gelang, in den 70er Jahren sich ein Verfahren patentieren zu lassen, dessen Kern darin bestand, die früher dem Wasser nicht widerstehende Eisengerbung durch Eisenseife zu fixieren. Hier wurde die Mineralgerbung zur Tatsache, ein Faktum, mit welchem von jetzt an gerechnet werden mußte, eine bedeutungsvolle Erfindung, welche eine vollständige Umwälzung in der Gerberei zu bewirken berufen schien, wenn das damit hergestellte Leder den Erwartungen entsprach. Aber das eisengare Leder war nicht so haltbar wie das lohgare, auf nassem Pflaster war es schlüpfrig und der Narben war brüchig. Es konnte sich also in der Praxis nicht behaupten.

Knapp schreibt darüber in seiner Broschüre „Natur und Wesen der Gerberei" (1858): „Unter allen Verbindungen der in Rede stehenden Metalloxyde erscheinen zu diesem Zwecke keine geeigneter als die mit fetten Säuren, also die Tonerde-, Eisen- und Chromoxydseifen. Sie sind im Wasser unlöslich, im trocknen Zustande mehr wachsartig biegsam als spröde, besitzen die Farbe der zugrunde liegenden Oxyde und gewähren den Vorteil, daß sie sich durch doppelte Zersetzung aus in Wasser löslichen Verbindungen darstellen lassen." Nach Knapps Vorschrift wurden zwei Bäder angewandt, das eine mit Seifenwasser, das andere mit den unter Zusatz von Soda oder Ätznatron bereiteten Salzlösungen der betreffenden Metalle. Zu dem Seifenbad wurde der vollständigen Auflöslichkeit wegen die Schmierseife der harten Seife vorgezogen, da letztere in der Kälte sich nur teilweise löste (ein heute überwundener Standpunkt). Die Seifenbäder müssen stark verdünnt sein, sie dürfen nicht mehr als $^1/_{20}$—$^1/_{30}$ Seife enthalten, wenn solche aus Sodaseife bereitet sind, und sie werden bei 30° R angewendet. Die Salzbäder sollen ebenfalls nur $^1/_{20}$—$^1/_{30}$ des betreffenden Salzes enthalten.

Die rein gemachten Blößen kommen zuerst in das Salzbad, worin dieselben fleißig bewegt werden müssen, und verbleiben hier, bis sie vollständig durchgebissen sind, was je nach Stärke der Blöße nach ein- bis zweimal 24 Stunden der Fall ist. Nachdem dieselben genügend abgetropft sind, gelangen sie in die Seifenlösung auf ebenso lange Zeit, worauf die Leder abgespült und getrocknet werden. Knapp teilt uns weiter mit: „Bedient man sich für diese Methode des Gerbens mit den „Salzen der Schwermetalle“ weingeistiger Lösungen von Seife und Gerbesalz, so ist dieses der Höhepunkt der Raschheit und Vollständigkeit der Gerbung; die Leder kommen sozusagen schon zugerichtet aus der Brühe, weich und geschmeidig.“

Das mit Alaun und Seife gegerbte Leder ist weiß und besitzt statt der sich trocken anfühlenden, fast kreidigen Oberfläche des rein alaungaren Leders eine weiche, mehr glänzende und fettig anzufühlende Oberfläche, wie dies auch bei den mit Eisen- oder Chromoxyd gegerbten Ledern der Fall ist. Die Farbe der Leder ist genau so wie bei der Gerbung mit diesen Oxyden allein, bei Eisen rotbraun, bei Chrom graublau; gerbt man mit einer Brühe, welche Eisen- und Chromoxydsalze gemischt enthält, so entsteht eine Farbe, welche bei richtigem Mischungsverhältnis der des lohgaren Leders bis zur Täuschung ähnlich gemacht werden kann.

Wenn diese Art der Mineralgerbung gegen alle früheren Methoden bereits einen großen, beinahe außergewöhnlichen Fortschritt bezeichnete, so mußten doch noch manche Mängel beseitigt werden, bevor man dem Knappschen Mineralleder das Prädikat geben konnte: „Ebenso gut als lohgares Leder.“

Bei dieser Gerbung werden die Metalloxyde des Eisen- oder Chromsalzes in unlösliche Verbindungen überführt und wie die Tonerdeverbindungen in die Blöße eingelagert, aber das so entstandene Fabrikat entsprach nicht einmal den Anforderungen guter weißgar gemachter Leder. Die Eiweißkörper in der Blöße waren zwar chemisch umgewandelt, allein es fehlten die „aufpolsternden Momente“, wie solche bei der Alaungerbung in den Tonerdehydraten und den Verbindungen derselben vorhanden sind. Nach dem Auftrocknen dieser mit den Metalloxyden gegerbten Leder bildeten dieselben ein plattes, schlecht aussehendes, narbenbrüchiges Leder, flach und hungrig, selbst dann noch, wenn die Gerbflüssigkeit möglichst wenig oder gar keine Säure enthalten hatte. Soda oder Ätznatron setzt man der salzsauren Lösung des Oxydes beim Gerben allmählich nur so lange zu, daß die Bildung eines bleibenden Niederschlages vermieden wird. Die Verbindung des Oxydes lagert auf diese Art ihre Hydrate leichter und reichlicher in der Blöße ab, und die saure Reaktion auf die Blöße ist nicht vorhanden.

Die Leder enthielten in dem darauf folgenden Seifenbad zwar einen Anflug von Fülle und einen geschmeidigen Griff, aber es war und blieb ein für den Verbrauch noch nicht geeignetes Leder.

In der Broschüre „Mineralgerbung mit Metallsalzen“

(1892) schreibt Dr. F. L. Krapp Seite 14: „Basisches Ferridsulfat mit organischen Substanzen. Beide Eisenpräparate, das mit Salpetersäure, sowie das mit Natriumnitrat bereitete, übertreffen in ihrem Verhalten zur tierischen Haut entschieden die vegetabilischen Gerbstoffe. Sie werden dank der großen Energie, mit der das Gewebe sie aus ihren Lösungen anzieht und auf sich niederschlägt, in reichlicher Menge, dazu aber ohne allen Vergleich rascher aufgenommen. Ein Einlegen der Blöße in wäßrige Lösungen jener beiden Gerbsalze von zwei- bis höchstens dreimal 24 Stunden genügt zu einer gesättigten Gare. In wissenschaftlicher Beziehung von mehrfachem Interesse, ist dieses Verhalten praktisch nur von sehr untergeordnetem Werte, und zwar infolge der sehr ungünstigen physikalischen Beschaffenheit der Gerbsalze. Während die vegetabilischen Gerbstoffe im trocknen Zustande stets eine amorphe, weiche Masse darstellen, bleiben die Eisengerbsalze nach dem Eintrocknen in Gestalt eines zwar ebenfalls amorphen, aber spröden und leicht zerreibbaren, glasähnlichen Rückstandes. Sie umgeben daher nach dem Garmachen der Haut die Fasern des Gewebes mit einer starren, steifen Hülle unter Beeinträchtigung ihrer wertvollsten Eigenschaft, der Geschmeidigkeit. Die Fasern befinden sich dann einigermaßen in der Lage des Dochts in einer Stearinkerze, der mit der Kerze bricht, wenn sie entzweigeht; oder wie eine direkt aus dem Kalkäscher genommene, gar nicht entkalkte, mit Alaun weißgar gemachte Haut, deren Fasern Kalziumsulfat inkrustiert sind. Wie bei dieser, befindet sich die Faser des eisengaren Leders in ihrer freien Beweglichkeit behindert, was sich als unzulässige Neigung zu Bruch, namentlich zu Narbenbruch äußert.

Schon nach den ersten Versuchen hat man aus diesem Grunde das Gerben mit den beschriebenen Eisensalzen an sich, als für die Praxis unbrauchbar, ganz aufgegeben. Man tat es um so mehr, als sich gleichzeitig Kombinationen der Eisensalze mit organischen Stoffen fanden, die bei gleichem Werte gegenüber der tierischen Haut von jenem Fehler gänzlich frei waren. Nicht wenige organische Substanzen geben mit Eisenoxydsalzen, namentlich den an sich schon gerbenden, amorphe, weiche, unlösliche Niederschläge, deren Eigenschaften sich den Anforderungen der Lederbearbeitung vorzüglich anpassen.

In erster Linie empfiehlt sich in dieser Beziehung das Produkt der Füllung der Eisenoxydsalze, wie der beschriebenen Gerbsalze, mit Seifenlösung — die „Eisenoxydseife". Sie läßt sich, je nach der Konzentration der betreffenden Lösungen, in jedem Zustande bis zur feinsten Verteilung herstellen und übertrifft an Weichheit und Geschmeidigkeit die vegetabilischen Gerbstoffe noch weit. Ebenso in ihrem Verhalten zum Wasser; absolut unlöslich darin, nimmt sie dieses, einmal getrocknet, nur sehr schwierig auf und benetzt sich dann nur sehr widerstrebend und langsam. Diesen Vorzügen stehen indessen sehr ins Gewicht fallende Übelstände entgegen: zunächst die Neigung der Haut, die Eisenseife nur unter ganz bestimmten Bedingungen gut aufzunehmen; dann der sehr hohe Preis der Seife.

Die Einverleibung der Eisenseife in die Haut, die Gerbung, kann auf zweierlei Wegen bewerkstelligt werden: nämlich so, daß man den Niederschlag von Eisenseife auf der Faser des Gewebes selbst zustande kommen läßt, oder durch Bearbeiten der Blöße in bereits ausgefällter Seife, in Seifenschlamm.

Als der nächstliegende Weg der ersteren Art des Gerbens mit Eisenseife bietet sich das Garmachen der Blöße in Eisengerbsalz als Vorbereitung und darauf folgendes Passieren des erhaltenen eisengaren Leders durch Seifenlösung, — dieser Weg ist aber leider ganz untunlich. Der Vorgang läuft nämlich alsdann den verkehrten Weg, statt daß die Seife in die Haut, geht vielmehr das Eisensalz der Haut in die Seife. Die Seifenlösung verwandelt sich in einen braunen Schlamm, während dem eingelegten Leder die Eisengare fast ganz entzogen wird und dafür nur ein gänzlich ungenügender Grad von Gare mit Eisenseife auf der Haut verbleibt.

Der entgegengesetzte Gang des Verfahrens ist frei von dieser mißlichen Richtung der Umsetzung. Er beginnt mit dem Bearbeiten der Blöße in Seifenlösung, so lange, bis sie soweit als möglich statt des Wassers mit Seifenlösung imprägniert ist. Nach Abstreichen des äußerlich Anhaftenden gibt man die vorbereitete Blöße nunmehr in ein Bad des Eisengerbsalzes. Die Gerbung ist nach einigen Stunden, fleißiges Bewegen vorausgesetzt, geschehen; die entstandene Eisenseife, abgesehen von etwas Schlamm, der sich immer bildet, ist fest auf die Faser niedergeschlagen. Die Menge der von der Haut aufgenommenen Seifenlösung ist jedoch zu gering, um gleich eine hinreichend ausgiebige Gerbung zu erzielen; das Verfahren ist also mehrmals zu wiederholen. Es wird mit den zwischen den einzelnen Operationen vorzunehmenden Waschungen schleppend und mühsam. Von demselben Vorwurf, Mangel an flotter Arbeit, ist auch das Verfahren der Gerbung mit fertiger Eisenseife in Gestalt von Schlamm nur in ganz bestimmten Fällen frei. Schon von vornherein ist es schwierig, den richtigen Grad der Feinheit und Zerteilung — oder was dasselbe sagen will, der Konzentration der zu seiner Herstellung erforderlichen Lösungen — zu treffen. Es hat sich ferner als unerläßlich erwiesen, daß der gewonnene Schlamm stets einigen Überschuß an Eisengerbsalz, niemals aber an Seife besitzt. Denn die Seife macht alsdann ihre Eigenschaft als energisches Reinigungsmittel im unerwünschten Sinne geltend, die ohnehin oft schwierige Aufnahme der Eisenseife hindernd oder verzögernd. Diese Fähigkeit, Eisenseife aufzunehmen, ist außerdem für die verschiedenen Substrate auffallend ungleich: bei Fellen mit loserem Gewebe, wie Schaf-, Lamm-, Ziegenfellen, recht leicht, — bei Kalbfellen, zumal aber bei den schweren Häuten, ungemein schwer. Der Unterschied geht so weit, daß man bei diesen letzteren, selbst nach lange fortgesetztem Walken nicht leicht eine bis in die inneren Schichten durchgreifende satte Gerbung erzielt, wohl aber Schaden im Gefüge und Schnitt. Für die praktische Ausbeutung geht der Unterschied im Verhalten zur Eisenseife so weit auseinander, daß der Anwendung auf stärkere Felle und Häute kein besonderer Wert zuzusprechen ist. Zu Kid- und Glacéhandschuhleder gibt die Eisenseife, die von ihnen sehr rasch aufgenommen wird, ebenso und noch mehr die Tonerdeseife (aus Alaun mit Natronseife) einen vortrefflichen Ersatz für das herkömmliche Garmachen mittels der sogenannten „Nahrung", um so mehr, als hier der Preis der Seife wenig in Betracht kommt.

Die Tonerdeseife wird ebenso rasch als die übliche Nahrung und ebenso reichlich aufgenommen. Ein viertelstündiges Kneten — im Großen Durchtreten im Bottich — genügt vollkommen. Die Blöße nimmt ganz ebenso wie bei der Nahrung zusehends an Griff zu und fügt sich beim Trocknen und Rollen den üblichen Handgriffen genau so leicht und mit gleichem Erfolg. Die damit hergestellten Leder stehen im Ansehen und Glanz des Narbens denen der bisher üblichen Gerbung eher voran, sie lassen sich ebensogut wie diese „dollieren" und übertreffen sie noch, was die erste Bedingung eines guten Glacéleders anlangt, im „Zug".

Für diesen Punkt bietet die Gerbung mit Tonerde- oder Eisenseife sogar einen ganz entschiedenen Vorteil. Wie bekannt, stammt der Zug, eine gewöhnliche Eigenschaft der gewöhnlichen Glacéleder, von dem Gehalt des Eigelbs an Öl und dem Zusatz von Salz zur Nahrung. Auch die seifengaren Felle erlangen beim Garmachen nur den erforderlichen Zug erst durch Zusatz von Öl zum Seifenschlamm, weil der Schlamm an sich kein freies Fett enthält. Damit ist der Gerber aber in der Lage, der einigermaßen wechselnden Beschaffenheit der Blößen die Gerbung durch Änderung im Ölzusatz anzupassen, während er nach der bisherigen Art knechtisch an den im Ei enthaltenen Betrag an Fett gebunden ist.

Für die Gerbung mit diesen Seifen ist ein Zusatz von Kochsalz und Öl wegen des Zuges, sowie ein Überschuß des Füllungsmittels unerläßlich. Der Ölzusatz, der bei der Gerbung mit Tonerdeseife nicht unter 25% der harten Seife oder etwa 7 Gramm für ein Fell betragen darf, ist bei der weicheren Eisenseife niedriger, viel niedriger bei Kid- als bei Glacéleder zu bemessen.

Die Farbe des Seifenleders richtet sich ganz nach der Farbe des Seifenniederschlags: bei Seife aus Stearin ist sie blendendweiß, bei gewöhnlicher harter Seife gelblichweiß, bei Eisenseife eine entsprechende bräunlichgelbe Modefarbe. Eine besondere Färbung des Glacéleders ist sonach hier erspart und obendrein das Produkt natürlich absolut waschecht. Ganz in gleicher Weise sind auch Seifen aus Chromoxyd in Schlammform anwendbar; sie liefern ein Leder von äußerst ansprechender graublauer oder perlgrauer Farbe.

In jedem Falle ist ein Zusatz von Kochsalz zu dem Seifenschlamm, als auf Zug und osmotisch wirkend, ratsam. Ein entscheidendes Gewicht für den Erfolg liegt in der Forderung, daß der Seifenschlamm mit dem Fett eine möglichst vollkommene Emulsion darstellt, eine Forderung, kinderleicht für den Apotheker zu erfüllen, — nicht aber für den praktischen Gerber. Seine Schwerfälligkeit in diesen Dingen, mit dem Mangel an Schule und Erfahrung, erklären nur zu gut die Mißerfolge mit dem oft empfohlenen Ersatz des Eigelbs durch Baumöl; denn nur in Gestalt von Emulsion ist es ein, dann aber auch vollgültiger Ersatz."

Diesem fügt Knapp noch hinzu: „Es mag hier die Erwähnung Platz finden, daß nach damit angestellten Versuchen auch das Paraffin ein schönes, aufgegangenes, weißgares Leder liefert, sowohl in Kristallen als auch mit der ungepreßten Paraffinmasse. Reines Paraffin ist unnötig. Das vorher geschmolzene Paraffin wird mit Stärkegummi emulgiert, die Emulsion mit Alaun und Kochsalz versetzt und beim Garmachen verfahren wie gewöhnlich."

Daß ein Beseitigen der beim Knappschen Verfahren hervorgetretenen Mängel möglich war, ist durch das

Chromgerbeverfahren des Dr. Christian Heinzerling

bewiesen, und es ist, auf diese Methode weiter bauend, gelungen, ein Verfahren zu finden, welches ein Leder liefert, wodurch das vegetabilisch gegerbte in einigen Beziehungen übertroffen, in anderer Hinsicht aber auch noch nicht erreicht wird.

Welches Aufsehen erregte die Heinzerlingsche Erfindung Ende der 70er Jahre in der Gerberwelt! Man glaubte, das Ende der vegetabilischen Gerbung sei gekommen. Ließ doch die württembergische Eisenbahnverwaltung, welche 2500 Hektare Dammböschungen zu Lohschlägen zu bewirtschaften hatte, wegen des vorhandenen Ersatzes der Gerbrinde durch mineralische Gerbstoffe nur 100 Hektare Schälwald anlegen, während die Forstverwaltung des Kantons Bern die übliche Anlegung neuer Schälwaldungen vorläufig einstellte.

Heinzerling schrieb im Jahre 1878:

„Nach mehrjährigen Versuchen ist es mir gelungen, die Reihe der Versuche zu beschließen, und bin ich in der Lage, ein Verfahren herzustellen, welches alle Schwierigkeiten löst und ein Leder liefert, welches das lohgare nicht nur erreicht, sondern in mehreren Eigenschaften übertrifft, und habe ich mir dieses Verfahren in Europa, Amerika, Australien und einem Teile Asiens und Afrikas patentieren lassen. Wir haben es hier mit einer Erfindung zu tun, welche nicht plötzlich kommt, wie die Dampfmaschine, sondern vor mehr als 100 Jahren sich in ihren Anfängen zeigte, und von der man allmählich die feste Überzeugung gewinnt, daß sie über kurz oder lang Wirklichkeit wird.

Die Herstellung nach diesem mir patentierten Verfahren ist eine ziemlich einfache, rasche und zweckmäßige. Die zur Fabrikation nötigen Ingredienzien bestehen aus Mineralien, welche zu jeder Zeit und in jedem Quantum bezogen werden können, und ist der wichtigste Faktor gegeben, daß zur Prüfung der Mineralgerbstoffe die Wissenschaft bereits ganz bestimmte Normen festgelegt hat, während bei Prüfung von vegetabilischen Gerbstoffen solche nur unvollständig bestehen, so daß Ergebnisse von verschiedenen Analysen desselben Gerbstoffes ebenso viele verschiedene Resultate aufweisen können. Bei Anwendung von für gut befundenen Mineralgerbstoffen kann mit Bestimmtheit die Zeit des Gerbens angegeben werden, während bei vegetabilischer Gerbung es nicht zu den Seltenheiten gehört, daß gar geglaubte Leder noch einmal nachgegerbt werden müssen, weil das Gerbmaterial den Stärkegrad nicht besaß, welchen man von demselben angenommen hatte und welcher bezahlt worden war, wobei der Gerber außer dem Verlust des doppelten Gerbmaterials auch den Zinsverlust erlitt.

Die Herstellungskosten beim chromgaren Verfahren sind 20 bis

25% billiger als beim vegetabilisch gegerbten Leder, und ist das Gewichtsrendement dem lohgaren ungefähr gleich, während in den fabrikmäßig betriebenen Etablissements bereits ein höherer Prozentsatz erzielt wird.

Die Zeitdauer zur Herstellung des chromgaren Leders ist eine sehr kurze und berechnet sich nur nach Tagen, woraus sich eine enorme Ersparnis an Zinsen ergibt; auch Anlage- und Betriebskapital sind nur minimal zu nennen, und können die so viel Platz einnehmenden und teuren Gruben gänzlich fortfallen. Ferner ist der Chromgerber imstande, sein Betriebskapital fünf- bis sechsmal mindestens im Jahre umzusetzen, und infolgedessen in der Lage, günstige Konjunkturen ausnützen zu können, und ist nicht genötigt, wie der mit Vegetabilien arbeitende Gerber, seine Einkäufe zur bestimmten Zeit und in festgelegten Zwischenräumen machen zu müssen, sondern der Chromgerber kann, wenn das Rohmaterial zu teuer, den Einkauf verschieben, um, wenn billigere Preise eingetreten sind, das Versäumte nachzuholen. Dazu ist der Lohgerber nicht imstande, ohne sich mit größeren Ausgaben zu belasten für neue Gruben, neue Rinde oder Gerbstoffe, welche unter solchen Umständen nur zu hohen Preisen zu haben sein werden, so daß die hohen Gerbstoffpreise die billigen Rohwarenpreise illusorisch machen, oder der Gerber müßte bereits längere Zeit eine größere Partie Gerbstoffe zinslos liegen haben.

Der Mineralgerber braucht seine Ware nicht monatelang in der Gerberei zu haben, sondern er kann mit demselben Apparat so viel Leder herstellen, als ihm die Räumlichkeiten in den Wasser- und Äscherwerkstätten gestatten einzuarbeiten, wobei auch noch die kürzere Äscherzeit in Betracht gezogen werden muß. Der Chromgerber ist also in der Lage, eine billige Periode gut ausnutzen zu können, da derselbe nach 2 Monaten wieder im Besitz seines ausgelegten Geldes sein kann, während dies bei dem Lohgerber im günstigsten Falle erst nach 6 Monaten der Fall ist und bei schwereren Sorten noch viel später, in welcher Zeit die günstige Konjunktur der Rohware sich schon wieder verändert haben wird. Die Dauerhaftigkeit des Chromleders ist eine bedeutend größere als beim vegetabilisch gegerbten Leder und übertrifft die absolute Festigkeit desselben das als bestanerkannte Riemenleder, „das Crownleder", um ein bedeutendes und ist billiger. Die Wasserdichtigkeit des Chromleders ist eine ganz außerordentliche, wie solche kein anderes Leder aufzuweisen hat, und haben Vergleiche mit lohgarem Leder ergeben, daß letztere in 35 Minuten 24—53% Wasser aufgenommen hatten, während chromgare Leder in derselben Zeit gar nichts zu sich genommen und auch nicht durchgelassen, erst nach 16 Stunden hatte es 5—10% Wasser absorbiert.

Alle vorhin aufgezählten Eigenschaften besitzt das chromgegerbte Leder in vollem Maße, es haben die praktischen Versuche, welche über Erwarten gut ausgefallen sind, dieses im vollsten Maße bestätigt, und hat das chromgare Leder beinahe in allen Fällen im Vergleich mit dem besten lohgaren Leder den Sieg davongetragen. Amtliche Atteste der vorgenommenen wissenschaftlichen Untersuchungen, sowie Hunderte von Zeugnissen und Erklärungen von Leuten, als: Bierbrauer, Fischer, Schiffer, Lohgerber, Postboten, Förster usw., welche alle Wasserstiefel von diesem Leder getragen haben, alle bestätigen, nie besseres Leder an den Füßen und dazu stets trockne, warme Füße gehabt zu haben. Für die feineren Ledersorten finden Sie Zeugnisse von Professoren, Kaufleuten Apothekern, Lederhändlern und Schuhmachermeistern und mehreren anderen, welche alle es für haltbarer, wasserdichter, dauerhafter und geschmeidiger erklären als das beste lohgare Leder. Wer nur einmal Schuhzeug aus chromgarem Leder getragen oder solches zu Treibriemen, Pumpenleder, Sattel-, Geschirr-, Ober- und Sohlleder oder zu Continuehosen in Spinnereinen benutzt hat, will kein anderes mehr gebrauchen; zu Riemenleder durch seinen gummiartigen Zug besonders zu empfehlen. Die Geschmeidigkeit des Leders verliert sich selbst nicht durch öfteres Naßwerden und Trocknen, ohne zu schmieren, dabei die dennoch gute Porösität trotz seiner absoluten Festigkeit und Wasserdichtigkeit, wodurch es sich ganz besonders zu Schuhzeug eignet."

Wie allem und jedem Neuen von Anfang an ein gewisses Mißtrauen entgegengebracht wird, so war es auch bei diesem neuen Verfahren der Fall, und dies um so mehr, als das Verfahren des Prof. Knapp, der Autorität auf dem wissenschaftlichen Gebiete der Gerberei, nicht so ausgefallen war, wie es sein sollte; wie könnte denn ein auf diesem Gebiete nicht so Eingeweihter ein besseres Verfahren auffinden! Man verhielt sich dem Verfahren gegenüber passiv, bis die Resultate der ersten Versuche nach dem Heinzerlingschen Verfahren eines besseren belehrten. Hier zeigte sich ein gewaltiger Unterschied von allen bisher gebrauchten und versuchten Schnellgerbeverfahren. Die nach demselben gegerbten Leder waren in einer Vollendung, die es außer Zweifel stellt, daß die Mineralgerbung die vegetabilischen Gerbstoffe mit der Zeit vollständig verdrängen wird. Das so gegerbte Leder hat alle guten Eigenschaften, welche der Fachmann von einem gut gegerbten lohgaren Leder zu verlangen gewohnt ist.

Aus gut gegerbtem Chromleder ist es bis jetzt unmöglich, den Gerbstoff zu entfernen, weder durch Auslaugen noch durch Auskochen; der Gerbstoff hat alle und jede Faser umhüllt, derselbe ist mit der Blöße vollständig verbunden und unausscheidbar, die leimgebende Substanz ist gelöst und durch den Gerbeprozeß umgewandelt, es ist nicht mehr möglich, aus dem gut gegerbten Chromleder Leim zu kochen. Trotzdem bestehen Bestrebungen, Mittel und Wege zu finden, auch die Chromgerbung auswaschbar zu machen, z. B. um die Leder für andere Zwecke umarbeiten zu können und um die Abfälle und Falzspäne besser verwerten zu können.

Die Vorteile des Chromgerbeverfahrens sind:

1. Größere Billigkeit, verursacht durch Ersparnisse an Zeit und Arbeit.

2. Raschheit der Gerbung und der daraus entspringenden geschäftlichen Vorteile, besonders in Zeiten schwankender Marktverhältnisse. Viele Lederfabriken sind deshalb schon von der vegetabilischen zur Chromgerbung übergegangen.

3. Größere Haltbarkeit und langsamerer Verschleiß, große Reißfestigkeit.

4. Größere Vielseitigkeit in der Verwendung.

5. Leichtere Behandlung daraus hergestellter Waren.

6. Geringeres Anlage- und Betriebskapital.

7. Häufiger Umsatz des Geschäftskapitals.

8. Wenig Raumbedarf und einfachere Ausgestaltung der Gerberei.

Aus den von Heinzerling selbst gegebenen Vorschriften zum Gerben und Fertigstellen nach seinem Verfahren ersehen wir beim Vergleich mit den späteren Angaben über Chromgerbung, daß das gegenwärtige Chromgerbeverfahren auf diesem System aufgebaut wurde, so daß Heinzerling der eigentliche Vater des Chromgerbeverfahrens ist.

Wenn nun trotz der großen Lobreden, welche der Erfinder nach den oben von ihm angeführten Aussagen seinem Verfahren zuteil werden ließ, und ob der großen Menge von Attesten, Zeugnissen, amtlichen Angaben und Zeitungsreklamen das Verfahren dennoch keine größere Verbreitung gefunden hat, und dort, wo es Eingang gefunden, wieder beiseite gestellt worden ist, so dürfte darin wohl der beste Beweis liegen, daß dasselbe noch nicht für den Gebrauch reif war. Schrieb doch einige Jahre später ein Mann der Praxis unter anderem: „Damit ist die Zahl derjenigen, welche mit Heinzerlings Chromgerbung hereingefallen sind, um eins vermehrt; es sind ungeheure Summen, welche durch dieses nichtsnutzige Verfahren verloren gegangen sind.“

Wenn auch das vom Erfinder angeführte Mißtrauen gegen jedes Neue eine Ursache zur langsamen und nicht umfangreichen Verbreitung gewesen sein mag, so war das Verfahren in der Tat noch mit vielen Mängeln behaftet, welche von den ausübenden Praktikern nicht genügend erkannt und noch viel weniger beseitigt wurden, infolge mangelhafter chemischer Kenntnisse. Trotz aller Anfragen war der Erfinder nicht zu bewegen oder nicht in der Lage, die nötige Hilfe zu gewähren, woraus es sich denn auch leicht erklären läßt, weshalb nach dem Verfahren nicht weiter gearbeitet werden konnte. Alles erzielte Leder, mit Ausnahme des Riemenleders, war voller Übelstände, so daß es nur mit Verlust an den Mann zu bringen war, wobei das noch ganz unfertige Zurichtverfahren dem ausübenden Praktiker sehr viel Mühe, Sorgen und Geld kostete.

Ein Färben der nach der Heinzerlingschen Methode gegerbten Oberleder war bei größeren Partien nicht möglich, ebensowenig das Schwärzen, und das Zurichten der harten, starren Leder war mit derart großen Schwierigkeiten verknüpft, daß es nur nach vielen Arbeitsunkosten möglich war, ein einigermaßen brauchbares Leder zu schaffen. Im günstigsten Falle aber auch nur ein Produkt, das zu feinen Arbeiten nicht zu verwenden war und zu einem nicht lohnenden Preise abgegeben werden mußte. Dabei war das Leder durch die Art der Gerbung und des Fettens so dicht, daß von einem Ausdunsten der Füße gar keine Rede sein konnte. Infolge dieses Umstandes hatten feuchte Füße sehr zu leiden, sie blieben kalt. Das Walken der Schuhoberleder war ferner derartig schwierig, daß es nur einem Meister im Walken gelingen konnte, derartigen Ledern Fasson beizubringen, alt gewordene Schuhoberleder ließen sich überhaupt nicht mehr walken.

Das nach diesem Verfahren gegerbte Sohlleder war auch nicht zu gebrauchen, da dasselbe sich nicht passend verarbeiten läßt, trotz des vorgeschriebenen Dampfigmachens, und da es bei nasser Witterung sowie auch auf nassen Gegenständen glitscht, so daß es gefährlich war, auf chromgegerbten Sohlen zu gehen. Dieses Glitscherige war eine Folge der Nichtannahme des Wassers, an welcher die Dichtigkeit des neuen Leders, also die Gerbung und Imprägnierung zugleich die Schuld trugen.

Die größere Haltbarkeit des Leders, sowohl des Ober- wie Unterleders, gegenüber dem vegetabilisch gegerbten Leder mußte zwar für diese Art der Gerbung einnehmen, und wenn wir auch von der ungewohnten Farbe der Leder absehen wollen, so war doch eine solche Menge von Übelständen vorhanden, daß diese auf alle Fälle erst beseitigt werden mußten, bevor nach dem Verfahren ein marktfähiges Leder hergestellt werden konnte. Die Leere des Leders, das Blechige der Seiten und Abfälle, welche letztere absolut nicht zu verarbeiten waren, und infolge der Leere auch das sehr geringe Gewichtsrendement, so daß die Leder unmöglich nach Gewicht verkauft werden konnten, es sei denn zu einem bedeutend erhöhten Preise, machten die Gesamtresultate so unbefriedigend, daß es damals für den Praktiker schien, als ob die Chromgerbung unmöglich eine praktische Bedeutung erlangen könnte.

Auch das Mittel zum Füllen der Sohlleder hatte nicht den gewünschten Erfolg, und war man gezwungen, das Verfahren, mit Ausnahme bei Riemenleder, aufzugeben, es waren der bitteren Enttäuschungen und der Geldverluste genug.

Das Heinzerlingsche Verfahren bildet aber trotzdem die Grundlage aller unserer jetzigen Chromgerbeverfahren, und wenn dasselbe damals nicht von Erfolg gekrönt war, wenn die Resultate so sehr wenig befriedigten, so lag neben der Unfertigkeit des Verfahrens die Hauptschuld an dem Fehlen der nötigen chemischen Kenntnisse bei den ausübenden Praktikern. Zur Ausführung der Heinzerlingschen Chromgerbemethode hätten geschulte Chemiker vorhanden sein müssen, welche die große Anzahl der verschiedensten Chemikalien beherrschten, zu ihrem Gebrauch genaue chemische Kenntnisse besaßen, die gewissenhafte Anwendung der richtigen Mengenverhältnisse zu beurteilen verstanden und in der Lage waren, die überschüssigen freien Säuren zu vermeiden. Wäre dies der Fall gewesen, so hätte das Chromgerbeverfahren in seinem verbesserten Zustande nicht erst über Amerika zu uns zurückzukommen brauchen, denn es waren verschiedene Patent- und Lizenzinhaber vorhanden, welche über Kapital, guten Willen und auch Vorkenntnisse in hinreichendem Maße verfügten.

In dem Nichtzusammenwirken von Theorie und Praxis lagen die großen Hauptursachen, welche dem neuen Verfahren ein so trauriges Ende bereiteten.

Das von den Amerikanern aufgenommene Chromgerbeverfahren ist sehr vereinfacht und verbessert worden, ein großer Teil der angeführten Mängel ist verschwunden. Das Leder neuerer Chromgerbung läßt sich färben, schwärzen, zurichten, und sind wir in der Lage, ein Chromleder herzustellen, welches sich zu den verschiedensten Zwecken als recht brauchbar erwiesen und zu einem guten Handelsartikel gestaltet hat.

Die Chromgerbung eignet sich zu Schuhoberleder, sowohl glatt wie genarbt, Wichs, wie zu Satin, sowohl von Kalb-, Ziegen- als auch Schafleder, zu Treib-, Näh-, Binde- und Schlagriemen, zu Pumpen-, Sattler-, Geschirr- und Zugriemenleder, zu Continuehosen in den Spinnereien, zu Webevögeln in den Webereien, zu Spritzenschläuchen, welche bekanntlich nicht allein einen hohen Druck aushalten, sondern auch wasserdicht sein müssen und nach langem Lagern nicht brüchig werden dürfen, zu Leitungsschläuchen für heiße Brühen, da solche aus lohgarem Leder, aus Kautschuk und Hanf sehr leicht platzen oder bald brüchig werden, zu Wagendecken sowie zu allen militärischen Ausrüstungsgegenständen, welche aus Oberleder hergestellt werden, und zu Kesselpackungen und Dichtungszwecken sowie zu allen Sachen, welche der Nässe, Hitze und dem Staub ausgesetzt sind, wogegen das chromgegerbte Leder unempfindlich ist.

Während anfangs in der Chromsohlleder-Herstellung keine befriedigenden Ergebnisse erzielt wurden, ist das Verfahren auch nach dieser Richtung hin außerordentlich vervollkommnet worden.

Die gegenwärtigen Chromgerbeverfahren unterscheiden sich in der Ausführung von dem Heinzerlingschen in mannigfacher Art, wenn auch der Grundton derselbe geblieben, jedoch ähneln sich die verschiedenen Vorschriften, wie wir aus den im folgenden Kapitel angeführten Patentschriften ersehen können, beinahe alle, wenn auch manche unter ihnen einen mehr als zweifelhaften Wert besitzen, aber alle, wo es sich um irgendeine Gerbeart mittels einer Chromverbindung handelt, mußten aufgeführt werden, damit ein Vergleich zwischen den einzelnen Verfahren gezogen werden kann.

Wenn auch die Chromlederfabrikation bereits gegenwärtig auf einer hohen Stufe in bezug auf ihre Leistungsfähigkeit steht, so „wird und muß" noch unausgesetzt zu ihrer Vervollkommnung gearbeitet werden, damit ein Leder hergestellt werden kann, welches in ähnlicher Weise sich behandeln läßt, wie wir solches an unseren lohgaren Ledern gewohnt sind.

Wenn dieser Fall eingetreten sein wird, dann dürfte dem lohgaren Oberleder durch die Chromgerbung ein Konkurrent entstanden sein, welcher mit geringen Ausnahmen die Stelle des bisherigen lohgaren Oberleders einnehmen wird.

Die später folgenden Patentschriften, Prioritätsrechte und Anmeldungen sind nach den Jahrgängen geordnet, mit dem ältesten Patente beginnend, jedoch sind dann bei den betreffenden Patentinhabern die von denselben genommenen Patente hintereinander aufgeführt zum besseren Vergleiche. Von den neueren Patenten sind nur die wichtigeren aufgeführt, wo wesentliche Abänderungen vorgekommen sind.

Die Gerbung.

Ehe wir die Chromgerbung im speziellen betrachten, ist es erforderlich, der Theorie der Gerbung überhaupt näher zu treten. Bekanntlich wird durch die Gerbung die rohe tierische Haut, welche im frischen Zustande etwa 80% Wasser enthält und wegen ihres Gehaltes an leimgebenden Substanzen leicht zur Fäulnis neigt, in ein Produkt umgewandelt, das seinen ursprünglichen Wert und seine Geschmeidigkeit dauernd behält, dadurch, daß das Wasser entzogen und die Fäulnisbilder verändert werden. Dazu ist nach entsprechender Vorbereitung die Anwendung sogenannter Gerbstoffe erforderlich. Die physikalischen und chemischen Gegenwirkungen zwischen der Haut und den Gerbstoffen nennt man Gerbung. Nach Procter, J. A. Wilson und andern erscheint auch die Theorie plausibel, wonach die Gerbung auf elektrischen Ladungsausgleich zurückzuführen ist, da nachgewiesen werden kann, daß die Haut positiv, die kolloiden pflanzlichen Gerbstoffteilchen negativ geladen sind. Diese Theorie wird bei der Chromgerbung zwar weniger angewandt, weil nach allgemeiner Auffassung die kolloiden basischen Chromkomplexe positiv geladen sind. Da auch die Haut positiv geladen ist, so würde hier ein Ladungsausgleich nicht in Betracht kommen. Immerhin haben, ausgehend von neuen Arbeiten von W. Pauli über verschiedene Metallsalze, Thompson und Atkin angenommen, daß auch in einer Einbadchrombrühe negativ geladene Chromkomplexe vorhanden sind, was aber vorläufig noch zweifelhaft erscheint. Daß die Ladungsintensität eines pflanzlichen Gerbstoffteilchens in direktem Zusammenhang mit der Adstringens steht, wurde von dem Amerikaner Thomas behauptet, der auch diesbezügliche Versuche angestellt hat. Da über die Ursachen der Adstringens noch keine abgeschlossenen Forschungsergebnisse vorliegen, so kann auch über den Wirkungsgrad der chemischen, physikalischen oder elektrischen Einflüsse beim Gerbvorgang Bestimmtes noch nicht gesagt werden. Möglicherweise kommen Wechselwirkungen aller Arten in Frage, wenn nicht Forschungen dartun, daß es sich letzten Endes nur um elektrische Vorgänge handelt, was nach der Anschauung über die Elektrodentheorie nicht ausgeschlossen erscheint. Wenn es nachgewiesen werden kann, daß die Ursache der Adstringens auf elektrischem Ladungsausgleich beruht, und die beiderseitigen Energien in Haut bzw. Gerbstoff meßbar werden, dann dürfte die bestehende Unsicherheit in der Theorie der Gerbung wie auch in der Bewertung der Gerbstoffe aufgeklärt und beseitigt werden. Z. B. könnten die Chromkomplexe um so mehr negativ geladen und gerbwirkend sein, je mehr sie von Säure befreit, zu Oxyden bzw. Hydroxyden umgewandelt sind und wenn andererseits die Haut um so positiver geladen ist, je mehr sie vorher gepickelt wurde.

Theoretisches über das Chrom und das Wesen der Chromgerbung.

a) Das Chrom, dessen Ursprung und Verbindungen.

Chrom — (Chromium) Cr, Metall, ausgezeichnet durch die Mannigfaltigkeit und Schönheit der Farben seiner Verbindungen, woher sein Name abgeleitet ist, findet sich als „Chromeisenstein", eine Verbindung von Eisenoxydul mit Chromoxyd $FeCrO_4$, seltener als Chromocker, Rotbleierz (chromsaures Blei) und Vauquelinit (chromsaures Blei mit chromsaurem Kupfer). Man erhält Chrom, indem man Chromchlorid mit Chlorkalium, Chlornatrium und Zink zusammenschmilzt und das überschüssige Zink in verdünnter Salpetersäure löst. Das erhaltene kristallinische Chrom ist grau, äußerst hart und spröde, fast unschmelzbar, Atomgewicht 52,45, spez. Gew. 6,81, wird, wenn es vollkommen eisenfrei ist, vom Magnet nicht angezogen. An der Luft und im Wasser ist es beständiger als Eisen, es löst sich leicht in Salzsäure und erwärmter verdünnter Schwefelsäure und gibt, mit Salpeter geschmolzen, „chromsaures Kali". Das Chrom ist zweiwertig, die Atomgruppe Cr_2 tritt aber sechswertig auf.

Von Sauerstoffverbindungen des Chroms kennt man „Chromoxydul" CrO, „Chromoxyd" Cr_2O_3, „Chromoxyduloxyd" Cr_3O_4, „Chromsäureanhydrid" CrO_3 und „Überchromsäure".

„Chrom“ wurde 1797 von Vauquelin im Rotbleierz entdeckt, viele seiner Verbindungen sind von großer Bedeutung.

Chromacetat, essigsaures Chromoxyd erhält man durch Mischen der Lösungen von Chromalaun und essigsaurem Blei.

Chromalaun — (Kalichromalaun, schwefelsaures Chromoxydkali) $Cr_2 3\,SO_4$, $K_2SO_4 + 24\,H_2O$, ein dem gewöhnlichen Alaun analog zusammengesetztes Doppelsalz, welches an Stelle der Tonerde Chromoxyd enthält, wird erhalten, indem man eine mit Schwefelsäure versetzte Lösung von chromsaurem Kali mit Alkohol vermischt oder mit schwefliger Säure behandelt, bis die Chromsäure zu Chromoxyd reduziert ist. Der in 24 Stunden sich ausscheidende Alaun wird aus einer Lösung von 35° umkristallisiert. Gegenwärtig wird Chromalaun bei der Darstellung gewisser Teerfarben als Nebenprodukt gewonnen. Er bildet tief ametystrote, bei auffallendem Licht fast schwarze Kristalle, löst sich in 7 Teilen Wasser bei 15° und wird aus der rötlichblauen Lösung durch Weingeist gefällt. Bei 75° wird die Lösung grün und verliert das Vermögen zu kristallisieren; nach einigen Wochen aber kehrt die violette Farbe zurück und mit ihr die Kristallisierbarkeit. Bei 25—30° verliert der Chromalaun die Hälfte seines Kristallwassers, bei 100° wird derselbe unter weiterm Verlust von Wasser grün, bei 350° wasserfrei und bei höherer Temperatur vollständig zersetzt.

Aus der grünen Lösung des Chromalauns schlägt Weingeist eine zähe, grüne Masse nieder, welche zum Färben von Ölfirniß, Kautschukmasse und zur Bereitung grüner Tinte benutzt wird.

„Chromalaun“ dient in der Färberei und Kattundruckerei als Beize zu Dampffarben, ferner zum „Unlöslichmachen von Leim und Gummi, zur Darstellung von wasserdichten Geweben“, zur Herstellung **chromgarer Leder,** Chromoxyd und Chromoxydsalzen, sowie chromsaurem Kali oder Chromgelb, löst sich in 2 Teilen heißem Wasser und enthält $40\,\%$ wirksames Chromsulfat.

Das Molekulargewicht beträgt 998. Das Basizitätsverhältnis, d. h. das Verhältnis von $Cr_2O_3 : SO_3$ stellt sich wie 100 : 157,8 bzw. das Verhältnis von $Cr : SO_4$ wie 52 : 114. 100 Teile Chromalaun enthalten 17,5 Teile K_2SO_4, 39,3 Teile $Cr_2(SO_4)_3$ und 43,2 Teile Wasser bzw. 15,3 Teile Cr_2O_3, 9,5 Teile K_2O, 32 Teile SO_3 und 43,2 Teile Wasser.

Chromate — „Chromsäuresalze“, z. B. „Kaliumchromat“ „chromsaures Kali“.

Chromchlorid — Cr_2Cl_6 entsteht, wenn man über ein glühendes Gemisch von Chromoxyd und Kohle trockenes Chlorgas leitet. Es sublimiert in violetten, metallisch glänzenden Blättchen, welche sich wie Talg auf die Haut einreiben lassen, löst sich nicht in Wasser, gibt aber mit Wasser, welches ein Minimum ($^1/_{4000}$) Chromchlorür enthält, leicht eine grüne Lösung. Eine solche entsteht auch beim Lösen von Chromoxyd in Salzsäure. Sie gibt beim Verdampfen grüne, wasserhaltige Kristalle, welche beim Erhitzen in trocknem Chlorwasserstoff „pfirsichblütrotes, lösliches Chromchlorid" liefern, welches als unlösliches violettes Chromchlorid sublimiert. Violettes eignet sich zum Bronzefärben, während die grüne Lösung zum Schwarzfärben benutzt werden kann.

Beim Erhitzen von Chromchlorid in Salmiakdampf oder in Wasserstoffstrom entsteht „Chromchlorür" $CrCl_2$ als weiße, perlmutterglänzende, zerfließliche Masse, dessen salzsaure Lösung an der Luft leicht oxydiert.

Chromeisenstein — (Chromit, oktaëdrisches Chromerz, Chromeisenerz, Eisenchrom) ein dem Magneteisenstein ähnliches und analog zusammengesetztes Mineral aus der Ordnung der Anhydride, dessen selten vorkommende Kristalle sehr kleine Oktaëder bilden. Dasselbe findet sich gewöhnlich derb und eingesprengt, ist eisen- bis pechschwarz, von halbmetallischem Glanz, undurchsichtig, bisweilen magnetisch; Härte 5,5, spez. Gew. 4,4—4,6.

Chromeisenstein besteht aus Eisenoxydul mit Chromoxyd (30 bis 65%), enthält aber auch Tonerde, Magnesia und Eisenoxyd und entspricht im allgemeinen der Formel $(FeMgCr)O + (Cr_2Al_2Fe_3)O_3$. Kristallisiert kennt man das Mineral bis jetzt nur von Barehills bei Baltimore, wo es überhaupt in größter Menge auftritt, und von kleinen Inseln um Santo Domingo. Derb mit körniger oder blätteriger Struktur erscheint es auf Lagern, in Nestern, auf schmalen Gängen, in kristallinischen Gesteinen mit Talk, Serpentin, Feldspat, Asbest, Glimmer, Granat. Hauptfundorte sind: Silberberg und Grochau in Schlesien, Hrubschitz in Mähren, Krieglach und Kraubat in Steiermark, Roerraas in Norwegen, Sibirien, der Ural, Hermannjick in Kleinasien, die Shetlandinseln, Maryland, Pennsylvanien, Massachusetts, Kalifornien, Neukaledonien, Südafrika, Kolumbien, Brasilien und Australien.

Chromeisenstein wird hauptsächlich auf chromsaures Kali verarbeitet und ist der wichtigste Rohstoff zur Herstellung aller Chromverbindungen.

Chromfluorid — Cr_2Fl_6 entsteht bei Lösen von Chromhydroxyd in Fluorwasserstoffsäure, bildet dunkelgrüne, luftbeständige Kristalle mit 8 Molekülen Kristallwasser, ist leicht löslich in Wasser, wird beim Erhitzen wasserfrei und sehr schwer löslich, sublimiert in sehr hoher Temperatur.

Chromformiat ist ameisensaures Chromoxyd. Im „Tannochrom" der Deutschen Formiatgesellschaft Hamburg ist dieses der wirksame Bestandteil.

Chromhydroxyd — (Chromoxydhydrat) $Cr_2H_6O_6$ wird aus Chromoxydsalzen durch Ammoniak gefällt, und zwar aus den roten Salzlösungen im allgemeinen als graublaues Pulver, welches von Säuren mit roter Farbe gelöst wird und aus den grünen Salzlösungen als graugrünes, in Säuren mit grüner Farbe lösliches Pulver. Ammoniak löst beide Hydrate zu einer roten Flüssigkeit, und Kalilauge fällt auch aus den roten Salzen grünes Chromhydroxyd. Dasselbe bildet mit Säuren die Chromoxydsalze, gegen starke Basen verhält es sich aber wie eine Säure. Es dient als Farbstoff und Beize in der Färberei. Erhitzt man rotes chromsaures Kali mit Borsäure in einem zu diesem Zweck konstruierten Flammofen und laugt die Masse mit Wasser aus, so erhält man ein feurig dunkelgrünes Chromhydroxyd, welches stets etwas nicht leicht zu beseitigende Borsäure enthält, sich weder in Säuren noch in Alkalien löst und auch an der Luft oder am Licht nicht verändert.

Chromisalze — dem Chromoxyd entsprechende Salze.

Chromite — sind Verbindungen des Chromoxyds mit starken Basen. Ferrochromit ist Chromeisenstein.

Chromocker — Mineral aus der Ordnung der Silikate, findet sich derb und eingesprengt, auch als Übergang und erdig, ist grasgrün bis zeisiggrün, matt, durchscheinend oder undurchsichtig, besteht aus chromoxydhaltigem Ton und findet sich als Begleiter des Chromeisensteins, auch als Zersetzungsprodukt von Porphyren.

Chromosalze — dem Chromoxydul entsprechende Salze.

Chromoxyd — Cr_2O_3 findet sich in der Natur als Chromocker, mit Eisenoxydul verbunden als Chromeisenstein; künstlich erhält man es je nach der Bereitung, bald in dunkelgrünen, fast schwarz schimmernden, metallglänzenden Kristallen, welche so hart sind, daß sie Glas schneiden, bald in metallisch grün schimmernden Blättchen, oder als dunkel- oder hellgrünes, mehr oder weniger kompaktes Pulver, welches im Gebläsefeuer schmilzt und kristallinisch schwarz erstarrt. Man stellt es dar aus chromsaurem Quecksilberoxydul (sehr zart und dunkelgrün, besonders schön, wenn die Luft beim Glühen gut gehalten wurde), aus rotem chromsaurem Kali durch Glühen mit gleichviel Schwefel (um so heller, je mehr Schwefel angewendet wurde), oder mit Salmiak (dunkelgrün und bei hoher

Temperatur kristallinisch und fast schwarz), oder mit Kartoffelstärke oder Holzzellulose. Das Produkt wird mit Wasser ausgezogen und dann noch einmal geglüht. Bei Weißglühhitze entstehen aus rotem chromsaurem Kali in Farben spielende Flitter von Chromoxyd. Leichter zersetzt sich das Salz beim Glühen mit Kochsalz. Besonders schönes Chromoxyd erhält man durch Erhitzen von zweifach chromsaurem Ammoniak und durch Erhitzen von Chromchlorid an der Luft. Geglühtes Chromoxyd ist in Säuren fast unlöslich, gibt beim Glühen mit Salpeter oder mit Alkalien an der Luft chromsaures Alkali, wird in sehr hoher Temperatur durch Kohle zu metallischem Chrom reduziert und färbt Glasflüsse schön grün. Als metallisch schimmernde Chrombronze erhält man das Chromoxyd durch sehr heftiges Glühen gleicher Teile von Kochsalz und rotem chromsaurem Kali unter einer Kochsalzdecke und Ausziehen mit Wasser. Ein fast reines Chromoxyd ist das Càsaligrün, welches durch Glühen von rotem chromsaurem Kali mit Gips und Auskochen der Masse mit sehr verdünnter Salzsäure erhalten wird.

Chromoxydhydrat — Chromhydroxyd.

Chromoxydkali — schwefelsaures, soviel wie Chromalaun.

Chromoxydsalze — (Chromsalze, Chromisalze) entstehen, indem 2 Atome Chrom an die Stelle von 6 Wasserstoffatomen der Säuren treten; man kennt sie in zwei Modifikationen. Die konzentrierten Lösungen der einen Modifikation sind tiefrot, ins Blaue schillernd, die der anderen grün. Die roten Lösungen werden beim Erhitzen grün und die grünen Lösungen nach dem Erkalten rot. Durch geringe Mengen basischer Substanzen werden die violetten Lösungen sogleich grün, durch wenig Säure die grünen wieder violett. Nur die roten Lösungen geben Kristalle (blaue oder violette, im durchfallenden Licht rote). Die löslichen Chromoxydsalze reagieren sauer, schmecken unangenehm zusammenziehend und werden durch Lösen von Chromhydroxyd in Säuren dargestellt, die unlöslichen durch Wechselzersetzung. Auch durch Reduktion eines Chromsäuresalzes bei Gegenwart einer freien Säure erhält man Chromoxydsalze. Aus den Lösungen desselben fällt Ätzkali bläulichgrünes Chromhydroxyd, welches sich in überschüssigem Kali mit grüner Farbe löst. „Schwefelwasserstoff bewirkt keine Fällung", Schwefelammonium fällt Chromhydroxyd unter Entwicklung von Schwefelwasserstoff. Beim Schmelzen mit Salpeter geben die Chromoxydsalze Chromsäuresalze.

Chromsalze — siehe Chromoxydsalze.

Chromsäure — H_2CrO_4 findet sich in der Natur im Rotbleierz,

Phönizit und Vauquelinit und wird durch Schwefelsäure aus den Chromsäuresalzen abgeschieden. Sie ist aber nur in Lösungen bekannt, denn aus diesen kristallisiert bei hinreichender Konzentration „Chromsäureanhydrid" (Chromtrioxyd) CrO_3. Zur Darstellung des letzteren versetzt man eine konzentrierte Lösung von rotem chromsaurem Kali mit konzentrierter Schwefelsäure, entfernt das auskristallisierende saure schwefelsaure Kali, fügt zu der Lösung Schwefelsäure und dann Wasser hinzu, bis sich das ausgeschiedene Chromsäureanhydrid wieder gelöst hat, und verdampft, bis sich eine Kristallhaut zeigt. Die nach dem Abkühlen erhaltenen Kristalle befreit man in einem mit Glaswolle verstopften Trichter von der Mutterlauge, wäscht sie mit konzentrierter reiner Salpetersäure und trocknet sie bei 80°.

„Chromsäureanhydrid" bildet scharlachrote, wasserfreie, zerfließliche, geruchlose, anfangs sauer, dann herb schmeckende, stark ätzend wirkende Kristalle, ist leicht löslich in Wasser und Alkohol, wird beim Erhitzen fast schwarz, schmilzt bei 193°, zerfällt bei 250° in Chromoxyd und Sauerstoff, entwickelt beim Erhitzen mit konzentrierter Schwefelsäure Sauerstoff, mit Salzsäure Chlor, wirkt äußerst kräftig oxydierend, zerstört Papier, entzündet auf die Kristalle geträufelten Alkohol und verwandelt denselben in verdünnter Lösung in Aldehyd und Essigsäure. Mit Basen bildet dieselbe die Chromsäuresalze. Man benutzt sie (in der Regel eine Mischung von rotem chromsaurem Kali und Schwefelsäure) als Oxydationsmittel zur Darstellung vieler Präparate als Ersatz der Salpetersäure in galvanischen Elementen und zum Färben von Wolle und Seide, welche denn auch noch andere Farbstoffe aufnehmen und damit verschiedene Farbentöne erzeugen. In 4—6 Teilen Wasser gelöst, veranlaßt sie eine Schrumpfung der tierischen Faser, man behandelt deshalb damit tierische Gewebe, um daraus leichter dünne Schnitte für das Mikroskop anfertigen zu können.

Chromsaurer Baryt — (Bariumchromat) $BaCrO_4$ wird aus chromsaurem Kali durch Chlorbarium gefällt, ist gelb, in Wasser unlöslich, löslich in Säuren, sehr beständig, wenig giftig, kommt auch unter dem Namen Barytgelb als Malerfarbe in den Handel.

Chromsäuresalze — (Chromate), Verbindungen der Chromsäure mit Basen, finden sich zum Teil in der Natur und werden direkt aus Säuren und Basen oder, soweit sie unlöslich sind, durch Wechselzersetzung erhalten. Sie sind meist gelb oder gelbrot, großenteils in Wasser unlöslich und werden durch Glühen zersetzt. Ihre mit Schwefelsäure versetzte Lösung wird durch Alkohol, schweflige Säure und Schwefelwasserstoff zu Chromoxydsalz reduziert. Man kennt neutrale Salze der Chromsäure (Monochromate) H_2CrO_4 und sogenannte saure Salze, welche nach der Formel $R_2Cr_2O_7$ zusammengesetzt sind und als neutrale Salze der „Dichromsäure" $H_2Cr_2O_7$ (Dichromate) betrachtet werden. Monochromsäure und Dichromsäure sind zweibasisch, bilden aber nur neutrale Salze. Die Monochromate geben auf Zusatz einer Säure Dichromate und die Dichromate auf Zusatz einer Base Monochromate.

Chromsaures Ammoniak — (Ammoniumchromat) $(NH_4)_2CrO_4$ kristallisiert aus mit Ammoniak übersättigter Chromsäurelösung in gelben, luftbeständigen, leicht löslichen Kristallen, verliert an der Luft Ammoniak und gibt mit Chromsäure „saures chromsaures (dichromsaures) Ammoniak (Ammoniumdichromat) $(NH_4)_2Cr_2O_7$, welches auch aus Natriumdichromat dargestellt wird, große, luftbeständige, rote Kristalle bildet, sich dreimal so leicht wie das Kalisalz löst, beim Erhitzen Chromoxyd hinterläßt und zur Darstellung dieses letzteren und des Ammoniakchromalauns dient.

Chromsaures Blei – $PbCrO_4$ findet sich in der Natur als Rotbleierz und Phönicit, mit chromsaurem Kupfer als Vauquelinit und wird aus einer Lösung von Bleizucker durch rotes chromsaures Kali als schönes gelbes Pulver gefällt. Es ist fast unlöslich in Wasser, löslich in verdünnter Salpetersäure und Kalilauge, entwickelt beim Erhitzen Sauerstoff und hinterläßt einen Rückstand von basisch chromsaurem Blei und Chromoxyd. Beim Erhitzen mit organischen Substanzen oxydiert es diese zu Kohlensäure und Wasser und wird dabei in Bleioxyd und Chromoxyd verwandelt. Es wird im großen aus Bleizucker, Bleinitrat, Chlorblei, Bleioxyd, Bleiweiß und Bleisulfat unter Vermeidung der Bildung freier Säure bei der Fällung dargestellt und bildet unter dem Namen „Chromgelb" die schönste gelbe Mineralfarbe. Es trocknet leicht in Öl, widersteht dem Licht und der Luft, auch verdünnten Säuren, nicht aber alkalischen Laugen, dem Ätzkalk und Seifen; ebensowenig kann es mit Wasserglas verarbeitet werden, wird durch Säuren gelb und durch Schwefelwasserstoff langsam gebräunt. Alle Chromgelbarten sind giftig.

Chromsaures Chromoxyd — (Chromichromat) entsteht durch Lösen von 1 Molekül Chromhydroxyd in wäßriger Lösung von 3 Molekülen Chromsäure. Beim Verdampfen erhält man lange Nadeln von $Cr_2(CrO_4)_3 + 9H_2O$. Viel zersetzlicher ist ein basisches Salz $Cr_2(CrO_4)_2(OH)_2$.

Chromsaures Eisenoxyd — (Ferrichromat) scheidet sich bei längerem Erwärmen einer Lösung von neutralem Eisenchlorid mit einer Lösung von rotem, chromsaurem Kali aus. Es ist feurig gelb, licht und luftbeständig.

Chromsaures Kali — (saures oder rotes chromsaures Kali, Kaliumdichromat, rotes Chromsalz) $K_2Cr_2O_7$ bildet den Ausgangspunkt für die Darstellung der zahlreichen Chrompräparate und wird aus Chromeisen (Eisenoxydul mit Chromoxyd) dargestellt. Man röstet das geglühte, gepochte und gemahlene Erz (welches 30—65% Chromoxyd enthält) mit möglichst reinem gebrannten Kalk unter beständigem Umrühren im Flammofen, verteilt die gemahlene Masse in heißem Wasser, setzt Schwefelsäure bis zur schwachsauren Reaktion hinzu, um das Calciumchromat in Dichromat zu verwandeln, und zersetzt dieses mit Kaliumkarbonat. Die vom gefällten Calciumkarbonat abgezogene Lösung gibt beim Verdampfen Kristalle von Kaliumdichromat. Letzteres bildet morgenrote, wasserfreie, luftbeständige Kristalle von spez. Gewicht 2,702, schmeckt kühlend bitterlich, herb metallisch, ist sehr giftig, wirkt ätzend, löst sich nicht in Alkohol, während 100 Teile Wasser lösen bei:

0°	10°	20°	30°	40°	50°	60°	70°	80°	90°	100°
4,6	7,4	12,4	18,4	25,9	35	45	56,7	68,6	81,1	94,1

Es reagiert sauer, schmilzt unter Rotglut, wirkt energisch oxydierend, gibt bei starkem Erhitzen gelbes chromsaures Kali, Chromoxyd und Sauerstoff, beim Erhitzen mit Schwefelsäure schwefelsaures Chromoxydkali und Sauerstoff, wird durch schweflige Säure und Schwefelwasserstoff, beim Glühen auch durch Schwefel und Salmiak zu Chromoxyd reduziert, entwickelt mit Salzsäure Chlor und liefert aus der Lösung in Salzsäure, wenn die Chlorentwicklung vermieden wird, rote, flache Prismen von chromsaurem Chlorkalium (Kaliumchromacichlorid, chloridchromsaurem Kali) $K_2Cr_2Cl_2O_6$. Dieses Salz verliert bei 100° alles Chlor und kann durch Auflösen des Rückstandes in Salzsäure sofort regeneriert werden, weshalb es zur Chlorentwicklung geeignet ist. Mit chromsaurem Kali vermischter Leim (Chlorleim, Chromgelatine) wird durch Einwirkung des Lichtes unlöslich. Kaliumdichromat dient zur Darstellung von gelbem chromsaurem Kali, zum Bleichen von Palmöl, zum Reinigen des Holzessigs, zum Entfuseln des Branntweins, zum „Gerben" usw. usw. Die Abwässer dürfen, wenn sie Chromat enthalten, nicht in öffentliche Wasserläufe abgelassen werden, sondern sind mit Kalk zu behandeln.

Chromsaures Natron — (saures oder rotes chromsaures Natron, dichromsaures Natron, Natriumdichromat) $Na_2Cr_2O_7$ wird aus Chromeisenstein durch Glühen mit Kalk und Soda, Auslaugen, Zersetzen des neutralen Salzes mit Säure und Verdampfen zur Kristallisation dargestellt. Es bildet dünne, rote, zerfließliche Prismen. Das neutrale Salz $Na_2CrO_4 + 10\,H_2O$ bildet gelbe Prismen, schmeckt herb metallisch, reagiert alkalisch, ist zerfließlich und schmilzt sehr leicht. Aus warmer Lösung (über 30°) kristallisiert wasserfreies Salz.

Chromsaures Quecksilberoxydul — (Merkurochromat) Hg_2CrO_4 wird aus salpetersaurem Quecksilberoxydul durch chromsaures Kali ziegelrot gefällt und gibt beim Erhitzen höchst zartes Chromoxyd.

Chromsaures Zink — (Zinkchromat) $ZnCrO_4$ wird aus Zinksalzlösungen durch gelbes chromsaures Kali abgeschieden und bildet ein unlösliches gelbes Pulver, welches bei längerem Stehen in der Flüssigkeit pomeranzengelb wird. Dieses Präparat erhält man, auch beim Behandeln von frisch gefälltem Zinkhydroxyd mit überschüssiger Lösung von rotem chromsaurem Kali. Es wird im großen dargestellt, indem man Zinkweiß mit Ätznatronlauge kocht, dann mit Zinkvitriollösung neutralisiert und überschüssiges rotes chromsaures Kali hinzufügt. Man erhält ein Doppelsalz $ZnCrO_4 + K_2Cr_2O_7$, welches auch unverändertes Zinkoxyd enthält und ein zartes, aber sehr feuriges Gelb zeigt.

Chromschwarz — ein mittelst Blauholz und chromsaurem Kali darstellbares Schwarz.

Chromgelatine — siehe Chromsaures Kali.

Chromleim — siehe Chromsaures Kali.

b) Chemie der Chromsalze und deren Wirkung auf die Haut.[1])

„Das Chrom bildet verschiedene Reihen von Verbindungen und Salzen, von denen das Chromchlorid und das Chromoxydulchlorid für die Chromgerbung von Bedeutung sind.

Chromoxydulsalze sind außerordentlich zersetzbar und unbeständig und werden schon durch Einwirkung von Luft in Chromisalze verwandelt, weshalb diese gar nicht in Frage kommen, und es sind nur das Chromoxyd und die Chromsäure, sowie deren Salze, welche eine wichtige Rolle spielen, „Chromisulfat“ (schwefelsaures Chromoxyd) und die „Chromalaune“, sowie das „salzsaure Chromoxyd“, die Doppelsalze aus schwefelsaurem Chromoxyd mit den schwefelsauren Alkalisalzen; dasselbe gilt von den

¹) Dr. R. Procter, Professor am „Yorkshire College“ zu Leeds.

chromsauren Salzen, von denen „Kaliumbichromat" oder chromsaures Kali das bekannteste ist.

Das Chromoxydul und das Chromoxyd verhalten sich dabei den Säuren gegenüber wie Basen und bilden mit ihnen die entsprechenden Chromsalze; die Chromsäure dagegen besitzt einen stark sauren Charakter und bildet mit den Basen (und zwar auch mit denjenigen des Chroms) „Chromate". Es gibt also Chromsalze, welche aus den Chromsauerstoffverbindungen entweder durch Verbindung mit Säuren oder mit Basen entstanden sind, je nachdem man von der niedrigen oder höheren Oxydationsstufe ausgeht, so entsteht aus Chromsäure und Kali das „chromsaure Kali", während durch Verbindung von Chromoxyd mit Schwefelsäure das „schwefelsaure Chromoxyd" resultiert. Auch Wasserstoffsuperoxyd kann die Chromsäure zu Chromoxyd reduzieren.

Von den Sauerstoffverbindungen des Chroms bilden das Chromoxydul CrO, das Chromoxyd Cr_2O_3 und Chromtrioxyd CrO_3 (irrtümlicherweise häufig Chromsäure H_2CrO_4 genannt) verschiedene Chromsalze, und zwar die:

Chromoxydulverbindungen oder Chromosalze,
Chromoxydverbindungen oder Chromisalze und die
Chromsäureverbindungen oder Chromate.

Diese dreierlei Salzreihen sind voneinander chemisch ganz verschieden und zeigen auch hinsichtlich ihrer Einwirkung auf die Blöße ein gänzlich abweichendes Verhalten. Dabei wirken die löslichen Chromsalze auf die Blöße vielfach anders ein als die Tonerdesalze und die übrigen gerbenden Metallverbindungen, wie sie auch bei den mit diesen Substanzen gegerbten Ledern abweichende Produkte liefern.

Das Chrom besitzt außerdem die Neigung, „komplexe" Verbindungen zu bilden, und es scheinen gerade diese dazu berufen zu sein, eine wichtige Rolle in der Chromgerbung zu spielen.

Die Chromsäure wird von den Blößen sehr rasch aufgenommen, und zwar nehmen diese beinahe $2^1/_2$mal soviel freie Chromsäure auf, als zur Herstellung eines guten Leders nötig ist. Man hat daher einen Überschuß von freier Chromsäure zu vermeiden. Die Chromsäure gerbt die Blöße nicht aus, weil sie durch Wasser wieder ganz leicht und völlig ausgelaugt werden kann. Außerdem ist eine Gerbung mit Chromsäure auch aus dem Grunde unmöglich, weil sie als eine stark ätzende Säure die Hautmasse nach und nach zerstören würde.

In dem Chrombade gerbt die Chromsäure nicht aus, wie sie überhaupt kein Gerbvermögen besitzt. Sie wird wohl einfach von der Blöße absorbiert, wie dies auch bei anderen Säuren geschieht. Ist in einem Bade freie Chromsäure neben Chromkali oder Chromnatron anwesend, so wird nur jene von der Blöße aufgenommen, und wenn das Bad erschöpft ist, so enthält dasselbe nur noch neutrales Bichromat. Trotzdem gibt ein Bad, welches bloß Chromsäure und kein Bichromat enthält, keine günstigen Resultate, diese werden bloß bei Gegenwart einer beträchtlichen Menge von unzersetztem Bichromat erhalten.

Obwohl also weder die Chromsäure noch ihre Salze die Blöße direkt auszugerben vermögen, so werden sie dennoch in großen Mengen zur Chromgerbung verwendet.

Ebenso besitzen die Chromate auch kein Gerbvermögen, sie dringen zwar bis in die feinsten Bestandteile der Blößensubstanz und wirken auf dieselbe chemisch ein, so daß sie erhärtet und beim Kochen keinen Leim mehr gibt, aber die Blöße wird dadurch nicht in Leder verwandelt. Durch die Einwirkung dieser Salze werden zwar die Faserbündel nicht aufgelöst und daher die Hautfibrillen auch nicht isoliert, aber die Blöße wird dennoch befähigt, Gerb- und Farbstoffe, Fette, Glyzerin und andere Stoffe viel rascher aufzunehmen und stärker als sonst festzuhalten. Aber die von der Blöße und von den mit derselben verwandten Stoffe, wie Leim und Gelatine, aufgenommene Chromsäure, gleichgültig ob in freiem Zustande oder ob in Chromaten, wird auch von selbst nach und nach zu Chromsäure reduziert, indem sie Sauerstoff abgibt; dadurch werden aber die reduzierenden Körper sehr stark angegriffen und ganz oder teilweise in einfache Verbindungen zerlegt. Diese Reaktion wird durch äußere Einflüsse, besonders durch Licht und Wärme, sehr gefördert.

Die Chromgerbung besteht in einer Ablagerung von fein zerteiltem Chromoxyd in der Blöße. Wird also in irgendeiner Weise das in Wasser unlösliche Chromoxyd in der Blöße abgelagert, so ist dieselbe auch gegerbt. Weil aber das Chromoxyd in solchen Flüssigkeiten, welche die Hautsubstanz nicht beschädigen, unlöslich ist, so muß die Blöße zuerst mit einer löslichen Chromverbindung imprägniert und darauf das Chrom als Chromoxyd ausgeschieden werden."

Eitner dagegen schreibt:

„Die Annahme einer durch Fällung des Chromoxyds bewirkten Gerbung ist entschieden unrichtig. Wenn man Haut, welche durch das erste beste Chromoxydsalz, sogar in reiner Chromalaunlösung behandelt wurde, dann nur mit Wasser auswäscht, so hat man ein chromgegerbtes Leder, bei dessen Gerbung keine Fällung des Chromoxydes stattgefunden hatte und bei welchem trotzdem das Chrom festgebunden ist, so daß es aus dem Leder nicht mehr ohne Zerstörung entfernt werden kann. Untersucht man dieses Leder, so findet man, daß in demselben, wenn auch nicht mehr der zum Gerben benutzte Chromalaun, so doch das in demselben enthaltene Chromsalz, nämlich schwefelsaures Chromoxyd enthalten ist. So behandeltes, d. h. lediglich mit dem Chromsalz behandeltes Leder, kann weiter zugerichtet werden und ist und bleibt fertiggegerbtes Chromleder. Weiter ergibt sich bei der Untersuchung von Chromleder, mag dieses auf irgenwelche Art gegerbt sein, daß das Chromoxyd in ihm in Form einer Verbindung enthalten ist, selbst dann noch, wenn das Leder mittels Alkalien ausgewaschen wurde. Versucht man in einem chromgaren Leder das Chromoxyd wirklich zu fällen, z. B. durch längere Behandlung desselben mit verdünnten Alkalien, so wird das nie ganz erreicht, und man hat dann aber auch kein Leder mehr, sondern eine harte spröde Masse, die ganz unverwendbar ist.

Chromoxyd löst bekanntlich sich auch in Alkali, etwas auch in Glyzerin, in beiden Lösungen aber wirkt dasselbe nicht gerbend. Also nicht das Chromoxyd als solches, sondern nur das Chromoxydsalz wirkt gerbend, und zwar nicht durch Bildung von unlöslichen Verbindungen in den Poren der Haut, sondern durch Bindung des Chromsalzes an die Hautsubstanz, selbst in den feinsten Formelementen derselben, in den Fibrillen. Daß übrigens auch unlösliches Chromsalz in den Zwischenräumen des Hautgewebes ausgeschieden wird, dürfte richtig sein. Es ist nicht ganz unwahrscheinlich, daß bei der Chromgerbung, wenigstens teilweise, chemische Verbindungen von Hautsubstanzen mit den Chromsalzen stattfinden können.

Zum Ausscheiden der gerbenden Chromsalze bzw. zum Gerben mit gerbenden Chromsalzen gibt es zweierlei Methoden; bei der einen werden basische Chromoxydsalze, bei der andern Chromsäuresalze verwendet, und weil man bei der „ersten“ Methode in einer Flüssigkeit ausgerbt, so wird solche das „Einbadverfahren“ oder „basische Chromgerbung“ genannt, wogegen die „zweite“ Methode, weil bei dieser zweierlei Flüssigkeiten bzw. Bäder angewendet werden müssen, nämlich zuerst die Chrombrühe und dann das Reduktionsbad, diese Gerbearte das „Zweibadverfahren" oder „saure Chromgerbung" genannt wird. Bei diesem letzten Verfahren ist das Verhalten der Chromsäureverbindungen gegen reduzierende Substanzen von besonderer Wichtigkeit, indem die Chromate durch diese in Chromsäureverbindungen übergeführt werden. Die gebräuchlichsten Reduktionsmittel sind schweflige Säuren und deren Salze, sowie Schwefelwasserstoff, doch gibt es noch eine ganze Anzahl anderer Verbindungen, welche diesen Zweck erfüllen können. Bei der Einwirkung von schwefliger Säure auf eine Chromsäurelösung scheidet sich zuerst braunes chromsaures Chromoxyd aus, bei fortgesetzter Einwirkung bildet sich schwefelsaures Chromoxyd, und Schwefelwasserstoff fällt sogleich grünes Chromoxyd, mit Schwefel vermengt, aus. Mit Salzsäure entsteht aus der Chromsäure Chromchlorid unter Entweichen von Chlor.

Die basischen Chromisalze besitzen ein außerordentlich großes Gerbvermögen, und auf dieser Wirkung ist gerade die Chromgerbung nach dem Einbadverfahren begründet.

Die neutralen Chromsalze wirken als solche nur in geringem Maße gerbend auf die Blöße, da in ihnen das Chromoxyd durch die Säure fest gebunden ist und eine Abscheidung dieses Gerbmittels fast nicht zustande kommen kann.

Das Gerben mit basischen Chromisalzen soll dem der sauren und neutralen Salze vorzuziehen sein, da erstere durchschnittlich besseres Leder liefern. In den Lösungen basischer Chromsalze fixiert die Blöße die basischen Salze der Lösung am besten, so daß die restierende Flüssigkeit sauer wird und meistens ein geringes Übermaß von Chromsalz in zu saurem Zustande enthält, als daß dieses leicht absorbiert werden könnte. Diese restierende Flüssigkeit kann aber wieder für ein neues Quantum Leder durch Hinzufügung von Soda bis zu dem Fällungspunkt zum Gerben geeignet gemacht werden, ein Vorteil, welcher, mit dem Zweibadverfahren verglichen, recht bedeutend gegen dieses spricht.

Die Chromisalze kommen in zweierlei Modifikationen vor, und zwar in einer „violetten" und in einer „grünen", wobei die grünen, vermutlich basischen Salze, ein bedeutend stärkeres Gerbvermögen besitzen, als die violetten Salze.

Die basischen Chromisalze haben die Eigenschaft, gänzlich unlösliches Chromleder zu produzieren, welches sich beim Kochen nicht verändert; allein wenn die Basizität vorübergeht und die Lösung dunkelviolett erscheint, so verlieren sie das Vermögen, sich mit der Hautsubstanz zu verbinden, und es ist erwiesen, daß dieser

Effekt tatsächlich mehr von dem Vorhandensein ungenügend oxydierter organischer Materie abhängt, als von der größeren Basizität der Lösung selbst; geringe Mengen organischer Körper beugen dabei häufig dem Niederschlagen von Chromoxyd vor.

Man darf annehmen, daß bei der Annahme dieser Salze durch die Blößensubstanz eine Zersetzung derselben entsteht, wobei derjenige Anteil von Chromhydrat, welcher gerade deren Basizität bedingt, in der Blöße sich ablagert, und daß die sauren, in Wasser leicht löslichen Chromsalze zurückbleiben, wobei das in der Blöße zwischen den Hautfibrillen abgelagerte Chromhydrat sich in Chromoxyd und Wasser zersetzt.

Was die Chromalaune anbetrifft, so wirken diese nach Knapp ganz ähnlich wie die bekannten Tonerdealaune, wobei basische Metallverbindungen oder Metalloxyde auf die Faser niedergeschlagen werden, während in der restierenden Lösung die entsprechenden sauren Salze gelöst bleiben.

Im „Zweibadverfahren" werden die Blößen in einem schwachen Bade von Natrium- oder Kaliumbichromat behandelt, welchem so viel Salzsäure zugesetzt wird, um die Chromsäure frei zu machen, bis die Blößen von der Chromsäure durchdrungen sind, welches an dem gleichmäßigen tiefgelben Schnitte zu erkennen ist."

In Nr. 664 des „Gerber" schreibt Herr D. Edmund Stiasny unter „Mitteilungen aus dem Laboratorium der k. k. Lehr- und Versuchsanstalt für Lederindustrie" folgende Abhandlung, welche ich hier glaube einschalten zu müssen, da sie von dem oben Gesagten abweicht.

„Aus einer Anzahl im hiesigen Laboratorium durchgeführter Chromlederanalysen, und zwar insbesondere aus den, nach einer daselbst neu ausgearbeiteten Methode erhaltenen Säuremengen, wurde der Schluß gezogen, daß nicht „Chromoxyd", sondern „basische Chromsalze" bei der Chromgerbung in der Hautfaser abgeschieden werden. Zahlreiche später durchgeführte Analysen bestätigten diese Schlußfolgerung und brachten weiteres Material zur Aufklärung der Theorie des Chromgerbeprozesses. Es zeigten nämlich die zweibadgegerbten Leder auffallend geringe Mengen Chlor, während sich stets ansehnliche Mengen von Schwefelsäure nachweisen ließen. Bedenkt man, daß zur Zweibadchromgerbung Salzsäure in beiden Bädern angewendet wird, so sollte man die Bildung basischer Chromchloride erwarten, die sich nach den Gleichungen

$$\text{I.}\quad K_2Cr_2O_7 + 6HCl + 3Na_2S_2O_3 =$$

$$2Cr^{OH}_{Cl_2} + 2KCl + 3Na_2SO_4 + S_3 + 2H_2O$$

$$\text{oder II.}\quad K_2Cr_2O_7 + 4HCl + 3Na_2S_2O_3 =$$

$$2Cr^{(OH_2)}_{Cl} + 2KCl + 3Na_2SO_4 + S_3$$

bilden sollten, während das als Nebenprodukt auftretende Natriumsulfat aus dem Leder ausgewaschen werden mußte.

Diese Annahme wird nun durch die Analysen nicht bestätigt. Es ergibt sich vielmehr die Notwendigkeit, auch bei salzsauren Bädern die Bildung basisch schwefelsaurer Chromsalze, welche die Gerbung bewirken, anzunehmen, wobei offenbar das Thiosulfat die entsprechende an Chrom gebundene Schwefelsäure liefern muß.

Folgende Gleichungen geben diesem Vorgang Ausdruck:

$$K_2Cr_2O_7 + 6HCl + 3Na_2S_2O_3 =$$

$$2Cr^{OH}_{SO_4} + Na_2SO_4 + 2KCl + 4NaCl + S_3 + 2H_2O$$

oder:

$$K_2Cr_2O_7 + 4HCl + 3Na_2S_2O_3 =$$

$$Cr_2{}^{(OH)_4}_{SO_4} + 2Na_2SO_4 + 2KCl + 2NaCl + S_3.$$

Diese Erklärung des Zweibadprozesses wird noch durch die Tatsache unterstützt, daß die basischen Sulfate des Chroms weniger löslich sind als die Chloride von gleicher Basizitätsstufe, d. h., daß bei gleichzeitiger Anwesenheit von Chlor-, Schwefelsäure, Chrom- und Hydroxylionen zuerst die basischen Sulfate des Chroms unlöslich aus- und an die Haut anfallen müssen.

Zur endgültigen Bestätigung der oben ausgesprochenen Ansicht wurde ein Blößenstück, das mit Salzsäure gründlich entkalk und durch nachfolgendes anhaltendes Wässern (bis zum Verschwinden der sauren Reaktion des Waschwassers) von Salzsäure tunlichst befreit war, einer Zweibadchromgerbung unterworfen. Als erstes Bad diente eine 1%ige Bichromatlösung, welcher soviel Salzsäure zugesetzt wurde, als zur Bildung von Chromsäure erforderlich war. Als zweites Bad diente eine 3%ige Thiosulfatlösung, welcher allmählich die der obigen Gleichung II entsprechende Menge Salzsäure zugesetzt wurde. Nach beendeter Gerbung wurde (ohne zu neutralisieren) gründlich gewaschen, bis das Waschwasser nur

Spuren von Chlor zeigte (Schwefelsäure war bald nicht mehr nachweisbar). Das getrocknete Leder wurde dann mit Schwefelkohlenstoff erschöpfend extrahiert und nach der früher angegebenen Methode von dem Frequentanten der Anstalt, Herrn Alfred Löwy, analysiert; dabei wurden folgende Daten erhalten:

$$\left.\begin{array}{rl} Cr_2O_3 & 2{,}24\% \\ SO_3 & 2{,}14\% \end{array}\right\} 4{,}38\% \text{ basisches Chromsulfat,}$$

$$\left.\begin{array}{rl} Cl & 0{,}45\% \\ Na_2O & 0{,}4\ \% \end{array}\right\} 0{,}76\% \text{ Kochsalz.}$$

Aus diesen Resultaten ist zu entnehmen, daß ein basisches Chromsulfat als gerbendes Salz in der Faser abgeschieden war, während die geringen, trotz des Waschens zurückgebliebenen Chlormengen vollständig an Natrium gebunden waren. Es ist also nur ein Chromsulfat und kein Chromchlorid in der Faser abgeschieden worden.

Die Basizität des abgeschiedenen Chromsulfates entspricht dem Verhältnis

$$SO_3 : Cr_2O_3 = 100 : 104{,}7\,.$$

Wäre der Gerbung eine Neutralisation (z. B. mit Borax) gefolgt, so hätte die Basizität einen höheren Grad erreicht, wie dieses auch die meisten Lederproben der Praxis aufweisen.

Die obigen Zahlen bestätigen also in unzweifelhafter Weise die Annahme, daß beim Zweibadverfahren die gerbende Wirkung durch basische Chromsulfate ausgeübt wird, während die angewendete Salzsäure in Form von Alkalichloriden dem Leder größtenteils wieder entzogen wird.

Dieses Ergebnis legte die Frage nahe, wie sich die Verschiedenheit der Sulfate und Chloride des Chroms bei der Einbadgerbung äußert. Zu diesem Zweck wurden mit zwei Hälften einer Kalbhaut Parallelgerbversuche angestellt, wobei Basizität und Stärke der angewendeten Brühen übereinstimmend gehalten wurden.

Die eine Hälfte wurde mit einem neutralisierten Chromsulfat der Formel $Cr^{OH}_{SO_4}$, die andere Hälfte mit dem analogbasischen Chlorid $Cr^{OH}_{Cl_2}$ gegerbt.

Die gleichmäßig nach der Gerbung behandelten (neutralisierten) und zugerichteten Leder zeigten dem Aussehen (Griff usw.) nach einen entschiedenen Vorzug der Sulfatgerbung, da das sulfatgegerbte

Leder bei gleicher Zähigkeit voller, griffiger und weicher war und bei der Zurichtung auf Boxcalf eines geringen Stollens bedurfte, außerdem einen höheren Glanz annahm, als Zeichen dafür, daß der Fettliquor hier besser gebunden wurde.

Die Chromoxybestimmung in den beiden Hälften gab:

4,4% Cr_2O_3 in dem sulfatgegerbten Leder
3,7% Cr_2O_3 in dem chloridgegerbten Leder.

Wenn auch aus dem Chromoxydgehalte eines chromgaren Leders auf die Qualität desselben kaum geschlossen werden kann, so zeigt doch dieser Parallelversuch, daß die basischen Sulfate des Chroms intensiver gerbende Eigenschaften haben als die Chloride.

Dieses verdient um so mehr hervorgehoben zu werden, als vielfach die Meinung besteht, es seien die Chloride des Chroms in ihrer gerbenden Wirkung den Sulfaten vorzuziehen. Auf dieser unrichtigen Anschauung beruht auch die Herstellung einiger im Handel erschienenen Chromgerbeflüssigkeiten, bei denen, ausgehend von Chromalaun, durch Fällen des Chromoxydes und Wiederanflösen in Salzsäuren eine Umwandlung von Sulfat in Chlorid bewirkt wird, welches nach den obigen Ausführungen nichts weniger als vorteilhaft ist."

Gewöhnlich unterscheidet man neutrales Salz, $Cr_2(SO_4)_3$, $^1/_3$ basisches Salz, bei dem $^1/_3$ der Schwefelsäure durch OH-Gruppen ersetzt ist, also $Cr_2(OH)_2(SO_4)_2$ oder $Cr_2(OH)SO_4$, und $^2/_3$ basisches Salz, bei dem $^2/_3$ der Schwefelsäure durch OH-Gruppen ersetzt sind, demnach $Cr_2(OH)_4SO_4$. Um noch weitere Abstufungen zu haben, gibt man die basischen Salze auch in Zwölftel basischen Salzen an, so daß $^4/_{12}$ basisches Salz sich mit dem $^1/_3$ und das $^8/_{12}$ basische Salz mit dem $^2/_3$ basischen Salz deckt und reiht zwischen diese noch weitere ein. Die Basizität wird vielfach in der Weise angegeben, daß man berechnet, wie viele Teile Schwefelsäure (SO_3) auf 100 Teile Chromoxyd (Cr_2O_3) entfallen, oder nach Procter in der Weise, daß ermittelt wird, wieviel Teile SO_4 auf 52 Teile Cr, das ist das Atomgewicht des Chroms, kommen. Für die einzelnen Chromsalze von neutralem Salz ($^0/_{12}$) bis zum Chromoxyd ($^{12}/_{12}$) herab stellen sich diese Basizitätsverhältnisse und außerdem die Mengen von kristallisierter bzw. calcinierter Soda, die einer Lösung von 100 Teilen Chromalaun zur Erzeugung der Salze dieser verschiedenen Basizitäten zugesetzt werden müssen, wie nachstehend.

Chromsulfat	Auf 100 Teile Chromoxyd (Cr_2O_3) entf. Tle. Schwefelsäure (SO_3)	Auf 52 Tle. Cr kommen Teile SO_4	Auf 100 Teile Chromalaun müssen zugesetzt werden	
			Teile krist. Soda	Teile calc. Soda
$^0/_{12}$ (neutrales Salz) $Cr_8(SO_4)_{12}$	157,8	144	—	—
$^1/_{12}$ basisches Salz, $Cr_8(OH)_2(SO_2)_{11}$	144,7	132	7,2	2,7
$^2/_{12}$,, ,, $Cr_8(OH)_4(SO_4)_{10}$	131,5	120	14,3	5,3
$^3/_{12}$,, ,, $Cr_8(OH)_6(SO_4)_9$	118,4	108	21,6	8,0
$^4/_{12}$,, ,, $Cr_8(OH)_8(SO_4)_8$	105,2	96	28,5	10,6
$^5/_{12}$,, ,, $Cr_8(OH)_{10}(SO_4)_7$	92,1	84	35,8	13,3
$^6/_{12}$,, ,, $Cr_8(OH)_{12}(SO_4)_6$	78,9	72	42,9	15,9
$^7/_{12}$,, ,, $Cr_8(OH)_{14}(SO_4)_5$	65,8	60	—	—
$^8/_{12}$,, ,, $Cr_8(OH)_{16}(SO_4)_4$	52,6	48	—	—
$^9/_{12}$,, ,, $Cr_8(OH)_{18}(SO_4)_3$	39,5	36	—	—
$^{10}/_{12}$,, ,, $Cr_8(OH)_{20}(SO_4)_2$	26'3	24	—	—
$^{11}/_{12}$,, ,, $Cr_8(OH)_{22}(SO_4)$	13,2	12	—	—
$^{12}/_{12}$ Chromoxydhydrat $Cr_8(OH)_{24}$	0,0	0	85,8	31,8

Neutrales Salz Cr_2O_3: SO_3	Auf 100 Teile Chromalaun		Cr : SO_4	Auf 100 Teile Chromalaun	
	Teile krist. Soda	Teile calc. Soda		Teile krist. Soda	Teile calc. Soda
100 : 157,8	—	—	52 : 144	—	—
100 : 150	4,2	1,6	52 : 140	2,4	0,9
100 : 140	9,7	3,6	52 : 130	8,3	3,1
100 : 130	15,1	5,6	51 : 120	14,3	5,3
100 : 120	20,6	7,6	52 : 110	20,3	7,5
100 : 110	26,0	9,6	52 : 100	26,2	9,7
$^4/_{12}$ bas. Salz 100 : 105,2	28,6	10,6	52 : 96	28,6	10,6
100 : 100	31,5	11,7	52 : 90	32,2	11,9
100 : 90	36,9	13,7	52 : 80	38,1	14,1
100 : 80	42,3	15,7	52 : 70	44,1	16,4
$^6/_{12}$ bas. Salz 100 : 70	47,8	17,7	52 : 60	50,1	18,6

Mit Zunahme der Basizität nimmt die Löslichkeit in Wasser ab, so daß man schließlich zu unlöslichen basischen Salzen kommt. Da man nur mit löslichen Salzen gerben kann, wird man bei der Herstellung basischer Salze im Höchstfalle bis zu dieser Löslichkeitsgrenze gehen. Es gilt, daß diese etwa bei dem $^6/_{12}$ basischen Salze erreicht ist, und zwar bei stärkeren Lösungen, während man bei schwächeren Lösungen überhaupt nicht so weit gehen darf. Es sind deswegen die Zusätze von Soda vom $^7/_{12}$ basischen Salz nicht mehr angegeben worden, nur noch für das $^{12}/_{12}$ basische Salz, d. h. für das Chromoxydhydrat, und zwar für den Fall, daß man für bestimmte Zwecke sämtliches Chrom als Chromoxydhydrat fällen will. Da die starken basischen Salze nur in stärkeren Lösungen noch löslich sind, geben sie beim Verdünnen Fällungen. Um dies zu vermeiden, soll man nicht mit den hochbasischen Salzen arbeiten. Man geht gewöhnlich nicht oder wenigstens nicht wesentlich über das $^{4}/_{12}$ basische Salz hinaus. Höchstens bei Häuten und Fellen, die einen stark sauren Pickel erhalten haben, wendet man bis zu $^{5}/_{12}$ basische Salze an.

Die obige Zusammenstellung führt die basischen Salze von $^{1}/_{12}$ zu $^{1}/_{12}$ an, die folgenden Zusammenstellungen hinsichtlich des Verhältnisses von Cr_2O_3 (= 100) : SO_3 bzw. Chrom (= 52) : SO_4, und zwar immer von 10 zu 10 Einheiten und außerdem die zur Herstellung dieser Verbindungen erforderlichen Mengen von kristallisierter bzw. calcinierter Soda, jedoch nur bis zur Löslichkeitsgrenze der basischen Salze.

Soll z. B. ein Chromgerbextrakt mit einer Basizität (Cr_2O_3 : SO_3) von 100 : 90 hergestellt werden, so sind auf 100 Teile Chromalaun 36,9 Teile kristallisierter Soda bzw. 13,7 Teile calcinierter Soda zu verwenden, wobei diese 100%ig angenommen sind. Man löst 100 kg Chromalaun in etwa der 5fachen Menge, also in 500 Liter warmem (nicht siedendem) Wasser, am besten in der Weise, daß man den in einem Korb oder Sacke befindlichen Chromalaun gerade in das Wasser eintauchen läßt. In der gleichen Weise wird die Soda (36,9 kg kristallisierte bzw. 13,7 kg calcinierte Soda) in 100 Litern warmem Wasser gelöst. Man gießt hierauf die Sodalösung unter Umrühren in dünnem Strahl in die Chromalaunlösung, wobei infolge Entweichens von Kohlendioxyd eine starke Gasentwicklung eintritt. Die so erhaltene Lösung ist eine basische Chromoxydsalzlösung von der Basizität 100 : 90, die ohne weiteres zum Gerben dienen kann.

c) Erläuterung des Begriffes „Chromleder".

[1]) „Man ist vielfach geneigt, das chromgare Leder als ein Mittelding zwischen alaun- und lohgarem Leder anzusehen, weil es sich in einigen Beziehungen dem lohgaren Leder nähert, ohne jedoch demselben in den wichtigsten Eigenschaften gleich zu sein; diese Annäherung an das lohgare Leder bezieht sich indessen nur auf

[1]) „Gerber", No. 613, 1900.

die größtenteils parallele Verwendung des chromgaren und des lohgaren Leders. In technologischer Beziehung nimmt das Chromleder eine ganz exzeptionelle Stellung ein, da dessen Bereitungsweise sowohl als dessen Eigenschaften Verschiedenheiten von jenen der genannten Leder aufweist, welche außerhalb einer Übergangslinie vom alaun- zum lohgaren Leder liegen.

Beim Vergleich der Eigenschaften des chromgaren Leders mit jenen des alaungaren Leders, beide als mineralgare Leder betrachtet, fällt zunächst der große Unterschied zwischen beiden in Hinsicht der Dehnungsfähigkeit bzw. des Zuges auf. Chromleder hat einen bei weitem kürzeren Zug als das Alaunleder, welcher Zug auch nicht wie bei letzterem stehen bleibt, sondern wieder zurückspringt, wie Gummi elasticum, infolgedessen ist es nicht möglich, das Chromleder auf eine größere Fläche auszudehnen, als es nach der Gerbung erhalten hat, welche merklich kleiner ist als jene des rohen Felles. Gerbt man z. B. drei gleich große Schaffelle, das eine alaungar, das zweite sumachgar, das dritte chromgar, so wird man nach der Gerbung und Zurichtung dieser drei Felle finden, daß das chromgare Fell merklich kleiner als das sumachgare und noch viel kleiner als das Glacéleder geworden ist. Der ganz merkbaren Verkleinerung des Chromleders steht dagegen eine Verdichtung des Ledergewebes gegenüber, welche sich aber auf Kosten der Fläche vollzogen hat. Diese Verdichtung des Leders bei der Chromgerbung rührt nicht so sehr von einer intensiven Gerbung, als von einer ganz speziellen Wirkung des Chromgerbematerials her.

Bei der Fabrikation von Schafledern hingegen spielt diese Verdichtung eine wichtige Rolle, da es durch diese möglich gemacht wird, aus einem von Natur aus schütteren Rohmaterial ein kompakteres Leder herzustellen, welches an Stelle von edlerem Rohmaterial mit Erfolg verwendet werden kann.

Aber diese Verdichtung hat den Nachteil, daß die Fläche verkleinert wird, was bei Maßledern sehr ins Gewicht fällt. Eine Folge des gummiartigen Verhaltens des Chromleders ist, daß dasselbe sich nach der Gerbung schwer verarbeiten läßt, aus welchem Grunde das Spalten und Falzen vor der Chromgerbung geschieht, oder vielmehr alsdann leichter ausführbar ist."

Soweit der „Gerber". Bei dem vorgeschrittenen Stande der Chromgerbung und bei Benutzung der dazu geeigneten Maschinen können heute alle Arbeiten ebenso sicher nach dem Gerben ausgeführt werden, wobei nur zu beobachten ist, daß die Chromleder den dazu nötigen Grad von Feuchtigkeit bis zur Beendigung der betreffenden Zurichtarbeiten behalten.

Der „Gerber" sagt weiter: „Das Gerbevermögen der Chromsalze ist im allgemeinen größer als jenes der Tonerdesalze in bezug auf die Fixierung der gerbenden Substanzen auf die Haut, jedoch ist es viel geringer als jenes der vegetabilischen Gerbung. Bei der Chromgerbung macht es nicht die Menge des fixierten Gerbstoffes, sondern in erster Linie die Art der Wirkung dieser Gerbstoffe aus, daß die Gerbung oder Veränderung der Blöße durch dieselbe nach einer gewissen Richtung zu einer sehr intensiven wird. Aus nachfolgendem Prozentsatz der Aufnahmefähigkeit der Haut für Chromgerbstoffe ist zu entnehmen, daß man mittels Chromgerbung keine Gewichtsware herstellen kann.

Bei vergleichenden Versuchen über die Gewichtszunahme, bei durch Kalkäscher und Zusatz haarlos gemachten Blößen wurden folgende Resultate erzielt.

Bei Blößen, gegerbt mit gewöhnlichem Kalialaun .	2,97%
„ „ „ „ Chromalaun	10,90%
„ „ „ „ vegetabilischen Materialien	30,30%.

Alle Ledersorten waren gut ausgewaschen, so daß die Gewichtszunahme auch die von der Blöße fixierte Menge Gerbmittel darstellt. Aus dem Prozentsatz ist zu ersehen, daß der Zunahmesatz nahezu die Grenze der Aufnahmefähigkeit der Blöße für den verwendeten Chromalaun darstellt.

Das Optimum der Aufnahmefähigkeit kann zwar gesteigert werden, aber die Anwendung der Meistaufnahme würde in den meisten Fällen dem Produkt sehr schädlich sein, ohne Vorteile für das Gewichtsrendement zu erhalten, so daß weit geringere Mengen in der Praxis sich für ausreichend herausgestellt haben.

Ein Füllen der Blößen, wie dieses bei der Alaungerbung angängig und dort zum Vorteil des Fabrikats angewandt wird, ist bei der Chromgerbung ausgeschlossen, weil die Chromgerbung das Fasergewebe durch Zusammenziehen verdichtet und damit die Zwischenräume, in welche sich bei Alaunleder die Füllstoffe einlagern, so verengt werden, daß letztere nicht genügend eindringen können.

Durch eine intensivere Gerbung wird auch das Leder nicht milder, sondern eher steifer und spröder, so daß eine solche sich für die meisten Zwecke von selbst verbietet.

Die Widerstandsfähigkeit des Chromleders gegen lohgare Leder bei Zerreißungsversuchen hat sich auf mehr als das Doppelte herausgestellt, wenn das Chromleder richtig und nicht zu intensiv gegerbt ist.

Chromgegerbte Riemen haben eine größere Dehnfähigkeit als wie solche aus lohgarem Leder, aber das Dehnen geht nur bis zu einer gewissen Grenze, ohne an dem Punkt des Zerreißens angelangt zu sein, dabei ist aber das Dehnen ein elastisches, bei welchem die Dehnung zurückspringt, wodurch sich aber der Riemen besser an die Scheibe anlegt.

[1]) Ganz eigentümlich ist das Verhalten des Chromleders gegen äußere Einwirkungen und gegen jene von eigentlichen Reagenzien, durch welches Verhalten es sich von allen anders gegerbten Ledersorten unterscheidet. Die Einwirkung von Säure erträgt Chromleder in gleicher Weise wie lohgares Leder, d. h. es widersteht demselben bis zu einem bestimmten Grade der Konzentration, ohne zerstört zu werden und ohne auch nur zu quellen, selbst nicht bei einem solchen Grade der Gerbung, bei welchem lohgares Leder schon quillt. Alkalien wirken auf Chromleder noch weniger ein als Säuren, und es kann eben von diesem Umstand in der Zurichtung der Chromleder ein umfassenderer Gebrauch gemacht werden, als dieses in der Regel zu geschehen pflegt.

Das ungefettete Chromleder ist nicht wasserdicht, es ist porös und vom Wasser leicht durchdringbar, aber es besitzt große Widerstandsfähigkeit gegen das Wasser, da weder Chromoxyd noch Hautgewebe vom Wasser besonders gelöst werden. Auch Hitze kann das Chromleder vertragen, bis auf 100° C, ohne irgend Schaden zu nehmen, wogegen vegetabilisch gegerbte Leder 45° C nicht ohne Gefahr überschreiten dürfen.

Chromgares Leder, einmal aufgetrocknet, kann weder in kaltem noch in warmem Wasser wieder aufgeweicht werden. Das Wasser durchdringt zwar nach und nach das Leder, aber die Fasern werden nicht vom Wasser durchdrungen, so daß es vom Kern aus nicht mehr erweichen kann. Diese bei längerer Dauer vorhandene Durchlässigkeit des Wassers ist von Vorteil für die Verwendung des Chromleders zu Schuhleder, da dadurch ein Ausströmen der Transpirationsfeuchtigkeit ermöglicht wird. Der große Nachteil des Nichterweichens fällt beim Zurichten recht lästig auf, und es müssen alle Operationen, als Falzen, Fetten, Färben, Fassonieren und Appretieren vor dem Auftrocknen des Leders vorgenommen werden. Die Ursache dafür ist, daß durch die Einwirkung der Chromsalze den Haut-

---

[1]) „Gerber", Nr. 615, 1900.

fasern die Quellungsfähigkeit genommen ist, so daß Säuren, selbst in den üblichen Konzentrationen, daran nichts zu ändern vermögen, und es ist aus diesem Grunde unmöglich, getrocknete Chromleder aufzuweichen; dagegen lassen sich die nicht zu feuchten Chromleder sehr lange im Lagerraum aufbewahren, ohne Schaden zu nehmen, im Gegensatze zu den lohgaren Ledern.

Diese Eigenschaft, im Wasser nicht mehr anzuschwellen, wird mit Wasserdichtigkeit verwechselt, aber diese Eigenschaft ist sehr schätzenswert, da Chromleder in kochendem Wasser nicht zerstört oder in Leim umgewandelt werden kann, weshalb es zu Schläuchen für heiße Flüssigkeiten oder für schnell laufende Riemen und an heißen Orten, z. B. am Gebläse, sehr gut zu verwenden ist, wo andere Leder mürbe werden und reißen.

[1]) Bei der praktischen Ausführung der Chromgerbung liegt als Hauptaufgabe vor, in der Hautblöße nur jene Mengen von gerbendem Chromsalz fest zu binden, welche sich als notwendig erwiesen, um die Blöße in ein dem jeweiligen Zweck entsprechendes Leder umzuwandeln. Überschreitung des für die Ausgerbung nötigen Gerbmaterials ist besonders bei Chromoberleder zu vermeiden, da die Qualität des Leders hierdurch in nicht günstiger Weise berührt wird, dasselbe wird geringer in der Dauerhaftigkeit."

Das Zweibadverfahren.

a) Das Chrombad.

A. Wünsch gab in einer Broschüre nachstehende Erklärung über das Zweibad- (Reduktions-) und über das Einbadverfahren.

Das Zweibadverfahren beruht auf der Eigenschaft der chromsauren Salze (Kaliumbichromat $K_2Cr_2O_7$) mit reduzierenden Substanzen (Antichlor und Salzsäure $Na_2S_2O_3 + HCl$), durch Abgabe von Sauerstoff aus Chromsäure (CrO_3), Salze des Chromoxyds (Cr_2O_3) zu bilden, welche gerbende Eigenschaften haben. Dieser Übergang vollzieht sich in der Blöße selbst, indem man sie zunächst mit saurer Chromatlösung tränkt und dann in das Reduktionsbad hineinbringt; d. h. man füllt die Blöße mit dem Träger der gerbenden Kraft, dem Element „Chrom", in der denkbar feinsten und gleichmäßigsten Verteilung, jedoch ohne Gerbwirkung, und löst diese erst durch die Reduktion aus, bei welcher das Element Chrom

[1]) „Gerber", Nr. 627, 1900.

an seiner Stelle verbleibt und nur ein Austausch seiner Begleiter vorgenommen wird.

Kaliumbichromat ($K_2Cr_2O_7 = K_2O \cdot Cr_2O_6 = K_2O \cdot Cr_2O_3$) besteht aus einem Molekül Kaliumoxyd und zwei Molekülen Chromsäure, welche letztere durch direkte Ablagerung von SO_2, schwefliger Säure, „gerbendes, schwefelsaures Chromoxyd" bildet:

$$2\,CrO_3 + 3\,SO_2 = Cr_2O_6 \cdot S_3O_6 = Cr_2O_3 \cdot S_3O_9 = Cr_2O_3(SO_3)_3 = Cr_2(SO_4)_3.$$

Die schweflige Säure entsteht bei der Reduktion aus Antichlor und Salzsäure: $Na_2S_2O_3 + 2\,HCl = 2\,NaCl + H_2O + S + SO_2$ neben Kochsalz, Wasser und freiem Schwefel, und geht durch Anlagerung an Chromsäure sofort in Schwefelsäure über. Diese Schwefelsäure bindet das entstandene Chromoxyd und das abgespaltene Kaliumoxyd zu Sulfaten, und zwar ergibt sich daraus nichts anderes als der Chromalaun, welcher das Ausgangsmaterial des Einbadverfahrens ist.

Somit haben beide Verfahren den eigentlichen Gerbeprozeß gemein.

Dieser besteht in der Spaltung des schwefelsauren Chromoxyds in einen basischen Anteil, welcher die Blöße gerbt, und in einem sauren Anteil, nämlich freie Schwefelsäure, welcher die Blöße schwellt; diese beiden Wirkungen sieht man deutlich während der Reduktion eintreten, ebenso wie auch beim Einbadverfahren. Bemerkenswert ist, daß die Chromsäure keinerlei Schwellung der Blöße hervorbringt, sondern dieselbe bloß intensiv durchfärbt, sie verhindert auch die Schwellwirkung einer gleichzeitig anwesenden anderen Säure in bedeutendem Maße.

Das Kaliumbichromat enthält die Hälfte seiner Chromsäure in freiem Zustande, doch wird demselben zur Erleichterung der Reduktion noch Schwefel- oder Salzsäure zugesetzt, welche die andere Hälfte seiner Chromsäure zum Teil oder ganz vom Kaliumoxyd trennt und mit diesem Kaliumsulfat bzw. -chlorid liefert. Um alle Chromsäure frei zu machen, bedürfen 295 Gewichtsteile Kaliumbichromat 72,8 Gewichtsteile Salzsäure-Chlorwasserstoffgas, oder 227,1 Gewichtsteile Salzsäure von 20° Bé oder 1,163 spez. Gewicht. In der Praxis wendet man manchmal weniger, meist aber mehr als die theoretische Salzsäuremenge beim ersten Bade an; in ersterem Falle enthält dann das Chromierbad keine andere freie

Säure als Chromsäure neben Kaliumchlorid und noch unzerlegtem Kaliumbichromat, welches zu seiner Spaltung einen Teil der Säure des Reduktionsbades für sich in Anspruch nehmen wird; in letzterem Falle neben freier Salzsäure nur freie Chromsäure und Kaliumchlorid, aber kein unzerlegtes Bichromat mehr, so daß die chromierten Leder einen Säureüberschuß in das Reduktionsbad mitbringen.

Stets besteht das erste Bad aus Kochsalz und freier Säure und wirkt daher auf die Blößen wie ein Pickel ein.

Bezüglich der Konzentration des ersten Bades gilt für Kaliumbichromat die Löslichkeitsgrenze bei der Temperatur der Gerbflüssigkeit von 25—30° C, d. h. 13 Teile in 100 Teilen Wasser als Maximum, welches nicht überschritten werden darf, doch kann man geringere Konzentrationen anwenden, welche man durch Verdünnen mit Wasser bis zum gewünschten Beaumégrade des Aräometers leicht erhält. Die Menge Kaliumbichromat auf 100 Teile Blöße ist nur im Verein mit der Konzentration der Lösung ein Maßstab für das Chromierbad, da die Blößenmenge aus gleichen Teilen Bichromat um so mehr aufnimmt, je konzentrierter die Lösung ist. Außerdem sinkt die Konzentration infolge des Blößenwassers um so mehr, je weniger Chromierflüssigkeit auf ein bestimmtes Blößenquantum gerechnet wird.

Da der Gehalt des Chromleders an Chromoxyd nur aus dem Chromierbad aufgenommen wird, so kann man aus der Analyse des Chromleders berechnen, wie das Chromierbad hergestellt werden muß, um das verlangte Leder zu liefern.

Das Ende der Chromierung der Blößen im ersten Bade tritt in wenigen Stunden ein und wird durch die praktische Erfahrung aus der gleichmäßigen Farbe des Schnittes erkannt, welcher an der dicksten Stelle gleich tiefgelb sein muß. Auch würde ein empfindliches Aräometer aus der konstant gewordenen Konzentration diesen Punkt genau anzeigen.

Nach dem ersten Bade gelangen die Blößen, welche man vorher abtropfen läßt, in das zweite Bad, welches die Reduktionsflüssigkeit enthält.

b) Das Reduktionsbad.

Jedes Molekül Antichlor braucht zwei Moleküle Säuregas, oder in Zahlen: 248 Teile Antichlor brauchen 227,1 Gewichtsteile Salzsäure von 20° Bé zur vollständigen Zersetzung. Diese wird aber nicht gewünscht, sondern man setzt nur einen Teil dieser theoretischen Säuremenge zu, aber die Reduktion erfolgt trotzdem vollständig. Die zum Antichlor zugesetzte Säure setzt sich sehr schnell in die äquivalente Menge schwefliger Säure um, welche direkt an Chromsäure tritt, mit dieser neutrales schwefelsaures Chromoxyd bildet, welches von der Hautsubstanz gespalten wird, unter Freiwerden von Schwefelsäure. Diese wirkt nun zersetzend auf das noch unangegriffene Antichlor und auf das noch intakte Bichromat, indem sie den noch gebundenen Rest von Chromsäure frei macht, und das Kaliumoxyd absättigt, endlich schwellend auf die ungegerbte Blöße wirkt. Die zugesetzte Salzsäure verschwindet sofort endgültig durch ihren Übergang in Kochsalz, während die ihr äquivalente Menge schwefliger Säure je nach den obwaltenden Umständen mehr oder minder beträchtlich entweicht, ohne überhaupt zur Wirkung zu kommen. Nur derjenige Teil der entwickelten schwefligen Säure, welcher sich an Chromsäure anlagert, wirkt auf die Gerbung in Form von Schwefelsäure, doch geht auch von dieser jener Teil für die Weiterführung der Reduktion endgültig verloren, welcher an das Kaliumoxyd von noch unzersetztem Bichromat tritt, und jener, welcher sich überhaupt nicht vom Chromoxyd trennt, sondern mit diesem von der Blöße als Gerbstoff gebunden wird.

Dagegen bildet sich auch eine geringe Menge Schwefelsäure aus der schwefligen Säure durch den Sauerstoff der Luft, aber je mehr die Luft freien Zutritt hat, desto eher kann die entwickelte schweflige Säure ins Freie entweichen.

Wirksam, somit in übertragenem Sinne gerbend, ist im Reduktionsbade nur die zu Schwefelsäure oxydierte schweflige Säure SO_2, welche neue Antichlormengen zersetzt und von der immer so frisch entstehenden schwefligen Säure gilt dasselbe, was von jener gesagt wurde, welche primär aus der zugesetzten Salzsäure entstanden war. Die Menge dieser Salzsäure für das jeweilige Reduktionsbad anzugeben, ist der wichtigste Abschnitt des ganzen Zweibadverfahrens und zugleich eine immer wechselnde Schwierigkeit, welche die größte Aufmerksamkeit erfordert.

Für die Bestimmung der Antichlormenge ist maßgebend, daß während der ganzen Reduktion beständig genügend Antichlor vorhanden sein soll, um die freie Schwefelsäure zu binden, damit die Blöße nicht schwellen kann, weshalb eben dem Reduktionsbad nur ein Teil der theoretischen Säuremenge zugesetzt wird, da sonst gar kein verfügbares Antichlor mehr da wäre. Es muß also etwas mehr Antichlor verwendet werden, als der Chromsäure der Blößen entsprechen würde, denn die Schwefelsäure, welche sich mit den letzten Spuren der Chromsäure bildet, zum Schluß der Reduktion, fände sonst gar kein unzersetztes Antichlor mehr und würde an ihrem Entstehungsorte, dem Hautgewebe, sitzen bleiben, da die Reduktion, bis auf Spuren von ausgewaschenem Bichromat, nur innerhalb der Blöße erfolgt. Wenn ein genügender Überschuß von Antichlor verwendet wurde, so bildet die zuletzt gebildete Schwefelsäure die ihr äquivalente Menge schwefliger Säure, die keine Schwefelsäure mehr vorfindet, daher teils entweicht, teils als solche gelöst bleibt. Dann erreicht man nur eine unbedeutende Schwellung, und es wäscht sich auch kein Chromoxyd aus dem Leder heraus, da es fest an die Faser gebunden ist, weder das Reduktionsbad noch die Auswaschwässer färben sich grün.

Es soll also die ganze Salzsäure, welche man dem ersten und zweiten Bade zugesetzt hat, mit Ausnahme der mit den benützten Bädern abgehenden freien Säure, in Form von Schwefelsäure des aufgenommenen Gerbsalzes im Leder bleiben, und in Form von schwefliger Säure entwichen sein, wenn keine freie Säure im Leder bleiben soll. Bis auf einen Rest von gelöster schwefliger Säure ist bei großem Antichlorüberschuß dieser Vorteil nicht schwer zu erreichen, doch steigert dieses den Antichlorverbrauch um so mehr, je mehr Salzsäure zu den beiden Bädern benutzt wurde.

Da in der Praxis stets lieber mehr als weniger Säure verwendet wird, weil die ganze Gerbung rascher verläuft, wenn überschüssige Säure vorhanden ist, so enthält das Leder nach der Reduktion stets größere Mengen von freier Säure, deren Entfernung schwierig ist.

Man hat, um ein gutes Zweibadverfahren zu erzielen, nur die Wahl, entweder ein Gerbverfahren mit wenig Säure und viel Antichlor zu benutzen, oder rascher mit viel Säure zu gerben, und ein besonderes Mittel zum Entfernen der freien Säure zu verwenden; Alkalien und alkalische Salze eignen sich wegen ihrer alkalischen Reaktion schlecht, und liefern nur bei äußerster Sorgfalt gute Resultate; Schlämmkreide ebenfalls nur zur Not geeignet, weil dieselbe unlösliche Kalksalze, Gips in das Leder bringt. Das einzig richtige Mittel zum Entfernen der freien Säure aus Zweibadledern sind basische Salze mit saurer Reaktion, welche nicht entgerbend wirken. So dargestellte und entsäuerte Leder werden sich auf dem Lager weder verändern, noch den penetranten Geruch nach schwefliger Säure verbreiten. Wenn auch die chemischen Prozesse nicht so einfach verlaufen und sich verschiedene Thioschwefelsäuren im Reduktionsbad bilden können, so sind diese doch nur Zwischenprodukte, welche auf den Reduktionswert des zweiten Bades keinen Einfluß haben, und welchen man nach der Anzahl entwickelbarer schwefliger Säuremoleküle genau einstellen kann.

Nimmt man andere Reduktionsmittel als Antichlor und Salzsäure, so werden dieselben oder ähnliche Schwierigkeiten in anderer Form zu berücksichtigen sein.

Auf ein Molekül Bichromat müssen theoretisch drei Moleküle Antichlor, praktisch aber entsprechend mehr genommen werden, auch soll der Zusatz von Salzsäure zu beiden Bädern den Betriebsverhältnissen gemäß sein, und darf die Konzentration des zweiten Bades nicht zu hoch ausfallen, da sich der Schwefel sonst zu Klümpchen ballt und das Leder verschmiert, wogegen eine zu geringe Konzentration nur langsam und ungenügend wirkt.

Obwohl alle diese Verhältnisse schwierig einzuhalten sind, so kann aus dem Aussehen der Blößen während der Gerbung in bezug auf Schnittfarbe, Schwellung und Narbenbildung annähernd das Richtige getroffen werden, wenn auch Zufälligkeiten nicht ausgeschlossen sind, welche meistens in einem unrichtigen Mischungsverhältnisse ihren Ursprung haben und denen der nicht chemisch gebildete Gerber ratlos gegenübersteht, wogegen der chemisch gebildete Gerber die Ursache des Mißerfolges sofort zu entdecken imstande sein wird, da die einzelnen Faktoren genau durch chemische Untersuchung festgestellt werden können.

Nach Dr. H. R. Procter soll ein sehr gutes Reduzierbad aus Wasserstoffsuperoxyd bereitet werden können. Derselbe schreibt: „Durch dieses Bad kann nichts in die Blößen gelangen, was dem Leder schädlich sein könnte, da bei der Zersetzung nur Wasser und Sauerstoff entstehen. Es ist kein langwieriges Auswaschen von Schwefel nötig, auch ist keine Bildung von Schwefelsäure aus schwefliger Säure oder die Abscheidung von Eisen- oder Kupferoxyden zu fürchten, welche die Eigenart des Leders wesentlich verändern. Ferner geht die Reduktion so rasch vor sich, daß ein Auswaschen von Chromsäure bei diesem Verfahren gar nicht eintreten kann.

Bei der Ausführung dieses Verfahrens werden die wie gewöhnlich gechromten Leder nach dem Abtropfen in eine Wasserstoffsuperoxydlösung gebracht. Man hält das Bad schwach sauer und fügt das Wasserstoffsuperoxyd in kleinen Portionen stetig zu, so daß es zu keiner lebhaften Sauerstoffentwicklung kommen kann. Die Blößen müssen fortwährend bewegt werden, damit die Reduktion der Chromsäure gleichmäßig vor sich gehen und der Sauerstoff aus den Poren der Blößen entweichen kann. Dabei muß jede Berührung von Wasserstoffsuperoxyd mit Metallflächen vollständig vermieden werden, da sonst erhebliche Verluste an Wasserstoffsuperoxyd entstehen können."

Die Verwendung des Wasserstoffsuperoxyds als Reduktionsmittel muß als eine große Erleichterung für den ausübenden Gerber angesehen werden, da dessen Benutzung in Wirklichkeit bedeutende Vorteile bietet, nur ist der Kostenpunkt teurer als der des Reduzierbades mit Antichlor und Salzsäure, welcher Punkt allerdings schwer ins Gewicht fällt, aber vom Anfänger mit getragen werden sollte, bis derselbe sich an das Wesen der neuen Gerbeart eingelebt hat.

Mit dem nun folgenden richtigen Entsäuern und Auswaschen der reduzierten Leder ist die Gerbung nach dem Zweibadverfahren beendet.

Das Einbadverfahren.

Für das Verständnis des Einbadverfahrens ist es von Wichtigkeit, die Natur des von der Blöße gebundenen Chromoxydsalzes näher zu charakterisieren. Wenn nämlich sowohl dem ersten, wie auch dem zweiten Bade statt der theoretischen Menge Salzsäure, einesteils zum Freimachen der gebundenen Chromsäure, anderenteils zur völligen Zerlegung der auf diese Weise berechneten Antichlormenge, nur ein kleiner Teil dieser Salzsäuremenge zugesetzt wird, so kann sich überhaupt nicht so viel Schwefelsäure bilden, daß alle Chromsäure in neutrales Chromoxydsulfat umgewandelt werden könnte, und ein Teil der Schwefelsäure wird vom Kaliumoxyd unwirksam gemacht; ein saures Chromooxydsulfat kann unmöglich entstehen. Da unter solchen Umständen bzw. Verhältnissen ohne Anwesenheit von Hautsubstanz die Chromsäure überhaupt nicht völlig reduziert werden könnte, so ist es nur dieser zuzuschreiben, daß sämtliche Chromsäure in Chromoxyd übergeht, welches nur so möglich ist, daß das sich bildende neutrale Chromoxydsulfat von der Blöße gespalten wird, indem sie basisches Chromsulfat oder bloß Chromoxyd an sich bindet unter Verwandlung in Leder und freie Schwefelsäure, welche aus dem überschüssigen Antichlor neue Mengen schwefliger Säuren entbindet und der weiteren Reduktionsarbeit zuführt. Die theoretische Säuremenge, welche ohne Hautsubstanz nur eben hinreicht, um die Chromsäure zu reduzieren, erweist sich für eine feine Gerbung bereits als schädlicher Überfluß, obwohl dieselbe auch hier die Reduktion beschleunigen würde; diese würde aber große Auswaschverluste nach sich ziehen, Säure im Leder zurücklassen und ein mangelhaft gegerbtes Leder liefern, ähnlich so, wie zu saure Lohbrühen dieses mit lohgarem Oberleder tun würden.

Nach Procter genügt zur Ausführung der Reduktion ein sehr geringer Zusatz von Salzsäure zum Antichlor; die Reaktion verläuft nach Procters Ansicht in folgender Weise: zunächst braucht nur eine geringe Menge schwefliger Säure in Freiheit gesetzt zu werden, diese wird durch die im Überschuß vorhandene Chromsäure zu Schwefelsäure oxydiert, welche nun wieder imstande ist, eine neue entsprechende Menge des schwefligsauren Salzes zu ersetzen, so daß auf diese Weise ein Kreisprozeß zustande kommt, der sich so lange fortsetzt, bis alles schwefligsaure Natron zersetzt ist.

Jedenfalls ist es notwendig, im Reduktionsbade jeden Überschuß freier Säure zu vermeiden, da ein solcher nicht nur äußerst schädlich auf die Blößensubstanz einwirkt, sondern auch die Abscheidung unlöslichen Chromoxyds in den Poren der Blöße unmöglich macht. Die Reduktion der in den Blößen enthaltenen Chromsäure kann auch auf Kosten der Hautsubstanz oder auf Kosten der zum Zurichten dienenden Fette sich vollziehen, aber stets nur zum großen Nachteil des zu schaffenden Leders.

Das „Einbadverfahren" läßt auf die Blößen gleich fertige Chromoxydsalzlösungen einwirken, anstatt sie, wie beim Zweibadverfahren, erst in der Blöße herzustellen! Obwohl also beide auf den gerbenden Eigenschaften der Chromoxydsalze beruhen, so sind dieselben doch grundverschieden.

Bei dem Einbadverfahren gestattet die Ähnlichkeit desselben mit der Brühengerbung jedem praktischen Gerber in der kürzesten Zeit die ausreichende Vertrautheit mit dieser Methode, da derselben die gekauften oder selbstbereiteten Brühen (Chrombrühen) in analoger Weise anzuwenden hat und bald in die speziellen Erscheinungen dieser Gerbung eindringt und damit vertraut wird.

Für den nicht einigermaßen chemisch gebildeten Gerber ist das Einbadverfahren dem Zweibadverfahren vorzuziehen, da die Anwendung und Kontrollierung von starken Säuren nicht nötig ist, und ein Reduzieren mit den verschiedenen Stoffen fortfällt, welches die schwierigste Arbeit des ganzen Zweibadverfahrens ist; hierbei können, durch die verschiedensten Umstände gezeitigt, Zufälligkeiten eintreten, denen nur der ausgebildete Chemiker gewachsen ist.

Die Chromsalze enthalten das Chromoxyd an mehr oder weniger Säuren gebunden und sind demgemäß sauer, neutral oder basisch. Das Verhältnis von Chromoxyd zu Säure wird aber beim

Eindringen der Lösung in die Blöße alteriert durch die Spaltung bei dem Kontakt mit der Hautsubstanz, welche Chromoxyd anzieht und Säure abstößt. Da diese das Innere der Blöße nicht verlassen kann, solange die Schwellung nicht ihr Maximum erreicht hat, so kann man es schließlich nicht vermeiden, daß die Blöße aus einer Lösung eines sauren Chromoxydsalzes dieses direkt aufnimmt. Außerdem ist es Tatsache, daß Blößen in einer stark basischen Chromsalzlösung einen geringen Niederschlag von Chromoxyd hervorrufen, woraus zu folgern wäre, daß die Hautsubstanz auch hier ein saures Chromsalz aufnimmt, wodurch die Lösung zu arm an Säure würde, um alles Chromoxyd in Lösung zu erhalten. Dieses steht nun aber in direktem Widerspruch zu der aus dem Zweibadverfahren gefolgerten Aufnahme von ledig Chromoxyd oder doch stark basischem Chromoxydsulfat. Dieser Widerspruch ist aber nur scheinbar, da das Absorbieren von saurem Chromsalz durch die Blöße die Folge zweier Prozesse ist, nämlich der Gerbung in den Außenpartien und der Schwellung in den Innenpartien, ähnlich wie es in den Schwellfarben der lohgaren Leder vor sich geht. Es ist dies nur ein Beweis, wie stark die spaltende Wirkung der Hautsubstanz auf Chromsalz ist, wenn dieselbe stark basische Chromsalze im Einbadverfahren, neutrales Chromoxydsulfat im Zweibadverfahren trennt und auch aus stark sauren Chromsalzen einigermaßen gerbende Bestandteile entziehen kann.

Beim Einbadverfahren erfolgt die Gerbung strichförmig wie bei vegetabilischen Gerbstoffen, d. h. schichtenweise von außen nach innen, und während die äußersten Schichten ebenfalls nur durch Chromoxyd oder durch stark basisches Chromoxydsalz gegerbt werden, ziehen die innern rohen Schichten begierig die abgespaltene Säure an, welche hier aber kein Reduktionsmittel, „Antichlor“, vorfindet, welches dieselbe mit Beschlag belegen könnte.

Der Grund, weshalb beim Zweibadverfahren die abgespaltene Säure nicht ebenso begierig von der ungegerbten Blößenmasse angezogen wird, ist der, daß dieselbe bereits genügend mit Säure versehen ist, da dieselbe ja im Chromierbad ein saures Chromat und Salzsäure aufgenommen hat. Daß eine Blöße in einem ausreichenden Quantum stark basischer Chromsalzlösung, unter Entnahme des nötigen Gerbsalzes, diejenige Menge Chromoxyd quantitativ abscheidet, welche mit der aufgenommenen Gerbsalzmenge verbunden war, konnte bisher noch nicht erwiesen werden.

Man sollte zwar erwarten, daß auch die geringe Menge von Chromoxyd, welche durch die Hautsubstanz aus einer stark basischen

Chromsalzlösung gefällt wird, sich innerhalb und nicht außerhalb der Blöße befinde, doch gibt die Ionentheorie auch dafür eine Erklärung: wenn die Säureionen rascher in die Blößen dringen als die basischen Ionen, so ist die Ausscheidung von Chromoxyd außerhalb der Blöße leicht erklärlich.

Es scheint somit klargestellt, daß das gerbende Prinzip in beiden Verfahren ganz allein oder fast ausschließlich Chromoxyd selbst ist, welches als wasserunlöslicher Körper nur in Gegenwart von Säure, oder eines dasselbe auflösenden normalen Salzes als basisches Chromsalz zum Gerben verwendet werden kann, da alkalische Lösungen kein brauchbares Leder liefern.

Die Natur der Säure hat auf den Gerbeprozeß ebenfalls Einfluß, welcher nach folgenden Richtungen zu berücksichtigen ist: Zunächst muß die Säure natürlich mit Chromoxyd lösliche Salze bilden, dann muß sie durch die Hautsubstanz leicht abspaltbar sein oder mit dem Chromoxyd ungesättigte Verbindungen liefern, also freie Valenzen lassen, damit die Hautsubstanz chemisch gebunden werden kann, sonst entsteht kein Leder; ferner muß ein eventueller Überschuß der Säure auf dem Leder leicht auswaschbar sein oder unschädlich gemacht werden können. Es ist auch auf diejenigen organischen Körper ohne Säurecharakter hinzuweisen, welche die Löslichkeit des Chromoxyds mit geringen Säuremengen ermöglichen bzw. stark basische Salze in Lösung erhalten. Doch können organische Substanzen im Leder leicht ein Schimmeln oder schlechten Geruch erzeugen, ohne daß man ihnen eine günstige Gerbwirkung, welche ohne organische Stoffe nicht erreichbar wäre, zuschreiben kann.

Die Säuren, deren Wirkung auf die Hautsubstanz aus der Lohgerberei bekannt ist, organische und mineralische Schwellmittel, eignen sich ziemlich gleich gut, jede für sich angewandt, doch sind flüchtige organische Säuren bei schlechtem Auswaschen dem Leder weniger gefährlich als andere. Wenn jedoch zum Schmieren des Leders eine Seife mit unschädlichen Fettsäuren mit verwendet wird, so können zurückgebliebene Säuren nicht viel schaden, da solche die Seife zerlegen und das Leder unangegriffen bleibt.

Aber gerade die Zerlegung der Seife durch die freie Säure oder durch saure Salze des Leders bedingt eine Zerstörung der feinen Emulsion des Fatliquors, so daß die zu fettenden Leder das Fett nicht gehörig aufnehmen, und verursacht insbesondere die Abscheidung von freien Fettsäuren im Leder, welche auf dem fertigen Produkt oft erst nach längerer Zeit als weißer Ausschlag erscheinen und das Leder total zu entwerten geeignet sind.

Das Leder darf also vor der Behandlung mit Seife weder freie Säure noch saure Salze in sich enthalten, diese müssen unbedingt entfernt sein. Die mit diesem Fehler behafteten Leder sind während der Zurichtung an dem schmierigen, klebenden Gefühl zu erkennen. Das Verhältnis von Chromoxyd zu Säure wird in den ersten Stadien der Gerbung innerhalb der Blöße durch diese selbst so alteriert, daß sie mehr Säure als Chromoxyd aufnimmt, daher hat es Nachteile, gleich von Anfang an stark basische Lösungen zu verwenden, da die Schichten ganz ungleichmäßig gegerbt würden. Die Außenschichten würden rasch ihr Maximum an Chromoxyd aufnehmen und gegen das Innere zu nur Säure mit wenig Chromoxyd durchlassen, so daß eine Gleichmäßigkeit der Gerbung nur mehr nach dem Maximum der Gerbstoffaufnahme in der ganzen Blöße erreicht werden könnte. Ein solches Produkt wird von dem des Zweibadverfahrens stark abweichen, da letzteres die vollständig gleichmäßige Durchgerbung mit dem Minimum von Gerbstoff darstellt, welches nur in sehr engen Grenzen variiert. Nach demselben erhält man Leder mit etwa 3% Chromoxyd, während das Einbad solche von 10% und darüber leicht erzeugen kann.

Es ist daher gut, mit einem solchen Gerbsalz zu beginnen, welches nicht so intensiv anfällt wie stark basisches Chromoxydsalz und die ganze Blößendicke ohne große Unterschiede zwischen Außen- und Innenschichten gleichmäßig durchzieht, hierauf aber mit stark basischem Chromoxydsalz zuzubessern, wodurch sowohl die Konzentration steigt, als auch das Verhältnis von Chromoxyd zu Säure nach und nach so geändert wird, daß zum Schluß mit ganz basischem Chromsalz ausgegerbt wird. So kann man eine volle Gleichmäßigkeit der Gerbung erzielen und hat die Größe der Gerbstoffaufnahme durch richtige Wahl der Konzentration und des Quantums der Gerbflüssigkeit ganz in der Hand.

Es ist also möglich, dasselbe Produkt nach beiden Verfahren zu erhalten, besonders wenn man noch folgenden Umstand berücksichtigt: beim Zweibadverfahren entsteht in der ersten sauren Lösung keinerlei Schwellung wegen der härtenden Wirkung der Chromsäure; im Reduktionsbad übt das aus Antichlor und Salzsäure entstehende Kochsalz seine spezifische Wirkung aus. Diese ist längst in der Weißgerberei erkannt worden und wird dort benützt, weshalb es nur folgerichtig ist, beim Einbadverfahren der Gerblösung entsprechende Mengen Kochsalz zuzusetzen.

Auf diese Weise kann man die Schwellung behindern; Bichromat darf man zu diesem Zweck nicht beimischen, da keine Reduktion der Chromsäure vorgenommen wird und letztere nicht als solche im Leder bleiben darf.

Das Kochsalz wirkt der Schwellung entgegen, kann aber auch den Einfluß haben, die Säure des Chromsalzes an das Natrium und die Salzsäure des Kochsalzes an das Chromoxyd zu binden, wodurch die Gerbung dann immer mit Chromchlorid erfolgen würde, zum mindesten dann, wenn an Chromoxyd die stärkere Schwefelsäure gebunden vorliegt. Es kann zwar im Reagenzglase bewiesen werden, daß Natriumchlorid und Aluminiumsulfat aus dem Gemisch von Kochsalz- und Alaunlösung ausgeschieden werden kann, woraus man für diese Begleitumstände folgern darf, daß Natriumchlorid und Alaunlösung ihre Säure nicht austauschen, doch gilt dieser Beweis nicht ohne weiteres auch für die Prozesse innerhalb der Hautsubstanz.

Es lassen sich somit die Verhältnisse des zuerst geschilderten Zweibadverfahrens durch ein aus Chromalaun leicht herzustellendes schwefelsaures Chromsalz mit Kochsalzzusatz im wesentlichen auch nach dem Einbadverfahren genau durchführen.

Die Gerbung erfolgt in beiden Fällen am besten und geeignetsten im Walkfaß.

Durch das Einbadverfahren kann die Herstellung von Chromleder ohne die Verwendung von giftigem Bichromat, gefährlichen Mineralsäuren, schädlichen Dünsten, wie schweflige Säure SO_2 bei der Reduktion und meist auch im Ledermagazin, ferner ohne die Kompliziertheit und das Riskante des Zweibadverfahrens durchgeführt werden. Nebenbei hat man bei dem Zweibade unzulässige Abfallbrühen, dagegen bei dem Einbadverfahren nur Wasser mit Salz und Sulfaten von Kalium und Natrium wegzugießen, da man die ältesten Brühen entweder zum Auflösen von Chromalaun benutzen, oder ihnen durch Ausfällen mit Soda den letzten Rest von Chromoxyd entziehen kann, um denselben wieder zu verwenden.

Wenn auch der Unterschied in den Gerbekosten nicht allein maßgebend sein darf, so hat doch das Einbadverfahren den Vorzug größerer Billigkeit und schließt Verluste an wirksamer Substanz aus."

Gegenwärtige Ansicht über Pickel und Einbadgerbung.

Der Versammlungsbericht über die Zusammenkünfte deutscher Gerbereichemiker am 7. März und 18. Juli 1924 in Darmstadt, welcher im Collegium Nr. 647 und 653 erschienen ist, dürfte das Wissenswerteste über den gegenwärtigen Stand der Kenntnis vom Wesen und der Wirkung des Pickels, wie auch der Einbadchromgerbebrühen enthalten und wurde von Prof. Dr. Stiasny in nachfolgender, umfassender Weise eingeleitet.

Es handelt sich darum, die auf das Pickeln folgende Einbadchromgerbung in den Anfangsstadien zu verlangsamen, die Adstringens der Angerbbrühe zu mildern, die Übergerbung der Narbe zu verhindern und ein allmähliches Basischerwerden des Chromsalzes innerhalb der Haut zu ermöglichen. Hierzu verhilft vor allem der Säuregehalt des Pickels, aber auch — durch Erhöhung der Ausflockungszahl der Chrombrühe — der Salzgehalt desselben. Neben dieser Wirkung ist auch die Entwässerung wesentlich, da sich eine teilweise entwässerte Faser leichter angerben läßt als eine wasserreiche, und da durch die Entwässerung auch eine Freilegung der Fasern verursacht wird, die zur Erzeugung eines weichen Leders nötig ist. Hierzu kommt dann noch eine proteïnfällende Wirkung, die sich gegenüber jenen mehr oder weniger weit abgebauten Hautbestandteilen geltend macht, die nach dem Beizen in der schlüpfrigen und verfallenen Blöße vorhanden sind und eine Befestigung in der Haut wünschenswert machen. Für diese gesamten Pickelwirkungen sind maßgebend: 1. die Art der Pickelsäure, 2. die Menge der Säure, 3. die Art und Menge des Pickelsalzes.

Was die Art der Pickelsäure betrifft, so kommen für die Praxis hauptsächlich Schwefelsäure, Salzsäure und Ameisensäure, seltener Milchsäure, Essigsäure und andere Säuren in Betracht. Die Aziditätsunterschiede dieser Säurelösungen lassen sich durch Vergleich der p_h-Werte der $n/_5$-, $n/_{10}$- und $n/_{20}$-Lösungen (diese Konzentrationen kommen beim Pickeln in Betracht) deutlich erkennen.

Tabelle 1. p_h-Werte.

	$n/_5$	$n/_{10}$	$n/_{20}$
H_2SO_4 . . .	0,92	1,19	1,46
HCl	0,74	1,02	1,32
HCOOH . .	2,19	2,35	2,49
$C_3H_6O_3$ . .	2,27	2,43	2,58
$C_2H_4O_2$ . .	2,74	2,89	3,02

Tabelle 1 zeigt die großen Unterschiede zwischen den p_h-Werten der starken Mineralsäuren und der schwachen organischen Säuren;

sie zeigt auch, daß diese Unterschiede in $n/_5$-Lösungen etwa doppelt so groß sind wie bei $n/_{20}$-Lösungen.[1])

Die Menge (Konzentration) der Pickelsäure hat auf die Azidität (p_h-Wert) bei stärkeren Säuren (Salzsäure, Schwefelsäure) stärkeren Einfluß als bei schwachen (organischen) Säuren, wie ebenfalls aus Tabelle 1 ersichtlich ist.[2]) Da aber beim Pickeln der größte Teil der Säure aufgenommen wird, so handelt es sich bei der Säurebemessung weniger um die Konzentration der angewandten Säurelösung als um die Gesamtmenge der Säure (d. h. um die Säuremenge in Prozenten des Blößengewichts).

Die Art und Menge des Pickelsalzes hat nach neueren Untersuchungen[3]) eine wesentliche Bedeutung auf die Pickelwirkung. Es wird nämlich die Azidität des Pickels dadurch stark beeinflußt. Zur vergleichenden Betrachtung seien Natriumchlorid, Natriumsulfat und Natriumacetat gewählt (in der Praxis wird fast ausnahmslos Kochsalz verwendet). Die drei genannten Salze haben ganz verschiedene Wirkung auf die Azidität des Pickels. Natriumchlorid erhöht (bei Zusatz größerer Mengen) die Azidität sowohl der starken anorganischen, wie der schwachen organischen Säuren ganz beträchtlich. Natriumsulfat verursacht eine deutliche Verringerung der Azidität. Natriumacetat erniedrigt schon bei geringen Zusätzen stark die Azidität der Säurelösungen und erreicht bei größeren Zusätzen die Wirkung einer Neutralisation.

Diese verschiedenen Salzwirkungen zeigen sich deutlich in der folgenden Zusammenstellung (siehe Tabelle 2), deren Einzelzahlen elektrometrisch gemessene p_h-Werte vorstellen.[4])

(Der Vortragende zeigte auch an einigen einfachen Indikator- versuchen den starken Einfluß der Salzzusätze auf die Azidität des Pickels.)

Besonders deutlich veranschaulichen läßt sich dieser Salzeinfluß, wenn man die Salzkonzentrationen auf die Abszissenachse, die p_h-Werte auf die Ordinatenachse aufträgt und die p_h-Kurven zeichnet (siehe Abbildung 1).

---

1) Beispiel: | | |
|---|---|
| p_h der $n/_5$-Essigsäure = 2,74 | p_h der $n/_{20}$-Essigsäure = 3,02 |
| p_h der $n/_5$-Salzsäure = 0,74 | p_h der $n/_{20}$-Salzsäure = 1,32 |
| Unterschied: 2,00 | Unterschied: 1,70, |

denn $10^{-1,7}$ ist eben gleich $2 \cdot 10^{-2}$.

2) Bei der Salzsäure z. B. beträgt der Unterschied der p_h-Werte von $n/_5$- und $n/_{20}$-Säure 0,58, bei den organischen Säuren aber nur 0,3.

3) Siehe z. B. J. A. Wilson, The Chemistry of Leather Manufacture. S. 89ff.

4) Die Messungen wurden im hiesigen Institut von Herrn Dr. Ackermann ausgeführt.

Tabelle 2.

Einfluß von Salzen auf p_h von Säuren.

	Ohne Salz	NaCl			Na_2SO_4			$NaC_2H_3O_2$		
		$n/_{10}$	$n/_1$	4 n	$n/_{10}$	$n/_1$	3,5n	$n/_{10}$	$n/_1$	2 n
$n/_{10}$-HCl	1,08	1,06	0,91	0,20	1,18	1,60	1,79	2,72	5,48	6,00
$n/_{10}$-H_2SO_4	1,19	1,18	0,98	0,30	1,27	1,68	1,85	3,03	5,57	6,01
$n/_{10}$-HCOOH . . .	2,39	2,32	2,17	1,77	2,50	2,63	2,70	4,10	5,59	6,03
$n/_{10}$-Milchsäure . .	2,45	2,34	2,12	1,64	2,53	2,56	2,58	4,26	5,68	6,08
$n/_{10}$-Essigsäure . .	2,87	2,74	2,62	2,39	3,02	3,10	3,13	4,59	5,57	6,02
$n/_{100}$-HCl	2,11	2,06	1,91	1,24	2,38	2,75	2,88	5,50	6,60	7,03
$n/_{100}$-H_2SO_4	2,11	2,06	1,91	1,24	2,40	2,78	2,90	5,56	6,63	7,03
$n/_{100}$-HCOOH . . .	2,89	2,84	2,72	2,35	3,05	3,19	3,26	5,59	6,62	7,02
$n/_{100}$-Milchsäure . .	2,91	2,84	2,69	2,28	3,06	3,17	3,19	5,49	6,65	7,14
$n/_{100}$-Essigsäure . .	3,39	3,27	3,17	3,07	3,55	3,65	3,69	5,62	6,62	7,03

Man sieht, daß die Azidität der stärkeren Mineralsäuren durch reichlichen Kochsalzzusatz noch etwas mehr verstärkt wird als die Azidität der schwachen organischen Säuren, so daß die Aziditätsunterschiede zwischen einem HCl-NaCl-Pickel und einem $C_2H_4O_2$-NaCl-Pickel noch etwas größer sind, als die Aziditätsunterschiede zwischen den betreffenden kochsalzfreien Säurelösungen. Ein Ausgleich der Aziditäten findet also durch starke Kochsalzzusätze durchaus nicht statt.

Beispiel: Es beträgt (nach Tabelle 2) der Aziditätsunterschied zwischen $n/_{10}$-Essigsäure und $n/_{10}$-Salzsäure bei Gegenwart von 4n-Kochsalz 2,39—0,20 = 2,19, bei Abwesenheit von NaCl aber nur 2,87—1,08 = 1,79.

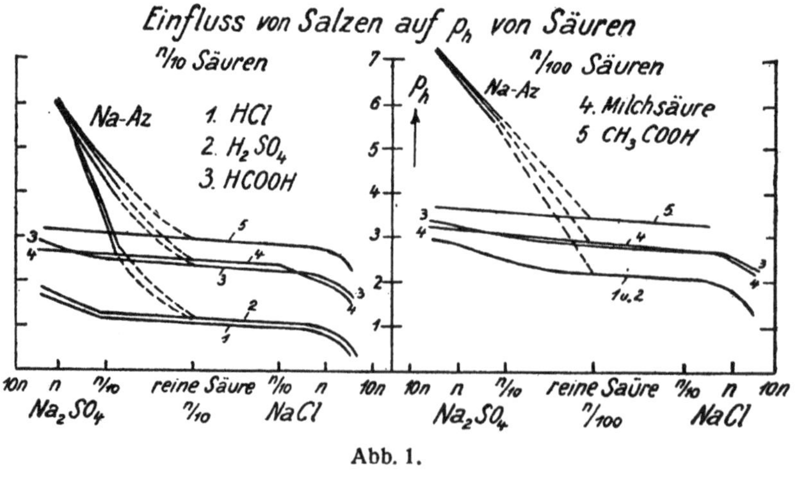

Abb. 1.

Ein anderes Bild ergeben die Natriumsulfatzusätze, denn diese bewirken, besonders bei $n/_{100}$-Säurelösungen und bei reichlichem Natriumsulfatzusatz, eine Verringerung der Aziditätsunterschiede zwischen starken und schwachen Säuren, so daß bei Säure-Natriumsulfatpickeln ein teilweiser Ausgleich der Aziditäten erfolgt.

Beispiel: Es beträgt der Aziditätsunterschied zwischen $n/_{100}$-Essigsäure und $n/_{100}$-Salzsäure bei Gegenwart von 3,5 n-Glaubersalz 3,69—2,88 = 0,81; bei Abwesenheit von Glaubersalz aber 3,39—2,11 = 1,28.

Man kann die Wirkung von Kochsalz und Glaubersalz auch so beschreiben, daß man sagt: Beide Salze verschieben den p_h-Wert der starken Säuren stärker als den der schwachen Säuren; da aber die Kochsalzwirkung eine aziditätserhöhende, die Glaubersalzwirkung eine aziditätserniedrigende ist, so bewirkt das Kochsalz eine Vergrößerung der Unterschiede zwischen der Azidität der starken und schwachen Säuren, während Glaubersalz eine Verkleinerung dieser Unterschiede verursacht.

Natriumacetat unterscheidet sich vom Kochsalz und vom Glaubersalz dadurch, daß schon geringe Zusätze starke Wirkung ausüben, und daß diese Wirkung weitgehend aziditätsausgleichend ist. Diese Wirkung ist durch das Massenwirkungsgesetz verständlich; bei der Erklärung der Wirkung des Kochsalzes und des Glaubersalzes versagt aber das Massenwirkungsgesetz.

Bezüglich der Salzzusätze ist noch zu sagen, daß das Salz dem Pickel weniger erschöpfend entzogen wird als die Säure, daß Salzaufnahme und Salzwirkung (Entwässerung) von der Salzkonzentration der Pickelbrühe abhängen, so daß es bei der Bemessung der Salzmengen weniger auf das Verhältnis zum Blößengewicht als auf das Verhältnis zum Pickelvolumen ankommt (Unterschied von der Bemessung der Pickelsäure).

Der Vergleich verschiedener Pickel wird sich aber nicht nur auf die Azidität der Pickel zu beschränken haben, sondern wird ganz besonders die Art und Menge der von der Haut aufgenommenen Stoffe zu berücksichtigen haben. Man darf dabei nicht nur an die beiden Pickelkomponenten (die angewandte Säure und das angewandte Salz) denken, sondern man muß den Pickel als ein Gemisch von Ionen (und eventuell auch von undissoziierten Anteilen) auffassen und der Haut ein selektives Aufnahmevermögen zuerkennen.

Man wird also z. B. in einem Essigsäurekochsalzpickel die Gegenwart von Wasserstoffionen, Acetationen, Natriumionen und Chloridionen nebst undissoziierter Essigsäure und — in geringem Maße —

auch von undissoziiertem Natriumacetat zu erwarten haben, und es wird die Blöße zwischen den Elektrolyten HCl, $C_2H_4O_2$, NaCl und $NaC_2H_3O_2$ zu wählen haben. Diese Wahl wird von der Affinität der Blöße zu den einzelnen Elektrolyten (oder, wenn man will, von dem selektiven Adsorptionsvermögen der Blöße) und von den Mengenverhältnissen dieser Elektrolyte abhängen. Je mehr die Affinität für Salzsäure über die Affinität für Essigsäure überwiegt, desto mehr wird der Essigsäure-Kochsalzpickel dem Salzsäure-Kochsalzpickel ähnlich wirken. Von dieser Überlegung ausgehend, kommt H. R. Procter[1]) zu der Meinung, daß durch den allen Pickeln gemeinsamen überwiegenden Kochsalzgehalt die Wirkung der Pickel ohne Rücksicht auf die Verschiedenheit der angewandten Säure sich nahezu wie die eines Salzsäure-Kochsalzpickels verhalten wird. Demnach würde die Haut ohne Rücksicht auf die Art der Pickelsäure hauptsächlich Salzsäure und Kochsalz aufnehmen. Ein Schwefelsäure-Kochsalzpickel würde sich allmählich mit Natriumsulfat, ein Ameisensäure-Kochsalzpickel mit Natriumformiat anreichern. Es gibt aber doch Unterschiede in der Wirkung der mit verschiedenen Säuren und Kochsalz angesetzten Pickel, und diese Unterschiede machen sich schon in der Gesamtsäureaufnahme geltend. Bei einem vergleichenden Pickelverbrauch, bei welchem verschiedene Säuren verwendet wurden (und zwar 10% Kochsalz + 1% Schwefelsäure, bzw. die hierzu äquivalenten Mengen von Salzsäure, Essigsäure und Milchsäure), fanden W. Eitner und E. Stiasny[2]) sehr verschiedene Säureaufnahmen, wie aus der folgenden Zusammenstellung (Tabelle 3) hervorgeht.

Tabelle 3.

Zusammensetzung des Pickels % vom Blößengewicht	Gesamtsäureaufnahme (in % vom Blößengewicht als HCl berechnet)
10% Kochsalz + 200% H_2O	
+ 1% Schwefelsäure (entspr. ca. $n/_{10}$-H_2SO_4)	0,67
+ $n/_{10}$-Salzsäure (200%)	0,69
+ $n/_{10}$-Essigsäure (200%)	0,47
+ $n/_{10}$-Milchsäure (200%)	0,25

Dieser Versuch zeigt deutlich, daß es nicht gleichgültig ist, welche Pickelsäure man verwendet, denn die Blöße nimmt aus einem Salzsäure- oder Schwefelsäurepickel mehr Säure ins Chrombad mit, als

[1]) Principles of Leather Manufacture. 2. Aufl. S. 235ff.

[2]) Der Gerber. 1905. 125.

aus einem Essigsäure- oder Milchsäure- oder Ameisensäurepickel. Dieser Befund findet seine Erklärung, wenn man die in Tabelle 2 angegebenen p_h-Werte der verschiedenen Salzsäuregemische betrachtet, und wenn man annimmt, daß sich im Pickel ein Gleichgewicht zwischen der Azidität in der Blöße und in der Außenflüssigkeit einstellt. Es muß viel Säure von der Blöße aufgenommen werden, um den p_h-Wert des HCl-NaCl-Pickels (etwa 0,5) zu erreichen, und es braucht wesentlich weniger Säure aufgenommen zu werden, um den p_h-Wert eines Essigsäure-Kochsalzpickels (etwa 2,5) zu erlangen. Dies tritt um so deutlicher in Erscheinung, je überwiegender der HCl-Anteil der aufgenommenen Säure ist. Die Menge der in der Blöße enthaltenen Säure hat natürlich großen Einfluß auf den Verlauf der Einbadchromgerbung, und deshalb ist es durchaus nicht gleichgültig, welche Pickelsäure man wählt. In der oben erwähnten Arbeit konnte ferner gezeigt werden, daß die Kochsalzaufnahme ziemlich unabhängig ist von der Art und Menge der verwendeten Pickelsäure; die Kochsalzaufnahme verläuft ziemlich genau proportional zu der Salzkonzentration des Pickels. (Je nach der Blößenart betrug die Auszehrung des Pickels an Kochsalz 20—30%.) Die Säureaufnahme hängt auch ab von der Menge (Konzentration) der Pickelsäure. Die Säure wird aber nicht, wie das Kochsalz, proportional zur Pickelkonzentration, sondern aus verdünnten Lösungen relativ reichlicher aufgenommen als aus konzentrierten Lösungen. Der Verlauf des Vorganges erinnert an eine Adsorptionskurve, kann aber auch durch Bildung eines hydrolysierbaren Kollagensalzes erklärt werden. Die Säureaufnahme hängt auch, wie oben gesagt wurde, von der Art der Säure ab.

Über eine Unterscheidung der aufgenommenen Säure in Salzsäure und Pickelsäure (unter Pickelsäure sei die zur Bereitung des Pickels verwendete Säure verstanden) liegen nur wenige Arbeiten vor. Das Verhältnis der aufgenommenen Salzsäure zur aufgenommenen Pickelsäure hängt offenbar ab von dem Verhältnis des Säure- und Kochsalzgehaltes im Pickel selbst; je größer der Kochsalzgehalt des Pickels, desto größer der Anteil der von der Blöße aufgenommenen Salzsäure. Aber auch die Wassermenge, d. h. die Verdünnung des Pickels, ist hierauf von Einfluß. Je konzentrierter der Pickel, desto größer der Salzsäureanteil der aufgenommenen Säure. Ebenso wird mit zunehmender Menge Pickelsäure (wobei Salzsäure ausgeschlossen sei) die relative Salzsäureaufnahme abnehmen. Über alle diese Verhältnisse fehlen noch eingehende Versuche.

Eine vorläufige Versuchsreihe, die von Herrn L. Szegö im hiesigen Institut ausgeführt wurde, ergab, daß aus einem Pickel, bestehend aus 0,5% Schwefelsäure, 10% Kochsalz und 500% Wasser die Säure fast vollständig aufgenommen wurde, und daß die in der Blöße enthaltenen SO_4-Ionen darauf schließen ließen, daß $^3/_4$ der aufgenommenen Säure Salzsäure war. Wurde unter sonst gleichen Bedingungen die Schwefelsäuremenge des Pickels auf 1% erhöht, so zeigte sich ebenfalls fast vollständige Säureaufnahme, aber nur $^2/_3$ derselben war Salzsäure. Bei einem Schwefelsäuregehalt des Pickels von 2% betrug die Säureauszehrung des Pickels nur 60% und der Salzsäureanteil der aufgenommenen Säure $^1/_3$ der aufgenommenen Gesamtsäure. Bei einem Ameisensäurepickel, bestehend aus 1% Ameisensäure, 10% Kochsalz und 500% Wasser war die Säureaufnahme wesentlich geringer als bei dem Schwefelsäurepickel, und es betrug der Salzsäureanteil der aufgenommenen Säure mehr als $^2/_3$. Diese Verhältnisse verdienen ein ausführlicheres Studium, denn nur, wenn man den Einfluß der Pickelzusammensetzung und Pickelkonzentration auf die Art und Menge der aufgenommenen Stoffe genau überblicken kann, wird man auch das Pickeln der darauffolgenden Chromgerbung planmäßig anzupassen vermögen.

Eine andere Frage, die noch einer entsprechenden Bearbeitung bedarf, betrifft den Einfluß, den verschiedene Pickel in bezug auf die Entwässerung der Blöße ausüben. Es ist nicht unwahrscheinlich, daß je nach der Wahl der Pickelsäure und vor allem je nach der Konzentration an Säure und Kochsalz die Wasserentziehung und damit die Freilegung der Fasern verschieden weitgehend verläuft. Damit aber kann ein wesentliches Moment für die Eigenschaften des fertigen Leders gegeben sein. Die Theorie der Blößenentwässerung fußt einerseits auf den gründlichen und wertvollen Arbeiten Procters, der die quellunghemmende Wirkung der Neutralsalze durch Zurückdrängung der Dissoziation des gebildeten Kollagensalzes erklärt, anderseits auf der Hydratisierung des Salzes und auf osmotischen Salzwirkungen. Procter selbst gibt zu, daß die starke wasserentziehende Wirkung eines Pickels durch die Zurückdrängung der Dissoziation des Kollagensalzes allein nicht ausreichend erklärt werden kann. Er schreibt der osmotischen Wirkung eine wesentliche Rolle zu, indem er annimmt, daß die durch die Salzsäurewirkung gebildeten Kollagensalze für Neutralsalze (Kochsalz, Glaubersalz usw.) weitgehend undurchlässig sind. Die Entwässerung würde dann in gleicher Weise erfolgen wie bei der Wirkung von Alkohol auf Gelatine, wo nachweisbar nur Wasser aus der Gelatine austritt, ohne daß Alkohol in die Gelatine eintritt. Ganz analog ist auch die von L. Meunier beschriebene Wirkung gesättigter Pottaschelösungen auf Blöße, wobei starke Wasserentziehung ohne Eindringen des Kaliumcarbonats in die Blöße erfolgt. Nicht alle Salze zeigen dieses Verhalten in gleichem Maße, und es ist selbstverständlich, daß mit zunehmendem Diffusionsvermögen des Salzes in die Haut die osmotische Wirkung und damit die Wasserentziehung abnehmen muß. Je nach der angewandten Pickelsäure kann also das Kollagensalz mehr oder weniger undurchlässig geworden sein, und je nach Art und Konzentration des Pickelsalzes kann das Diffusionsvermögen des Salzes verschieden sein. Beide Faktoren vermögen also die osmotische Wirkung, d. h. die Wasserentziehung, zu beeinflussen. Außer den bisher besprochenen Säure-Salzpickeln werden auch Pickel mit Aluminiumsulfatzusätzen verwendet. Dabei ist zu unterscheiden zwischen Aluminiumsulfat-Kochsalzpickel und Aluminiumsulfat-Schwefelsäurekochsalzpickel. Die Mengenverhältnisse betragen bei dem ersteren etwa 2—5% $Al_2(SO_4)_3$ + 5—10% $NaCl$ + 150—200% H_2O und bei dem letzteren etwa 2—5% $Al_2(SO_4)_3$ + 0,5—1% H_2SO_4 + 10—20% $NaCl$ + 150—200% H_2O. Die Aluminiumsulfat-Kochsalzpickel beruhen auf der Hydrolyse der Aluminiumsalze, wobei die gebildete Säure (Schwefelsäure) mit dem Kochsalz den Pickel bildet, während das anderseits gebildete basische Aluminiumsalz eine Alaunvorgerbung verursacht. In dem Aluminiumsulfat-Schwefelsäure-Kochsalzpickel würde die zugesetzte Schwefelsäure auf die Hydrolyse des Aluminiumsulfats hemmend wirken. Das Aluminiumsulfat würde also nicht gerben. Seine Verwendung erscheint daher überflüssig.

Während in den bisher besprochenen Pickeln der Säuregehalt eine wesentliche Rolle spielt, kann man eine Vorbehandlung zur Chromgerbung auch durch säurefreie Salzlösungen (hierfür ist der Name Pickel nicht mehr berechtigt) vornehmen. In diesem Falle wirkt das Salz erhöhend auf die Ausflockungszahl der Angerbchrombrühe, ohne die Basizitätszahl derselben zu erniedrigen (zum Unterschied von den Säure-Salzpickeln).

Was schließlich die Wirkung des Pickels auf die Einbadgerbung betrifft, so ist diese schon eingangs angedeutet. Nur bezüglich des Einflusses auf die Gerbgeschwindigkeit scheinen die Ansichten auseinander zu gehen; manche behaupten, die Gerbung würde durch den vorangegangenen Pickel beschleunigt, andere sagen, sie werde verzögert. Diese Verschiedenheit der Urteile erklärt sich daraus, daß man unter Gerbgeschwindigkeit nicht immer das gleiche versteht. Die einen meinen damit die Diffusionsgeschwindigkeit der in die Blöße eindringenden Chrombrühe, die andern beurteilen die Gerbgeschwindigkeit nach der Zeit, welche notwendig ist, um die Gerbung bis zum Bestehen der Kochprobe zu Ende zu führen (Gerbintensitätsmessung). Man darf wohl sagen, daß durch das Pickeln die Diffusionsgeschwindigkeit erhöht wird, da die Chrombrühe saurer und deshalb kristalloider wird. Die Gerbintensität wird — zum mindesten in den Anfangsstadien der Gerbung — verringert, denn die Adstringens der Brühe wird wegen Erhöhung der Azidität und wegen Hinausschiebung der Ausflockungsgrenze geschwächt. Dies wird als gerbmildernde Wirkung bezeichnet und ist besonders für die Angerbung der Narbe wichtig.

In der sich nun anschließenden Aussprache sagte Dr. Röhm, daß ein Schwefelsäurezusatz zum Alaunkochsalzpickel den Zweck habe, die ungenügend entkälkten, noch alkalisch reagierenden Blößen zu neutralisieren. Aus anderen Diskussionsäußerungen schien ebenfalls hervorzugehen, daß in der Praxis gewöhnlich noch etwas kalkhaltige Blöße zum Pickeln gelangt. Die einleitenden Erörterungen hatten sich auf aber kalkfreie Blöße bezogen. Bei kalkhaltigen Blößen muß auch auf die Löslichkeit des Calciumsalzes der Pickelsäure geachtet werden, weshalb sich Schwefelsäure-Kochsalzpickel (bzw. überhaupt SO_4-haltige Pickel) für stark kalkhaltige Blößen weniger eignen werden. Prof. Paessler bezweifelt, daß beim Einlegen von Blößen in Alkohol kein Alkohol in die Blöße eindringt, denn bei der Knappschen Alkoholgerbung muß die entwässerte (gegerbte) Blöße durch Abdunstenlassen des Alkohols von diesem befreit werden. Prof. Stiasny meint hierzu, es werde Alkohol vielleicht kapillar in die Blöße eintreten, die Faser selbst, auf deren Entwässerung es hauptsächlich ankommt, dürfte jedoch wie die Gelatine ein für Alkohol undurchlässiges Gel darstellen. Dr. A. Simon meint, daß die osmotische Wirkung bei den Versuchen mit Gelatine dadurch zustande kommen könnte, daß die äußere Gelatineschicht koaguliere und undurchlässig werde.

In Beantwortung einer Anfrage sagt der Vorsitzende, daß nur konzentrierte Pottaschelösungen die oben geschilderte Erscheinung zeigen. Es werde übrigens zu wenig bewußte Anwendung von der Entwässerung als gerbungförderndes Mittel gemacht. Jede Gerbung ist mit einer weitgehenden Entwässerung der Faser verbunden, und eine vorher teilweise entwässerte Faser läßt sich rascher angerben. In diesem Sinne hat L. Meunier die Entwässerung mit

Pottasche als Vorbehandlung zur Formaldehydgerbung vorgeschlagen und gute Ergebnisse damit erzielt. Auf Anregung des Dr. English wird nochmals die Wirkung von Kochsalz und Glaubersalz auf die Azidität von Säurelösungen zur Aussprache gebracht. Dabei weist Dr. Ackermann darauf hin, daß die Aziditätsänderung von Salzsäure durch Kochsalz nicht durch eine Änderung des Dissoziationsgrad esder Salzsäure nach dem Massenwirkungsgesetz erklärt werden könne, denn die Wasserstoffzahl einer $n/_{10}$-HCl wird durch 4n-NaCl achtfach erhöht; die Dissoziation der $n/_{10}$-HCl beträgt aber — nach der Wi. Ostwaldschen Auffassung — etwa 95%. Es müßte also eine Ionisierung von etwa 800% verursacht werden, was natürlich unmöglich ist. Neben der wasserentziehenden Wirkung des Kochsalzes kommt aber noch eine andere Erklärungsmöglichkeit in Betracht; es ist nämlich wahrscheinlich, daß sich bei sehr starken Elektrolytkonzentrationen die Dielektrizitätskonstante der Flüssigkeit ändert; mit der Dielektrizitätskonstante ändert sich aber auch die Dissoziationskonstante des Wassers (K_w), die bei reinem Wasser (bei 20^0 C) etwa 10^{-14} beträgt. Es ist also möglich, daß die Erhöhung der Wasserstoffzahl $[\dot{H}]$ infolge entsprechender Erhöhung der Dissoziationskonstante des Wassers gar keine Aziditätserhöhung bedeutet; denn $[\dot{H}] \times [O\acute{H}] = K_w$, und bei Steigerung des K_w-Wertes müssen auch die Faktoren der linken Seite der Gleichung wachsen; ob sie dies in gleichem Maße tun, d. h. ob $[\dot{H}]$ gleich bleibt $[O\acute{H}]$, könnte erst durch Bestimmung des K_w-Wertes konzentrierter Elektrolytlösungen entschieden werden. Dies setzt aber die Kenntnis der Dielektrizitätskonstante voraus, deren Messung bei gut leitenden Flüssigkeiten sehr schwierig ist. Man braucht hierzu Elektronenröhren in ähnlicher Anordnung wie bei der drahtlosen Telegraphie. Auf eine Anfrage des Dr. A. Simon sagt Dr. Ackermann, daß Indikatoren wegen des bedeutenden Salzfehlers für die Aziditätsbestimmungen in obigen Fällen ungeeignet wären.

Dr. Dahl verweist auf die Wichtigkeit der beim Pickel angewandten Wassermengen. In zu verdünnten Lösungen macht sich Säurequellung geltend, die nicht mehr ganz zurückgeht; auf der Narbe bildet sich gewissermaßen ein Gummihäutchen, das die vollständige Rückbildung der ursprünglichen Narbenform hemmt. Der Hauptzweck des Kochsalzzusatzes besteht darin, diese Erscheinung zu verhindern. Als Kochsalzminimum, welches hierzu imstande ist, wird bei einem Pickel von 1% Säure und 100% Wasser ein Zusatz von 5—6‰ bezeichnet. Prof. Stiasny ist von der Wichtigkeit der verwendeten Wassermenge ebenfalls überzeugt, besonders, was die Kochsalzkonzentration betrifft; bei der Bemessung der Säure kommt es hauptsächlich auf das Verhältnis der Säuremenge zum Blößengewicht an, denn die vorhandene Säure wird zum größten Teil aufgenommen, wobei die Verdünnung der Säure nur einen geringen Einfluß ausübt. Die Bemessung der Kochsalzmenge ist aber in erster Linie auf das Pickelvolumen zu beziehen, denn proportional zur Kochsalzkonzentration des Pickels ist auch die Kochsalzaufnahme, und die entwässernde Wirkung verlangt eine Mindestkonzentration, bezüglich deren die Angaben des Herrn Dr. Dahl Zustimmung verdienen. Laboratoriumsversuche, bei denen die Kochsalzkonzentration auf 20 g/l herabgesetzt wurde, zeigten eine sehr unbefriedigende Pickelwirkung. Bei der Pickelmethode wird es in der Praxis genügen, eine Säuretitration und eine Dichtenbestimmung (° Bé) vorzunehmen und durch Säurezusatz die gewünschte Säuremenge, durch Kochsalzzusatz die gewünschte Dichte zu erzielen und bei wiederholter Verwendung des Pickels aufrecht zu erhalten.

Die wiederholte Verwendung des Pickels wurde von den meisten Diskussionsrednern gebilligt, während einzelne Teilnehmer es vorzogen, für jede Partie einen frischen Pickel anzustellen. Zur Frage, ob man im Haspel oder im Faß pickeln solle, wird der Vorteil des Fasses, bezüglich der geringen Flüssigkeitsmenge (100‰ vom Blößengewicht) hervorgehoben, es wird aber anderseits für Feinleder die mildere Haspelbewegung bevorzugt. Dr. Dahl bringt dann die Frage der Pickeltemperatur zur Sprache. Es sei durchaus nicht, wie vielfach geglaubt wird, gefährlich, warm zu pickeln, und nach seinen Erfahrungen könnte man bis zu 48° C gehen, ohne die Blöße zu schädigen. In der Aussprache wird der Standpunkt vertreten, daß eine möglichst gleichbleibende Temperatur bei allen Vorgängen der Wasserwerkstätte und der Gerberei das beste sei, und daß man vor allem jähe Temperaturwechsel vermeiden solle. Die Wahl der für die jeweiligen Blößen bzw. Ledersorten günstigsten Temperatur wird keine Schwierigkeiten bereiten. Dr. Dahl weist ferner auf die interessante Tatsache hin, daß bei allmählicher Säurezugabe zum Pickel erst nach beträchtlichem Säurezusatz eine saure Reaktion in der Blöße nachweisbar sei. Was die Art der Säurebindung betrifft, so sprechen sich sämtliche Diskussionsredner für die chemische Bindung (Salzbildung) aus. Dr. Ackermann weist auf die puffernde Wirkung der Blöße hin, welche eine nur langsame Steigerung der Wasserstoffionenkonzentration innerhalb der Blöße zuläßt. Die Säureaufnahme erfolgt so lange, bis in der Blöße und in der Außenflüssigkeit gleiche Wasserstoffionenkonzentrationen herrschen. Prof. Stiasny vertritt die Auffassung, daß bei jeder Säurewirkung auf Blöße sowohl Salzbildung, wie Oberflächenadsorption erfolgt; bei den starken mineralischen Säuren überwiegt die Salzbildung, bei den schwachen organischen Säuren kommt aber die Oberflächenadsorption stark zur Geltung. Begünstigt wird diese Auffassung durch den Vergleich des Verhaltens von Blöße und Kohle gegenüber verschiedenen Säuren; Kohle adsorbiert am stärksten aromatische Säuren; etwas schwächer aliphatische Säuren und nur in sehr geringem Maß starke Mineralsäuren. Die Blöße nimmt starke Mineralsäuren am stärksten auf, woraus allein schon hervorgeht, daß es sich nicht um eine Oberflächenwirkung handeln kann, denn die nach der Adsorbierbarkeit verschiedener Stoffe aufgestellte Reihenfolge stimmt bei verschiedenen Adsorbenzien überein. Die Blöße nimmt aber von aromatischen Säuren mehr auf als von den stärkeren aliphatischen Säuren, und in dieser Beziehung stimmt ihr Verhalten mit dem der Kohle überein. Dies deutet auf überwiegende Adsorptionswirkung.

Zum Schluß entspinnt sich noch eine lebhafte Aussprache über Salzsäure- und Schwefelsäurepickel. Dr. Dahl ist ein unbedingter Anhänger der Salzsäurepickel (Billigkeit und Vermeidung von Gipsabscheidung). Für den Schwefelsäurepickel wird von anderer Seite ein stärkeres Koagulationsvermögen auf etwa abgebaute Hautproteine angeführt; da eine erschöpfende Beurteilung dieser Frage nicht ohne Mitberücksichtigung der nachfolgenden Chromgerbung möglich ist, so verschiebt der Vorsitzende die weitere Aussprache über diesen Gegenstand bis dahin. Zusätze von Formaldehyd zum Pickel werden von den meisten Teilnehmern an der Aussprache als wirkungslos angesehen, da Formaldehyd in stark saurer Lösung keine Wirkung auf Blöße ausübt. Dr. Simon weist jedoch darauf hin, daß auch in saurer Lösung eine Erhöhung der Schrumpfungstemperatur der Haut erzielt wird. Damit erscheint die Aussprache über das Pickeln beendet.

Die Aussprache über Einbadchromgerbung wird von dem Vorsitzenden mit einem allgemeinen Überblick über die auf Grund der bisherigen Arbeiten berechtigten theoretischen Anschauungen eingeleitet. Dabei wird der Gegenstand eingeteilt in die Besprechung der Einbadchrombrühen, in die eigentliche Chromgerbung und in die der Chromgerbung nachfolgenden Vorgänge. Bei den Einbadbrühen wird wieder unterschieden zwischen den aus Chromalaun und den aus Bichromat bereiteten Brühen. Auf die Frage, welche Faktoren die Gerbwirkung einer aus Chromalaun bereiteten Einbadbrühe bestimmen, lautet die Antwort:

1. Die Art der Lösung des Chromalauns (heiß oder kalt).

2. Die Art und Menge des Neutralisationsmittels (zumeist wird Soda verwendet).

3. Die Art und Menge des zugesetzten Salzes (Kochsalz, Glaubersalz) und evtl. anderer Zusätze (Aluminiumsalze, Formaldehyd usw.).

ad. 1. Die Meinungen der Praktiker, ob der Chromalaun heiß oder kalt zu lösen ist, gehen auseinander; bei der konstitutionellen Verschiedenheit zwischen heiß bereiteter grüner und kalt bereiteter violetter Lösung ist es jedenfalls unrichtig, wenn man die Art des Lösungsvorganges als gleichgültig bezeichnet.[1]) Auf Grund theoretischer Erwägungen ist zu empfehlen, den Chromalaun heiß zu lösen, aber den Sodazusatz nicht zu der heißen, sondern zu der erkalteten Lösung zu geben. Durch das Lösen in heißem Wasser wird der Lösungsvorgang beschleunigt, es gelingt ferner, viel konzentriertere Alaunlösungen zu erzielen, und man erhält nach dem Abstumpfen mit Soda Brühen, welche eine günstigere Gerbwirkung zeigen als die aus kalt gelöstem Chromalaun bereiteten Brühen. Nach Lamb, dessen Buch[2]) jedem Chromgerber empfohlen werden kann, haben solche Brühen auch den Vorteil, daß die damit gegerbten Leder eine zartere Narbe und geringere Elastizität haben und sich dem Zweibadleder ähnlicher verhalten. Da die Unterschiede in den Eigenschaften der Salze der violetten und grünen Reihe (kristalloider oder kolloider Charakter, Diffusionsgeschwindigkeit, Grad der Hydrolyse, Azidität der Lösung) mit zunehmendem Basischmachen der Brühe abnehmen, so ist die Frage, ob man bei der Bereitung der Chrombrühe von heiß oder kalt gelöstem Chromalaun ausgehen soll, um so wichtiger, mit je weniger basischen Brühen man arbeiten will. Es darf auch nicht vergessen werden, daß sich beim Altern der Brühe allmählich ein Gleichgewicht zwischen violetten und grünen Formen einstellt, das beim Chromchlorid in gleichem Maße von Temperatur und Verdünnung, beim Chromsulfat hauptsächlich von der Temperatur abhängt. Die basischen Chloride und basischen Sulfate des Chroms sind in dieser

---

[1]) Vgl. auch Collegium 1923. S. 96—99.

[2]) The Manufacture of Chrome Leather, The Anglo-American-Technical Co. Ltd. London 1923.

Hinsicht noch nicht so eingehend untersucht wie die normalen Salze. Es ist aber anzunehmen, daß auch bei diesen gerberisch wichtigen Chromverbindungen das Gleichgewicht durch Temperaturzunahme rasch nach der grünen Seite, durch Temperaturabnahme langsam nach der violetten Seite verschoben wird. Schließlich sei nochmals daran erinnert, daß bei den Chloriden die violette Form stärker hydrolysiert und daher sauerer ist als die grüne, und daß bei den Sulfaten die Verhältnisse gerade umgekehrt liegen. Diese Unterschiede bleiben auch bei den basischen Salzen bestehen (der Vortragende zeigt dies bei Chromalaunlösung durch Zusatz von Methylviolett und bei basisch gemachten Chromalaunlösungen durch Zusatz von Methylorange zu den kalt bereiteten und zu den aufgekochten und wieder abgekühlten Lösungen).

ad. 2. Art und Menge des verwendeten Neutralisationsmittels beeinflussen nicht nur die Azidität der Chrombrühe (durch Neutralisieren der hydrolytisch gebildeten Säure), sondern auch den Basizitätsgrad des gebildeten basischen Chromsalzes.[1]) Denn durch den Zusatz von z. B. Soda wird nicht nur die nach der Gleichung:

$$\text{Chromsulfat} + H_2O \rightarrow \text{basisches Chromsulfat} + H_2SO_4$$

entstandene freie Schwefelsäure mehr oder weniger weitgehend entfernt, sondern es wird auch eine weiter fortschreitende Hydrolyse ermöglicht im Sinne der Gleichung:

$$\text{Basisches Chromsulfat} + H_2O \rightarrow \text{stärker basisches Chromsulfat} + H_2SO_4 .$$

Der Basizitätsgrad dieses stärker basischen Chromsulfats ist nun maßgebend für die Adstringens und deshalb für die Gerbart der Brühe. Daß sich verschiedene Neutralisationsmittel (Soda, Natronlauge, Natriumbicarbonat, Borax, Thiosulfat usw.) in dieser Beziehung nicht gleichartig verhalten, ist sicher; eingehende Untersuchungen über diese Unterschiede sind aber noch nicht veröffentlicht worden. In der Praxis wir meist Soda zum Basischmachen von Chromalaunbrühe verwendet, und da gilt es, bei der Gerbung gepickelter Blößen häufig eine möglichst basische Brühe zu verwenden, damit man auch nach dem Auswaschen des Pickels noch eine Brühe von genügendem Basizitätsgrad behält, um die Gerbung in kurzer Zeit zu Ende zu führen.

Es ist deshalb wichtig, zu wissen, daß Chrombrühen um so mehr Soda vertragen ohne auszuflocken (also um so basischer ge-

---

[1]) Siehe auch Collegium 1923. S. 99.

macht werden können), je konzentrierter sie sind, je niedriger die Temperatur ist und je größer der Salzzusatz zur Chromalaunlösung war. (Der Vortragende zeigte eine Chrombrühe, die beim Eingießen in Wasser ausflockt und eine andere, welche durch Erhitzen der verdünnten Lösung gefällt wird.) Man wird also, wenn die Erzielung möglichst basischer Brühen erwünscht ist, den Chromalaun heiß lösen, um möglichst konzentrierte Brühen zu erzielen, wird darin die gewünschte Salzmenge (Kochsalz, Glaubersalz usw.) lösen und zu der erkalteten Brühe allmählich und unter gutem Umrühren die Sodalösung zugeben. Was den Salzzusatz betrifft, so wird dieser in manchen Fällen fortfallen oder auf ein geringes Maß beschränkt bleiben müssen, sofern man nämlich die gepickelten Blößen erst in eine Salzlösung bringt, zu der man dann erst allmählich (z. B. durch die hohle Achse des Fasses) die Chrombrühe zufließen läßt. Diese Arbeitsweise steht in Übereinstimmung mit der theoretischen Forderung, daß die Einbadchromgerbung mit Brühen von großer Ausflockungszahl beginnen und mit Brühen abnehmender Ausflockungszahl weitergeführt werden soll. Durch den Säure- und Salzgehalt der Blöße und der erwähnten Salzlösung wird die Ausflockungszahl der Angerbbrühe außerordentlich erhöht (und die Basizität gleichzeitig erniedrigt); durch allmähliches Zufließenlassen einer salzarmen, stark basischen Brühe gelangt bei gleichzeitigem Austritt von Salz und Säure aus der Blöße eine Brühe in die Haut, deren Ausflockungszahl stetig abnimmt und deren Basizitätsgrad stetig zunimmt. Die Ausgerbung läßt sich dann noch beschleunigen, wenn man zum Schlusse vorsichtig Sodalösung zusetzt, um die Ausflockungszahl noch weiter zu erniedrigen. Aus dem Gesagten geht deutlich hervor, daß bei der Beurteilung einer Einbadchrombrühe und bei der Kontrolle der Einbadchromgerbung nicht nur die Bestimmung des Chromgehalts und der Basizität, sondern auch die Bestimmung der Ausflockungszahl eine wichtige Rolle spielt.[1])

Für den Praktiker ist es vorteilhaft, für die Bestimmung der Basizität und für die Berechnung der nötigen Sodamenge zur Erreichung des gewünschten Basizitätsgrades bequem zu handhabende Formeln oder Tabellen oder graphische Hilfsmittel zur Verfügung zu haben. Auch ist es wünschenswert, die verschiedenen Ausdrucksweisen für den Basizitätsgrad rasch ineinander umwandeln zu

[1]) Unter Ausflockungszahl soll verstanden werden die Anzahl ccm $n/_{10}$-NaOH, die erforderlich sind, um in 25 ccm der auf genau 1 g Cr pro Liter verdünnten Chromlösung eine bleibende Trübung hervorzurufen.

können und sich in jeder der leider noch immer so zahlreichen Ausdrucksformen zurechtzufinden. Hoffentlich kommt bald die Zeit, wo man sich ganz allgemein der Schorlemmerschen Ausdrucksweise (Basizität in Prozenten) bedienen wird. Derzeit findet man aber noch folgende Ausdrucksformeln im Gebrauch:

1. Das Verhältnis $SO_3 : Cr_2O_3 = 100 : x$.
   Diese Ausdrucksweise hat den Nachteil, daß ihr die veraltete Bezeichnung zwischen sauren und basischen Oxyden zugrunde liegt, und daß eine sinngemäße Anwendung auf basische Chloride nicht durchführbar ist.
2. Das Verhältnis $Cr : SO_4 = 52 : x$.
   Diese Ausdrucksweise ist heute noch vielfach in Gebrauch. Sie hat folgende Nachteile: Bei gleichen Basizitätsgraden ist x für verschiedene Salze (Sulfate, Chloride usw.) verschieden. Ein direkter Vergleich ist also nicht möglich; bei gemischten Chlorid-Sulfat-Brühen versagt die Ausdrucksweise. Ferner nimmt mit zunehmendem Basizitätsgrad die Basizitätszahl ab, was nicht erwünscht ist.
3. Die Angabe der Basizität in Prozenten.
   Diese von Schorlemmer vorgeschlagene Ausdrucksweise ist entschieden die beste. Sie ist in gleichem Maße verwendbar für Chloride, Sulfate usw. des Chroms, Aluminiums, Eisens usw. und ist auch in Gemischen verwendbar. Mit zunehmendem Basizitätsgrad nimmt auch die Basizitätszahl zu. Die Unterschiede in den Basizitätszahlen der in der Praxis in Betracht kommenden Brühen sind genügend deutlich.
4. Die Angabe der Basizität in Zwölfteln.
   Diese Ausdrucksweise hat große Ähnlichkeit mit der Schorlemmerschen. Sie führt aber in der Praxis zu Zahlen, wie z. B. 4,6/12; 4,75/12 u. dgl., was gewiß weniger ansprechend klingt als die entsprechenden Zahlen 38,3% und 39,6%.

Wer sich an irgendeine Ausdrucksweise gewöhnt hat, gibt sie nicht gerne wieder auf. Es wäre aber doch zu wünschen, wenn man sich recht bald auf eine bestimmte Ausdrucksweise einigen würde, und hierfür erscheint die Schorlemmersche Art als die geeignetste. Um diese Ausführungen nicht noch mehr zu erweitern, sei bezüglich der von H. R. Procter und von Blockey vorgeschlagenen Ausdrucksweisen auf Collegium 1919, 201 verwiesen.

Eine gegenseitige Umrechnung der Basizitätszahlen ergibt sich nach folgenden Formeln, in denen

B die Basizitätszahl in Prozenten,
Z „ „ in Zwölfteln,
x „ „ nach dem Verhältnisse $Cr : SO_4 = 52 : x$
S „ „ „ „ „ $SO_3 : Cr_2O_3 = 100 : S$

bedeuten.

Es ist dann

$B = Z \cdot 8{,}33$	$Z = \frac{B \cdot 12}{100}$	$x = 144 \cdot \frac{100 - B}{100}$	$S = \frac{6333}{100 - B}$
$B = 100 \cdot \frac{144 - x}{144}$	$Z = \frac{144 - x}{12}$	$x = 144 \cdot \frac{12 - Z}{12}$	$S = \frac{760}{12 - Z}$
$B = 100 \cdot \frac{6333}{S}$	$Z = 12 - \frac{760}{S}$	$x = \frac{9120}{S}$	$S = \frac{9120}{x}$

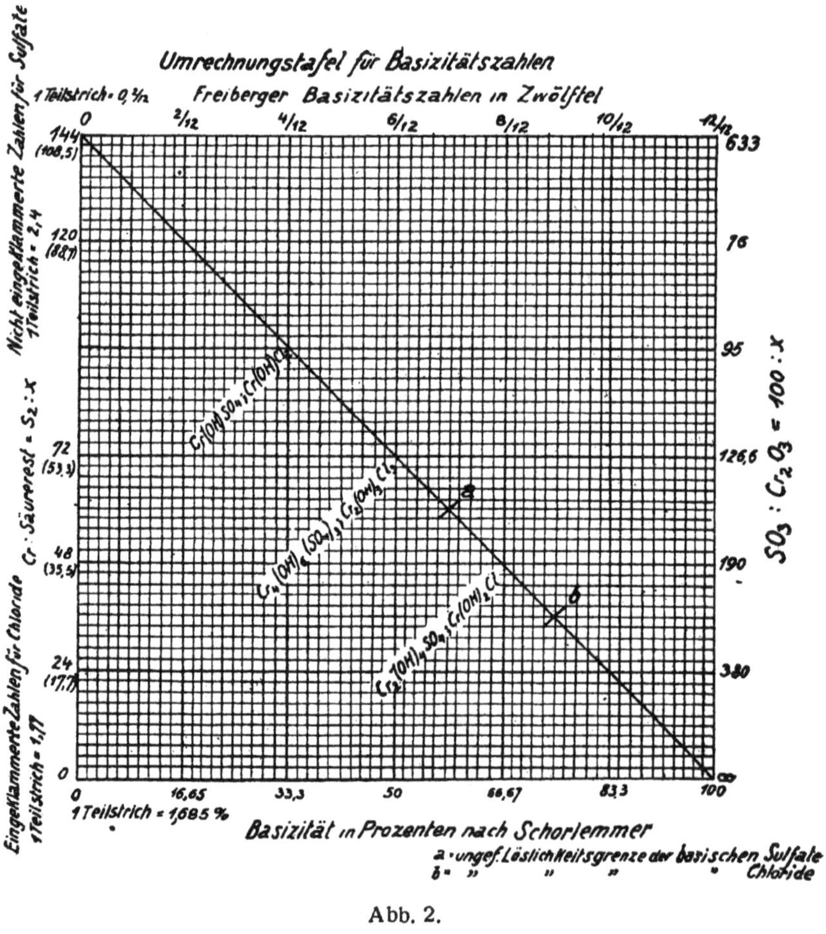

Abb. 2.

Einfacher ist es, diese Umrechnungen graphisch vorzunehmen, wozu die Abbildung 2 geeignet ist. An einem Beispiel sei dies veranschaulicht. Angenommen, es sei in einer Abhandlung eine Basizität nach dem Verhältnis $Cr : SO_4 = 52 : x$ mit 72 angegeben. Will man nun den Basizitätsgrad dieser Brühe nach Schorlemmer wissen, so geht man von Punkt 72 der linken Ordinatenachse aus und sucht den Punkt auf der Diagonale, der sich auf gleicher Höhe befindet. Von diesem Punkt nach abwärts gehend, findet man auf der Abszissenachse die Zahl 50, also 50% Basizität (nach Schorlemmer); wollte man die Basizität in Zwölfteln ausdrücken, so würde man von dem Punkt auf der Diagonale nach oben gehen ($^6/_{12}$), und wollte man die alte Ausdrucksweise $SO_3 : Cr_2O_3 = 100 : x$ wünschen, so geht man nach rechts und findet die Zahl 126,6. In der Abbildung sind auch einige Formeln basischer Sulfate und Chloride angegeben, und es sind auch die ungefähren Grenzen der Löslichkeit der basischen Sulfate und Chloride eingezeichnet (diese Grenzen können nicht scharf sein, weil sie von Temperatur und Verdünnung abhängen).

Die Berechnung der Basizitätszahlen aus den Analysendaten kann durch die folgenden einfachen Formeln geschehen:

Sei a die Anzahl ccm $n/_{10}$-Thiosulfat, die bei der jodometrischen Chrombestimmung (nach Alden) für 25 ccm Chrombrühe verbraucht werden und sei b die Anzahl ccm $n/_{10}$-Natronlauge, die bei der Titration des an Cr und H gebundenen Säurerestes verbraucht werden, so ist:

die Basizitätszahl in Prozenten $= 100 - 100 \cdot \frac{b}{a}$;

die Basizität in Zwölfteln $= 12 - 12 \cdot \frac{b}{a}$;

die Basizitätszahl nach $Cr : SO_4 = 52 : x, \quad x = 144 \cdot \frac{b}{a}$.

Zur Berechnung jener Sodamenge, die zum Basischmachen einer Brühe nötig ist, kann man ebenfalls entweder einfache Formeln oder graphische Hilfsmittel in Anspruch nehmen.

Sei a die vorhandene Basizitätszahl, x die gewünschte Basizitätszahl, so ergibt sich bei der Ausdrucksweise in Prozenten:

$$(x - a) \cdot 3{,}06 \cdot \frac{\text{g Cr/l}}{100} = \text{g Soda/l.}^{1)}$$

---

1) **Erklärung:** Um $(x - a)$ g Cr an OH zu binden, ist für $^1/_3$ Cr erforderlich $^1/_2$ Soda, also $(x - a) \dfrac{\frac{106}{2}}{\frac{52}{3}} = (x - a) \cdot 3{,}06$. Diese Sodamenge ist nötig für je

Bei der Ausdrucksweise in Zwölftel erhält man

$$(x - a) \cdot 0{,}255 \cdot \text{g Cr/l} = \text{g Soda/l.}$$ [1]

Bei der Ausdrucksweise nach Cr : SO_4 = 52 : x ergibt sich

$$(x - a) \cdot 0{,}212 \cdot \text{g Cr/l} = \text{g Soda/l.}$$ [2]

Die nach den obigen Formeln berechneten Sodamengen bedeuten chemisch reines, wasserfreies Na_2CO_3. Für technische Soda sind sie noch mit dem Faktor $\frac{100}{s}$ zu multiplizieren, wobei s den Prozentgehalt der technischen Soda Na_2CO_3 bedeutet (für kristallisierte Soda ist $s = 37$).

Zur bequemen graphischen Ermittlung der zum Basischmachen erforderlichen Sodamenge kann die von Herrn Dr. Ackermann ausgeführte Skizze dienen (s. Abb. 3).

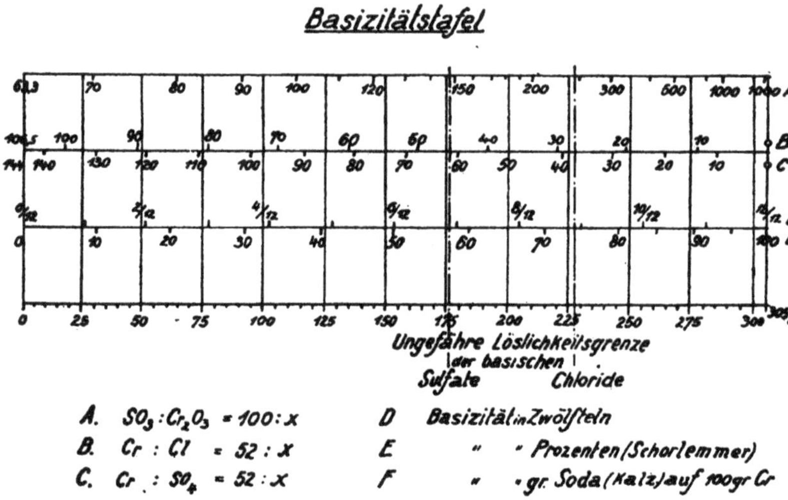

Abb. 3.

---

100 g Cr. Man muß also noch mit $\frac{\text{g Cr/l}}{100}$ multiplizieren, um die pro Liter nötige Sodamenge zu erfahren.

[1]) Die Berechnung ist analog wie im obigen Falle. Von je 12 g Cr sind $(x - a)$ g Cr an OH zu binden. Hierzu ist nötig: $(x - a) \cdot \frac{\frac{106}{2}}{\frac{52}{3}} = (x - a) \cdot 3{,}06$ g Soda. Folglich ist pro Liter Brühe nötig:

$$(x - a) \cdot 3{,}06 \cdot \frac{\text{g Cr/l}}{12} = (x - a) \cdot 0{,}255 \cdot \text{g Cr/l.}$$

[2]) Erklärung: Um je 96 g SO_4 zu entfernen, sind 106 g Soda nötig, also

Hier bedeuten die Zahlen der Reihe

A. Die Basizitätszahlen nach der Ausdrucksweise $SO_3 : Cr_2O_3 = 100 : x$.

B. „ „ „ „ „ $Cr : Cl = 52 : x$.

C. „ „ „ „ „ $Cr : SO_4 = 52 : x$.

D. „ „ „ „ „ in Zwölfteln.

E. „ „ „ „ „ in Prozenten.

F. Die zum Basischmachen nötigen Sodamengen, für 100 g Cr.

Jeder Punkt der Zahlenereihe A—E gibt einen bestimmten Basizitätsgrad an. Wenn man nun von diesem Punkt eine Vertikale auf die Reihe F zieht, so findet man dort die Sodamenge angegeben, die zu je 100 g Cr der Chromalaunlösung zugesetzt werden muß, um die gewünschte Basizität zu geben. Hat man z. B. eine Brühe von der Basizität 30% auf die Basizität von 50% zu bringen, so zieht man von den beiden Punkten 30 und 50 der Reihe E auf die Reihe F Vertikalen und findet dort die Zahlen 91,8 und 153.[1]) Die Differenz dieser beiden Sodamengen, also 61,2 g Na_2CO_3 ist für je 100 g Cr nötig, um die gewünschte Basizität zu erhalten. Man hat diese Zahl noch mit dem Faktor: $\frac{g\ Cr/l}{100}$ und mit $\frac{100}{s}$ ($s = Na_2CO_3$-Gehalt der Soda) zu multiplizieren, um die Menge der zur Verfügung stehenden technischen Soda zu erhalten, die pro Liter Chrombrühe erforderlich ist.

Diese graphische Zusammenstellung bietet gleichzeitig eine Umrechnungstafel für die Basizitätszahlen nach verschiedenen Ausdrucksweisen, insofern, als die übereinanderstehenden Zahlen der verschiedenen Reihen gleichen Basizitätsgraden entsprechen. Diese Anordnung wird vielleicht manchem willkommener sein als die oben angegebene Abbildung 2.

In der nun folgenden Aussprache stimmt Dr. Vollbrecht auf Grund praktischer Erfahrungen damit überein, daß Kochsalzzusätze die Ausflockung hemmen, und daß man mit dem Soda-

---

sind für $(x - a)$ g $SO_4 \rightarrow (x - a) \cdot \frac{106}{96}$ g Soda erforderlich. Diese Sodamenge gilt für je 52 g Cr. Folglich muß pro Liter Chrombrühe verwendet werden: $(x - a) \cdot \frac{106}{96} \cdot \frac{g\ Cr/l}{52} = (x - a) \cdot 0{,}212$ g Cr/l, welche Zahl angibt, wieviel Gramm Soda pro Liter Chrombrühe zuzusetzen sind.

[1]) Um die Abbildung nicht undeutlich werden zu lassen, ist die Einteilung der Zahlenreihe F nur in Abschnitte von 5% durchgeführt. Man wird für den praktischen Gebrauch diese Einteilung bis zu den Einzelprozenten ergänzen und wird auch in den anderen Zahlenreihen die Einteilung weiterführen müssen.

zusatz auch über die gewünschte Basizität hinausgehen kann, ohne Flockung zu erhalten, sofern genügend Salz vorhanden war.

Es wird ferner aus der Praxis bestätigt, daß manche Einbadbrühen schon beim Verdünnen ausflocken, daß diese Ausflockung verhindert wird, wenn die Verdünnung nicht mit Wasser, sondern mit Pickelbrühe (aus den gepickelten Blößen) erfolgt. Dr. Dahl kann auch bestätigen, daß Chrombrühen um so mehr Soda vertragen, je konzentrierter sie sind. Die von einem Versammlungsteilnehmer mitgeteilte Beobachtung, daß basische Chromchloridbrühen beim Zusatz von Chromalaunlösungen ausflocken, erklärt der Vorsitzende durch folgende Vorgänge:

$$2Cr(OH)_2Cl + Cr_2(SO_4)_3 \longrightarrow [Cr(OH)_2]_2SO_4 .$$

Das $^2/_3$ basische Chromchlorid ist löslich, das entstandene $^2/_3$ basische Sulfat aber unlöslich. Herr Stanek wirft die Frage über die Ausnützung der Chrombrühen auf und ist der Meinung, daß bei Zusatz von Kochsalz das Chrom nicht so vollständig aufgebraucht wird. Dr. Dahl weist als Vorteil der hochbasischen Chromsalze darauf hin, daß nur wenig Restbrühen zurückbleiben, deren Wiedergewinnung sich nicht lohnt, die man aber vorteilhaft zum Angerben von Spalten verwenden kann. Es wird auch von der Chrombrühenausnützung bei der sog. Chromtrockengerbung gesprochen, und es werden die dabei verloren gehenden Chrommengen als unbedeutend bezeichnet.

Die Frage der Verwendung des Ammoniakalauns wird nach kurzer Aussprache als von den jeweiligen Preisverhältnissen abhängig befunden. Dr. Dahl teilt nun das von ihm bevorzugte Verfahren bei der Einbadchromgerbung mit. Der Grundsatz des sauer Angerbens und basischen Ausgerbens wird durch die Verwendung des Pickels erreicht. Die Gerbbrühe hat eine Basizität von 50%. Zuerst wird die Salzbrühe ins Faß gegeben, dann die Blößen dazugebracht, dann allmählich die Chrombrühen zufließen gelassen und zwar so, daß stets nur so viel Chrombrühe vorhanden ist, als von der Haut aufgenommen werden kann. Dadurch wird eine Übergerbung der Narbe vermieden. Die gesamte Gerbzeit beträgt 5—6 Stunden. Sie kann aber verkürzt werden, wenn man zur Ausgerbbrühe Soda zusetzt. Dieser Sodazusatz muß sehr vorsichtig in Zusätzen von Zehntelprozenten und mit genügenden Pausen erfolgen. Dr. Dahl bespricht dann auch die Chromwirtschaft in Deutschland. Der in der Gerberei verwendete Chromalaun stammt zu 80—90% aus dem Regenerationschrom der Farbenindustrie.

Jede Lederfabrik, die sich Chrombrühe aus Bichromat herstellt, vergeudet dabei jene Oxydationsenergien, die ohne Gewinn verloren gehen. Der Chromalaun enthält nur 15% Chrom und 60% nichtgerbende Stoffe. Die Farbstoffabriken stellen heute Chromextrakte von 36—38% Cr her, die entsprechend billiger sind. Es müssen allerdings gewisse Vorurteile gegen hochkonzentrierte Chromgerbsalze überwunden werden. Wenn die Farbenindustrie zur elektrolytischen Oxydation ihrer Farbstoffzwischenprodukte übergehen sollte, so wird das Problem der Herstellung von Chromchlorid direkt aus Chromeisenstein aktuell werden.

Bei der zweiten Zusammenkunft leitete der Vorsitzende, Prof. Dr. E. Stiasny, die Diskussion über das Thema „Chromgerbung" mit einem zusammenfassenden Bericht über Einbadchrombrühen aus Bichromat ein. Er wies darauf hin, daß die Wahl der Reduktionsmittel eine sehr große geworden ist, und daß zu den am meisten verwandten Stoffen Thiosulfat, Natriumsulfit, Schwefeldioxyd, Glucose, Zellstoffablauge, ausgelaugte Lohe, Sägespäne, Falzspäne, Kleie u. dgl. gehören. Wodurch unterscheiden sich nun die verschiedenen Einbadbrühen voneinander?

1. Durch die Menge der zum Bichromat zugesetzten Säure;

2. durch die Art der Säure (es handelt sich in der Regel nur um Schwefelsäure oder Salzsäure; aber es sind auch andere Säuren denkbar);

3. durch die Wahl des Reduktionsmittels; denn dieses bewirkt die Bildung von Nebenprodukten, und es beteiligt sich mit diesen oft auch an einer Komplexbildung mit dem reduzierten Chrom.

Bei der Besprechung dieser Verhältnisse empfiehlt es sich, von der folgenden Grundgleichung auszugehen, bei der angenommen wird, daß keine Komplexbildung der Oxydationsprodukte mit dem Chrom stattfindet, und wobei die angewandte Säuremenge so bemessen ist, daß $^1/_3$ basisches Chromsalz entsteht.

$$K_2Cr_2O_7 + 3\,H_2SO_4 + X\ (\text{Reduktionsmittel}) = K_2SO_4 + 2\,CrOHSO_4 + XO_3 + 2\,H_2O,$$

oder $K_2Cr_2O_7 + 6\,HCl + X = 2\,KCl + 2\,CrOHCl_2 + XO_3 + 2\,H_2O$.

Für den häufigeren Fall, daß man mit Schwefelsäure arbeitet, gilt für Bichromat und Schwefelsäure das einfache Gewichtsverhältnis 1 : 1. Denn das Molekulargewicht des Bichromats ist 294 und das von 3 Mol. Schwefelsäure ebenfalls 294. Es ist auch ziemlich gleichgültig, ab man Kaliumbichromat oder Natriumbichromat nimmt, denn letzteres hat das Molekulargewicht 298. Natriumbichromat ist billiger, erfordert aber die Vorsicht trockener Lagerung, denn es ist hygroskopisch und kann daher beim Abwägen bestimmter Mengen zu Täuschungen führen. Nimmt man statt Schwefelsäure Salzsäure, so berechnet sich auf je 100 kg Schwefelsäure etwa 250 kg Salzsäure von 30% HCl.

Will man eine andere Basizität erzielen, als oben gewählt wurde (33,3%), so muß man entsprechend weniger oder mehr Säure verwenden. Zur Berechnung derselben geht man von folgender Gleichung aus:

$$K_2Cr_2O_7 + n\,H_2SO_4 + X \rightarrow K_2SO_4 + Cr_2{(OH)_m \atop (SO_4)_{n-1}} + XO_3.$$

Man berechnet die auf 2 Cr entfallende H_2SO_4-Menge des gewünschten basischen Chromsalzes und erhöht diese Zahl um 98 für je 294 Bichromat.

Beispiel: Sei die gewünschte Basizität 40%, d. h.

$$\frac{\text{an OH geb. Cr}}{\text{Gesamt-Cr}} \cdot 100 = 40\,,$$

so bedeutet dies, daß

$$\frac{\text{an } SO_4 \text{ geb. Cr}}{\text{Gesamt-Cr}} \cdot 100 = 100 - 40 = 60 \text{ ist.}$$

Es ist also an Cr nur 60% der maximal möglichen SO_4-Menge gebunden. Auf $2 \cdot 52$ Cr entfallen maximal $3 \cdot 98 = 294\ H_2SO_4$; 60% davon sind $\frac{294 \cdot 60}{100} = 176{,}4$. Hierzu kommen $98\,H_2SO_4$ (zur Bildung des Kaliumsulfats). Diese Summe von $274\,H_2SO_4$ ist demnach für je 294 Bichromat zu verwenden, um die gewünschte Basizität von 40% zu erhalten. Auf 100 Bichromat entfallen demnach $\frac{274 \cdot 100}{294} = 93$ kg Schwefelsäure.

Als allgemeine Formel ergibt sich für die zu je 100 kg Bichromat zuzusetzende Menge H_2SO_4, wenn a die gewünschte Basizität der Chrombrühe bedeutet:

$$\left[\frac{294\,(100 - a)}{100} + 98\right] \frac{100}{294}\,.$$

Solche Überlegungen gelten aber nur so lange, als der Reduktionsvorgang nicht durch Säuremangel leidet. Es ist nämlich zu bedenken. daß die Reduktion um so langsamer verläuft, je geringer die zugesetzte Säuremenge ist, und daß bei verschiedenen Reduktionsmitteln das Mindestmaß von Säurezusatz, das zur Erreichung einer vollständigen Reduktion benötigt wird, verschieden groß ist. Dies läßt sich an Hand einiger Versuche zeigen, bei denen Bichromat und Schwefelsäure in verschiedenen Verhältnissen gemischt und mit verschiedenen Reduktionsmitteln reduziert werden. Es zeigt sich dabei, daß man mit Thiosulfat und Natriumsulfit auch bei großem Säuremangel (10 Teile Bichromat zu 6 Teilen Schwefelsäure) vollständige Reduktion erzielt. Hierbei hat das gebildete basische Chromsulfat eine Basizitätszahl von 73,3, ist also unlöslich. Bei Glucose kann man mit dieser geringen Schwefelsäuremenge keine völlige Reduktion erzielen, wohl aber bei dem Verhältnis 10 Bichromat zu 8 Schwefelsäure, wobei eine Brühe von der Basizität 53,3% entsteht. Mit Natriumnitrit gelingt es aber nicht einmal, mit den für eine Basizität von 33,3% berechneten Säuremengen vollständige Reduktion zu erzielen; dies erfolgt erst bei größerem Säurezusatz, z. B. wenn das Verhältnis von Bichromat zu Schwefelsäure 10: 13,3 ist, so daß ein Chromsulfat von der Basizität 0 entsteht. Auch viele organische Reduktionsmittel, wie ausgelaugte Lohe, Falzspäne, Sägemehl usw. erfordern einen höheren Schwefelsäurezusatz, als dem $^1/_3$-basischen Chromsalz entsprechen würde, und es ergibt sich in diesen Fällen die Notwendigkeit, den ursprünglich zugesetzten Säureüberschuß durch Soda zu entfernen.

Die rechnerischen Zusammenhänge zwischen angewandter Säuremenge und Basizitätsgrad der Chrombrühe gelten — wie bereits erwähnt — nur so lange, als durch das verwendete Reduktionsmittel nicht Säuren gebildet werden, die an Chrom gebunden werden und die Basizität der Brühe erniedrigen. Solche Fälle sind von Wichtigkeit, da sie die spezifische Wirkungsweise gewisser Chrombrühen erklären können. Dies sei an einem Beispiele erläutert:

Eine Glucosebrühe, hergestellt aus 25 g Bichromat, 22 g Schwefelsäure, 6,6 g Glucose und 200 ccm Wasser ergab[1]) eine Basizitätszahl von 41,2%. Wenn die Glucose bei der Oxydation keine organischen Säuren gebildet hätte, so würde die Basizitätszahl 45,4% zu erwarten gewesen sein. Denn für je 294 g Bichromat wurden $22 \cdot \frac{294}{25} = 258{,}7$ g H_2SO_4 verwendet. Zieht man hiervon 98 g H_2SO_4 für die Bildung von Kaliumsulfat ab, so verbleiben 160,7 g H_2SO_4 für die im Bichromat enthaltenen 104 g Cr. An 104 g Cr sind maximal 294 g H_2SO_4 bindbar ($Cr_2[SO_4]_3$), 160,7 ist 54,6% von 294, d. h. $\frac{\text{an Cr gebundener Säurerest}}{\text{maximal gebundener Säurerest}} \cdot 100 = 54{,}6$; darum ergibt sich $\frac{\text{an OH gebundenes Cr}}{\text{Gesamt-Cr}} \cdot 100 = 100 - 54{,}6 = 45{,}4\%$.

[1]) D. Burton, R. Wood u. A. Glover, J. S. L. T. C. 1922, 281; siehe auch Coll. 1923, 109.

Im allgemeinen berechnet sich der Basizitätsgrad einer Chrombrühe, bei deren Herstellung auf je 294 g Bichromat n g Schwefelsäure verwendet wurden, nach der Formel: $100 - \frac{(n-98)\,100}{294}$.

Die Differenz der berechneten Basizitätszahl (45,4) und der gefundenen Basizitätszahl (41,2) zeigt nun die Bildung von Säure an, die bei der Oxydation der Glucose entstanden ist und die Basizität der Brühe verringerte. Gerade bei der Glucosebrühe ist eine solche Kontrolle der Basizitätszahl von Interesse, da bei verschiedenen Arbeitsbedingungen (besonders bzgl. Temperatur) sehr verschiedene Säuremengen aus der Glucose gebildet und an Chrom gebunden werden. Solche Berechnungen geben natürlich nur dann brauchbare Zahlen, wenn die experimentellen Grundlagen absolut zuverlässig sind.

Es gibt aber noch andere Momente, die zum Verständnis der Verschiedenheiten der einzelnen Einbadchrombrühen herangezogen werden müssen, und dies sind die bei der Reduktion auftretenden Nebenprodukte, sofern diese mit dem Chrom Komplexe von größerer oder geringerer Beständigkeit bilden, und das Chrom dadurch mehr oder weniger stark maskieren. Wenn man zu einer Lösung von $^1/_3$-basischem Chromsulfat geringe Mengen von Ammoniak, Natronlauge, Soda u. dgl. zusetzt, so erhält man eine Fällung von Chromhydroxyd. Wenn aber das Chrom durch vorherige maskierend wirkende Zusätze gegen die Ausflockung durch Alkalien geschützt ist, so gelingt diese Fällung nicht oder erst nach größerem Zusatz oder nach Erwärmung oder nach längerer Einwirkung. Je leichter und rascher die Fällung eintritt, desto leichter und rascher fällt das Chrom auch an die Faser an. Diese Eigenschaft ist aber maßgebend für die Adstringens der Chrombrühe, und deshalb kann man sagen, daß die Adstringens durch maskierende Zusätze verringert wird. Manche Brühen, die sich durch eine zarte Angerbung der Narbe auszeichnen, verdanken diese Eigenschaft einem maskierend wirkenden Nebenprodukt bei der Herstellung der Brühe. Ehe nun auf diese Verhältnisse näher eingegangen wird, sollen einige gebräuchliche Einbadchrombrühen (aus Bichromat) kurz besprochen werden.

1. Glucosebrühe. Bei der Herstellung von Glucosechrombrühen soll man zu dem heißen Bichromatsäuregemisch langsam die Glucose zugeben, und es soll die Reduktion in lebhafter Weise (Brodeln und Schäumen) vor sich gehen. Je nach der Wahl der Säure (Schwefelsäure oder Salzsäure) wird man vorwiegend basisches Chromsulfat oder basisches Chromchlorid erhalten (neben geringen Mengen von organischen Chromsalzen, die um so geringfügiger sein

werden, je lebhafter der Reduktionsvorgang erfolgte). Je nach dem gewünschten Basizitätsgrade wird man das Verhältnis von Bichromat und Säure wählen. In der Praxis vielfach üblich sind folgende Verhältnisse: 100 kg Bichromat + 88 kg Schwefelsäure und 100 kg Bichromat + 200 kg Salzsäure (32%). Der Glucosezusatz erfolgt so lange, bis die Reduktion vollständig ist. Dies erkennt man, indem man einige Tropfen der Flüssigkeit in einem Reagenzglas mit etwa 10 ccm Wasser verdünnt, heiß mit Ammoniak fällt und im Filtrat auf unreduzierte Chromationen prüft. Je langsamer der Glucosezusatz erfolgt, und je lebhafter die Reaktion ist, desto geringere Glucosemengen sind zur Reduktion erforderlich. Auf alle Fälle ist ein Glucoseüberschuß zu vermeiden, sofern man nicht absichtlich eine maskierende Wirkung der Glucose anstrebt. Für 100 kg Bichromat sollten 26 kg Glucose ausreichen. Lamb zeigt in seinem lesenswerten Buche über Chromgerbung, daß man Brühen verschiedener Basizitätsgrade erhält, wenn man die Reduktion bei verschiedenen Temperaturen vornimmt. So erhielt er bei Kochtemperatur die Basizitätszahl 47% und — unter sonst gleichen Bedingungen — bei 70° C nur 36%. Lamb gibt auch eine Tabelle an, aus welcher bei verschiedenem Säureansatz die erhaltenen Basizitätszahlen zu entnehmen sind. Diese Tabelle sei, auf unsere Ausdrucksweise umgerechnet, hier mitgeteilt.

Bichromat	100	100	100	100	100
Schwefelsäure (100%ig)	80,75	90,3	95	99,75	108,25
Glucose	25	25	25	25	25
Wasser	500	500	500	500	500
Basizitätszahl gef.	51,6	42	37	32,2	23,7
Basizitätszahl ber.	53	43	35	33,6	25,1

In der letzten Horizontalreihe sind die aus Bichromat und Säure berechneten Basizitätszahlen angegeben, die zu erwarten wären, wenn keine organischen Chromverbindungen entstanden sind. Man sieht, daß berechnete und gefundene Werte recht gut übereinstimmen. In den 4 Fällen, wo die berechneten Werte etwas höher sind, mag dies auf geringe Bildung organischer Säuren zurückzuführen sein; in dem einen Fall, wo die gefundene Basizitätszahl die höhere ist, liegt offenbar ein kleiner Analysenfehler vor. Erwähnt sei noch, daß nach Lambs Ansicht bei der Oxydation der Glucose Aldehyde entstehen, und daß diese bei der Gerbung mitwirken und für die spezifische Wirkung der Glucosebrühe mitverantwortlich sind.

2. Thiosulfatbrühe. Auch bei der Reaktion mit Thiosulfat ist die Reaktion möglichst lebhaft zu erhalten. Das Thio-

sulfat soll nicht in festem Zustande, sondern in konzentrierter Lösung (etwa 1 : 1) unter lebhaftem Rühren zugegeben werden, damit ein örtlicher Überschuß von Thiosulfat vermieden wird. Auch hier hängt die zur vollständigen Reduktion erforderliche Thiosulfatmenge von den Bedingungen der Reaktion ab (Temperatur, Raschheit des Zusatzes usw.). Da ein Überschuß von Thiosulfat vermieden werden muß, um eine vorzeitige Schwefelabscheidung zu verhüten, so empfiehlt es sich, Thiosulfat nur bis zur annähernd vollständigen Reduktion zuzusetzen und den letzten geringen Rest von Chromationen durch Natriumbisulfit zu entfernen. Folgende Arbeitsweise hat sich bewährt: 100 kg Bichromat werden in 250 Liter Wasser heiß gelöst, auf etwa 50° C abkühlen gelassen und durch vorsichtigen Zusatz von 90 kg Schwefelsäure (Umrühren) wieder zum Sieden gebracht. Dann wird langsam und unter gutem Umrühren eine Lösung von 120 kg Thiosulfat in 120 Liter Wasser (in sehr dünnem Strahl) zufließen gelassen. Die Reduktion wird nun fast vollständig beendet sein, und man setzt nun so lange Natriumbisulfit zu, bis eine Probe nach der Fällung mit Ammoniak ein farbloses Filtrat gibt. Man erhält auf diese Weise eine Brühe von etwa 5,2% Cr, 44% Basizität und 1,2 Ausflockungszahl. Die Brühe ist anfangs vollkommen klar, setzt aber bei längerem Stehen wachsende Mengen von Schwefel ab. Diese allmählich erfolgende, durch die Hautfaser aber beschleunigte Schwefelabscheidung bildet ein besonderes Merkmal für die Thiosulfatbrühe, denn sie ist es, welche die füllende Wirkung der Brühe verursacht.

3. Brühen, die durch Reduktion mit ausgelaugter Lohe, Sägespänen, Falzspänen u. dgl. hergestellt werden. Es empfiehlt sich hier, aus den oben angegebenen Gründen, eine größere Schwefelsäuremenge zu verwenden, um die Reduktion rasch zu Ende führen zu können. Man löst zweckmäßig 100 kg Bichromat in der 2—3fachen Menge Wasser, setzt zu der warmen Lösung 120 kg Schwefelsäure zu und bringt zu der siedend heißen Mischung das Reduktionsmittel in kleinen Portionen, wobei man trachtet, die Reaktion stets lebhaft zu erhalten. Eventuell muß man gegen Ende der Reaktion durch Einleiten von Dampf die Temperatur hochhalten. Nach beendeter Reduktion wird die Brühe durch ein geeignetes Filtermaterial, z. B. ausgelaugte Lohe, filtriert und hierauf durch entsprechenden Sodazusatz auf die gewünschte Basizität gebracht.

4. Schwefeldioxydbrühe. Eine in Amerika während des Krieges vielfach verwendete Brühe wird aus Bichromat (ohne

Säurezusatz) hergestellt, indem man Schwefeldioxyd einleitet, bis die Reduktion beendet ist. Das Schwefeldioxyd wird zweckmäßig in kleinen Öfen durch Verbrennen von Schwefel (oder auch durch Rösten von Kiesen) hergestellt. Die entstehende Brühe hat stets die Basizitätszahl 33,3%, d. h. die Brühe entspricht der Verbindung $CrOHSO_4$. Ein Überschuß von Schwefeldioxyd ist zu vermeiden, sofern man nicht die Bildung von Sulfitoverbindungen besonders anstrebt. Zur Erzielung gleichmäßiger Brühen empfiehlt es sich jedenfalls, die Schwefeldioxydzufuhr abzustellen, sobald die Reduktion beendet ist, und durch Einleiten von Dampf die überschüssig eingebrachte Schwefeldioxydmenge zu entfernen. Diese Brühe ist gekennzeichnet durch Billigkeit, hohen erreichbaren Chromgehalt und geringen Gehalt an Alkalisalzen. Wenn man konzentrierte Natriumbichromatlösungen verwendet, so erhält man Brühen, die auch bei längerem Lagern kein Glaubersalz abscheiden. Zu empfehlen ist eine Lösung von 100 kg Natriumbichromat in 100 Liter Wasser; dies gibt eine Chrombrühe von etwa 14% Cr. Nach Lamb gibt die Schwefeldioxydbrühe weniger volles Leder als die früher genannten Brühen.

Um die Kosten verschiedener Chrombrühen vergleichend zu prüfen, berechnet man den Preis von 1 kg Cr. Hat man z. B. eine Thiosulfatbrühe aus 100 kg Bichromat, 90 kg Schwefelsäure und 120 kg Thiosulfat bereitet und beträgt der Gesamtpreis dieser Materialien *n* Mark, so ist — da der Chromgehalt von Bichromat 35,4% beträgt — $\frac{n}{35,4}$ der Preis von 1 kg Cr in Form der Thiosulfatbrühe. Wichtiger als diese Preisunterschiede sind die Unterschiede, welche die verschiedenen Brühen bezüglich Chromgehalt, Basizität, Ausflockungszahl und Wasserstoffionenkonzentration aufweisen. Einige Zahlen mögen dies veranschaulichen.

Herstellung der Chrombrühe	Basizitätszahl in %	Ausflockungszahl der auf 1 g Cr/l verdünnten Brühe
100 g Bichromat (in 1400 g H_2O) + 100 g H_2SO_4 + 182 g Thiosulfat (kalt red.)	65	0 (schon beim Verdünnen Fällung)
100 g Bichromat (in 1400 g H_2O) + 100 g H_2SO_4 + 161 g Thiosulfat (heiß red.)	41,7	1,95
100 g Bichromat (in 250 g H_2O) + 90 g H_2SO_4 + 118 g Thiosulfat (heiß red.)	44	1,2
100 g Bichromat (in 1400 g H_2O) + 50 g H_2SO_4 + 120 g Natriumbisulfit (heiß red.) . .	32,6	2,2
100 g Bichromat (in 1400 g H_2O) + SO_2 . . .	33,3	2,3

Die folgenden Angaben sind einer Arbeit von Burton entnommen (J. S. L. T. C. 1922, 281; siehe auch Coll. 1923, 109).

Herstellung der Chrombrühe	Basizitätszahl in %	Ausflockungszahl der auf 1% Cr verdünnten Brühe, der. Basizität auf 33% gebracht wurde
100 g Bichromat (in 800 g H_2O) + 88 g H_2SO_4 + 26,4 g Glucose	41,2	10,4
100 g Bichromat (in 1200 g H_2O) + SO_2	33,2	8,7
100 g Bichromat (in 800 g H_2O) + 92 g H_2SO_4 + Sägemehl	48,8	11,0
100 g Bichromat (in 800 g H_2O) + 92 g H_2SO_4 + 28 g Kleie	41,2	9,6
100 g Bichromat (in 800 g H_2O) + 92 g H_2SO_4 + ausgelaugte Lohe	39,4	8,8

Man sieht aus diesen Zahlen, daß man bei verschiedenen Arbeitsweisen Einbadbrühen von sehr verschiedener Basizitäts- und Ausflockungszahl erhält, und daß es wohl möglich ist, durch Säurezusatz (oder Laugezusatz) die Basizitätszahl gleichzumachen, daß die dabei entstehenden Lösungen aber sich noch durch ihre Ausflockungszahl unterscheiden. Um diese Ausflockungszahlen in Übereinstimmung zu bringen, müßte man NaCl oder Na_2SO_4 (oder andere Salze) zusetzen, welche die Ausflockungszahl erhöhen, ohne die Basizitätszahl zu ändern.

Es wird heute wohl allgemein angenommen, daß für die analytische Bewertung einer Einbadchrombrühe vor allem wichtig sind: der Chromgehalt, der Basizitätsgrad, die Ausflockungszahl und der p_h-Wert. Ob diese Daten aber genügen, um eine Einbadgerbbrühe eindeutig zu definieren, und ob alle Brühen mit gleichen zahlenmäßigen Werten in bezug auf diese Eigenschaften auch gerberisch identisch sein müssen, ist noch sehr zweifelhaft. Es handelt sich darum, die Zusammenhänge klar zu übersehen, die zwischen chemischer Zusammensetzung, analytischem Verhalten und Gerbwirkung bestehen. Die Zusammensetzung einer Chrombrühe hängt nun von den folgenden Faktoren ab: von der Art des komplexen Chromions, von der Art des anderen Ions (Säurerestion, wenn der Chromkomplex kathodisch ist, Metallionen, wenn der Chromkomplex anodisch ist) und von der Art und Menge der neben dem Chromsalz vorhandenen Stoffe.

Was zunächst den ersten Punkt betrifft, so ist in letzter Zeit die Wanderungsrichtung der Chromkomponenten im elektrischen Felde in den Vordergrund des gerbereichemischen Interesses gerückt. Die Wanderungsrichtung zeigt uns, ob das Chrom sich in einem komplexen Kation (kathodische Wanderung) oder in einem komplexen Anion (anodische Wanderung) befindet, oder ob es einen elektroneutralen Komplex bildet (keine Wanderung und kein deutliches elektrisches Leitungsvermögen). Diese Verhältnisse stehen in unmittelbarem Zusammenhang mit der Theorie der Chromgerbung. Nach Procter-Wilson wird die pflanzliche Gerbung als ein Ladungsausgleich aufgefaßt, bei dem das Kollagen positiv, der pflanzliche Gerbstoff negativ geladen ist. Für die Chromgerbung haben Thompson und Atkin die Ansicht vertreten, daß der gerbende Chromkomplex negative Ladung haben müßte, um sich mit dem positiv geladenen Kollagen verbinden zu können. Es dürften daher nur die anodisch wandernden Chromkomplexe gerbend wirken.

Eine Reihe von Überführungsversuchen mit gerbenden und mit nichtgerbenden Chromsalzen hat nun gezeigt, daß die Wanderungsrichtung des Chromkomplexes nicht von ausschlaggebender Bedeutung für die Gerbwirkung ist, sondern daß die Zusammensetzung und besonders die Unbeständigkeit des Komplexes für das Gerbvermögen maßgebend ist. Von diesen Versuchen, die in anderem Zusammenhange veröffentlicht werden sollen, sei an dieser Stelle nur das knappe Endergebnis mitgeteilt: Es gibt komplexe Chromverbindungen mit rein anodisch wanderndem Chrom, deren Chromkomplex beständig ist und die keine Gerbwirkung aufweisen. Es gibt aber auch Chromverbindungen, deren Chromkomplex rein anodisch wandert und die sehr gute Gerbwirkung zeigen; bei diesen ist der Chromkomplex nicht beständig, sondern in wäßriger Lösung einer steten Umwandlung ausgesetzt. Es gibt anderseits Chromverbindungen mit rein kathodisch wanderndem Chrom, die starke Gerbwirkung zeigen und solche, die es nicht tun. Auch hier ist die Gerbwirkung mit einer Umwandlungsfähigkeit des Komplexes verknüpft. Diese Umwandlungsfähigkeit beruht wahrscheinlich auf einem Austausch von Säureresten gegen Wasser (im Chromkomplex) und auf einer Bildung von Hydroxoverbindungen (basischen Salzen), denen die weitere Fähigkeit der Polymerisierung zu semikolloiden Teilchen zukommt.

Zum Schluß sei nochmals auf die wichtigen Einflüsse hingewiesen, welche Salzzusätze auf die Gerbwirkung einer Chrombrühe ausüben. Bei Chromchloridbrühen wirkt Kochsalzzusatz etwas erhöhend auf die Ausflockungszahl, Natriumsulfat hingegen stark erniedrigend (wegen Bildung basischer, leichter ausflockbarer Chromsulfate); erst ein Überschuß von Natriumsulfat wirkt wieder erhöhend auf die Ausflockungszahl.[1]) Bei Chromsulfatbrühen wirkt Kochsalz etwas erhöhend, Natriumsulfat stark erhöhend auf die Ausflockungszahl. Die Basizitätszahl bleibt in allen Fällen unverändert. Der p_h-Wert der Brühen wird durch reichlichen Kochsalzzusatz deutlich erniedrigt, durch reichlichen Natriumsulfatzusatz ebenso deutlich erhöht. Kochsalz erhöht also die Azidität der Brühe, während Natriumsulfat sie erniedrigt. Deshalb nimmt die Haut aus einer kochsalzhaltigen Brühe mehr Säure und aus einer natriumsulfathaltigen Brühe weniger Säure auf, als aus der entsprechenden salzfreien Brühe.[2]) Sowohl Kochsalz, wie Natriumsulfat verringern die Chromaufnahme durch die Haut und verzögern die Gerbung; die verzögernde Wirkung soll bei Kochsalz stärker sein als bei Natriumsulfat, und sie kommt um so stärker zur Geltung, je basischer die Brühe ist.[3]) Aluminiumsulfat erhöht ebenfalls die Ausflockungszahl von basischen Chrombrühen und erweist sich als wertvoller Zusatz bei der Herstellung von weichem, vollem Leder.[4]) Über die Zusätze von Salzen, welche eine ausgesprochen maskierende Wirkung auf das Chrom ausüben (z. B. Sulfite, Oxalate usw.) wird im hiesigen Institute gearbeitet, und es wird bald über diese Arbeiten berichtet werden können. Schon jetzt darf man die Erwartung aussprechen, daß die planmäßig durchgeführte Maskierung des Chroms von technischem Interesse sein wird.

In der Aussprache weist Dr. Zohlen darauf hin, daß der Unterschied zwischen Kalium- und Natriumbichromat vielleicht nicht nur in der Hygroskopizität des letzteren liegt, sondern in einer günstigen Wirkung der in der Chrombrühe vorhandenen Kalisalze gegenüber den bei Verwendung von Natriumbichromat gebildeten Natriumsalzen. Letztere sollen, nach den Erfahrungen einiger Praktiker, besonders bei Riemenleder eine lockere Narbe verursachen. Die Beliebtheit von Chrombrühen aus Kaliumchromalaun könnte auch

[1]) K. H. Gustavson, J. A. L. C. A. **18**, 569, 1923; siehe auch Coll. 1924, S. 111.

[2]) D. Burton und A. Glover, J. S. L. T. C. 1921, 187; siehe auch Coll. 1923, S. 103.

[3]) J. A. Wilson, The Chemistry of Leather Manufacture 1923, S. 278—295.

[4]) K. H. Gustavson, l. c., siehe Coll. 1924, S. 116.

hierauf zurückgeführt werden. Der Vorsitzende hält es für möglich, daß der verschiedene Hydratationsgrad von Kalium- und Natriumionen auch einen verschiedenen Einfluß dieser Salze auf die Ausflockungszahl und damit auf die Adstringens der Gerbbrühe ausübt. Dipl.-Ing. Schorlemmer weist darauf hin, daß zu denjenigen Reduktionsmitteln, die keine Komplikation der Basizität durch Säurebildung bewirken, bei denen also berechnete und gefundene Basizitätszahlen übereinstimmen, auch der Formaldehyd gehört, der allerdings infolge seines Preises praktisch kaum in Betracht kommt. Prof. Hahn zweifelt daran, daß unsere derzeitigen Methoden zur Bestimmung des Chroms und besonders zur Bestimmung der Basizitätszahl hinreichend genau und zuverlässig sind, um daraus theoretische Schlußfolgerungen abzuleiten. Es wurden ungünstige Erfahrungen bei der Analyse von Chrombrühen gesammelt, die durch Reduktion mit Wasserstoffsuperoxyd gewonnen wurden, bei denen also komplizierende Nebenprodukte ausgeschlossen sind, und zu denen Zusätze verschiedener Salze gemacht wurden, um deren Wirkung auf die Analysenergebnisse zu prüfen. Ganz besonders schlecht sind die Ergebnisse bei gebrauchten kalksalzhaltigen Brühen. Auch die Chrombestimmung ist in solchen Brühen ungenau. Dr. Vollbrecht bestätigt die Angaben des Prof. Hahn und weist auch auf die Schwierigkeiten hin, die ein Gehalt der gebrauchten Chrombrühen an organischer Substanz und an Calciumsalzen hervorrufen. An dieser Besprechung analytischer Unvollkommenheiten beteiligten sich noch die Herren Dr. Simon, der die Arbeitsweise von Finni Enna empfiehlt, Szegö, der auf die Burtonsche Chrombestimmung (durch Oxydation nach Zusatz einer bekannten Sodamenge und Rücktitrieren des Sodaüberschusses) hinweist und Dr. Klein, der gute Erfahrungen bei der Chrombestimmung durch Oxydation mit Natriumpersulfat gesammelt hat, sofern die Brühen keine Chloride enthalten. Dr. English regt eine Diskussion an über die günstigste Narbenbildung bei den verschiedenen Chrombrühen. Er glaubt, daß man mit anorganisch reduzierten Chrombrühen ein ebenso volles Leder mit genau so guter Narbenbildung erhalten könne, wie mit organisch reduzierten Brühen, und daß es lediglich darauf ankomme, daß während der Gerbung der Basizitätsgrad der Brühen entsprechend geregelt werde. Dr. Zohlen meint, daß man durch Glucosezusatz zu einer anorganisch-reduzierten Brühe die Wirkung einer organisch reduzierten Brühe erzielen kann. Grundsätzlich stehe er auf dem Standpunkte, daß man aus volkswirtschaftlichen Gründen das Oxydationsvermögen des Bichromates ausnützen, und deshalb die

Herstellung von Einbadbrühen denjenigen Fabriken überlassen solle, bei denen eine solche Ausnützung erfolgt. Dies hätte den weiteren Vorteil, daß die Kontrolle von Temperatur, Reaktionsgeschwindigkeit usw. in chemischen Betrieben in zuverlässigeren und sachverständigeren Händen liegt, als in den Gerbereien. Prof. Hahn erwartet nicht, daß die Gerbereibetriebe ihre sorgfältig erprobten Brühen, mit denen sie gute Erfahrungen gemacht haben, allgemein bekannt geben werden. Wohl aber könnte man hoffen, daß die Zusammensetzung jener Brühen mitgeteilt wird, mit denen man schlechte Erfahrungen gemacht hat, und die man nicht zu verwenden beabsichtigt, denn aus diesen negativen Ergebnissen sei viel zu lernen. Dr. Röhm weist auf die günstigen Erfahrungen hin, die er bei der Eisen-Silikatgerbung gemacht hat, und die auch für die Chrom-Silikatgerbung gelten. Das Leder sei voller, die Gerbung eine beschleunigte und auch die Diffusion eine raschere. Bezüglich der Herstellung von Einbadchrombrühen aus Bichromat und Schwefeldioxyd erwähnt Dr. Röhm, daß diese Arbeitsweise schon vor dem Kriege in Deutschland angewendet wurde. Dr. Arnoldi weist auf die Bedeutung der Temperatur bei der Einbadchromgerbung hin. Er erinnert daran, daß im Sommer häufiger Narbenübergerbungen stattfinden als im Winter, und daß bei höheren Temperaturen mehr Chrom aufgenommen wird. Seine Vermutung, daß bei der Chromtrockengerbung beträchtliche Temperaturerhöhung auftreten müsse, wird von Dipl.-Ing. Schorlemmer an Hand zahlreicher Erfahrungen widerlegt. Der Vorsitzende hält einen Einfluß der Temperatur auf die Chromgerbung für sehr wahrscheinlich, da durch Erwärmen die Dissoziationskonstante des Wassers erhöht und alle damit zusammenhängenden Vorgänge der Hydrolyse begünstigt werden. Man wird also einerseits höhere Aziditäten der Brühen und anderseits höhere Basizitätsgrade der basischen Hydrolysenanteile zu erwarten haben. Damit muß auch eine verringerte Ausflockungszahl und eine erhöhte Adstringens verbunden sein. Anderseits wird durch Temperaturerhöhung auch die Diffusionsgeschwindigkeit erhöht. Man wird wohl mit zunehmender Durchgerbung der Blößen die Temperatur nur allmählich steigern dürfen. Dr. Arnoldi erwähnt ferner eine Angerbmethode, bei der die ungepickelten Blößen mit Thiosulfat behandelt und dann die berechneten Säuremengen zugegeben werden, worauf die Blößen in das Chromatbad gelangen und schließlich mit einer Einbadbrühe nachgegerbt werden. Bei dieser Arbeitsweise sei eine schöne Narbe erzielt worden, ohne daß Schwefel in der Narbe nachweisbar war. Bezüglich der maskierenden Zusätze erwähnt Dr. Klein Versuche, die er mit Natriumsulfit und mit Naphtholsulfosäuren angestellt hat. Dr. Vollbrecht meint, daß durch maskierende Zusätze nicht nur die Angerbung der Narbe, sondern die Gerbung des ganzen Coriums beeinflußt werde; er weist auch darauf hin, daß die Zurichtung der Gerbart angepaßt werden müsse, und daß man z. B. ein mit Chromalaunsodabrühen gegerbtes Leder anders zurichten müsse, als ein mit Glucosebrühe gegerbtes Leder. Dr. Klein bespricht die Wirkung von Formaldehydzusätzen zu Einbadchrombrühen und warnt vor zu großen Formaldehydmengen, da diese die Chromangerbung der Narbe allzu stark hemmen können. Die Vermutung, daß in saurer Lösung eine starke Formaldehydangerbung nicht zu befürchten wäre, wird von Fräulein Muche und Dr. Simon dahin richtiggestellt, daß man auch in saurer Lösung eine deutliche Erhöhung der Schrumpfungstemperatur durch Formaldehyd beobachtet. Dr. Zohlen erzählt von einem Fall aus der Praxis, wobei junge Kalbfelle nach einem Pickel mit 3% Schwefelsäure, 5—6% Kochsalz und 100% Wasser in stark geschwelltem Zustande mit Glucosebrühe gegerbt wurden. Es wurde damals vermutet, daß der Formaldehydgehalt der Glucosebrühe die Schwellung fixiere. Das angestrebte Ergebnis, eine besonders volle und gute Gerbung zu erzielen, wurde allerdings nicht erreicht, da die Leder, wie man erwarten konnte, eine platzende Narbe aufwiesen. Eine längere Aussprache entspann sich nach einer Anfrage von Dr. Roser, ob irgendwelche Erfahrungen über die Wirkung von Kalksalzen auf die Chromgerbung und besonders in bezug auf Gipsablagerungen in der Narbe gemacht wurden. Dr. Vollbrecht teilte mit, daß ein Zusatz von Calciumchorid zu Einbadbrühen hartes Leder verursache. Dr. Klein meint, daß in der Praxis die Gefahr der Kalksalzabscheidung in der Haut wegfalle, wenn man richtig reingemachte und mit Salzsäure-Kochsalz gepickelte Blößen verwende. Dr. Röhm und Dr. English halten die Furcht vor Gipsabscheidungen für übertrieben. Wasser von 20—25 Härtegraden lasse sich ohne Nachteil verwenden, und der in Einbadbrühen auftretende Gehalt an Calciumsalzen habe noch niemals nachteilig gewirkt. Für Glacéleder vertritt Fräulein Muche den Standpunkt, daß ein Wasser von mehr als 18 Härtegraden ungeeignet sei, da es brüchige Narbe und unreine Färbungen verursache. Dr. Arnoldi erzählt schließlich von einem merkwürdigen Fall aus der Praxis, wobei Blößen, die direkt von der Nachäscherung (also ungewaschen, nicht entkalkt und nicht gebeizt) in einem Schwefelsäure-Kochsalzpickel gelangten und dann mit Einbadchrombrühen gegerbt wurden, ein schönes Leder ergaben, das ebenso feste Narbe (Schlüsselprobe) aufwies, wie andere Leder. Diese Arbeitsweise kann wohl nicht zur Nachahmung empfohlen werden. Dr. Zohlen weist darauf hin, daß die Häute junger Tiere andere Chrombrühen und andere Arbeitsweisen verlangen als die Häute älterer Tiere. Würde man Kalbfelle in der für Rindhäute angemessenen Weise behandeln, so würde eine völlig übergerbte Narbe entstehen. Dr. Klein meint hierzu, daß man bei Kalbfellen weniger basisch angerben muß, z. B. mit 33% Basizität angerben und mit 50% ausgerben; bei Rindbox könne man gleich mit 50% Basizität beginnen. Dr. Vollbrecht und Dr. Zohlen sind der Ansicht, daß auch die Vorbehandlung und die Azidität des Pickels mit Rücksicht auf die zartere Natur der Kalbfelle entsprechend gewählt werden müsse.

Die wichtigsten Patentschriften.

Dr. Friedrich Knapp in München.

Bearbeiten von Häuten und Fellen.

Englisches Patent Nr. 2716 vom 29. Oktober 1861.

Nach dem Verfahren lassen sich sowohl schwerere als auch leichte Häute und Felle verarbeiten. Die schweren Häute, wie z. B. die Ochsen-, Kuh- und Pferdehäute, werden auf Sohlleder, Treibriemen, Geschirre u. dgl. verarbeitet, während aus den leichteren, den Lamm-, Kid- und Kalbfellen, Handschuhe und Oberleder hergestellt werden. Das Verfahren besteht im wesentlichen darin, daß in die Häute die fettsauren Salze der Metalloxyde bzw. Mischungen von Fettsäuren mit Metalloxyden, also unlösliche Metallseifen, eingewalkt werden. Statt diese Verbindungen der Haut direkt in einer Operation einzuverleiben, kann man auch so verfahren, daß man die Haut zunächst mit Fetten und Ölen oder mit löslichen Alkaliseifen bearbeitet und dann eine Behandlung mit löslichen Schwermetallsalzen folgen läßt. Als solche kommen namentlich zur Anwendung die salzsauren und schwefelsauren Salze des Eisens, Chroms und Mangans. In diesem Falle findet die Bildung der unlöslichen fettsauren Metallsalze infolge doppelter Umsetzung in den Poren der Haut selbst statt. Neben den fettsauren Metalloxyden können auch die Silikate der Schwermetalle und die fettsauren und kieselsauren Salze der alkalischen Erden zur Anwendung kommen; auch hier können diese entweder direkt in fertigem Zustande der Haut einverleibt werden oder in der Weise, daß man erst ein lösliches Silikat und dann die löslichen Salze der alkalischen Erden und Metalle zur Anwendung bringt. Es werden auf diese Weise sowohl fettsaure als kieselsaure unlösliche Salze in der Haut fixiert, so daß dadurch eine kombinierte Gerbung zustande kommt.

Dr. Christian Heinzerling in Biedenkopf.

Verfahren der Schnellgerberei bei Anwendung von Alaun und Zink, chromsauren Salzen, Ferrocyankalium, Chlorbarium und anderen Ingredienzien.

Deutsches Reichspatent Nr. 5298, Kl. 28 vom 3. Nov. 1878.

Die rohen Häute werden nach dem seitherigen wohlbekannten Verfahren enthaart und geschwellt. Hierauf bringt man dieselben in eine Lösung von saurem chromsauren Kali oder saurem chromsauren Natron, oder saurer chromsaurer Magnesia und Alaun oder schwefelsaurer Tonerde und Chlornatrium und läßt sie darin je nach der Art der Häute kürzere oder längere Zeit liegen.

Anstatt die Blößen direkt in diese Lösung zu bringen, kann man sie auch zuerst in eine fünf- bis zehnprozentige Alaunlösung legen, welcher man Zinkstaub oder geschnittenes Zinkblech zusetzt. Durch Einwirkung des Zinks auf den Alaun wird amorphe Tonerde abgeschieden, welche sich auf die Faser niederschlägt. Nachdem man die Häute je nach ihrer Beschaffenheit längere oder kürzere Zeit der Alaunzinklösung ausgesetzt hat, bringt man sie in die eingangs erwähnte Lösung von saurem chromsauren Kali oder Natron usw., deren Konzentrationsgrad sich nach der Natur der zu gerbenden Häute richtet.

Nachdem die Häute einige Tage in der Lösung von Chromsalzen, Alaun usw. gelegen haben, setzt man zu dieser Lösung einige Prozent Ferrocyankalium oder Ferridcyankalium; doch kann man diese Stoffe auch bei Beginn der Operation zusetzen. Bei manchen Lederarten fällt die Behandlung mit Ferro- oder Ferridcyankalium weg. Zweckmäßig ist diese Behandlung besonders bei Oberleder, welches schwarz gemacht werden soll.

Um die Gerbstoffe auf den in oben beschriebener Weise behandelten Häuten zu fixieren, werden letztere zweckmäßig in einer Lösung entweder von Chlorbarium oder essigsaurem Bleioxyd oder von Seife kurze Zeit eingeweicht. Trocknen kann man die Leder in gewohnter Weise. Die geglätteten, noch feuchten Häute können wie lohgares Leder gefettet oder geschmiert werden. Zu diesem Zwecke kann man das Fett einwalken, oder man taucht die Häute einige Zeit in Stearin, Paraffin, Chrysen, Naphtha oder ähnliche Stoffe, welche vorher in Benzin, Photogen oder ähnlichen Stoffen gelöst wurden. Diesen Stoffen setzt man passend etwas Carbolsäure oder Thymol zu und fettet dann, wenn nötig, wie gewöhnlich. Das neue Leder soll vollständig wasserfest, bedeutend geschmeidiger, dauerhafter und wasserdichter als lohgares Leder sein. Die Herstellungskosten sollen wesentlich geringer sein wie bei den Lohgerbverfahren.

Patentansprüche:

1. Die Behandlung der rohen Häute mit Alaun und Zink, welch letzteres den Alaun in amorphe Tonerde zersetzt, die sich alsdann auf die Faser der Haut niederschlägt.
2. Die Verwendung von Ferro- oder Ferridcyankalium als Zusatz beim Gerben und Fertigstellen der Häute.
3. Die Verwendung von Chlorbarium, essigsaurem Bleioxyd und Seifenlösung zum Fixieren der oben erwähnten Stoffe auf der Faser der Haut.
4. Die Verwendung der oben erwähnten sauren und neutralen Chromsalze in Verbindung mit Alaun und Chlornatrium und die Behandlung der hiermit gegerbten Häute mit einer Lösung von Paraffin und anderen Kohlenwasserstoffen oder von Stearin und anderen Fetten, in Benzin, Photogen, Petroleumäther und anderen Stoffen gelöst.
5. Das Verfahren zum Gerben von Leder in seiner ganzen oben beschriebenen Zusammensetzung.
6. Das nach dem beschriebenen Verfahren hergestellte Leder.

Dr. Christian Heinzerling in Frankfurt a. M.

Neuerung bei dem Heinzerlingschen Schnellgerbereiverfahren, bestehend in der Anwendung von Chromsulfat oder Chromchlorid, Chloraluminium und zum Schmieren des Leders von Wachs, Kolophonium, Walrat oder mit Chlorschwefel behandelten Fetten.

Deutsches Reichspatent Nr. 10665, Kl. 28 vom 24. Dezember 1879. Zusatz zum Patent Nr. 5298.

An Stelle der im Eingang des Hauptpatentes für die erste Gerblösung genannten Chromsalze kann man auch mit Vorteil schwefelsaures Chromoxyd oder Chromchlorid für sich oder mit einem der erwähnten Chromsalze gemischt anwenden.

An Stelle des Alauns und der schwefelsauren Tonerde läßt sich auch eine Lösung von Chloraluminium verwenden.

Endlich haben Versuche ergeben, daß man zum Schmieren der Häute auch Lösungen von Wachs, Kolophonium oder Walrat anwenden kann, desgleichen eine durch Behandlung von flüssigen Fetten (Leinöl, Rüböl oder dgl.) mit 10—20% Chlorschwefel gewonnene kautschukähnliche Masse.

Patentansprüche:

1. Die Anwendung von schwefelsaurem Chromoxyd oder von Chromchlorid an Stelle der in dem Hauptpatent genannten Chromsalze.
2. Die Anwendung von Chloraluminium an Stelle des Alauns oder der schwefelsauren Tonerde.
3. Die Anwendung einer Lösung von Wachs, Kolophonium, Walrat oder die erwähnte kautschukartige Masse zum Schmieren der mittels der oben und im Hauptpatent genannten Mineralsalze gegerbten Häute.

Dr. Christian Heinzerling in Frankfurt a. M.

Verfahren der Schnellgerberei bei Anwendung von chromsauren Salzen und Chromoxydsalzen in Verbindung mit anderen mineralischen Substanzen und aufgelösten Fetten, sowie Kohlenwasserstoffen.

Deutsches Reichspatent Nr. 14769 vom 9. November 1880.
2. Zusatz zum Patent 5298.

Bei Ausführung des im Hauptpatent beschriebenen Verfahrens der Schnellgerberei hat sich folgendes als zweckmäßig herausgestellt:

Die enthaarten und geschwellten Häute werden in eine halbprozentige Lösung von Chromsäure oder in eine halbprozentige Lösung von saurem chromsauren Kali, Natron oder Magnesia oder anderen sauren oder neutralen chromsauren Salzen oder in eine halbprozentige Lösung von Chromoxydsalzen, wie z. B. schwefelsaurem Chromoxyd, gebracht.

Dieser Lösung setzt man vorteilhaft 1% Alaun oder schwefelsaure Tonerde oder andere Aluminiumsalze, sowie 3—4% Chlornatrium (Kochsalz) hinzu und läßt die Häute darin, je nach ihrer Stärke, kürzere oder längere Zeit, so Kalbfelle 4—6 Tage und schwere Rindshäute bis zu 14 Tagen liegen.

Während dieser Zeit wird die Lösung allmählich konzentriert, bis sie bis zu $6^1/_2$% chromsaurer Salze usw. und bis zu 12% Alaun, sowie bis zu 10% Chlornatrium enthält. Diese letzte, konzentrierteste Lösung kann zweckmäßig zur Beförderung der Aufnahme der Gerbstoffe durch das Leder auf eine Temperatur bis zu 33° C gebracht und auf dieser bis zur Herausnahme der Häute gehalten werden. Derselbe Zweck wird auch erreicht, wenn man die Häute nach und nach mehrere Lösungen, von immer stärkerem Konzentrationsgrade, von welchem die letzte eine Temperatur von 33° C erhalten kann, passieren läßt.

Der durch die gegerbten Häute entzogene Gerbstoff muß den Gerbebrühen jedesmal ersetzt werden.

Verwendet man Aluminiumsalze, so kann zweckmäßig nach längerem Gebrauch der Gerbbrühen ein Teil der Aluminiumsalze durch gefällte (amorphe) Tonerde ersetzt werden.

Statt diese amorphe Tonerde besonders hinzuzusetzen, kann man in der folgenden Weise verfahren: Man versetzt die zur Aufbesserung nötigen Aluminiumsalze mit kohlensauren Alkalien und fällt so einen Teil der Tonerde aus. Diese Mischung dient an Stelle der reinen Aluminiumsalze zur Aufbesserung.

Es kann der Gerbeprozeß auch ohne die Aluminiumverbindungen und auch ohne das Kochsalz durchgeführt werden. Man wendet aber doch vorteilhaft die Aluminiumverbindungen und das Kochsalz an, weil diese Stoffe ebenfalls gerbende Eigenschaften haben, mithin den mit Chromverbindungen durchgeführten Gerbeprozeß befördern, gleichzeitig aber wegen ihres verhältnismäßig niedrigen Preises das Verfahren billiger machen.

Will man Leder herstellen, welches nach dem Gerben geschwärzt werden soll, so setzt man der Lösung 2—3% Ferro- oder Ferridcyankalium hinzu, welche Stoffe mit der später aufzutragenden Eisenschwärze eine tief dunkelblaue Verbindung eingehen. Durch zwei- bis vierstündiges Einlegen der so gegerbten Häute in eine vier- bis achtprozentige Auflösung von Chlorbarium, Bleioxyd oder Seife wird eine partielle Fixierung der Gerbstoffe bewirkt, indem letztere mit den erstgenannten Stoffen unlösliche Salze oder Seifen bilden. Um die Fixierung zu verstärken, kann man die Häute (Sohlleder und Oberleder) vorher, sowie sie aus den Gerbebrühen kommen, 12—18 Minuten in eine fünf- bis siebenprozentige Lösung von kohlensaurem Natron eintauchen und darauf in die vorerwähnte Chlorbarium- oder Seifenlösung bringen.

Hierauf werden die Häute oberflächlich getrocknet und ausgereckt und dann, während sie sich noch etwas feucht anfühlen, in Lösungen von Stearin, Paraffin, Wachs, Harz, Kolophon, Walrat oder anderen Kohlenwasserstoffen oder Fetten, welche in Benzin oder ähnlichen Mitteln gelöst sind, gelegt, und in diesen bis zu 36° C erwärmten Lösungen bis zu 36 Stunden liegen gelassen.

An Stelle des Stearins und der anderen oben erwähnten Stoffe kann man auch jene kautschukähnliche Masse anwenden, welche bei der Behandlung von Ölen (Leinöl, Rüböl usw.) mit 10—15% Chlorschwefel erhalten wird.

Ist Chromsäure angewendet worden, so hat die nachherige Behandlung der gegerbten Häute mit gelöstem oder geschmolzenem Paraffin, Stearin usw. die Wirkung, daß diese letzteren, auf die Faser niedergeschlagenen Stoffe von der Säure oxydiert werden. Hierbei wird die Chromsäure zu Chromoxyd reduziert, das Paraffin usw. dagegen zu säureartigen Verbindungen oxydiert, welche letztere mit dem Chromoxyd eine in Wasser nicht lösliche Verbindung eingehen, die dauernd auf der Faser haften bleibt.

Bei Anwendung von chromsauren Salzen wird schon während des Gerbens Chromsäure gebildet, welche mit den erwähnten Kohlenwasserstoffen oder Fetten die oben beschriebene unlösliche Verbindung eingeht.

Nachdem die Häute aus der Lösung herausgenommen sind, werden sie entweder, wie bei Oberleder, in bekannter Weise geschmiert, gewalkt und zugerichtet, oder wie bei Sohlleder, getrocknet und dann gehämmert oder gewalzt.

Der eingangs erwähnten Lösung von Chromaten kann man auch Metallsalze, z. B. schwefelsaures Kupfer, zusetzen, teils wegen der gerbenden Wirkung dieser Salze, teils wegen ihrer Eigenschaft, gewisse Farbennuancen auf dem Leder zu erzielen.

Die seither verwendeten vegetabilischen Gerbstoffe können zur Nachgerbung und der Färbung halber zur Mitanwendung kommen.

Patentansprüche:

1. Die teilweise Verwendung von gefällter, amorpher Tonerde, oder aus Aluminiumsalzen mit kohlensauren Alkalien gefällten, basischen Tonerdesalzen an Stelle des Alauns und der schwefelsauren Tonerde.
2. a) Die Verwendung von chromsauren Salzen ohne Aluminiumsalze und Kochsalz.
   b) Die Verwendung chromsaurer Salze, sowie Chromoxydsalze in Verbindung mit Aluminiumsalzen ohne Kochsalz.
3. c) Die Verwendung chromsaurer Salze und Chromoxydsalze in Verbindung mit Kochsalz ohne Aluminiumsalze.
   d) Die Verwendung von chromsauren Salzen unter Zusatz von Metallsalzen, wie z. B. Kupferoxydsalzen oder ähnlich wirkenden Salzen.
   e) Die Verwendung vegetabilischer Stoffe zum Nachgerben der mit chromsauren Salzen, sowie Chromoxydsalzen gegerbten Häute.

Die Behandlung der auf obige Weise gegerbten Häute mit den im Hauptpatent, sowie im Zusatzpatent erwähnten, gelösten und geschmolzenen Fetten und Kohlenwasserstoffen.

Dr. Christian Heinzerling in Frankfurt a. M.

Mineralgerbverfahren.

Amerikanisches Patent Nr. 528162 vom 30. Oktober 1894.
(Angemeldet am 27. Juli 1893.)

Die bisher bekannten Chromgerbverfahren weisen verschiedene Mängel auf:

1. ergeben sie mangelhaftes Gewicht;
2. das Leder ist dünn und leer;
3. die Oberfläche ist rauh statt glatt und
4. ist das Leder nicht genügend widerstandsfähig gegen die Einwirkung des Wassers.

Diese Mängel lassen sich vermeiden, wenn man an Stelle der bisher angewendeten Chromoxyd- und chromsauren Salze Verbindungen der Chromsäure mit Chromoxyd benutzt, oder auch solche, in welchen ein Teil der Chromsäure durch andere Säureradikale ersetzt ist. Derartige Verbindungen sind z. B.:

Chromsaures Chromoxyd ($Cr_2(CrO_4)_3$), erhalten durch Auflösen von Chromoxydhydrat in Chromsäure oder durch Umsetzung eines Chromoxydsalzes mit Chromsäure.

Saures chromsaures, schwefelsaures Chromoxyd ($Cr_2(CrO_4)_2SO_4$) erhalten durch Auflösen von 1 Mol. Chromoxydhydrat in 2 Molekülen Chromsäure und 1 Molekül Schwefelsäure.

Basisches, chromsaures schwefelsaures Chromoxyd ($Cr_2CrO_4SO_4$), erhalten durch Auflösen von 1 Mol. Chromoxydhydrat in einer Mischung von 1 Mol. Schwefelsäure und 1 Mol. Chromsäure.

Endlich saures, schwefelsaures chromsaures Chromoxyd ($Cr_2CrO_4(SO_4)_2$), erhalten durch Auflösen von 1 Mol. Chromoxydhydrat in 1 Mol. Chromsäure und 2 Mol. Schwefelsäure.

In Verbindung mit diesen Salzen können auch die bisher bekannten chromsauren Alkalisalze zur Anwendung kommen.

Zur Ausführung des Verfahrens werden die Häute in der üblichen Weise vorbereitet, gereinigt und enthaart; sie gelangen zunächst in eine sehr verdünnte Lösung der obengenannten chromsauren Chromverbindungen, die allmählich durch Aufbessern verstärkt wird. Man beginnt etwa mit $^1/_4$—$^1/_2$%igen Lösungen und steigert die Konzentration auf 10—15%. Für schwere Leder müssen zum Schluß sehr konzentrierte Lösungen angewendet werden. Für diese beträgt die Dauer der Gerbung fünf bis acht Wochen.

Neben den obengenannten Chromverbindungen kommen nun auch noch folgende zur Anwendung:

Chromsaures Aluminium, erhalten durch Auflösen von Aluminiumhydroxyd in heißer Chromsäure.

Thiosulfosaures Chromoxyd, erhalten durch Zersetzung von Chromoxydsalzen mit Thioschwefelsäure.

Schwefligsaures Chromoxyd, erhalten durch doppelte Umsetzung von Chromoxydsalzen mit neutralen oder sauren schwefligsauren Salzen.

Chromoxydulchlorid ($CrCl_2$), erhalten durch Reduktion von Chromchlorid Cr_2Cl_6 mit Zink oder Eisen.

Chromoxydsulfat ($CrSO_4$), erhalten durch Reduktion von schwefelsaurem Chromoxyd mit Zinkstaub oder Eisenfeilspänen.

Thiocyansaures Chromoxyd, erhalten durch Umsetzung von thiocyansaurem Barium mit schwefelsaurem Chromoxyd.

Thioschwefelsaures Eisen (FeS_2O_3).

Thioschwefelsaure Tonerde ($Al_2(S_2O_3)_3$).

Thioschwefelsaures Zink (ZnS_2O_3).

Thioschwefelsaures Mangan (MnS_2O_3),

die alle vier durch doppelte Umsetzung der schwefelsauren Salze mit thioschwefelsaurem Baryt erhalten werden; ferner die folgenden:

Hydro- oder Hyposulfite:

Eisenhydrosulfit (FeS_2O_4).

Zinkhydrosulfit (ZnS_2O_4).

Manganhydrosulfit (MnS_2O_4).

Natriumhydrosulfit ($Na_2S_2O_4$), erhalten durch Einwirkung der Metalle auf schweflige Säure oder saure schwefelsaure Salze.

Zum Zurichten eignen sich am besten 5—7%ige Lösungen dieser Salze.

Die vorstehend genannten Salze und selbst diejenigen der hydroschwefligen Säure bewirken ohne Zusatz von Säure die Reduktion der Chromsäure und ihrer Salze; besonders gilt dieses von den entsprechenden Salzen des Eisens und Zinks, welche hierbei gleich Metalloxyde abscheiden und auf diese Weise nicht nur die Gerbung veranlassen, sondern auch eine Färbung bewirken. Bei dem Verfahren wird somit die Anwendung von Säure vollständig vermieden; man erreicht dadurch, daß das Leder voller und weicher wird bei gleichzeitiger Vermehrung des Gewichts und vollkommener Durchgerbung der Haut.

Die Salze der hydroschwefligen Säure werden in ¼- bis 3%iger Lösung angewandt.

Die Verbindungen chromsaures Chromoxyd, thioschwefelsaures Chromoxyd und schwefligsaures Chromoxyd werden so leicht und in solcher Menge von der Faser aufgenommen und fixiert, daß manche Arten von Leder mit Hilfe dieser Salze allein hergestellt werden können. Im allgemeinen empfiehlt es sich jedoch, die Salze in der beschriebenen Weise zu kombinieren. Wenn es sich darum handelt, ein besonders festes und hartes Leder (Sohlleder) herzustellen, werden die mit den genannten Chromverbindungen gegerbten Häute mit thiocyansaurem Barium behandelt. Durch doppelte Umsetzung entsteht dann thiocyansaures Chrom, mit welchem das entsprechende Bariumsalz zusammen in den Hautfibrillen niedergeschlagen wird.

Die für Oberleder u. dgl. leichtere Sorten bestimmten Häute werden sofort, wenn sie aus der Gerblösung kommen, gut gewaschen, geschmiert und in bekannter Weise zugerichtet; Sohlleder wird nicht gewaschen, sondern direkt getrocknet und zugerichtet. Soll das Leder gefärbt werden, muß dies vor dem Einfetten geschehen. —

Eine schärfere Kritik hätte wohl nicht ausgeübt werden können, als der Erfinder Dr. Christian Heinzerling durch diese Patentschrift „Amerikanisches Patent Nr. 528162“ an seiner eigenen Erfindung, „Deutsches Reichspatent Nr. 5298, Kl. 28“ vom 3. November 1878, selbst ausübt.

Es heißt in dieser Patentschrift:

Die bisher gekannten Chromgerbeverfahren weisen verschiedene Mängel auf: mangelhaftes Gewicht — dünnes und leeres Leder — rauhe statt glatte Oberfläche — gegen die Einwirkung des Wassers nicht genügend widerstandsfähiges Leder.

In seinem Hauptpatent heißt es:

Das neue Leder soll vollständig wasserfest, bedeutend geschmeidiger, dauerhafter und wasserdichter als lohgares Leder sein. Die Herstellungskosten sollen wesentlich geringer sein, wie bei dem Lohgerbverfahren.

In einem Zirkular schreibt der Erfinder im Oktober 1880 zu seinem amerikanischen Patent:

ad 1. Das Gewicht des chromgaren Leders ist entgegen der seitherigen, auf falscher Behandlung beruhenden Erfahrung, dasselbe wie bei dem lohgaren; sowohl in England als in Belgien hat man das nämliche, ja sogar ein noch höheres Gewicht (Rendement) erzielt.

ad 2. Aus dem Angeführten ad 1 muß man logisch folgern, daß die Leder stark und voll gewesen sein müssen, denn sonst kann kein Gewicht vorhanden sein. Der Erfinder schreibt doch selbst: „Das chromgare Leder hat beinahe in allen Fällen im Vergleich mit dem besten lohgaren den Sieg davongetragen.

ad 3. Folgert sich naturgemäß aus ad 1 und ad 2.

ad 4. Die Wasserdichtigkeit des Heinzerlingschen chromgaren Leders ist eine ganz außerordentliche, wie sie kein anderes Leder aufzuweisen hat. Vergleiche mit dem besten lohgaren und eisengaren haben ergeben, daß ersteres 24—53% Wasser in 35 Minuten aufnimmt, während das chromgare in dieser Zeit gar nichts durchläßt; erst nach 16 Stunden nahm es 5—10% auf, während lohgares 34—66%, je nach der Sorte, aufgesaugt hatte. Eisengares näherte sich dem lohgaren.

Jean Ballatschano, Constantin Ballatschano und Heinrich Trenk in Berlin.

Verfahren zum Gerben von Häuten mit Lösungen von chromsaurer Tonerde in Holzessig, von Weinstein und Tannin in Holzessig.

Deutsches Reichspatent Nr. 11031 vom 10. Januar 1880.

Bei dem vorliegenden Verfahren werden die Häute mit Gerbeflüssigkeiten behandelt, welche folgendermaßen zusammengestellt sind:

Lösung Nr. 1. 20—30 Teile chromsaure Tonerde werden in 20 bis 30 Teilen Holzessig gelöst und die Lösung wird mit 1000 Teilen Wasser verdünnt.

Lösung Nr. 2. Eine konzentrierte Lösung von rohem Weinstein, welcher die Lösung eines Oxyduls in Ammoniak in kleiner Quantität zugesetzt wird (z. B. Chlornickelammon).

Die Häute werden wie gewöhnlich vorbereitet, sorgfältig entkalkt und dann in folgender Weise gegerbt:

1. Es werden zwei Teile der Lösung Nr. 1 mit einem Teil der Lösung Nr. 2 gemischt und die Häute während entsprechender Zeit hineingelegt; für starke Rinds- oder Pferdehäute beträgt dieselbe 18—21 Tage. Wenn man dabei das genannte Gerbbad konstant auf einer Temperatur von + 22—28° C erhält, so geht der Gerbeprozeß noch schneller vor sich.
2. Man kann die Häute auch mindestens 36 Stunden in die Lösung Nr. 2 einlegen und nachher die Häute mit Lösung Nr. 1 weitergerben.

3. Man kann die Häute mit der Lösung Nr. 1 gerben und dieselben dann, nachdem sie gar sind, auswaschen und nochmals in die Lösung Nr. 2 bringen, worin sie 24—48 Stunden zu verweilen haben.
4. Die Lösung Nr. 1 läßt sich allein und ohne Nr. 2 zum Gerben verwenden.
5. Das Bad läßt sich auch benutzen, um Häute vorzugerben, indem man sie zunächst in Lösungsbad Nr. 2 bringt und dann mit vegetabilischen Gerbstoffen behandelt. Als Gerbflüssigkeit läßt sich eine Lösung von 1 Teil Tannin und 20 Teilen Holzessig in 1000 Teilen Wasser verwenden.

Die Beimischung eines geringen Teils Carbolsäure ist den Bädern von Vorteil.

Die auf diese Weise behandelten Häute müssen, nachdem sie fertig gegerbt sind, sehr sorgfältig ausgewaschen werden und sind hierauf wie gewöhnlich fertig zu machen.

Patentansprüche:

1. Die Zusammensetzung und Anwendung von drei Bädern:
   a) Eine Auflösung von chromsaurer Tonerde in Holzessig mit starker Wasserverdünnung.
   b) Eine konzentrierte oder nahezu konzentrierte Auflösung von rohem Weinstein mit einem geringen Zusatz der Lösung eines Oxyduls in Ammoniak (z. B. Chlornickelammon).
   c) Die Lösung von 1—2 Teilen Tannin auf 1000 Teile Wasser und 20—25 Teile Holzessig.
2. Die Verwendung einer Kombination der oben genannten drei Bäder miteinander in beliebigen Verhältnissen, ferner die Verwendung eines jeden einzelnen derselben für sich allein und weiter die Verwendung von zweien oder allen dreien einzeln nacheinander zum Gerben aller Art Tierhäute.

Jean Ballatschano, Constantin Ballatschano und Heinrich Trenk in Berlin.

Verfahren zum Schnellgerben und zur Verdichtung von Tierhäuten.

Deutsches Reichspatent Nr. 13122 vom 21. April 1880.
Zusatz zum Patente Nr. 11031.

Die Gerbflüssigkeiten sind folgendermaßen zusammengestellt:

Nr. 1. Eine Lösung von Chromalaun in Holzessig mit starker Wasserverdünnung, und zwar auf 1000 Teile Wasser etwa 20—30 Teile Chromalaunsalzlösung und etwa 20—30 Teile Holzessig.

Nr. 2. Eine Lösung von rohem Weinstein, welcher die Lösung eines Salzes, wie Chlorzinn-Chlorammon, Chlornickel-Chlorammon usw. in kleiner Quantität zugesetzt wird.

Das beschriebene Weinsteinbad hat die Eigenschaft, die Häute nach der Gerbung mit dem besagten Holzessig-Chromalaunbade bedeutend zu verdichten, wenn selbes auf die aus dem Gerbebade Nr. 1 kommenden garen, ausgewaschenen und noch nassen Häute in der Dauer von 24—48 Stunden und darüber angewendet wird.

Das Gerben mit diesen Flüssigkeiten geschieht in verschiedener Weise:

Werden zwei Teile der Lösung Nr. 1 (Chromalaun in Holzessig) mit einem Teil der Lösung Nr. 2 (Weinsteinlösung usw.) gemischt, so kann man mit dem so entstandenen Bade starke Rinds- oder Pferdehäute in 18—21 Tagen vollkommen fertig gerben.

Für die verschiedenen Zwecke, zu welchen das fertige Leder später verarbeitet werden soll, werden entsprechende Lösungen beider unter Nr. 1 und Nr. 2 genau beschriebenen Lösungen angewendet:

a) Zwei Teile der Lösung Nr. 1 (Chromalaun in Holzessig) und ein Teil der Lösung eines Salzes, wie Chlorzinn-Chlorammon usw.

b) Das Einlegen der Häute mindestens 36 Stunden in das Bad Nr. 2 und nachheriges Fertiggerben in dem unvermischten Bade Nr. 1.

c) Gerben mit der Lösung Nr. 1 (Chromalaun in Holzessig) und darauf ein beliebig langes Verweilen in dem Bade Nr. 2 (Weinsteinlösung).

d) Einfache Gerbung nur allein mit dem Bade Nr. 1 ohne Anwendung der Lösung Nr. 2.

Je nach Bedarf können die Gerbebäder stärker oder schwächer angewendet werden und können die zum Gerben gebrauchten Flüssigkeiten mehrmals benutzt werden.

Eine gleiche Wirkung wie die angeführten einfachen Bäder von chromsaurer Tonerde und Chromalaun in Holzessig geben viele salpetersaure, schwefelsaure und chlorwasserstoffsaure Metallverbindungen mit Kalk, d. h. salpetersaure, schwefelsaure oder chlorwasserstoffsaure Lösungen von Metallen, welche durch Behandlung mit kohlensaurem Kalk neutralisiert oder nahezu neutralisiert sind. Von diesen besitzen die meisten, in Holzessig gelöst, eine schnell wirkende Gerbefähigkeit, welche der der vorerst angegebenen Bäder gleichkommt.

Eine noch weit größere Dichtigkeit erhalten die Leder durch Anwendung folgenden Bades, welches je nach Bedürfnis leichter oder stärker angewendet wird.

Eine Quantität Leim wird in Wasser gekocht und derselben Oxalsäure zugesetzt; hierzu kommt eine kleine Quantität Glycerin, in welchem essigsaure Tonerde gelöst ist.

Die rohe Haut wird in dieser Lösung einige Stunden gebadet, bis sie aufgequollen ist, oberflächlich ausgedrückt und in einem der angeführten Gerbebäder gegerbt.

Es kann auch ein in einem der genannten Gerbebäder schon gegerbtes und ausgewaschenes Leder, naß oder trocken, in das Verdichtungsleimbad gebracht werden, bis es damit gesättigt ist, um dann ausgedrückt und in demselben Gerbebade noch nachgegerbt zu werden. Man kann auf diese Weise dem Leder eine noch nicht erreichte Dichtigkeit verleihen, und ist ein so behandeltes Leder, ohne die geringste Fettung erhalten zu haben, gegen den Einfluß des Wassers vollkommen geschützt. Der Holzessig wirkt auf das Garwerden befördernd ein und trägt zur Güte des damit behandelten Leders bei.

Patentansprüche:

1. Die Zusammensetzung und Anwendung folgender Bäder:
   a) eine Auflösung von chromsaurer Tonerde in Holzessig oder Chromalaun in Holzessig mit starker Wasserverdünnung;
   b) eine konzentrierte oder nahezu konzentrierte Auflösung von rohem Weinstein mit einem geringen Zusatz eines Salzes, wie Chlorzinn-Chlorammon, Chlornickel-Chlorcalcium und der analog zusammengesetzten Doppelsalze von Zinn, Zink, Eisen, Nickel, Kobalt, Chrom, Mangan, Aluminium, Magnesium mit alkalischen Erden oder Alkalien;
   c) die Lösung von 1—2 Teilen Tannin auf 1000 Teile Wasser in 20—25 Teilen Holzessig;
   d) die Anwendung der unter b) erwähnten Doppelsalze in essigsaurer Lösung;

e) die Anwendung aller Leimarten in Verbindung mit Oxalsäure oder anderen den Leim nicht koagulierenden Säuren mit Zusatz von Glycerin und essigsaurer Tonerde;

f) die Anwendung des Holzessigs und der ihm analogen Säuren als Hilfsmittel zum Garmachen von Tierhäuten.

2. Die Vermischung bzw. Kombination der obengenannten drei Bäder miteinander in beliebigen Verhältnissen, die Anwendung von zweien oder allen dreien einzeln nacheinander und die Verwendung eines jeden einzelnen derselben für sich allein, zum Zweck, beim Gerben aller Art Tierhäute die genannten Bäder dem jedesmaligen Bedürfnis entsprechend anzupassen.

W. Eitner in Wien.

Methode zur Herstellung einer neuen Ledersorte.

Östr. Prioritätsrecht vom 1. November 1881.

Der Gegenstand der vorliegenden Erfindung ist eine neue Methode für die Herstellung einer Lederspezialität, welche für alle die Zwecke Anwendung finden kann, für welche lohgares Oberleder und überhaupt alle Sorten gefetteter lohgarer Leder dienen, das Prinzip der Herstellung dieser Lederspezialität ist eine kombinierte Gerbung, und zwar eine Gerbung mittels Mineralsalzen mit der Fettgerbung. Die Mineralgerbung als solche ist eine unvollkommene Gerbung, da durch dieselbe nicht die Wirkung der vegetabilischen Gerbung und damit Leder erreicht werden, welche jenen durch vegetabilische Gerbung erhaltenen in den Haupteigenschaften gleich oder auch nur ähnlich werden. Die Fettgerbung dagegen ist eine sehr vollkommene Gerbung, welche eigenartige Leder schafft, welche aber lohgares Leder ebenfalls nicht zu ersetzen imstande sind. Durch Kombination von Mineralgerbung mit Fettgerbung ist es möglich, ein Leder herzustellen, welches sich in seinen allgemeinen Eigenschaften dem lohgaren so nähert, daß es für dieselben Zwecke wie dieses benützt werden kann, wobei es aber dasselbe an Haltbarkeit, Milde und Zähigkeit weit übertrifft. Das neue Gerbverfahren zerfällt in zwei Abschnitte: in dem ersten wird mit Metallsalzen vorgegerbt, während in dem zweiten Abschnitt die unvollkommene Gerbung durch die Fettgerbung ersetzt wird.

Bei der Vorgerbung mit Universalsalzen können zwar alle die bekannten Mineralsalze, welche gerbende Eigenschaften haben, wie Tonerde-, Chromi- und Ferrisalze, verwendet werden, doch werden hauptsächlich, und zwar der größeren Festigkeit halber, dann wegen der geschlossenen Narbe und besseren Lederung halber, Chrom- und Eisensalze, erstere entweder allein oder in Mischung mit Salzen der beiden anderen Metalle benutzt. Die Salze der genannten Metalle, welche bei dem Verfahren verwendet werden, sind andere, als bisher in Benützung stehen, und zeichnen sich diese gegenüber den anderen durch besondere Wirkung aus: diese besteht zunächst in einer intensiveren Gerbung. Bei der Nachgerbung mit Fett werden sowohl animalische als auch vegetabilische Fette verwendet und werden auch zum Nachschmieren bei Ledern für gewisse Zwecke auch mineralische Fette zugesetzt. Die Fette werden bei dem neuen Verfahren stets im Zustande der Emulsion in Anwendung gebracht.

Der Gang der praktischen Ausführung ist folgender: Die Häute oder Felle werden in gewöhnlicher Weise aufgeweicht, oder, wenn sie im frischen Zustand sind, gewässert. Die gebräuchliche Weiterbehandlung im Kalkäscher kann zwar beibehalten werden, doch ist es besser, die Äscherung mittels Zusätzen von Schwefelnatrium oder Schwefelarsenik auszuführen. Felle werden am besten nach der Weiche mit einem Brei aus Kalklösche und Schwefelnatriumlösung angeschwödet, nach einigen Stunden enthaart und dann auf einen Tag in einen frischen Kalkäscher gebracht. Nach dem Kalken wird geschabt, gewässert, geglättet, worauf die Blößen im Walkfaß gewaschen werden.

Zu je 100 Liter des Waschwassers werden 80 g Salzsäure von 1,15 Dichte zugesetzt. Die Gerbung erfolgt nun in Lösungen eines Chromsalzes von dem Typus $Cr{}^{OH}_{SO_4}$ und eventuell einer Mischung von letzterem mit einem Eisensalz gleicher typischer Zusammensetzung, also $Fe{}^{OH}_{SO_4}$

Je nach der Farbe, welche das Leder erhalten soll, also je nachdem es die Farbe von Fichten-, Eichen- oder Chromleder erhalten soll, wird das Mischungsverhältnis des Chromi- mit dem Ferrisalz gewählt, z. B. 8 Teile Chromi- und 2 Teile Ferrisalz gibt die Farbe des Eichenleders; für Leder, wo Lohfarbe nicht gewünscht wird, entfällt der Zusatz von Eisensalz.

Die Hautblößen werden in sehr verdünnte Gerbbrühen eingetrieben; man beginnt mit einer Dichte von 1,005 und steigt durch Zugabe von der konzentrierten Lösung binnen 6—9 Tagen, in welcher Zeit die Gerbung vollendet ist, bis auf die Dichte von 1,03. Man kann auch stärkere Brühen anwenden und damit rascher gerben, doch setzt man sich hierdurch dem Eintritt verschiedener Übelstände aus. Die durch obige Gerbung erhaltenen halbgaren Leder, wie man selbe bezeichnen kann, werden nun im Walkfaß ausgewaschen, bis das Wasser hell abfließt. Bei einigen Ledersorten wird dem letzten Waschwasser auf je 10 Liter $^1/_4$ kg Wasserglas zugesetzt.

Die für Schwarz bestimmten Leder werden jetzt mit Blauholzabkochung allein geschwärzt, wenn bei der Gerbung Eisensalz mitverwendet wurde, oder bei lediger Chromgerbung mit Blauholz und Schwärzeüberstrich.

Nun folgt der zweite Teil der Gerbung oder die Nachgerbung, bei welcher der Vorgang ähnlich ist, wie bei der Sämischgerbung.

Die gewaschenen mineralgaren Leder werden abgepreßt oder abgewalkt (nicht getrocknet); damit sie in allen Teilen egal feucht sind, läßt man sie jetzt eine halbe Stunde im Walkfaß laufen oder in der Hammerwalke walken. Dann werden sie, mit der Fettmischung geschmiert, in das Schmier- oder Walkfaß gebracht. Die Fettmischung ist je nach der Sorte des zu bereitenden Leders verschieden zusammengesetzt. Als Haupttypen sind folgende Mischungen anzusehen:

Für Satinleder

1 Teil Fischtran
1 „ Ricinusöl
$^1/_2$ „ Talg
emulgiert mit $^1/_4$ Teil Borax in 3 Teilen Wasser gelöst.

Für braune Oberleder:

2 Teile Fischtran
1 „ Talg
$^1/_2$ „ Stearin
diese Fette, emulgiert mit $^1/_2$ Teil Seife, in 3 Teilen Wasser gelöst.

Für schwarze Oberleder:

$2^1/_2$ Teile Tran
1 „ Talg
$^1/_4$ „ Mineraltalg
emulgiert mit $^1/_2$ Teil Seife in 3 Teilen Wasser gelöst.

Für Riemenleder:

1 Teil Tran
$1^1/_2$ „ Margarin (Weichtalg)
1 „ Weizenmehl und 1 Teil Wasser.
Hier wird die Verteilung des Fettes durch das Mehl bewirkt.

Für leere Fellsorten, z. B. Kips:

2 Teile Tran
$1^3/_4$ „ Margarin
$^3/_4$ „ Mineraltalg
$1^1/_2$ „ frischer Topfen oder $^1/_2$ Teil trockenes Casein, welch letztere Substanzen in 1 bzw. $2^1/_2$ Teilen Wasser, welchen $^1/_4$ Teil Soda zugesetzt war, gelöst und damit die Emulsion bewirkt wird. Das Casein dient hier gleichzeitig als Füllmaterial.

Die mit der Fettmischung an der Fleischseite angestrichenen Felle werden in Kissen zusammengefaltet und entweder im Walkfaß oder in der Kurbelwalke bearbeitet; bei Benutzung des Walkfasses wird dasselbe angewärmt. Die Leder gehen im Fasse oder in der Walke so lange, bis eine Temperatursteigerung eintritt. Ist dieses geschehen, so werden die Leder aus dem Apparat genommen und einige Zeit an der Luft aufgehängt, dann von neuem mit Fett bestrichen und wieder gewalkt. Kalbleder sind mit „zwei" Walkoperationen fertig, Kuhleder bedürfen „drei", Riemenleder noch mehr. Von der Walke weg wird das Leder auf Haufen gelegt und einige Zeit lagern gelassen, dann werden die nun garen Leder an der Luft noch weiter welken gelassen; es erfolgt nun die Zurichtung.

Die Leder werden zuerst auf der Fleischseite mit einem Stoßeisen vorgenommen, dann mittels Schlicker und Stein auf dem Narben bearbeitet und in die Fasson gebracht, dann auf Latten zum Trocknen aufgehängt. Die trockenen Leder werden entweder auf dem Stollpfahl oder im Rahmen mit stumpfen Schlichtmond aufgebrochen, dann entweder auf der Tafel blanchiert oder im Rahmen geschlichtet. Von hier aus folgt die weitere Zurichtung wie bei lohgarem Leder.

Man kann die auf die angegebene Art gegerbten Leder zurichten auf braune und gewichste Kalbfelle, schwarz, glatt, genarbte oder gezogene Oberleder, Satin-, Marokkoleder, Roßspiegel- und Roßschuhleder, Blank- und Riemenleder, überhaupt auf alle jene Ledersorten, welche durch Lohgerbung und nachheriges Einfetten bisher erzeugt wurden.

Prioritätsanspruch:

1. Die Kombination einer Mineralgerbung mit Sämischgerbung. Es muß aufmerksam gemacht werden, daß bei obigem Verfahren eine wirkliche Fettgerbung eintritt. Dieselbe erfolgt durch öfters längeres Walken der Leder, wobei Temperaturerhöhung und der für die Sämischgerbung charakteristische Senfgeruch eintritt, mit dazwischen stattfindendem Lüften der Leder und durch das nachherige Liegen auf der Brut. Das gewöhnliche Fetten der lohgaren Leder im Schmierfaß unterscheidet sich davon wesentlich, da hierbei nur einmal und viel kürzer gewalkt wird, bis eben das Fett in das Leder eingedrungen ist.

2. Die Verwendung der Mineralsalze von dem Typus $Cr^{OH}_{SO_4}$

und $Fe^{OH}_{SO_4}$ in Doppelverbindungen, sowohl einzeln als in Mischung miteinander, weiter die Benützung von Salzen der obigen Zusammensetzung, in welchen das Kali durch Substitute, wie Natron, Ammoniak usw., welche dasselbe in diesen Verbindungen vertreten können, substituiert ist.

3. Die Verwendung des Wasserglases oder einer anderen alkalisch reagierenden Substanz beim Auswaschen.
4. Die Verwendung der Fette im emulgierten Zustand mit Wasser allein oder mit Mehl oder Albuminkörpern.
5. Der ganze Prozeß in der beschriebenen Art und Reihenfolge.
6. Das Fabrikat selbst.

Dieses Leder ist in seinem äußeren Aussehen dem gewöhnlichen lohgaren nicht ganz gleich, doch ähnlich in seinen anderen Eigenschaften, jedoch unterscheidet es sich von diesen durch seine größere Widerstandsfähigkeit gegen Zerreißen, durch seine große Milde und Elastizität, durch seine weiche Narbe. Wird dieses Leder mit Eisenlösung betupft, so färbt es sich nicht schwarz wie das lohgare Leder. Beim Kochen verwandelt sich dieses Leder nicht in Leim, schrumpft auch nicht ein, zum Unterschied von lohgarem Leder, welches beim Kochen einschrumpft und bei längerem Kochen sich in eine leimartige Masse verwandelt.

Augustus Schultz in New York.

Mineralgerbverfahren für Häute und Felle.

Amerikanisches Patent Nr. 291784 vom 8. Januar 1884.
(Angemeldet am 31. Mai 1883.)

Nach diesem Verfahren werden die Häute in einem ersten Bade der Einwirkung von Metallsalzen, vorzugsweise Bichromat, eventuell bei Gegenwart von Salzsäure unterworfen, und dann in einem zweiten Bade mit schwefliger Säure behandelt; die letztere entwickelt man in der Regel aus Hyposulfit, $Na_2S_2O_3$, durch Zusatz einer Mineralsäure. Die Vorbereitung der Felle und Häute ist die nämliche, wie bei der Lohgerbung. Bei der Behandlung mit Bichromat im ersten Bade ist ein Zusatz von Mineralsäure überflüssig, falls es sich um die Verarbeitung gesalzener Häute handelt, da durch diese selbst die erforderlichen Salze in die Lösung gebracht werden; andernfalls ist ein Zusatz von Säure, vorzugsweise in Form von Salzsäure, angezeigt. Je nach der Dicke der Häute und je nach der Konzentration der Lösung müssen die Häute kürzere oder längere Zeit in der Lösung verweilen, bis sie an den dicksten Stellen auch gleichmäßig von Bichromat durchdrungen sind. Ist dies der Fall, so nimmt man die Häute heraus, läßt sie abtropfen und bringt sie in das zweite Bad, eine wäßrige, mit Säure versetzte Auflösung von Hyposulfit. Man vermehrt die Säure nur sehr allmählich und fährt mit dem Zusatze fort, bis die Farbe der Häute von Weiß über Bläulich in Grünlich umgewandelt ist. Bei Kalb- und Rindshäuten empfiehlt es sich, nach dem zweiten Bad nochmals in das erste Bad einzugehen; die Häute bekommen dadurch eine bräunliche Farbe, was besonders für ein nachheriges Schwärzen von Vorteil ist. Die Zurichtung, das Färben und Schmieren geschieht in der üblichen Weise.

Man kann die vorstehend angegebene Reihenfolge der Bäder auch umkehren und zuerst die Hyposulfit- und dann die Bichromatlösung anwenden. Durch gelindes Erwärmen der Bäder auf 25 bis 30° C läßt sich die Dauer der Gerbung wesentlich abkürzen.

Die nach diesem Verfahren hergestellten Leder sind fest, zart, elastisch und wasserecht. Im Gegensatz zu lohgaren Häuten werden diese Leder durch Behandlung mit Sodalösung nicht entgerbt. Das Verfahren läßt sich auf alle Sorten Häute und Felle anwenden.

Im wesentlichen identisch mit dem vorstehend beschriebenen Verfahren ist dasjenige des amerikanischen Patentes Nr. 291785 vom 8. Januar 1884 (angem. am 18. Juli 1883) von demselben Erfinder.

Nils Alexander Alexanderson und Leonhard Hvass in Stockholm.

Mineralgerbverfahren für Häute und Felle.

Englisches Patent Nr. 5491 vom 20. April 1886.

Nach dem Entweichen, Enthaaren und Schwellen kommen die Häute und Felle in eine Auflösung von stark basischen Tonerde-, Chromoxyd- oder Eisenoxydsalzen, bis sie eine genügende Menge von diesen Salzen aufgenommen haben, worauf sie mit sehr viel Wasser ausgewaschen werden. Infolge der Eigenschaft des Wassers einerseits, die basischen Salze zu zerlegen, und infolge der Affinität der Hautfaser für die Oxyde der genannten Metalle andererseits werden die unlöslichen Oxydhydrate auf und in den Fasern niedergeschlagen, wodurch die Gerbung zustande kommt, die wasserlöslichen Salze werden gleichzeitig vollständig entfernt. Die Häute werden dann getrocknet und in der üblichen Weise zugerichtet.

Ein wesentliches Moment dieses Verfahrens bildet der Umstand, daß dabei die Anwendung jeder Säure und jeder sauren Lösung vermieden wird, so daß deren zerstörende Wirkung auf die Hautfaser ausgeschlossen ist. Durch mechanische Bearbeitung, wie Pressen, Walken und Bewegung, läßt sich die Dauer der Gerbung abkürzen.

Die Herstellung der Gerbbrühen geschieht in folgender Weise: Zu der Lösung eines Oxydsalzes wird vorsichtig so viel einer verdünnten Alkalilösung zugesetzt, bis eben ein bleibender unlöslicher Niederschlag von Metalloxydhydrat entsteht.

Die so erhaltene Flüssigkeit wird dann in der erforderlichen Weise verdünnt und direkt zur Gerbung benützt. Das Verfahren läßt sich auch in der Weise ausführen, daß man die Abscheidung der Metalloxydhydrate bzw. die Überführung der normalen Salze in die basischen auf der Haut selbst vornimmt, indem man die Blößen zunächst mit der neutralen oder auch sauren Salzlösung imprägniert und dann mit alkalischen Flüssigkeiten behandelt. Das so erhaltene Leder ist wasserecht und wird beim Lagern nicht spröde oder rissig; es wird von Motten nicht angegriffen.

William Zahn in Newark, N. J.

Verbessertes Gerbverfahren.

Amerikanisches Patent Nr. 385222 vom 26. Juni 1888.
(Angemeldet am 28. Dezember 1887.)

Das Verfahren bezweckt die Herstellung von Kidleder. Nach demselben werden die Häute wie üblich vorbereitet, indem man sie mit Schwefelnatrium oder Arsenik enthaart und dann mit Hundekotbeize und Salzwasser behandelt.

Zur eigentlichen Gerbung dienen drei Bäder:

1. Bichromat und Salzsäure;
2. Hyposulfit und Mineralsäure;
3. eine Mischung aus verseiftem Klauenfett und vegetabilischem Gerbeextrakt.

Auf 100 kg Häute kommen:

5 kg Bichromat
2 „ Kochsalz,
$2^1/_2$ „ Salzsäure,
100 Liter Wasser.

In dieser Lösung werden die Häute eine halbe Stunde herumbewegt, bleiben dann einige Stunden ruhig liegen und werden dann nochmals einige Zeit bewegt. Sie gelangen dann in das zweite Bad, bestehend aus:

8 kg Hyposulfit,
$1^1/_2$ „ konzentrierte Schwefelsäure

oder

12 „ Hyposulfit,
3 „ rauchende Salzsäure,
200 Liter Wasser.

In dieser Lösung werden die Häute ebenfalls abwechselnd bewegt und ruhig liegen gelassen; die Dauer der Behandlung beträgt 2—10 Stunden, je nach der Dicke der Haut. Die so erhaltenen chromgaren Häute werden dann gewaschen und in das dritte Bad gebracht, wo sie geschmeidig und fest werden sollen. Dasselbe enthält:

$1^1/_2$ kg verseiftes Klauenfett,
20 Liter Wasser

und

5 kg Querzitronrindenextrakt,
100 Liter Wasser.

Mit dieser Mischung werden die Häute eine halbe Stunde im Walkfaß behandelt und hierauf gefärbt; helle Farben werden im Walkfaß aufgebracht; Schwarz wird aufgebürstet. Die Leder werden schließlich auf dem Narben mit Öl geschmiert und bei 25° C getrocknet. Durch Aufbringen von Leinöl kann man auch Glanz beibringen und die Häute dabei gleichzeitig wasserdicht und dauerhaft machen.

In England ist das Verfahren durch Patent Nr. 2353 vom 16. Februar 1888 geschützt worden.

William Zahn in Newark, N. J.

Gerbverfahren für Felle und Häute.

Amerikanisches Patent Nr. 504012 vom 29. August 1893.
(Angemeldet am 13. Oktober 1892.)

Nach diesem Verfahren wird ein Leder erhalten, das sich durch besondere Festigkeit, Geschmeidigkeit und Weichheit auszeichnet, sowie durch die Eigenschaft, vollkommen wasserdicht zu sein.

Das Verfahren beruht auf der Abscheidung von Chromhydroxyd und Schwefelzink in der Haut und wird in der Weise ausgeführt, daß man die Häute bei etwa 30° C mit einer Mischung von Chromalaun und Zinkvitriol und Kochsalz in wäßriger Lösung behandelt und dann eine möglichst konzentrierte Schwefelalkalilösung zufügt.

Die Felle oder Häute bleiben in diesem Bad, bis sie völlig durchtränkt sind, welches, je nach der Stärke der Häute, etwa 8 Stunden in Anspruch nimmt. Als sehr vorteilhaft hat es sich erwiesen, die Häute zunächst in einer etwa $^1/_2{}^0/_0$igen Chromsäurelösung anzugerben und die Metallsalzbäder allmählich zu verstärken. Das Eindringen der Metalloxydsalze wird dadurch wesentlich gefördert. Durch die Einwirkung des Schwefelalkalis auf die obengenannten Metallsalzlösungen werden Chromhydroxyd und Schwefelzink abgeschieden, welche sofort mit der Hautfaser eine unlösliche Verbindung eingehen, wodurch die gerbende Wirkung zustande kommt.

Auf 1000 kg vorbereitete Hautblößen sind erforderlich:

50 kg Chromalaun,
48 „ Zinkvitriol,
10 „ Chlornatrium,
10 „ Schwefelalkali.

William Zahn in Newark, N. J.

Gerbverfahren für Felle und Häute.

Amerikanisches Patent Nr. 504013 vom 29. August 1893.
(Angemeldet am 1. Dezember 1892.)

Das Verfahren beruht auf der Reduktion von Chromsäure oder chromsauren Salzen mit Hilfe von arseniksauren Salzen, wobei ein wasserdichtes, dauerhaftes und geschmeidiges Leder bei kurzer Dauer des Gerbprozesses erzielt wird. Mit Chromsäure selbst läßt sich bekanntlich keine gegen Wasser beständige Gerbung der tierischen Haut erzielen; es ist zu diesem Zwecke nötig, die Chromsäure zu Chromoxyd zu reduzieren. Am besten gelingt dieses, wie zahlreiche Versuche ergeben haben, unter Anwendung von arseniksauren Salzen in einer sauren Lösung von Kali- und Natronsalpeter. Durch die Einwirkung der arseniksauren Salze auf die Chromsäureverbindungen werden diese zu Chromoxyd reduziert, welches sich mit der Hautfaser zu einer unlöslichen Verbindung vereinigt und auf diese Weise ein wasserechtes Leder liefert. Das Verfahren wird als Zweibadverfahren in folgender Weise ausgeführt:

Das erste Bad enthält:

Kaliumbichromat, Kochsalz und Salzsäure (bzw. irgendeine andere Mineralsäure).

In dieser Lösung bleiben die wie üblich vorbereiteten Häute so lange (etwa 4—8 Stunden) liegen, bis sie vollständig von der Lösung durchdrungen sind. Ob die Häute lange genug in der

Flüssigkeit gelegen haben, erkennt man am besten daran, daß die Haut im Schnitt auch an der dicksten Stelle gleichmäßig gelb aussieht. Die Häute werden dann abgepreßt und in das zweite Bad gebracht. Dieses enthält:

Salpeter, Salzsäure oder eine andere Mineralsäure,
arseniksaures Kali oder Natron

und wird in der Weise hergestellt, daß man zuerst den Salpeter in so viel Wasser auflöst, daß die Häute davon bedeckt werden, und dann das vorher in Lösung gebrachte arseniksaure Salz nebst der Säure zusetzt. In dieser Flüssigkeit werden die Häute zur Erzielung einer gleichmäßigen und raschen Gerbung einige Stunden gut durchgearbeitet und nach beendeter Reaktion (d. h. nach etwa 5 Stunden) herausgenommen, abgepreßt und in der üblichen Weise zugerichtet.

William Zahn in Newark, N. J.

Mineralgerbverfahren.

Amerikanisches Patent Nr. 504014 vom 29. August 1893.
(Angemeldet am 3. Januar 1893.)

Die Erfindung betrifft ein neues Mineralgerbverfahren zur Herstellung von Kid- und anderem Leder und besteht darin, daß die Häute mit Chromoxyd-, Zink- und Mangansalzen unter Zusatz von Schwefelalkali behandelt werden. Infolge chemischer Umsetzung entstehen Chromhydroxyd, Schwefelzink und Schwefelmangan, unlösliche Körper, welche sich auf der Hautfaser niederschlagen und sich fest mit der Faser vereinigen.

Für 1000 kg vorbereitete Blößen sind erforderlich:

50 kg Chromalaun,
30 „ Zinkvitriol,
6 „ schwefelsaures Mangan,
10 „ Schwefelalkali.

Zur Herstellung der Gerbbrühe werden zunächst die erforderlichen Mengen Chromalaun, Zinkvitriol, schwefelsaures Mangan und Kochsalz in heißem Wasser gelöst und mit soviel Wasser verdünnt, daß die Häute beim Einlegen vollständig bedeckt werden. Man gibt dann das Schwefelalkali in möglichst konzentrierter Lösung zu und läßt nun die Häute in dieser Flüssigkeit bei etwa 30° C bis zur völligen Umwandlung liegen, wozu etwa 8 Stunden nötig sind. Es hat sich als vorteilhaft erwiesen, die Häute vor der eigentlichen Gerbung $^1/_2$—1 Stunde in einer $^1/_2$%igen Chromsäurelösung zu behandeln und die Gerbbrühen allmählich zu verstärken.

Das so erhaltene Leder ist vollständig wasserecht, elastisch und zähe; die Gerbung ist in kurzer Zeit beendigt; sie eignet sich für alle Sorten von Häuten.

William Zahn in Newark, N. J.

Mineralgerbverfahren für Häute und Felle.

Amerikanisches Patent Nr. 511007 vom 19. Dezember 1893.
(Angemeldet am 27. Mai 1893.)

Dieses Verfahren stellt eine Verbesserung des durch das amerikanische Patent Nr. 504012 geschützten dar. Bei demselben werden die Häute in zwei Bädern der Einwirkung von Chromverbindungen ausgesetzt und dadurch in kurzer Zeit ein Leder erzielt, das nicht nur wasserecht, weich und geschmeidig ist, sondern auch in seinen sonstigen Eigenschaften den nach den bisherigen Chromgerbeverfahren hergestellten Ledern überlegen ist. Die Ausführung des Verfahrens gestaltet sich folgendermaßen:

Die wie üblich vorbereiteten Häute gelangen zunächst in eine verdünnte, am besten etwa $^1/_2$%ige Chromsäurelösung, in welcher sie je nach ihrer Dicke 1—3 Stunden verbleiben, bis sie vollständig von der Lösung durchdrungen sind. Sie werden dann herausgenommen, abgepreßt und in das zweite Bad gebracht, welches als wesentliche Bestandteile Chromalaun und ein Alkali oder Erdalkalisulfid enthält.

Für 1000 kg Häute rechnet man 70—80 kg Chromalaun, welche man in so viel Wasser löst, daß die Häute davon bedeckt sind. In dieser Lösung werden die Häute in lebhafter Bewegung gehalten und nun die Lösung des Schwefelnatriums zugefügt. Das Sulfid verwandelt den Chromalaun in basisches Chromoxydsalz, gleichzeitig wird durch den freiwerdenden Schwefelwasserstoff die Chromsäure, die die Häute im ersten Bade absorbiert haben, zu Chromoxyd reduziert, welches sich im status nascens mit dem basischen Chromoxydsalz zu Chromoxydhydrat umsetzt. In diesem zweiten Bade bleiben die Häute je nach ihrer Dicke 10—15 Stunden oder noch länger und werden ausgewaschen und in der üblichen Weise zugerichtet.

Das so erhaltene Leder ist mild und elastisch, dabei fest und wasserecht.

Dasselbe Verfahren ist dem Erfinder in England durch das Patent Nr. 24463 vom 19. Dezember 1893 geschützt worden.

El. Gerson in Sidney.

Gerbverfahren ohne Anwendung vegetabilischer Gerbmaterialien.

Englisches Patent Nr. 8369 vom 7. Juni 1888.

Gegenstand der Erfindung ist ein Verfahren, nach welchem die Häute in kurzer Zeit und ohne große Kosten gegerbt werden können; trotzdem erzielt man dabei eine sehr vollständige Durchgerbung und infolgedessen ein sehr festes und wasserdichtes Leder; es besitzt außerdem den Vorzug, frei von jedem unangenehmen Geruch zu sein.

Die Ausführung des Verfahrens gestaltet sich wie folgt:

Die Häute werden in der üblichen Weise enthaart und vorbereitet und gelangen dann in eine Mischung von:

200 kg Kochsalz,
400 „ Alaun,
600 „ Bichromat,
100 „ Essigsäure.

Diese Mischung wird in der Weise hergestellt, daß man die drei zuerst genannten Stoffe zunächst mit Wasser zum Sieden erhitzt und dann die Essigsäure zusetzt. Nach dem Abkühlen verdünnt man mit Wasser auf 6000 Liter und erhält so eine Gerbbrühe, welche für 100 kg Büffelfelle ausreicht. Das Bichromat hat zunächst den Zweck, Farbe und gute Narben zu geben; es hat aber außerdem noch die Wirkung, daß die Gelatine unlöslich wird und das Leder somit wasserecht. Das Bichromat kann teilweise durch das Bismarckbraun ersetzt werden, um dem Leder die erforderliche Färbung zu geben.

Nach der mineralischen Gerbung erhalten die Häute dann noch in einem zweiten Bad die Nahrung, bestehend aus:

300 kg Kleie,
300 „ Malz und
600 Liter Wasser,

worin sie $1-1^1/_2$ Tag behandelt werden. Bei der Herstellung von Sohlleder empfiehlt es sich, diesem zweiten Bad noch eine Behandlung mit Essigsäure folgen zu lassen.

In allen Bädern werden die Häute lebhaft bewegt, um auf diese Weise die Wirkung der gerbenden Substanzen zu erhöhen und die Dauer der Gerbung abzukürzen.

Leon Rappe in Newark, N. J. für Lizzie S. Pierson in Wilmington, Del.

Chromgerbeverfahren.

Amerikanisches Patent Nr. 409336 vom 20. August 1889.
(Angemeldet am 24. September 1887.)

Das Verfahren bezieht sich auf die Umwandlung von lohgarem Leder und hat den Zweck, ein dauernd weiches und geschmeidiges Leder herzustellen; es beruht darauf, daß die Poren des lohgaren Leders in der Kälte mit Chromhydroxyd in feinster Verteilung angefüllt werden. Die Anwendung der gewöhnlichen Schmiermittel, wie Öl und Fett oder Seife, wird dabei überflüssig.

Durch diese nachträgliche Behandlung mit Chromoxydsalzen wird das Leder gleichzeitig intensiv gebeizt und dadurch befähigt, mit Farbstoffen sehr intensive und dauernde Verbindungen einzugehen.

Zunächst ist es notwendig, reines, neutrales Chromhydroxyd herzustellen. Es geschieht dies in der Weise, daß man eine beliebige Chromoxydsalzlösung mit Soda fällt, das ausgeschiedene Chromoxydhydrat nach dem Abfiltrieren und Auswaschen aufs neue in Säure löst und aus dieser Lösung wiederum durch Soda ausfällt. Nötigenfalls wird diese Operation mehrmals wiederholt, bis man ein ganz reines, neutrales Chromoxydhydrat erhält. Dieses wird nun in Schwefelsäure oder Salpetersäure von 4° Bé gelöst und zwar mit der Maßgabe, daß mehr Chromoxydhydrat zugesetzt wird, als die Säure aufzunehmen vermag, so daß selbst nach tagelang fortgesetztem Rühren noch ungelöstes Chromoxydhydrat in der Lösung vorhanden ist. Nach dem Absitzenlassen des Niederschlages hängt man das Leder bzw. die Häute in die Lösung ein und läßt sie darin 12—18 Stunden verweilen, bis sie infolge ihrer Affinität zum Metalloxyd eine hinreichende Menge Chromoxyd aus der Lösung aufgenommen haben. Die zurückbleibende Flüssigkeit läßt sich immer wieder verwenden, indem man den darin enthaltenen Niederschlag von Chromhydroxyd einige Zeitlang aufrührt, wodurch die Flüssigkeit sich aufs neue mit Chromoxyd sättigt. Es läßt sich dieses so lange wiederholen, als noch ungelöstes Chromhydroxydhydrat in der Flüssigkeit vorhanden ist. Die herausgenommenen Häute läßt man abtropfen und bringt sie dann in eine warme Auflösung von Blauholz, wodurch eine sehr echte Färbung des mit Chrom gesättigten und gebeizten Leders zustande kommt.

Martin Dennis in Brooklin, N. J.

Ledergerbung.

Amerikanisches Patent Nr. 495028 vom 11. April 1893.
(Angemeldet am 3. Oktober 1892.)

Es ist längst bekannt, daß das Chromooxyd die Eigenschaft besitzt, sich mit der Hautgelatine zu einer unlöslichen und nicht fäulnisfähigen Verbindung zu vereinigen, und somit befähigt ist, die Haut in Leder umzuwandeln. Die Schwierigkeit, welche der Anwendung des Chromooxyds als Gerbmittel entgegensteht, liegt in dessen Unlöslichkeit im Wasser, so daß es unmöglich ist, dasselbe mit der zu gerbenden ·Haut in die erforderliche innige Berührung zu bringen. Bei Anwendung von Chromalaun, einem Salze des Chromoxyds, liegen die Verhältnisse insofern ungünstig, als in diesem das Chromoxyd sehr fest gebunden ist; infolgedessen verläuft bei dessen Verwendung die Gerbung nur sehr langsam und sehr unvollkommen.

Diese Schwierigkeiten sind bis zu einem gewissen Grade überwunden worden durch das Zweibadverfahren unter Anwendung von Chromsäure, mit welcher die Häute zuerst imprägniert werden, um dann durch Reduktion mit schwefliger Säure, Oxalsäure, Schwefelwasserstoff oder Eisenvitriol daraus Chromoxyd bzw. Chromhydroxyd abzuscheiden. Dieses Verfahren wird in der Regel so ausgeführt, daß man die Häute zunächst in eine mit Mineralsäure versetzte Lösung eines Bichromates eintaucht. Nun ist aber bekanntlich die freie Chromsäure ein überaus starkes Oxydationsmittel und zerstörendes Agens, welches stets die Häute mehr oder weniger angreift, und man wird daher, wenn man die Reduktion nicht ganz besonders sorgfältig ausführt, bei diesem Zweibadverfahren leicht ein hartes, brüchiges Leder erhalten. Es läßt sich dieses häufig auch bei Anwendung der größten Mühe und Sorgfalt nicht vermeiden, so daß man zu der Annahme gedrängt wird, daß die Chromsäure selbst zum Teil eine beständige Verbindung mit der Hautgelatine zu bilden vermag, in der sie der Reduktion entgeht, bis dann später die zerstörende Wirkung der Chromsäure beim Lagern oder beim Verarbeiten des Leders doch noch zum Vorschein kommt und dieses spröde und klapprig wird. Diese unbefriedigende Wirkung beim Chromalaun und diese zerstörenden Eigenschaften der Chromsäure auf die Hautfaser lassen es in hohem Grade wünschenswert erscheinen, eine Chromgerbung anzuwenden, welche einfacher und schneller zum Ziele führt als die Anwendung des

Chromalauns, und bei welcher auch die Benutzung starker Säuren ausgeschlossen ist. Dieses Ziel läßt sich erreichen, wenn es gelingt, das Chromoxyd den Häuten in Form einer wasserlöslichen, neutralen und unbeständigen Verbindung zuzuführen. Derartige Verbindungen sind die basischen Salze des Chromoxyds; man versteht darunter solche Salze, bei denen ein Teil der Säure des neutralen Salzes durch ein stärkeres Alkali gebunden ist, so daß auf der anderen Seite ein Salz entsteht, welches einen Überschuß an metallischer Basis enthält. Man kann daher ein basisches Salz als eine Auflösung von Metalloxyd in neutralem Salz ansehen; man erhält diese basischen Salze durch Zusatz eines starken Alkalis zu der Lösung des normalen, neutralen Salzes, bis eben die Abscheidung des Hydroxyds beginnt. In solchen basischen Salzen ist der Überschuß an metallischer Basis nur sehr lose gebunden. Es ist daher verständlich, daß derartige Salze mit Chromoxyd sich sehr gut zum Gerben eignen. Die Herstellung geschieht z. B. in folgender Weise:

Man stellt zunächst durch Auflösen einer bestimmten Menge Chromoxyd in verdünnter Salzsäure eine Lösung von neutralem Chromchlorid dar, indem man bei dem Auflösen des Chromoxyds dafür Sorge trägt, daß stets etwas mehr Chromoxyd vorhanden ist, als die Säure aufzunehmen vermag, so daß stets etwas Chromoxyd ungelöst zurückbleibt. Die so erhaltene Lösung wird vorsichtig mit Ätzkali oder besser mit kohlensaurem Alkali versetzt, bis eben ein bleibender Niederschlag von Chromhydroxyd entsteht. Man erhält auf diese Weise das Chromoxydchlorid oder das basische salzsaure Chromoxyd; es ist ein sehr unbeständiger, in Wasser leicht löslicher Körper, welcher sein überschüssiges Chromoxyd leicht an andere Verbindungen abgibt, welche, wie z. B. die Hautgelatine, eine Verwandtschaft zu Chromoxyd haben. Außerdem enthält die Lösung nach Beendigung der Reaktion Kochsalz, welches sich durch die Einwirkung des kohlensauren Natrons auf das salzsaure Chromoxyd gebildet hat. Die Anwesenheit dieses Salzes ist für die Durchführung des Gerbeprozesses von großem Vorteil, da dadurch die auflockernde Wirkung der Chromsalze etwas gemildert, die gerbende dagegen unterstützt wird. Man setzt deshalb in der Regel noch eine weitere Menge Kochsalz absichtlich der Brühe hinzu. Auf diese Weise erhält man schließlich eine Gerblösung, welche billiger und einfacher in der Anwendung und schneller in der Wirkung ist, als irgendeine Brühe aus Chromalaun. Die Gerbung der Häute geschieht in der Weise, daß man diese in der entsprechend verdünnten Brühe in dauernder Bewegung hält; der Prozeß ist, je nach der Dicke der Haut, in 10—48 Stunden beendigt; die Gerbbrühe muß währenddessen immer nachgebessert werden. Nachdem die Abscheidung des Chromoxyds beendigt und die Gelatine vollständig unlöslich geworden ist, werden die Häute in reinem Wasser gewaschen und dann mit Wasser behandelt, in welchem kohlensaurer Kalk (Permanentweiß), kohlensaurer Baryt, kohlen saures Blei oder Zink oder dergleichen in geringer Menge angerührt ist.

Die Behandlung mit diesen unlöslichen Verbindungen hat den Zweck, jede Spur Säure zu neutralisieren, ohne daß es nötig ist, die Häute in ein alkalisches Bad zu bringen. Die Vorteile dieses Verfahrens sind folgende:

1. Die Fixierung der Gelatine, die eigentliche Gerbung, erfolgt vollständig in einem einzigen Bade.
2. Die Anwendung der die Faser stark angreifenden Chromsäure wird vermieden und infolgedessen eine größere Haltbarkeit des Leders erzielt.
3. Übele und giftige Gerüche, wie solche bei Anwendung von schwefliger Säure und Schwefelwasserstoff im Zweibadverfahren unvermeidlich sind, treten hier nicht auf.
4. Da die Gerbbrühe keinerlei scharfe Säuren enthält, ist die Gefahr der Beschädigung der Häute wesentlich verringert.
5. Endlich ist das Verfahren wesentlich billiger als das Zweibadverfahren, da die Abscheidung von Chromoxyd aus den Chromoxydsalzen bedeutend weniger kostspielig ist, als aus Chromsäure durch Reduktion.

C. Opel in Hruschau.

Deutsches Reichspatent Nr. 75351 vom 19. Mai 1893.

Chromgerbverfahren, dadurch gekennzeichnet, daß die gerbenden Eigenschaften der Tonerde-, Chromoxyd- und Eisenoxydsalze dadurch erhöht werden, daß man mit den Gerbstoffen, welche die Sulfitablaugen enthalten, wasserlösliche Verbindungen herstellt.

William M. Norris in Princeton, N. J., und Henry Burk in Philadelphia, Pa.

Verfahren zur Darstellung mineralgarer Häute.

Amerikanisches Patent Nr. 518467 vom 17. April 1894.
(Angemeldet am 23. Januar 1893.)

Das Verfahren stellt eine Verbesserung der bisher bekannt gewordenen Chromgerbeverfahren dar und bezweckt eine vollständige Reduktion der Chromsäure zu unlöslichem Chromoxyd, um auf diese Weise ein in Wasser vollkommen unlösliches Produkt zu erhalten. Man ist hier im Gegensatz zu den bisherigen Verfahren in der Lage, die Behandlung der Häute direkt nach der Gerbung abzubrechen, ohne dem Gerben sofort die Zurichtung folgen lassen zu müssen; in der Zwischenzeit ist vielmehr die beste Gelegenheit für die Vollendung des Gerbprozesses in den Häuten selbst geboten.

Die Vorbereitung der Häute ist dieselbe, wie bei den bekannten Chromgerbeverfahren, auch die Ausführung der Gerbung selbst ist im allgemeinen die bekannte, nur mit dem Unterschied, daß die Häute unmittelbar aus dem Reduktionsbad, ohne gewaschen zu werden, in eine Lösung von Tonerdesulfat und Kochsalz gelangen, worin sie kurze Zeit bleiben, um dann herausgenommen und getrocknet zu werden. Nach dieser Behandlung bleiben sie einige Wochen oder länger sich selbst überlassen. Das Verfahren wird beispielsweise ausgeführt wie folgt:

Die Häute gelangen in eine mit Mineralsäure versetzte Auflösung von Bichromat, wobei man auf 100 kg Häute etwa

5 kg Bichromat und
$2^1/_2$ „ Salzsäure

anwendet. Nachdem die Häute von dieser Lösung vollständig durchdrungen sind, werden sie abgepreßt und in das Reduktionsbad gebracht, welches als wirksame Stoffe enthält:

„schweflige Säure“, „Schwefelwasserstoff“, „Weinsäure“, „Oxalsäure“ oder ähnliche Säuren, „Eisenoxydul-“ oder „Kupferoxydulsalze“ u. dgl., „naszierenden Wasserstoff“ oder ein anderes geeignetes reduzierendes Agens.

In diesem Bade bleiben die Häute, bis die Reduktion zu Ende ist, und gelangen dann, ohne ausgewaschen zu werden, in eine Auflösung von Tonerdesulfat und Kochsalz; letzteres kann auch weggelassen werden, wenn dessen Bildung bereits im Reduktionsbad, z. B. durch die Wechselwirkung zwischen Salzsäure und unterschwefligsaurem Natron vor sich gehen konnte.

Auf 100 kg Häute nimmt man vorteilhaft etwa:

6 kg Tonerdesulfat,
6 „ Kochsalz.

In dieser Lösung bleiben die Häute etwa 2 Stunden, worauf man sie an Haken aufhängt und vollständig trocken werden läßt. In diesem Zustand überläßt man die Häute etwa 2 Wochen oder länger sich selbst, bis man sie in der üblichen Weise zurichtet. Das Einlassen mit Fett kann hier wegfallen, da die Häute nach dem vorliegenden Verfahren auch ohne dies weich, geschmeidig und zart sind.

Bekanntlich haben Häute und Felle die Eigenschaft, auf Metallsalze reduzierend zu wirken und infolgedessen aus Alaun-, Chrom- und Eisensalzen die Metalloxyde abzuscheiden. Bei dem vorliegenden Verfahren haben nun die Häute Zeit, die Reduktion der Chromverbindungen vollständig zu Ende zu führen, welche im Reduktionsbad nur teilweise zustande kommt, und gleichzeitig kann sich aus dem Tonerdesalz Aluminiumhydroxyd abscheiden und seinerseits die Gerbung unterstützen. Außerdem werden die Häute durch diese Behandlung mit Aluminiumsalzen wieder vollständig durchnäßt, was für die darauf folgende Zurichtung von wesentlicher Bedeutung ist. Bei den bisher üblichen Verfahren, bei denen die Zurichtung in der Regel direkt auf die Behandlung im Reduktionsbade folgt, veranlaßt die allmähliche Reduktion, welche auch nach dem Zurichten noch längere Zeit in den Häuten vor sich geht, unangenehme Erscheinungen, da in diesem Fall die zum Zurichten benutzten Schmier- und Appreturmittel oxydiert und in nachteiliger Weise verändert werden, wodurch das Ansehen der Ware erheblich leidet. So wird z. B. Leinöl, das häufig zum Ölen angewendet wird, durch die energische Oxydation allmählich in einen harten Firnis verwandelt, der sich als Überzug auf der Oberfläche des Leders ablagert und dessen Wert erheblich herabsetzt. Außerdem wird im Reduktionsbad stets ein Teil der Chromsäure aus der Oberfläche der Haut herausgewaschen, so daß hier eine Gerbung überhaupt nicht zustande kommen kann, wenn auf die Reduktion direkt die Zurichtung folgt. Alle diese Mißstände werden bei dem vorliegenden Verfahren vermieden, indem hierbei die Reduktion vollständig zu Ende geführt wird und die Gerbung durch die Wirkung der Tonerdesalze unterstützt wird. Die Behandlung mit Tonerdesalzen ist auch deshalb erforderlich, da die sonst einmal getrockneten Häute ein nachträgliches Aufweichen und Zurichten nicht zulassen würden.

Da bei dem Verfahren ein Teil der organischen Hautsubstanz zur Reduktion der zurückgebliebenen Chromsäure dient und dabei zerstört wird, dürfte die Qualität des Leders nicht ganz den Angaben der Patentschrift entsprechen. Nach Heinzerlings Patent Nr. 14769 entstehen bei der Einwirkung der Chromsäure auf die zum Einfetten und Zurichten verwendeten Schmiermittel fettsaure Metallseifen, welche ihrerseits gerbend wirken. Ob dadurch das Aussehen des Leders leidet, hängt offenbar in erster Linie von dem zum Zurichten angewendeten Fett oder Öl ab.

Otto P. Amend, New York, U. S. A.

Amerikanisches Patent Nr. 542971 vom 16. Juli 1895.

Chromgerbe- und gleichzeitig Färbeverfahren, darin bestehend, daß man die entsprechend vorbereiteten Blößen zunächst in üblicher Weise mit Chromsäure behandelt und sodann zur Reduktion derselben etwa 5%ige Lösungen aromatischer Aminsalze verwendet. Es kommt sowohl das Laktat, Sulfat, Bisulfat, Acetat, Formiat, Chlorid und Bichlorid und auch das Nitrat, Bromid, Oxalat, Fluorid und andere Verbindungen des Anilins in Frage. Am besten geeignet ist das Chlorid, welches bekanntlich unter dem Namen „Anilinsalz" im Handel ist.

Sager Chadwick in Philadelphia, U. S. A.

Amerikanisches Patent Nr. 561044 vom 26. Mai 1896.

Chromgerbeverfahren, darin bestehend, daß man die entsprechend vorbereiteten Blößen zunächst in einer etwa 22%igen Chromsäurelösung so lange beläßt, bis sie davon vollständig durchdrungen sind, wonach sie in eine Eisenvitriollösung kommen, welche in etwa 9 Teilen Wasser 1 Teil Eisenvitriol enthält unter Zusatz von etwa 6% Essigsäure, wodurch ein Durchdringen des Hautinnern ermöglicht wird. Anstatt Chromsäure können auch darin Salze, und anstatt reiner Essigsäure auch Holzessig angewandt werden, wodurch sich das Verfahren verbilligt.

Georg Bender & Bruder, Paris.

Deutsches Reichspatent Nr. 104279 vom 5. Mai 1897.

Herstellung einer Einbadchromlösung in der Weise, daß man ein lösliches doppeltchromsaures Salz mit Glucose, Stärke und dergl. in Gegenwart von nur so viel Salzsäure reduziert, daß diese nicht ausreicht, um das Chromchlorid zu bilden. Der Zusatz des Reduktionsmittels erfolgt, nachdem es, vorher mit Salzsäure verrührt, zur kochenden Natriumchloridlösung gegeben wird.

William Norris in Princeton, N. J.

Mineralgerbverfahren für Häute und Felle.

Amerikanisches Patent Nr. 588874 vom 24. August 1897 (angemeldet am 5. Mai 1896).

Die Erfindung bezweckt eine Verbesserung der Chromgerbung nach dem Zweibadverfahren und weist gegenüber den bisher bekannten Ausführungsformen verschiedene Vorzüge auf. Die Vorbereitung ist dieselbe wie bisher, ebenso ist das Prinzip der Gerbung selbst unverändert. Der Unterschied besteht darin, daß in der zur Reduktion der Chromsäure dienenden Lösung, im zweiten Bade, eine andauernde Wasserstoffentwicklung veranlaßt wird, wodurch die schweflige Säure und die Thioschwefelsäure in hydroschweflige Säure umgewandelt werden, welche eine besonders kräftige Reduktionswirkung besitzt; als hydroschwefligsaure Salze werden die Salze der Säure H_2SO_2 bezeichnet.

Die Ausführung des Verfahrens gestaltet sich wie folgt:

Für 100 kg Häute löst man

5 kg Bichromat und
$2^1/_2$ „ Salzsäure von 21° Bé

oder die äquivalente Menge Schwefelsäure in so viel Wasser, daß die Häute gut davon bedeckt werden. Sie bleiben in diesem Bade, bis sie vollständig von der Lösung durchtränkt sind; sie werden dann herausgenommen, von der überschüssig anhaftenden Chromlösung befreit und in das Reduktionsbad gebracht. Dieses enthielt bei den bisher bekannten Zweibadverfahren in der Regel Thiosulfat $Na_2S_2O_3$ und Salzsäure. Durch die Säure wird zunächst die Thioschwefelsäure in Freiheit gesetzt, welche jedoch sofort im Moment ihrer Entstehung in Schwefel und schweflige Säure zerfällt; diese Verbindungen setzen sich nun in den Poren der Häute fest und können nur durch sehr langes und sorgfältiges Auswaschen entfernt werden. Das Auswaschen kostet aber nicht nur viel Zeit, sondern schädigt auch häufig die Beschaffenheit der Häute in empfindlicher Weise. Nach dem vorliegenden Verfahren werden diese Mißstände nun dadurch beseitigt, daß der Reduktionslösung metallisches Zink zugesetzt und dadurch eine konstante Wasserstoffentwicklung veranlaßt wird, welche die Umwandlung der schwefligen Säure in hydroschweflige Säure bewirkt nach der Gleichung:

$$2\,H_2SO_3 + 2\,H_2 = 2\,H_2SO_2 + 2\,H_2O.$$

Die Ausführung geschieht am einfachsten in der Weise, daß man einige Zinkblechstreifen in die saure Lösung hineinlegt. Die Mengenverhältnisse sind etwa folgende:

1000 kg Häute,
125 „ Thiosulfat,
50 „ Salzsäure,
6500 Liter Wasser,
60 kg Zink.

Das Zink bleibt beim Ablassen der unwirksam gewordenen Lösung in der Bütte und wird bei jeder neuen Füllung durch 5 kg frisches Zink ergänzt.

Auch bei Anwendung von Bisulfid im Reduktionsbad empfiehlt es sich, das Salz durch Zusatz von Zinkblech zur sauren Lösung in das hydroschwefligsaure Salz überzuführen, da auf diese Weise erheblich an Bisulfid gespart werden kann. Die Reduktion erfolgt nach folgender Gleichung:

$$2NaHSO_3 + H_2 = Na_2SO_3 + H_2SO_2 + H_2O.$$

Die in der angegebenen Weise erhältliche Lösung von hydroschwefliger Säure eignet sich auch ganz besonders zur Ausführung der sogenannten Vorreduktion, welche in neuerer Zeit vielfach vorgenommen wird, um dem Auswaschen der Chromsäure im Reduktionsbad vorzubeugen.

Die Vorzüge des Verfahrens bestehen somit darin:

1. Im Reduktionsbad findet wenig oder gar keine Schwefelausscheidung statt, infolgedessen gestaltet sich das Auswaschen viel einfacher, die Häute werden geschont, Zeit, Arbeit und Apparatur gespart.
2. Infolge der stärkeren Reduktionswirkung des Hydrosulfits wird an Bisulfid gespart, und zwar so, daß, wenn z. B. 20% des Gewichts der Häute an Bisulfid und 5% Salzsäure erforderlich sind, im vorliegenden Falle 10% Bisulfid mit 5% Salzsäure ausreichen.

Dr. Karl Moeller in Brackwede.

Verfahren zum Härten chromgarer Leder.

Deutsches Reichspatent Nr. 89964 vom 1. August 1895.

Bisher hat man mittels Chromgerbung nur „weiche" zu Oberleder und Riemen, Lawntennisschuhsohlen usw. geeignete Leder herstellen können. Das folgende Verfahren hat hauptsächlich den

Zweck, das Leder für gewöhnliche Sohlen, Stiefelkappen und Koffermäntel geeignet zu machen, also chromgare Sohlleder herzustellen.

Durch Erhitzung der in bekannter Weise gegerbten und ausgewässerten chromgaren Leder auf eine höhere, 80° übersteigende Temperatur erfolgt in diesen ein molekularer Umwandlungsprozeß, indem die Leder dicker werden und das Bestreben haben, sich zu krümmen; gleichzeitig werden sie hart, ohne spröde zu werden. Man kann durch vorheriges Beizen und verschiedene Dauer der Erhitzung leicht verschiedene Härtegrade herstellen.

Am besten geschieht das Härten durch längere Erwärmung des Leders in Wasser oder Dampf von 100° C, dem ein Trocknen bei mäßiger Wärme folgt.

Um das Krümmen des Leders zu vermeiden, empfiehlt es sich, die ausgeschnittenen Kerntafeln in Rahmen zu spannen und sie in diesem eingespannten Zustande in den Erwärmungsraum zu bringen. Die Einspannung geschieht eventuell federnd, um das mit dem Dickerwerden der Haut verbundene Zusammenziehen derselben in Länge und Breite zu ermöglichen.

Die weitere Verarbeitung des Leders durch Walzen usw. geschieht wie bei gewöhnlichem Sohlleder.

Patentanspruch:

Härten chromgarer Leder, dadurch bewirkt, daß man dieselben in einen Erhitzungsraum bringt und sie eventuell zuvor in Rahmen spannt.

Das Verfahren wurde in England durch das Patent Nr. 11695 vom 29. Mai 1896 geschützt.

Samuel P. Sadtler, Philadelphia, Pa.

Herstellung von Leder.

Amerikanisches Patent Nr. 556325 vom 10. März 1896 (angemeldet am 8. Februar 1894).

Bei den bisherigen Chromgerbeverfahren verfuhr man bei Anwendung von Chromsäure in der Weise, daß man die mit Chromsäure imprägnierten Häute mit Reduktionsmitteln behandelte. Als solche kamen zur Anwendung unterschwefligsaure und schwefligsaure Salze bei Gegenwart von Säure, Schwefelwasserstoff oder auch Oxydulsalze und organische Säuren. Weit bessere Resultate lassen sich erzielen, wenn man zur Abscheidung des Chromoxydhydrates aus der Chromsäure Wasserstoffsuperoxyd verwendet. Diese Verbindung gilt zwar allgemein als Oxydationsmittel, ja, man kann sogar damit Chromoxyd in Chromsäure überführen; trotzdem gelingt es nach der vorliegenden Erfindung, die umgekehrte Reaktion durchzuführen, während gleichzeitig eine lebhafte Entwicklung von Sauerstoff stattfindet.

Die erste Wirkung, welche man beim Eintauchen einer mit Chromsäurelösung durchtränkten Haut in eine schwachsaure Lösung von Wasserstoffsuperoxyd beobachtet, ist das Auftreten einer tiefblauen Färbung; ob diese auf der Bildung von Überchromsäure oder einer Verbindung von Chromsäure mit Wasserstoffsuperoxyd beruht, ist für das vorliegende Verfahren ohne Bedeutung; jedenfalls ist sie sehr unbeständig und macht bald einer grünen Färbung Platz, indem die Reduktion zum Chromoxyd vor sich geht.

Die Überlegenheit des Verfahrens besteht im wesentlichen darin, daß durch das Wasserstoffsuperoxyd nichts in die Flüssigkeit gelangt, was der Haut bzw. dem Leder irgendwie nachteilig sein könnte, da bei der Zersetzung von Wasserstoffsuperoxyd bekanntlich nur Wasser und Sauerstoff entstehen. Es ist also hier kein langwieriges Auswaschen von Schwefel nötig, auch ist keine Bildung von Schwefelsäure aus schwefliger Säure zu befürchten oder die Abscheidung von Eisen- oder Kupferoxyden, welche die Eigenart des Leders wesentlich verändern. Ferner geht die Reduktion so rasch vor sich, daß ein Auswaschen von Chromsäure bei dem vorliegenden Verfahren nicht eintreten kann.

An Stelle der fertigen Wasserstoffsuperoxydlösung können auch Metallsuperoxyde Anwendung finden, welche mit verdünnten Säuren Wasserstoffsuperoxyd entwickeln.

Bei der Ausführung des Verfahrens werden die wie üblich vorbereiteten und eingeweichten Häute zunächst mit einer Lösung von Bichromat und Salzsäure vollständig durchtränkt und nach dem Abtropfen in eine Wasserstoffsuperoxydlösung gebracht. Man hält das Bad schwachsauer und fügt das Wasserstoffsuperoxyd bzw. die Metallsuperoxyde in kleinen Portionen stetig hinzu, so daß es zu keiner lebhaften Sauerstoffentwicklung kommt. Die Häute müssen dabei fortwährend in Bewegung gehalten werden, damit die Reduktion der Chromsäure gleichmäßig vor sich gehen und der Sauerstoff aus den Poren der Häute leicht entweichen kann.

Von besonderer Bedeutung ist es, bei der Anwendung von Wasserstoffsuperoxyd jede Berührung mit metallischen Oberflächen zu vermeiden, da sonst erhebliche Verluste an Wasserstoffsuperoxyd stattfinden.

Als geeignete Gewichtsmengen haben sich folgende erwiesen für 10 kg Häute:

$^1/_2$ kg Kaliumbichromat,
$^1/_4$ kg Salzsäure von 21° Bé und
pro kg Haut,
200 g einer 10%igen (Volumenproz.) Wasserstoffsuperoxydlösung.

C. H. Boehringer Sohn in Nieder-Ingelheim a. Rhein.

Verfahren zum Gerben von Häuten und Fellen unter gleichzeitiger Anwendung von Chrom- und Milchsäure.

Deutsches Reichspatent Nr. 91822 vom 23. Juni 1896.

In neuerer Zeit ist besonders in Amerika das sogenannte Chromgerbeverfahren vorzüglich für die Sohllederfabrikation immer mehr in Aufnahme gekommen statt des älteren Gerbverfahrens mit vegetabilischen Gerbstoffen.

Die Chromgerbung, mit deren Hilfe ein sehr wasserdichtes Sohlleder in kürzerer Frist als bei der Gerbstoffgerbung erhalten werden kann, wird meistens in der Weise ausgeführt, daß entweder die Leder mit Chromsalzen imprägniert werden, worauf im Leder durch nachträgliche Behandlung mit alkalischen Bädern Chromoxyd niedergeschlagen wird, oder daß die Leder mit Chromsäure bzw. chromsauren Salzen imprägniert werden, die dann durch geeignete Reduktionsmittel in einem sogenannten Reduktionsbad, z. B. in Lösungen von unterschwefligsaurem Natron oder durch Schwefelwasserstoff reduziert werden.

In allen Fällen handelt es sich im wesentlichen darum, die Faser auf die geeignetste Weise mit Chromoxyd zu füllen.

Versuche haben nun ergeben, daß Milchsäure bzw. milchsaure Salze zusammen mit chromsauren Salzen bzw. Chromsäure außerordentlich geeignet sind, eine gute Chromgerbung zu bewirken, da Milchsäure sehr leicht in der Kälte unter Ablagerung von Chromoxyd zu reduzieren vermag.

Dabei wirkt die Milchsäure als sehr milde Säure bei dem Prozesse auf die Haut gleichzeitig gut schwellend, ohne die Faser zu schädigen, das Gemenge von Milchsäure und chromsauren Salzen dringt wegen seiner großen Viskosität sehr leicht in die Haut ein, ferner kann unter Einhaltung der passenden Verhältnisse die Chromgerbung leicht in einem Bade ausgeführt werden, ohne daß es eines zweiten Reduktionsbades oder eines anderen Fixierbades bedarf.

Bezüglich der Wirkung der Milchsäure wird noch folgendes bemerkt:

Die meisten Säuren, welche als Reduktionsmittel vorgeschlagen werden könnten, lösen Chromoxyd auf, so daß sie sich schlecht zu dessen Fixierung in der Haut eignen und außerdem eine große Verschwendung an Chrom veranlassen, da gerade bei der Reduzierung die lösenden Stoffe entstehen.

Bei dem vorliegenden Verfahren aber löst die Milchsäure gar kein Chromoxyd, denn diese ist zur Lösung auch nur ganz geringer Mengen erst in großem Überschuß und in großer Hitze befähigt.

Die Milchsäure spaltet sich bei dem Prozeß, indem sich Aldehyd und Kohlensäure bilden, Körper, welche gegen das Leder indifferent sind, was sehr wichtig ist.

Weiter ist noch zu bemerken, daß die schwellende Eigenschaft der Milchsäure die zusammenziehende der Chromsäure ungefähr ausgleicht, während andere Säuren eine so starke Schwellung bewirken, daß das erzeugte Leder zu dick und brüchig wird.

Die Ausführung des neuen Verfahrens wird durch folgendes Beispiel erläutert:

Zum Gerben fertige, d. i. gewaschene und enthaarte Häute oder Blößen, werden zunächst in ein Bad eingelegt, welches auf je 1 Liter Wasser enthält:

4 g Milchsäure (73 Gew.-Proz.),
2,6 „ Kaliumbichromat,
0,9 „ konzentrierte Schwefelsäure.

In dieser Flotte wird die Ware 3 Tage am besten bei etwa 30° C Wärme liegen gelassen, hierauf herausgenommen und die jetzt im Durchschnitt schon durch und durch grün gefärbte Haut noch je 8 Tage sukzessive in Flotten, welche doppelt und viermal so stark sind wie die erste, eingelegt.

Die Reduktion der Flotten, besonders der stärkeren, erfolgt sehr rasch, sie gehen von der rein gelbroten Farbe schnell in Grün über und die Haut zeigt sich rasch im Schnitt durch und durch grün.

Die Häute werden hernach gespült, getrocknet und in üblicher Weise appretiert und verarbeitet.

Um recht dicke und schwere Leder zu erzeugen, empfiehlt es sich, die Blößen einer Vorschwellung mit Milchsäure zu unterziehen und den letzten starken Gerbflotten einen Überschuß an Milchsäure zu geben.

Patentanspruch:

„Verfahren zum Gerben von Häuten und Fellen, gekennzeichnet durch die gleichzeitige Anwendung von chromsauren Salzen bzw. Milchsäure."

C. H. Boehringer Sohn, Nieder-Ingelheim a. Rhein.

Verfahren zum Gerben von Häuten und Fellen unter Anwendung von Chromsäure und milchsauren Salzen.

Deutsches Reichspatent Nr. 94291 vom 30. März 1897. Zusatz zum Deutschen Reichspatent Nr. 91822.

In dem Hauptpatent ist zum Ausdruck gebracht, daß die Milchsäure und ihre Salze durch die Chromsäure oxydiert werden und die entstehenden Chromoxydverbindungen auf diese Weise zur Gerbung benutzt werden können.

Es hat sich herausgestellt, daß die milchsauren Salze den Vorzug vor der Milchsäure verdienen, weil die Milchsäure die Haut sehr stark schwellt, so daß das entstehende Leder brüchig wird. Die entstehende Essigsäure wird bei der Verwendung milchsaurer Salze gebunden und so ein Nachteil vermieden.

Ein weiterer Nachteil wird aber vermieden, wenn statt der Verwendung der Milchsäure- und Chromsäureverbindungen in einem Bade dieselben nacheinander in zwei Bädern verwendet werden. Es werden dann die Häute zuerst in Chromsäurelösung bzw. Lösung von Bichromat mit Salz- oder Schwefelsäure von 40° Bé eingehängt. Wenn die Häute mit der Flüssigkeit durchtränkt sind, nimmt man sie aus derselben, drückt sie aus und hängt sie in eine etwa 2%ige Lösung des milchsauren Salzes bei etwa 35° C.

Hierdurch wird die allzu stark schwellende Wirkung auf das richtige Maß zurückgeführt und außerdem eine beträchtliche Ersparnis an Chrom erzielt. Man läßt die Blößen hängen, bis Schnittproben zeigen, daß sie durch und durch grün geworden sind. Dies tritt bei dünnen Fellen in 2—3 Tagen, bei starken in 5—6 Tagen ein.

Patentanspruch:

„Das Verfahren des Hauptpatentes dahin abgeändert, daß die Häute zunächst in ein Chromsäurebad gehängt, dann herausgenommen und ausgedrückt und dann in ein Bad einer Lösung milchsaurer Salze gehängt werden."

Chr. Knees in Oshawa, Canada.

Gerbverfahren.

Amerikanisches Patent Nr. 564086 vom 14. Juli 1896 (angemeldet am 20. November 1895).

Die Erfindung betrifft ein einfaches Verfahren, um ein Leder von äußerst wertvollen Eigenschaften herzustellen; das so hergestellte

Leder ist wasserdicht, elastisch, geschmeidlg, beständig gegen Hitze und Kälte.

Bei der Ausführung des Verfahrens kommen folgende zwei Lösungen zur Anwendung:

I. 5% des Häutegewichts an Bichromat,
$^1/_2$ „ Schwefelsäure und
5 „ Klauenfettöl in Wasser.

II. 10% Hyposulfit,
$7^1/_2$ „ Schwefelsäure und
5 „ Klauenfettöl in Wasser.

Die Menge des Wassers muß so groß sein, daß die Häute in der Flüssigkeit schwimmen. Die Häute werden wie gewöhnlich vorbereitet und dann im Walkfaß mit den beiden Flüssigkeiten nacheinander behandelt. Die Reihenfolge, in der die beiden Lösungen zur Anwendung kommen, ist ohne wesentliche Bedeutung.

Die Gerbung kommt dadurch zustande, daß das Öl auf Kosten der Chromsäure oxydiert und letztere gleichzeitig reduziert wird, wobei in den Poren der Haut eine unlösliche Chromverbindung fixiert wird. Auf der Abscheidung dieser fettsauren Chromverbindungen beruht die Geschmeidigkeit und die Wasserechtheit des nach diesem Verfahren gegerbten Leders.

Hugo Schweitzer in Englewood, N. J.

Gerbverfahren.

Amerikanisches Patent Nr. 573362 vom 15. Dezember 1896 (angemeldet am 27. Januar 1896).

Bei dem Verfahren kommen zwei Bäder von folgender Zusammensetzung zur Anwendung:

1. eine mit Mineralsäure versetzte Auflösung eines chromsauren Salzes;
2. ein Bad, welches Hydroxylamin oder dessen Salze, Hydroxylaminsulfosäuren oder deren Salze oder Gemische von beiden enthält, oder auch rohe Hydroxylamindisulfosäure und deren Salze, in denen bekanntlich geringe Mengen von Nitrinsulfosäure, Imidosulfosäure und Amidosulfosäure enthalten sind.

Beispiel: Die Häute werden wie gewöhnlich vorbereitet, indem man sie einweicht, kalkt, enthaart, beizt und auswäscht; sie gelangen dann in eine Lösung, welche wie folgt hergestellt ist:

Für 100 kg Häute oder Felle werden
5 „ Kaliumbichromat unter Zusatz von
$2^1/_2$ kg gewöhnlicher Salzsäure
in so viel Wasser gelöst, daß die in die Flüssigkeit eingehängten Häute vollständig davon bedeckt werden. In diesem Bade bleiben die Blößen, bis sie von der Lösung völlig gleichmäßig durchtränkt sind, und gelangen hierauf in das zweite Bad, bestehend aus einer neutralen oder schwachsauren Auflösung von Hydroxylamin.

Für 5 kg Bichromat im ersten Bade nimmt man etwa $^1/_2$—1 kg Hydroxylamin, d. h. 1—2 kg des Chlorhydrats oder $1^1/_2$—3 kg des Sulfats.

Ist in diesem Bade die Umsetzung beendigt, welches man an dem Umschlagen der Farbe von Gelb nach Grün erkennt, so werden die Häute herausgehoben, abgepreßt und in der üblichen Weise zugerichtet.

An Stelle des Hydroxylamins selbst kann man in dem zweiten Bade auch die Hydroxylamindisulfosäure in der Form des Kaliumsalzes anwenden, wobei man auf je
5 kg Bichromat 5—10 kg des Salzes rechnet.

Endlich kann man auch statt der reinen Salze die Rohprodukte direkt anwenden, da die in diesen enthaltenen Nitrosulfosäuren die Reduktion in keiner Weise merklich beeinflussen.

Die Zurichtung bleibt die nämliche wie oben angegeben.

George W. Adler in Philadelphia, Pa.

Mineralgerbverfahren.

Amerikanisches Patent Nr. 573631 vom 22. Dezember 1896 (angemeldet am 21. Mai 1896).

Das Verfahren läßt sich auf alle Sorten Häute anwenden und liefert ein Leder, welches wasserecht, fest und dauerhaft ist, sich leicht färben und glätten läßt, eine weiche, samtartige Fleischseite und eine festgeschlossene Narbe besitzt. Die Vorbereitung erfolgt in der üblichen Weise; es empfiehlt sich, die Häute vor der eigentlichen Gerbung in Salzwasser durchzuarbeiten.

Die Gerbung besteht im wesentlichen in der Behandlung der Häute in einer Mischung aus Chromchlorid, Glaubersalz und einer organischen Säure, besonders Ameisensäure oder Essigsäure.

Die Gerblösung wird hergestellt wie folgt:

Zunächst löst man eine bestimmte Menge Kaliumbichromat in der $1^1/_2$fachen, mit 2 Teilen Wasser verdünnten Menge Schwefelsäure; man erhält so eine Chromsäureverbindung, welche man mit Hilfe einer organischen Verbindung, wie Zucker oder Alkohol bei Gegenwart von Ameisen- oder Essigsäure reduziert. Auf Zusatz von Soda entsteht in dieser Lösung ein Niederschlag von Chromoxydhydrat und Chromoxydcarbonat neben schwefelsaurem, ameisensaurem oder essigsaurem Natron; fügt man nun Salzsäure hinzu, so erhält man eine Lösung, in welcher enthalten sind:

Chromchlorid, Natriumsulfat, etwas schwefelsaures Chromoxyd, Chlornatrium und schwefelsaures Natron, sowie Ameisen- oder Essigsäure.

Eine solche Lösung hat sich zur Erzielung einer gründlichen und gleichmäßigen Gerbung als besonders geeignet erwiesen. Das schwefelsaure Natron wird die zusammenziehende Wirkung der Chromsalze mildern, und umgekehrt werden diese die schwellende und auftreibende Kraft der Natronsalze mäßigen; gleichzeitig können Säuren in den Fasern der Haut leicht unter Abscheidung von Chromoxyden zerlegen und die Gelatinesubstanz in unlösliche Form überführen.

Die Aufnahme des Chroms durch die Haut erfolgt sehr rasch und vollständig; die zurückbleibende Flüssigkeit ist fast frei von gerbenden Salzen.

Man wendet die Gerbflüssigkeit in der Stärke von 5—6° Bé an, die Beendigung der Gerbung erkennt man mit Sicherheit an einem Schnitt durch die dickste Stelle der Haut.

Das Verfahren zeichnet sich durch seine Einfachheit, Billigkeit und Zuverlässigkeit aus. Die Zurichtung der gegerbten Häute erfolgt in der üblichen Weise.

Robert Wagner & John J. Maier, Philadelphia, U. S. A.

Amerikanisches Patent Nr. 547014 vom 29. Dezember 1896.

Chromgerbeverfahren, darin bestehend, daß man die in üblicher Weise vorbereiteten Blößen in einer wäßrigen Lösung behandelt, die aus Chromalaun, Salpeter, Bleiweiß und Salzsäure besteht.

A. Ziegler, Pilsen.

Deutsches Reichspatent 105693 vom 9. Juni 1897.

Chromgerbverfahren unter Mitverwendung von Sulfitzelluloseablauge, dadurch gekennzeichnet, daß die vorbereiteten Felle sowohl mit Sulfitzelluloseablauge wie auch mit Lösungen von Alkali-Chromaten oder wasserlöslichen Salzen des Aluminiums, Eisens, Kupfers oder Chroms in getrennten Bädern behandelt werden.

Diese Salze können auch abwechselnd mit der Abfallauge und den Chromaten zur Anwendung kommen.

Lederfabrik Weilderstadt L. Koch in Weil der Stadt, Württemberg. Nr. 107959.

Schnellgerbung von Haut mittels kombinierter Chrom- und vegetabilischer Gerbung.

Patentiert im Deutschen Reiche vom 16. September 1897 ab.

Nach den bisher bekannten Verfahren der Gerbung mit Chromverbindungen allein oder in Kombination mit vegetabilischen Gerbstoffen ließ sich kein Leder erzeugen, welches auf der Fleischseite eine so glatte Beschaffenheit zeigte, daß es zu „Wichsleder" verarbeitet also bei Schuhwerk mit der Fleischseite nach außen getragen werden konnte. Ein Übelstand des Chromleders war es ferner, daß es, einmal aufgetrocknet, nicht mehr gleichmäßig gefärbt werden konnte.

Das nachstehend beschriebene Verfahren ermöglicht jedoch durch eine eigenartig kombinierte Chrom- und vegetabilische Gerbung die Herstellung eines Produktes, welches nicht nur zu Narben, sondern auch zu braunen und gewichsten Ledern verarbeitet werden kann und welches alle Vorteile der vegetabilisch gegerbten, braunen und gewichsten Leder (bekanntlich der am höchsten geschätzten Schuhoberleder) mit denen des Chromleders vereinigt und ferner auch nach dem Trocknen noch gleichmäßig gefärbt werden kann.

Zur Darstellung dieses Leders werden die wie üblich reingemachten und möglichst vollständig vom Kalk befreiten Blößen zunächst in einem lauwarmen, allmählich verstärkten Bad von basischem Chromalaun, dann in einem ebenfalls lauwarmen Bad von basischem Chromoxydchlorid mit steigender Konzentration unter stetiger Bewegung behandelt, gut ausgewaschen, einer vegetabilischen Nachgerbung in mehreren Farben unterzogen und schließlich, wie beim Wichsleder bzw. braunen und genarbten Leder üblich, weiter bearbeitet.

Das Eigenartige dieses Verfahrens liegt in der Reihenfolge und Beschaffenheit der Bäder, denn es wurde durch vergleichende Versuche festgestellt, daß nur nach dem vorstehend angegebenen, unten durch ein Beispiel erläuterten Verfahren, nicht aber auch bei anderer Reihenfolge oder bei Weglassung des einen oder anderen Bades, sowie nach einer der bisher bekannten Gerbmethoden jener neue technische Effekt erzielt wird, welcher ein braunes oder gewichstes Leder von der Zähigkeit des Chromleders herzustellen gestattet.

Das Verfahren kann natürlich ebensowohl zur Erzeugung von glattem, als auch von genarbtem oder gefärbtem Leder Verwendung finden. Beispiel:

5 kg Chromalaun in 15 Liter Wasser gelöst, werden mit einer Lösung von 2 kg calcinierter Soda in 5 Liter Wasser versetzt; diese Mischung wird allmählich in ein zum Teil mit Wasser von 31—33° C gefülltes Haspelgeschirr gegeben, in welchem 30 reingemachte und entkalkte Felle etwa 4 Stunden lang bewegt werden. Hierauf behandelt man die Felle in der gleichen Weise in einem zweiten Bade. Dieses wird hergestellt aus 1 kg Chromoxydhydrat, welches in etwa 5 Liter Salzsäure gelöst und bis zur Ausscheidung von basischem Chromoxydchlorid mit Sodalösung versetzt ist. Die Felle werden nunmehr aufgeschlagen, auf der Fleischseite ausgestoßen, 1 Stunde im Walkfaß gewalkt und ausgewaschen, und kommen alsdann zur vegetabilischen Nachgerbung mit mehreren Farben, von denen die erste pro Fell $^1/_2$ kg Sumach, $^1/_4$ kg Gambir, die zweite $^1/_2$ kg Sumach, $^1/_5$ kg Gambir und $^1/_2$ kg Eichenlohe, die dritte und vierte je 1 kg Eichenlohe und $^1/_2$ kg Quebrachoholz enthält. In diesen Farben werden die Felle zunächst mit dem Haspel umgetrieben und bleiben dann noch, indem sie wiederholt bewegt werden, in jeder Farbe etwa 6 Tage, werden dann ausgestreift und zu Wichsleder verarbeitet.

Patentanspruch:

Verfahren zur Erzeugung von Wichsleder, braunen und anderen Ledersorten durch Schnellgerbung von tierischer Haut mittels kombinierter Chrom- und vegetabilischer Gerbung, darin bestehend, daß die rohe Haut nacheinander mit einer Lösung von basischem Chromalaun, basischem Chromoxychlorid und vegetabilischem Gerbstoff behandelt wird.

Hermann Dannenbaum, Philadelphia, U. S. A.

Amerikanisches Patent Nr. 613898 vom 8. November 1898.

Chromgerbeverfahren, bei welchem die Reduktion der Chromsäure zu Chromoxyd mittels salpetriger Säure ausgeführt wird. Die entsprechend vorbereiteten Blößen werden zunächst in einer Lösung von Kaliumbichromat durchtränkt, abtropfen gelassen und sodann in eine Lösung von salpetrigsaurem Natron gebracht, welcher so viel Schwefelsäure zugesetzt wird, bis das salpetersaure Natron zersetzt ist. Man braucht etwa 0,5—1 kg Schwefelsäure für 1 kg salpetrigsaures Natron; das salpetrigsaure Anhydrit und die andern dabei gebildeten Zersetzungsprodukte setzt sich mit der Chromsäure um und reduzieren sie zu Chromoxyd.

Paul Bertram in Nieder-Schönhausen bei Berlin.
Nr. 104662.

Verfahren zum Färben von Pelzen.

Patentiert im Deutschen Reiche ab 27. Juli 1899.

Es ist bekannt, daß man Pelze färben kann, indem man auf den tierischen Haaren gewisse, leicht oxydierbare Substanzen, wie z. B. p-Phenylendiamin, p-Amidophenol, Pyrogallussäure, mit oxydierenden Agenzien behandelt (vgl. D.R.P. Nr. 47349 und 51073); ebenso werden bekanntermaßen durch Behandeln der Pelze mit Blauholz und Oxydationsmitteln, wie z. B. chromsaurem Kali, dunkle Färbungen erzielt.

Die Verfahren haben jedoch die Nachteile, einerseits der Umständlichkeit in der Ausführung, andererseits einer gewissen Unvollkommenheit der erzielten Ergebnisse.

Wenn man nach dem Verfahren des Patentes Nr. 47349 und 51073 Felle mit oxydierbaren Substanzen und dann mit Chromkali behandelt oder die Behandlung in umgekehrter Reihenfolge vornimmt, so erhält man wohl braune bis schwarze Färbungen, die Felle werden dabei jedoch völlig hart. Um sie wieder weich und geschmeidig zu machen, bedarf es stets noch einer weiteren Arbeit, sei es, daß man die gefärbten Felle mit Fett einreibt oder sie durch mechanische Behandlung wieder weich macht.

Die Oxydation muß ferner bei jenem Verfahren in der Kälte und unter Anwendung schwacher, möglichst wenig sauerer Oxydationsmittel vorgenommen werden, da beim Arbeiten in warmen Lösungen die Felle sofort zusammenschrumpfen und hart werden. Auch die nach dem Verfahren des D.R.P. Nr. 47349 in der Kälte erhaltenen Färbungen vertragen die Einwirkung heißen Wassers nicht, sondern die Felle gehen bei dem Behandeln mit heißem Wasser stark ein und werden völlig hart. Diese Empfindlichkeit der so gefärbten Felle gegen Hitze macht es ferner notwendig, daß das Trocknen der gefärbten Pelze bei sehr mäßiger Temperatur vorgenommen werden muß. Eine Folge hiervon ist, daß die Trocknung eine erhebliche Zeit in Anspruch nimmt, ebenso wie bekanntlich auch das Färben selbst nach dem Verfahren des D. R.-P. 47349 sehr lange Zeit (2—10 Tage) in Anspruch nimmt, da die Bildung der Oxydationsprodukte in der Kälte nur sehr langsam erfolgt.

Ich habe nun ein neues Verfahren gefunden, um Pelze zu färben welches nicht nur die Übelstände des eben beschriebenen Verfahrens vermeidet, sondern welches gestattet, Effekte zu erzielen, welche sich nach jenem Verfahren nicht erzielen lassen und die in gewerblicher Hinsicht einen wesentlichen Fortschritt bedeuten.

Dieses neue Verfahren gründet sich auf folgende Beobachtung:

Bringt man die zu färbenden Felle zunächst in eine Lösung von unterschwefligsaurem Natron und behandelt sie darauf in einem Chromkalibad, so lassen sich die so präparierten Felle alsdann ohne Zusatz irgendeines Oxydationsmittels in einer Lösung oxydierbarer Substanzen ausfärben. Dieses Ausfärben kann dann zufolge der Vorbehandlung in einem heißen Bade vorgenommen werden, ohne daß die Felle dabei zusammenschrumpfen oder hart werden; sie behalten vielmehr selbst bei einer Temperatur von 90° C ihre vorherige Geschmeidigkeit vollständig bei.

Das folgende Beispiel wird das von mir gefundene Verfahren näher erläutern. Um z. B. einen Pelz schwarz zu färben, verfährt man wie folgt:

Der Pelz wird in einer 20° Bé starken Lösung von unterschwefligsaurem Natron bei einer Temperatur von etwa 25° und dann in einem gleichfalls etwa 25° warmen Chromkalibad unter Zusatz von etwas Säure (2—5 g) im Liter behandelt.

Die durch diese Vorbehandlung gelb gefärbten Pelze werden gut gespült und dann durch eine etwa 90° warme Lösung von p-Phenylendiamin gezogen (5—10 g p-Phenylendiamin im Liter). Nach wenigen Minuten ist das Fell tief schwarz gefärbt. Es wird dann gespült und in der Wärme rasch getrocknet.

Die Bäder der benutzten oxydierbaren Substanz kann man aufs neue benutzen, da ein wesentlicher Materialverlust durch Oxydation der gelösten Substanz außerhalb des Felles nicht entsteht.

Die Vorteile des neuen Verfahrens und seine neue technische Wirkung ergeben sich ohne weiteres aus dem vorstehenden Beispiel.

Vor allem kommt in Betracht, daß die nach dem neuen Verfahren gefärbten Felle, ohne einzuschrumpfen und hart zu werden, die Behandlung mit heißem Wasser vertragen. Dieser Effekt des Verfahrens ist nach zwei Richtungen hin von Bedeutung, einmal für die Arbeitsweise und sodann für das Endprodukt.

In erster Linie kann das Ausfärben selbst in einer heißen Flotte vorgenommen werden und erfolgt, da der Oxydationsprozeß unter diesen Umständen weit energischer ist, in erheblich kürzerer Zeit, als bei dem Färben in kaltem Bade. Aus dem gleichen Grunde ist auch die Bildung der Oxydationsprodukte auf den Fellen vollkommener und man erhält daher nicht nur intensivere Färbungen, sondern die Oxydationsmittel werden auch nahezu vollkommen ausgenutzt. Es kann fernerhin im Gegensatz zu den seither üblichen Verfahren das Trocknen der Felle bei einer höheren Temperatur und somit viel rascher, als es seither möglich war, erfolgen. Man kann daher in der gleichen Zeit und mit gleichen Einrichtungen außerordentlich mehr Felle färben, als dies unter gleichen Umständen bei der bisherigen Methode der Fall war.

Zu diesem Fortschritt in der Erhöhung der Leistungsfähigkeit des Betriebes tritt dann noch als weiteres Moment die Eigenschaft der erhaltenen Endprodukte.

Die nach dem neuen Verfahren gefärbten Felle sind nach dem Färben bzw. Trocknen ebenso weich wie vorher und können infolgedessen direkt verwendet werden, ohne daß es erforderlich ist, denselben durch besondere Verfahren die beim Färben verloren gegangene Geschmeidigkeit wiederzugeben, wie dies die bisher üblichen Färbeverfahren notwendig machten.

Bemerkt sei noch, daß durch Vorbehandeln von Fellen mit Bisulfat und Chromat — wie es z. B. bei Knecht, Rawson und Loewenthal, Handbuch der Färberei der Spinnfasern, 1895, S. 390, erwähnt wird — und nachheriges Behandeln mit oxydierbaren Substanzen in heißem Bade nicht die Effekte erzielt werden können, welche mit dem neuen Verfahren erreicht werden; es tritt vielmehr auch dann Härtung und Schrumpfung der Felle ein, ganz abgesehen davon, daß man eine nur unansehnliche und schwache Färbung erhält.

Wendet man in obigem Beispiel p-Amidophenol an und verfährt im übrigen in gleicher Weise, so erhält man braune Töne, desgleichen bei Benutzung von Pyrogallussäure.

Falls Holzfarben, wie Blauholz, angewendet werden, ist es erforderlich, die Haare vor der Behandlung mit unterschwefligsaurem Natron zu töten, d. h. in verdünnter Sodalösung zu behandeln.

Patentanspruch.

„Verfahren zum Färben von Pelzen, darin bestehend, daß man dieselben erst mit unterschwefligsaurem Natron, sodann mit Chromkali behandelt und hierauf durch eine heiße Lösung leicht oxydierbarer Substanzen, wie p-Phenylendiamin, p-Amidophenol, Pyrogallussäure und dgl. gemäß dem Verfahren der Patente Nr. 47349 und Nr. 51073, oder durch eine Lösung von Holzfarben, wie Blauholz usw. gehen läßt.“

Emile Maertens in Providence, U. S. A. Nr. 116725.

Verfahren zum Gerben von Häuten und Fellen.

Patentiert im Deutschen Reiche vom 27. August 1899 ab.

Die Erfindung betrifft im wesentlichen ein Verfahren zum Behandeln von Häuten und Fellen oder anderen tierischen Stoffen, die sich zu Leder verarbeiten lassen, mit einer Flüssigkeit, welche ein oder mehrere Oxyde eines Metalls enthält, unter gleichzeitiger Einwirkung von Kohlensäure.

Es ist bekannt, daß die Carbonate von Metallen mit gerbenden oder die Ledererzeugung begünstigenden Eigenschaften, wie z. B. Mangan, Eisen, Chrom usw. in Wasser unlöslich oder schwer löslich sind, und daß die frisch gefüllten Metallcarbonate in Gegenwart von löslichen Bicarbonaten oder von Kohlensäure leichter löslich sind; ebenso auch, daß die Löslichkeit der Metallcarbonate im Wasser nicht nur vorhanden ist, sondern auch zunimmt, wenn das Wasser mit Kohlensäure, insbesondere mittels eines erhöhten Druckes gesättigt ist.

Das im nachstehenden beschriebene Verfahren unterscheidet sich wesentlich von den bisher bekannten Gerbverfahren. Zwar wird nach den Angaben der amerikanischen Patentschrift 511411 bei der Umwandlung des Cr_2Cl_6 (Chromchlorids) durch Na_2CO_3 (Natriumcarbonat) in $Cr_2O_3 \cdot Cr_2Cl_6$ (Chromoxydchlorid) auch CO_2 (Kohlensäure) frei; diese entweicht jedoch fast ganz, weil infolge der Gegenwart von NaCl (Natriumchlorid) im Bade die Löslichkeit der Kohlensäure dermaßen beeinträchtigt wird, daß nur geringe Spuren derselben vorhanden sein können, die weder eine lösende, noch sonst eine chemische Wirkung auf die übrigen im Bade vorhandenen Verbindungen ausüben und den Vorgang des Gerbens der Häute oder Felle im Bade durchaus nicht beeinflussen können. Letzteres ist auch bei dem in der amerikanischen Patenschrift beschriebenen Verfahren gar nicht beabsichtigt, was schon aus der Patentschrift hervorgeht, daß man, um das Chromchlorid basisch zu machen, entweder ein Ätzkali oder das Carbonat eines Alkalis verwenden könne.

Zur Ausführung des Verfahrens bringt man den zu behandelnden Stoff in einen zweckentsprechend eingerichteten Aufnahmebehälter, in welchem man denselben in Berührung mit einer Lösung eines oder mehrerer Metalloxyde bzw. Metallcarbonate (oder einer Mischung dieser Körper) in Gegenwart von Kohlensäure bringt. Man verwendet zweckmäßig einen Überschuß der benannten Metallverbindungen, so daß ein Teil derselben ungelöst bleibt. In dem Maße, wie die gelösten Metallverbindungen von dem in Behandlung befindlichen Material aufgenommen werden, wird dann eine entsprechende Menge des ungelösten Teiles durch die unter Druck stehende Kohlensäure in Lösung gebracht, so daß das Gerbbad ungefähr die anfängliche Konzentration stets behält. Da ein Überschuß an Metalloxyd und Kohlensäure vorhanden und die Lösung fortwährend in Berührung mit dem in Behandlung befindlichen Material ist, kann man jede beliebige Menge Metalloxyd in Verbindung mit einem tierischen Stoffe bringen.

Das nach dem beschriebenen Verfahren erzeugte Leder besteht im wesentlichen aus tierischen Stoffen, verbunden mit einem oder mehreren Metalloxyden, einem oder mehreren Metallhydraten oder einem oder mehreren Metallcarbonaten und ist frei von jeder Säure, die etwa — wie dieses bei den nach anderen, bisher gebräuchlichen Verfahren hergestellten Ledern der Fall ist — den tierischen Stoff zerfressen oder zerstören könnte.

Einer der schlimmsten Übelstände bei denjenigen Verfahren, bei denen metallische Verbindungen zur Ledererzeugung verwendet werden, besteht in der Anwendung von Säuren, die mit dem Metall verbunden sind. Die Vermeidung der verderblichen und störenden Einflüsse dieser Säuren bei der Fabrikation oder bei dem fertigen Erzeugnis bildet eine der wichtigsten Aufgaben jeder Gerberei. Durch das vorbeschriebene Verfahren werden die schädlichen Wirkungen dieser Säuren vollständig aufgehoben, indem letztere durch Kohlensäure ersetzt werden, die bekanntlich tierische Stoffe in keiner Weise angreift. Wie ersichtlich, beschränkt sich der Verbrauch an gerbsaurem Salze auf diejenige Menge, welche von den Häuten oder Fellen aufgenommen wird. Außerdem ist bei diesem Verfahren nur ein Bad nötig, während bei den gewöhnlich angewendeten Verfahren zwei Bäder erforderlich sind; ein weiterer

Vorteil des Verfahrens ist, daß die Konzentration des einen angewandten Bades eine stetige und sich gleichbleibende ist.

Patentansprüche:

1. Das Verfahren zum Gerben von Häuten und Fellen, dadurch gekennzeichnet, daß die zur Gerbung dienenden Oxyde, Hydrate und Carbonate mittels Kohlensäure in Lösung gehalten werden.

2. Eine Ausführungsform des Verfahrens nach Anspruch 1, dadurch gekennzeichnet, daß die die Metalloxyde in Lösung haltende Kohlensäure unter Druck in Anwendung kommt.

E. Maertens, Providence, U. S. A.

Deutsches Reichspatent Nr. 164243.

Chromgerbeverfahren unter Verwendung von Natriumnitrit, darin bestehend, daß man das in Wasser gelöste Natriumnitrit dem ersten Bade hinzufügt, nachdem die Blößen davon durchdrungen sind. Der Zusatz von Natriumnitrit kann auch beim Einbadgerbeverfahren verwendet werden.

Valentiner & Schwarz in Leipzig-Plagwitz. Nr. 123556.

Verfahren zum Gerben von Häuten und Fellen mittels einer Fluorverbindung des Chroms.

Patentiert im Deutschen Reiche vom 7. Februar 1900 ab.

Die bekannten Chromgerbverfahren beruhen im wesentlichen auf der Einlagerung von Chromoxyd in die Hautfaser. Dieses wird in der Hauptsache auf zweierlei Weise erreicht.

Nach der älteren, der Chromsäuremethode, wird die vorbereitete Haut mit einer Lösung von Chromsäure oder chromsauren Salzen durchtränkt, die bei der Einwirkung auf die Zellfaser, und zwar auf Kosten derselben, in Chromoxyd verwandelt werden. Die stark oxydierend wirkende Chromsäure verbrennt also die Hautfaser und wird dadurch zu Chromoxyd reduziert. Die verschiedenen vorgenommenen Verbesserungen dieser Methode, welche darin bestehen, daß die mit Chromsäure gesättigte Haut mit leicht oxydierbaren, organischen Substanzen imprägniert wird, haben den großen Nachteil dieses Gerbverfahrens nur teilweise gehoben.

Einen Fortschritt in dieser Richtung bedeutete daher das in der amerikanischen Patentschrift 511411 (Gerbbrühe) beschriebene Gerbverfahren, welches darin besteht, daß statt der stark oxydierenden Chromsäure, Chromchlorid als lösliche Chromverbindung in Anwendung kommt, das in der Haut ebenfalls in Chromoxyd verwandelt wird. Auf diese Weise wird das Verbrennen der Hautfaser vermieden; aber die Erfahrung hat gelehrt, daß auch dieses Verfahren nicht ohne Gefahr für die Haut ist. Salzsäure wirkt schon in sehr verdünntem Zustande auflösend auf die Hautfaser, und zwar in um so höherem Grade, je mehr die Hautfaser vom Fäulnisprozeß bereits ergriffen ist. Da nun nach dem Dennisschen Verfahren Salzsäure fortwährend in der Haut entbunden wird, und das Gerben mit Chromchlorid Tage bzw. Wochen erfordert, so ist es leicht erklärlich, daß bei dem unaufhaltsam fortschreitenden Fäulnisprozeß von Stunde zu Stunde mehr pathologisch veränderte Haut der Salzsäure zum Opfer fällt. Die Folge dieser Wirkung ist die Erzielung eines bezüglich der Dauerhaftigkeit noch immer nicht einwandfreien Leders.

Im folgenden ist ein Gerbverfahren mit einer Chromfluoridverbindung beschrieben, welche die oben erwähnten Fehler nicht nur völlig vermeidet, sondern auch die Dauer des ganzen Gerbprozesses bedeutend herabsetzt.

Vorausgehende Versuche mit Fluorwasserstoffsäure haben nämlich ergeben, daß dieselbe die tierische Faser nicht angreift, sondern vielmehr auf die in Fäulnis übergegangene Haut konservierend wirkt (vgl. auch die antiseptische Wirkung der Flußsäure). Außerdem aber befähigt das Fluor gewisse anorganische Verbindungen, in erstaunlich kurzer Zeit die Haut zu durchdringen und — wenn die betreffenden anorganischen Körper gerbende Eigenschaften besitzen — dieselbe in Leder überzuführen. Vergleichende Gerbungen haben ergeben, daß zwei ganz gleiche Stücke Haut, unter denselben Verhältnissen durchgegerbt, sich durchaus verschieden verhalten. Während das mit der fluorwasserstoffsauren Chromoxydhydratverbindung behandelte Stück in $1^1/_2$ Stunden vollkommen durchgegerbt und von vorzüglicher Beschaffenheit war, brauchte das mit Chromchlorid behandelte Stück etwa 10 Tage, bis es ganz in Leder umgewandelt war, und zeigte weder im Äußern, noch bei der Zerreißprobe die vorzüglichen Eigenschaften des ersteren. Die Vorteile des vorliegenden Verfahrens vor den bekannten Chromgerbverfahren sind demnach doppelter Art, die nur im Wesen des Fluors begründet sein können. Der Gerbprozeß verläuft derart, daß in einer Manipulation der Zerfall der rohen Haut verhindert und die Umwandlung in Leder in einem geringen Bruchteil der Zeit erreicht wird, welche die bisherigen Gerbmethoden beanspruchen. Dadurch erleidet die zu gerbende Haut keinerlei Substanzverlust und das resultierende Leder ist von tadelloser, homogener Beschaffenheit und Dauerhaftigkeit.

Die zum Gerben zu verwendende Chromfluorverbindung wird wie folgt bereitet: 100 kg Natriumbichromat werden in der vierfachen Menge Wasser gelöst und mit 5 kg Formaldehyd gemischt. Dieser Lösung setzt man 200 kg 10%ige Flußsäure zu und erwärmt so lange bei 60—70° C, bis eine entnommene Probe mit Ätzkali im Überschuß die den Chromoxydhydratverbindungen eigene smaragdgrüne Färbung zeigt.

Zur Ausführung des Gerbverfahrens wird eine 20 kg schwere, für gewöhnliches Sohlleder bestimmte Haut in einen Bottich gebracht, der mit 40 kg einer $^3/_4$%igen Lösung der Chromstoffverbindung beschickt ist, und so lange unter öfterem Bewegen in der Lösung gelassen, bis Schnittproben an den dicksten Hautstellen erkennen lassen, daß der Gerbprozeß beendigt ist. Darauf wird die Haut gespült und durch ein schwaches Kalkmilch-, Seifen- oder ein anderes alkalisches Bad gezogen, um freie Säuren, die bei der Zubereitung (beim Färben) störend wirken könnte, zu binden. Die weitere Behandlung des Leders ist die übliche. Dieser Gerbprozeß läßt sich außerdem leicht mit einer vegetabilischen Gerbung kombinieren; dabei ist es empfehlenswert, die letztere der hier beschriebenen folgen zu lassen.

Patentanspruch:

Verfahren zum Garmachen von Häuten und Fellen, gekennzeichnet durch die Behandlung mit einer Fluorverbindung des Chroms.

Emil Köster in Neumünster in Holstein.

Verfahren zum Härten und gleichzeitig Wasserdichtmachen von Chromleder.

Deutsches Reichspatent Nr. 130744 vom 28. März 1902.

Leder ist im allgemeinen weich und schmiegsam und bis zu einem gewissen Grade auch porös. Für die Verwendung des Leders zu gewissen Gebrauchsgegenständen ist es aber nötig, das Leder hart und wasserdicht zu machen.

Das Härten der Leder kann in verschiedener Weise erfolgen, z. B. nach dem in der Patentschrift Nr. 89964 beschriebenen Verfahren durch Erhitzen in einem Dampf- oder Wasserbade. Dabei bewirkt die Hitze ein festes Aneinanderlegen der Fasern des Leders, immerhin bleibt aber das Leder noch wasserdurchlässig, weil ein vollständiges Verschließen der Poren nicht stattfindet.

Der Gegenstand der vorliegenden Anmeldung bildet nun ein Gerbverfahren, bei welchem das erzeugte Leder gleichzeitig hart und wasserundurchlässig ist. Die Haut wird hierbei in üblicher Weise für den Gerbprozeß vorbereitet und dann in eine Lösung von chromsaurem Salz gebracht bzw. getaucht, welcher noch etwas Säure zugesetzt ist. Zur Reduktion des chromsauren Salzes wird dann wie bisher Natriumthiosulfat oder Antichlor gebraucht. Wenngleich auch die ganze zu gerbende Haut mit chromsaurem Salz durchsetzt ist, erfolgt die Reduktion doch derartig, daß der Gerbprozeß an den beiden Außenflächen der Haut langsam nach innen zu fortschreitet.

Das Wesentliche des angemeldeten Verfahrens besteht nun darin, daß dieser bekannte Gerbprozeß unterbrochen wird, bevor die Haut vollständig durchgegerbt ist, bevor also eine Reduktion der in der mittleren Schicht der Haut vorhandenen chromsauren Salze stattgefunden hat.

In diesem Zustande, wenn also die mittlere Schicht der Haut noch vollständig weich und ungegerbt ist, wird die Haut in eine bis auf 108° erhitzte Antichlorlösung getaucht.

Im Verlaufe des Prozesses wirkt neben der Hitze das Antichlor so daß nicht nur ein Zusammenziehen der Fasern, sondern auch gleichzeitig die Reduktion der ncoh vorhandenen chromsauren Salze stattfindet. Nach vollendetem Gerbprozeß erhält man ein Leder, welches hart und wasserundurchlässig ist, weil nicht nur ein festes Zusammenschließen der Fasern, sondern auch ein Ausfüllen der Poren mit unlöslichen anorganischen Stoffen bewirkt ist.

Lederfabrik Hirschberg vorm. Hch. Knoch & Co., A.-G., Hirschberg. Nr. H. 36110.

Chromgerbverfahren.

Patentiert im Deutschen Reiche ab 13. September 1905.

Chromgerbverfahren, gekennzeichnet durch die Verwendung von pyrophosphorsaurem Chromkali.

Man kann das Verfahren derartig ausführen, daß zunächst eine fertige Lösung von pyrophosphorsaurem Chromnatrium hergestellt wird. Dies kann z. B. in folgender Weise geschehen:

Eine Lösung von 10 kg Chromalaun in 20 Liter Wasser wird mit einer Lösung von 13,4 kg pyrophosphorsaurem Natron in

14,5 Liter Wasser zusammengemischt. Die Lösung wird in der bekannten Weise zum Gerben benutzt. Die Verwendung hängt von der Art des gewünschten Leders ab. Das Verfahren kann z. B. folgendermaßen ausgeführt werden:

100 kg mittelschwerer Haut werden in 1000 Liter Wasser einer pyrophosphorsauren Chromnatriumlösung von 20° Bé gebracht und dort in der bekannten Weise drei Tage gelassen. Man kann aber auch das Gerbverfahren in kürzerer Zeit ausführen, je nach den Anforderungen, die man an das Leder stellt.

Man kann auch eine Kombination des Chromgerbverfahrens mit anderen Gerbverfahren anwenden, z. B. kann man eine Vorgerbung mit pyrophosphorsaurem Chromnatrium und eine Nachgerbung mit Lohbrühe oder anderen vegetabilischen und mineralischen Gerbflüssigkeiten vornehmen oder umgekehrt.

Ob man eine Vor- oder Nachgerbung anwendet, hängt von der gewünschten Beschaffenheit des Leders ab. Ebenso ist die Ausführung der Vorgerbung oder Nachgerbung die bekannte. Man benutzt die Farbengänge, Fässer oder Grubengänge in der üblichen Weise. Auch die Wahl des vegetabilischen Gerbstoffes hängt von den Anforderungen an das Leder ab. Man kann Gerbextrakte verwenden, aber auch Lohgerbung benutzen.

Lederfabrik Hirschberg vorm. Hch. Knoch & Co., A.-G., Hirschberg. Nr. H. 37398.

Chromgerbverfahren.

Patentiert im Deutschen Reiche ab 22. Dezember 1905.
(Zus. z. Anm. H. 36110.)

Die Ausführungsform des durch die Anmeldung H. 36110 IV/28a geschützten Chromgerbverfahrens, dadurch gekennzeichnet, daß man an Stelle einer Lösung von fertig gebildetem pyrophosphorsauren Chromnatron die Lösungen seiner Komponenten — z. B. pyrophosphorsaures Natron und Chromalaun — in getrennten aufeinanderfolgenden Bädern benutzt.

Das Verfahren kann beispielsweise folgendermaßen ausgeführt werden:

Zuerst bringt man die Haut in eine Lösung von 400 g pyrophosphorsaurem Natron in 8 Liter Wasser. Nachdem die Flüssigkeit von der Haut aufgenommen ist, bringt man die Haut in eine Lösung von 300 g Chromalaun in 8 Liter Wasser. Die Konzentrationen der Lösungen können wechseln. Die Bedingungen für den Wechsel der Konzentrationen sind die gleichen wie bei dem Verfahren der Hauptanmeldung.

Lederfabrik Hirschberg, vorm. Hch. Knoch & Co., A.-G., Hirschberg. Nr. L. 22944.

Chromgerbverfahren.

Patentiert im Deutschen Reiche ab 21. Juli 1906.
(Zus. z. Anm. H. 36110.)

Ausführungsform des durch die Anmeldungen H. 36110 IV/28a und 37398 28a geschützten Chromgerbverfahrens, dadurch gekennzeichnet, daß man dem pyrophosphorsaurem Chromnatrium oder einer der beiden Lösungen seiner Komponenten Calciumcarbonat zusetzt.

In der Anmeldung H. 36110 IV/28a ist ein Verfahren der Chromgerbung beschrieben worden, welches darauf beruht, daß man pyrophosphorsaures Chromkali zum Gerben verwendet. Es kann dies dadurch geschehen, daß fertig gebildetes pyrophosphorsaures Chromnatrium verwendet wird, oder daß man, wie in der Anmeldung H. 37398 IV/28a beschrieben ist, das pyrophosphorsaure Chromnatrium sich erst während des Gerbprozesses bilden läßt. Bei beiden Verfahren hat sich der Zusatz von Calciumcarbonat zu dem pyrophosphorsaurem Chromnatrium als vorteilhaft erwiesen. Der Zusatz kann entweder derartig geschehen, daß man das Salz in einer Aufschlämmung zu der fertigen Lösung von pyrophosphorsaurem Chromnatrium zusetzt, oder daß man bei der Anwendung getrennter Bäder das Salz nur zu einer der beiden Lösungen hinzusetzt. Man kann auch die wäßrige Aufschlämmung des Salzes auf der zu behandelnden Haut auftragen. Der Zusatz des Calciumcarbonats verhütet, daß das Leder schwellt, was besonders bei Oberleder wichtig ist, da dies durch Schwellung hart und unbrauchbar wird. Andererseits wird die Gerbung durch die angeführten Zusätze eine fettere, wodurch das Leder wiederum milder, haltbarer und überhaupt in der Qualität besser wird.

Die Menge richtet sich nach der Menge des verwendeten Pyrophosphates und den Eigenschaften, die von dem fertigen Leder verlangt werden. Man kann etwa 10—30% des verwendeten Pyrophosphates benutzen; die angeführten Mengen können aber sowohl größer als geringer sein.

Roach Brothers, Cincinnati, New Port, U. S. A.

Deutsches Reichspatent Nr. 193842 vom 25. Dezember 1906.

Chromgerbverfahren, nach dem die Blößen zuerst mit Chromsäure und dann mit Reduktionsmitteln, wie Glucose, Glycerin und dgl. behandelt werden, wobei die Gleichmäßigkeit der Reduktion durch Erwärmen erfolgt. Die Blößen kommen zunächst in ein Chromatbad, welches auf 100 Liter Wasser etwa 1200 g Natriumbichromat, 800 g Kalialaun, 800—1200 g Kochsalz, 150 g Schwefelsäure, 250 g Salzsäure enthält. In diesem Bad verbleiben die Felle je nach ihrer Dicke 12—18 Stunden lang, werden dann herausgenommen, ausgestrichen und so lange aufgehängt, bis etwa $^3/_4$ der darin enthaltenen Feuchtigkeit verdunstet ist. Hierauf werden die Blößen mit einem die Chromsäure reduzierenden Mittel, zweckmäßig Glucose, behandelt, indes man sie ausbreitet und eventuell beide Seiten mit einer 15—50%igen Lösung von Glucose in Wasser gleichmäßig bestreicht. An Stelle der Glucose kann auch eine Glycerinlösung oder ein anderer Stoff verwendet werden, wenn derselbe Chromsäure in der Wärme, nicht dagegen in der Kälte reduziert. Es sind dazu nicht nur die meisten organischen, sondern auch viele anorganische Körper geeignet. Das Bestreichen der Blößen mit der Reduktionslösung ist einem Bad in dieser Lösung vorzuziehen, da dabei das Ausbluten der Chromsäure vermieden wird. Das von der Haut aufgenommene Reduktionsmittel setzt sich mit der in den Fasern abgelagerten Chromsäure zu Chromoxyd um, sobald durch Erwärmen die Vorbedingungen geschaffen sind. Diese Umsetzung tritt aber erst ein, wenn Erwärmung eintritt, was in verschiedener Weise ausgeführt werden kann; entweder durch Aufhängen der so vorbehandelten Blößen in einem mit Dampf nach und nach erwärmten Raum, oder dadurch, daß man die Haut flach auf Haufen legt und durch längeres Liegen sich selbst erwärmen lassen. Der Reduktionsprozeß kann durch einen kleinen Überschuß von Schwefel- oder Salzsäure beschleunigt werden, jedoch ist darauf Bedacht zu nehmen, daß der Säureüberschuß nicht zu groß ist, damit die Reduktion nicht vor der gleichmäßigen Verteilung des Reduktionsmittels in der Haut stattfindet.

Dr. Ing. Albert Wolf, Cöln a. Rh. Nr. W. 37140.

Verfahren zur Herstellung von Chromleder.

Patentiert im Deutschen Reiche ab 24. April 1911.

Das Verfahren zur Herstellung von Chromleder, dadurch gekennzeichnet, daß die gerbfertige Hautblöße mit einer wäßrigen

Lösung von Chromformiat behandelt wird, die gegebenenfalls auch durch Umsetzung von Natriumformiat mit konzentrierter Chromsulfatlösung ersetzt werden kann.

Es wurde gefunden, daß Lösungen des leicht löslichen Chromformiats zum Gerben von Häuten geeigneter sind, als die bisher benutzten Salze des Chroms, z. B. Chromalaun. Die Vorzüge bei Verwendung von Chromformiatlösungen bestehen darin, daß das Durchgerben rascher erfolgt als nach der alten Methode, und daß ein Zusatz von Alkali während des Gerbprozesses nicht erforderlich ist. Es wird dadurch Chromleder von stets gleichbleibenden, hervorragend guten Eigenschaften erhalten.

Zur Ausführung des Gerbprozesses kann benutzt werden eine Lösung des reinen Chromformiats, dargestellt durch Doppelumsetzung von konzentrierter Chromsulfatlösung und Natriumformiat und Beseitigung des ausgeschiedenen Glaubersalzes durch Zentrifugieren oder auch direkt das mit Wasser verdünnte Reaktionsprodukt, welches durch Versetzen einer konzentrierten Chromsulfatlösung mit festem Natriumformiat entsteht. Man kann hierbei von neutraler oder basischer Chromsulfatlösung ausgehen.

Der Erfolg des vorliegenden Verfahrens gegenüber dem bekannten Verfahren beruht darauf, daß bei dem Gerbprozeß keine Mineralsäure, sondern Ameisensäure frei wird. Die Anwesenheit von Natriumformiat in der Chromgerbbrühe ist bereits in der britischen Patentschrift Nr. 14293/1896 erwähnt. Nach jener wird der Gerbprozeß in erster Linie mit einer Chromsulfat- bzw. Chromchloridlösung ausgeführt, wodurch die erwähnten Vorzüge nicht erreicht werden.

Beispiel 1: Die in üblicher Weise in der Wasserwerkstatt dem Reinigungsprozesse unterworfene und dann gepickelte Blöße wird mit einer aus reiner Chromformiatlösung hergestellten Gerbbrühe einer Stärke von 10—12° Bé im Gerbfaß einige Stunden lang behandelt. Die Zurichtung des so gegerbten Leders ist die sonst für Chromleder gebräuchliche.

Beispiel 2: In 100 Gewichtsteilen Chromsulfatlösung von 15% Chromoxydgehalt werden 42 Gewichtsteile festes Natriumformiat eingerührt, oder es werden in 100 Gewichtsteilen basischer Chrom-$^2/_3$-sulfatlösung 28 Gewichtsteile festes Natriumformiat eingerührt. Nach etwa 2stündigem Stehen wird mit der 5—10fachen Menge Wasser verdünnt und die Blöße mit dieser Gerbbrühe, wie im Beispiel 1 angegeben, behandelt.

Görgen Winther, Roskilde (Dänemark). Nr. W. 39450.

Verfahren zum Fertigmachen von Chromleder.

Patentiert im Deutschen Reiche ab 1. April 1912.

Verfahren zum Fertigmachen von Chromleder, dadurch gekennzeichnet, daß das Chromleder, unmittelbar nach dem Schluß des in üblicher Weise vorgenommenen Gerbungsprozesses in noch feuchtem Zustande mit einer Zuckerlösung behandelt, dann getrocknet und danach mit einer Wachs- oder Harzlösung getränkt wird, die zweckmäßig aus 10—20 Teilen Harz, 5—12 Teilen japanischem Wachs, 0,5—6 Teilen Talg und 4—10 Teilen Paraffin besteht.

Die vorliegende Erfindung betrifft ein Verfahren, mittels dessen der Imprägnierstoff in das chromgegerbte Leder ganz hineindringt, und zwar wird das Leder unmittelbar nach dem Schluß des Gerbungsprozesses, ehe es trocken ist, mit einer mäßig starken Zuckerlösung behandelt. Die Tränkung mit Zucker kann in verschiedener Weise geschehen; entweder kann die Lösung über das Leder gegossen werden, oder das Leder wird in die Lösung getaucht. Es empfiehlt sich, die Fleischseite gleichzeitig mit Bürsten zu behandeln, weil dies die Wirkung des Zuckers fördert.

Nach Verlauf einiger Minuten wird das Leder aufgenommen und in gewöhnlicher Weise getrocknet, z. B. in Rahmen. Wenn es vollständig getrocknet ist, wird es in eine 30—60° C heiße Lösung getaucht, die aus 10—20 Teilen Harz, 5—12 Teilen japanischem Wachs, 0,5—5 Teilen venetianischem Terpentin, 0,5—5 Teilen Talg und 4—10 Teilen Paraffin besteht. Das Leder bleibt je nach der Stärke in diesem Bade während 1—5 Minuten, und wenn es herausgenommen wird, ist es gleich trocken und fertig zum Gebrauch.

Chemisch-Technische Studiengesellschaft m. b. H. Hersfeld. Nr. C. 22262.

Verfahren zur Herstellung von Chromleder.

Patentiert im Deutschen Reiche ab 15. August 1912.

1. Weitere Ausbildung des Verfahrens nach Patentanspruch 2 der Patentanmeldung C. 21639 IV/28a zur Herstellung von Chromleder, dadurch gekennzeichnet, daß zwecks Herstellung von getrocknetem Chromleder das aus der Chrombrühe kommende Leder unter Vermeidung der Fettwalke zum Zwecke der Wasserverdrängung in Alkohol, Aceton oder deren Homologen eingelegt wird.

2. Ausführungsform des Verfahrens nach Anspruch 1, dadurch gekennzeichnet, daß das getrocknete Chromleder nachträglich irgendeiner weiteren Gerbung oder Imprägnierung unterworfen wird.

3. Ausführungsform des Verfahrens nach Anspruch 1, dadurch gekennzeichnet, daß Gegenstände aus dem nach Anspruch 1 behandelten Chromleder hergestellt und nachträglich vollgegerbt werden.

Gegenstand der vorliegenden Patentanmeldung ist eine weitere Ausbildung des Verfahrens nach der Hauptanmeldung C. 21369 IV/28a. Man hat gefunden, daß man Chromleder in derselben Weise wie mit Alkohol oder dergl. vorgetrocknetes bzw. entwässertes Leder verarbeiten kann, wenn man das Chromleder auf dieselbe Weise wie das mit Alkohol oder dergl. vorgetrocknete bzw. entwässerte Leder trocknet. Es ist hierbei nicht nötig, die aus der Chrombrühe herausgenommenen Blößen nach der Neutralisierung sofort einzufetten, um beim Trocknen das Brüchigwerden zu verhindern, sondern man hängt sie einfach in eine wasserverdrängende Flüssigkeit, wie etwa Alkohol, Aceton oder deren Homologen ein. Man beginnt z. B. mit 50%igem Alkohol, den man dann in 3—4 Sätzen bis zu 90 und 96% in der Stärke aufsteigen läßt. Nachdem auf diese Weise alles Wasser aus dem Leder verdrängt ist, destilliert man den Alkohol im Vakuum ab und erhält so ein vollkommen geschmeidiges und äußerst poröses Chromleder, das aber keine Spur von Fett enthält, außerdem etwa von Natur noch in der Haut befindlichem Fett. Das auf diese Weise getrocknete Chromleder zeigt dieselbe Widerstandsfähigkeit gegen Wärme, wie das mit Alkohol oder dergl. vorgetrocknete bzw. entwässerte Leder, läßt sich überhaupt in jeder Weise genau so behandeln.

Dr. Ing. Albert Wolff, Cöln a. Rh. Nr. W. 40464.

Verfahren zur Herstellung von Chromleder.

Patentiert im Deutschen Reiche ab 3. September 1912.
(Zus. zu Patent 255110.)

Verfahren zur Herstellung von Chromleder, gemäß Pat. 255110, dadurch gekennzeichnet, daß gerbfertige Blößen mit einer wäßrigen Lösung von stark — annähernd $^2/_3$ — basischer Chromformiatlösung behandelt werden.

Folgendes Beispiel erläutert das Verfahren:

a) Darstellung der Gerbbrühe.

100 kg $^1/_2$ basische Chromchloridlösung von 15,2% Chromoxydgehalt werden mit 13,6 kg Natriumformiat vermischt. Nach mehr-

stündigem Stehen ist die smaragdgrüne Farbe der Lösung in eine blauviolette übergegangen und die Umsetzung ist zu Ende. Alsdann wird unter gutem Umrühren eine Lösung von 53 kg calcinierter Soda in 20 Liter Wasser hinzugegeben. Die erhaltene Lösung wird auf 15° Bé verdünnt und enthält dann 5% Chromoxyd. In dieser Verdünnung ist die Gerbbrühe zweckmäßig zu verwenden.

b) Gerbung.

Dünne, für Oberleder bestimmte Blößen, wie Kalb-, Ziegen- und Schafblößen werden mit einer Lösung von 10% Kochsalz und 1% Ameisensäure (85%) in 200% Wasser (bezogen auf das Blößengewicht) im Walkfaß ½—1 Stunde gepickelt. Bei dickeren Blößen, wie z. B. Rindblößen, pickelt man zweckmäßig mit einer Lösung, bestehend aus 10% Kochsalz, 2% Ameisensäure (85%) und 20% Wasser, etwa 2 Stunden im Walkfaß.

Die derart gepickelten Blößen werden alsdann mit 40% der oben beschriebenen Chromformiatlösung von 15° Bé — 5% Chromoxyd — im Walkfaß bis zur vollständigen Durchfärbung behandelt. Bei dünnen Blößen sind hierzu 1—2 Stunden, bei dickeren Blößen 3—5 Stunden erforderlich. Die Blößen verweilen einen oder mehrere Tage auf dem Bock, um dann gewaschen und wie üblich zugerichtet zu werden.

Otto Walter, Hannover. Nr. W. 41851.

Verfahren zur Behandlung von Chromleder.

Patentiert im Deutschen Reiche ab 22. März 1913.

1. Verfahren zur Behandlung von Chromleder, um es fest und gegen Wasser widerstandsfähig zu machen, dadurch gekennzeichnet, daß das Chromleder in an sich bekannter Weise mit der Lösung eines Kolloidstoffes, wie Leim, Gelatine, Agar oder dergl. unter Zusatz von Formaldehyd behandelt und dann bei erhöhter Temperatur einer starken Pressung unterworfen wird.

2. Verfahren nach Anspruch 1, dadurch gekennzeichnet, daß die gepreßten und getrockneten Leder einer Masse aus Wollfett, Asphalt, Pech, Guttapercha und dergl. bei einer Temperatur von etwa 90° C im Vakuum behandelt werden zum Zwecke, die Poren durch die erwähnte Masse zu füllen.

Nach der vorliegenden Erfindung wird die zur Imprägnierung des Leders auf dem Kolloidstoff dienende Masse wie folgt hergestellt.

Bester Chromalaun wird durch Aufgießen mit Wasser zum Quellen gebracht und auf dem Wasserbade bis zur Sirupkonsistenz eingedickt. Sodann wird eine gleiche Gewichtsmenge Glycerin zugesetzt. Diese lange Zeit haltbare Masse dient als eigentliches Ausgangsmaterial für das Imprägnieren der Leder, und zwar werden 10 kg dieser Masse geschmolzen und mit 70 kg erhitztem Wasser übergossen. Nach völliger Lösung der Kolloidstoffe setzt man der Flüssigkeit unter starkem Umrühren 7 kg einer Formaldehydlösung zu, deren Zusammensetzung zweckmäßig ist: 16,6 Teile 90%igen Formaldehyds, 41,4 Gewichtsteile Glycerin und 42 Gewichtsteile Wasser.

Die so hergestellte Imprägnierflüssigkeit wird nun den in Fässern befindlichen Ledern zugesetzt und in diese eingewalkt. Zweckdienlich werden die Leder vor dem Einwalken auf eine Temperatur von 70 bis 80° C gebracht. Unter diesen Bedingungen geht das Walkverfahren schnell vor sich, so daß die Leder in 10—15 Minuten von Kolloidstoff durchdrungen sind.

Nach Beendigung des Walkvorganges werden die imprägnierten Leder aufeinandergestapelt, etwa 12 Stunden liegen gelassen, in welcher Zeit die Kolloidlösung allmählich erstarrt.

Zur Erzielung einer festen und unlöslichen Verbindung der Fasern der Lederhaut werden die Häute einem hohen Druck, beispielsweise 800 kg auf den Quadratzentimeter, zweckmäßig zwischen geglätteten Platten, unterworfen, die ihrerseits heizbar sind, so daß während des auszuübenden Druckes die Temperatur der Leder etwa 70—90° C beträgt. Unter Wirkung dieser Wärmezufuhr konzentriert der Kolloidstoff vollkommen und wird durch den Druck gleichzeitig fest mit der Faser verbunden.

Die so behandelten Leder werden einem allmählich verlaufenden Trockenprozeß unterworfen. Sie gelten im allgemeinen erst als weiter verarbeitungsfähig, wenn das Trockengewicht bei einer Temperatur von 30° C ein konstantes ist.

Das so erhaltene Leder kann für viele Zwecke bereits mit Vorteil Verwendung finden. Soll es für die Herstellung von Sohlen benutzt werden, so ist es vorteilhaft, die Leder noch mit einer Masse zu behandeln, welche aus etwa 60% Wollfett, 10% Asphalt, 25% weißem Pech und 25% Guttapercha besteht. Die Masse wird in einem geeigneten Behälter zum Schmelzen gebracht und dauernd auf einer Temperatur von 90° C gehalten. In diese Masse werden nun die Leder getaucht, welche sich unter der Wirkung des Vakuums leicht vollsaugen. Dabei wird Chromleder erhalten, welches sich durch Festigkeit, Geschmeidigkeit und Widerstandsfähigkeit gegen Wasser auszeichnet.

Dr. Friedrich Hirsch, Wien. Nr. H. 61766.

Verfahren der Chromgerbung.

Patentiert im Deutschen Reiche ab 12. März 1913.

Verfahren der Chromgerbung, dadurch gekennzeichnet, daß behufs Reduktion der Chromsäurelösungen von Tonerdebisulfit oder von Zinkbisulfit, eventuell Gemengen beider ohne jeden weiteren Säurezusatz verwendet werden, wobei die Verlangsamung der Reduktion durch Zusätze von Säuren oder Bisulfiten der Erdalkalien bzw. Alkalien mit Säuren nach Belieben eingeschränkt wird.

Folgendes Beispiel erläutert das Verfahren.

Grüngesalzene Rindshäute wurden in üblicher Weise von Blut, Schmutz und Salz befreit, enthaart und entfleischt, hierauf durch mechanische Hilfsmittel und mit Buttersäure entkalkt und mittels des sog. Pickelprozesses vorbehandelt, sodann auf der Bandmesserspaltmaschine gespalten, aufgewalkt und dem eigentlichen Gerbprozeß übergeben.

Das erste Gerbbad bestand aus:

5 % Kaliumbichromat,
2,5 „ Salzsäure,
180 „ Wasser

(auf das Gewicht der Blößen gerechnet; der Salzsäurezusatz genügt nicht vollständig, um die Chromsäure in Freiheit zu setzen).

In diesem Bade verblieben die Blößen unter Bewegung im Walkfaß $3^1/_2$ Stunden und wurden sodann nach 12stündigem Lagern in das zweite Bad gebracht, welches auf 100 kg Blößengewicht 36 Liter Aluminiumbisulfitlösung von 14° Bé und 220 Liter Wasser enthielt; nach 4stündiger Bewegung in diesem Bade zeigten sich die Häute sehr gut gegerbt, glatt in der Narbe und wiesen sehr vollen Griff auf. Das fertige Leder ist viel zäher als das nach der bisher üblichen Chromgerbung erhaltene, nimmt auch Farbstoffe gleichmäßiger und besser auf, weil einerseits jede Ablagerung von Schwefel in der Blöße vermieden ist, andererseits die Tonerdebeizung die Aufnahme von Farbstoffen erleichtert.

Dr. Friedrich Hirsch, Wien. Nr. H. 64012.

Verfahren der Chromgerbung.

Patentiert im Deutschen Reiche ab 17. Oktober 1913.
(Zus. zur Anm. H. 61766.)

Verfahren der Chromgerbung gemäß Patentanmeldung H. 61766 IV/28a, dadurch gekennzeichnet, daß zur Reduktion der Chromsäure oder deren Salze anstatt des im Hauptpatent verwendeten Tonerdebisulfits ein stöchiometrisches Gemenge von einfach- oder doppeltschwefligsaurem Natron mit einem Tonerdesalz verwendet wird.

Folgendes Beispiel erläutert das Verfahren:

Die in üblicher Weise vorbehandelten Hautblößen wurden zunächst in das erste Gerbbad, bestehend aus

5 % Kaliumbichromat,
2,5 „ Salzsäure,
180 „ Wasser,

auf 100 kg Blößengewicht berechnet, gebracht; in diesem Bade verblieben die Blößen $3^1/_2$ Stunden im Walkfasse, worauf sie 12 Stunden lagern gelassen, und sodann in das zweite Gerbbad gebracht wurden. Zur Herstellung des letzteren wurden 27,8 kg schwefelsaure Tonerde (mit 14,7% Al_2O_3) und 26 kg festes Bisulfit (mit 60,5% schwefliger Säure) in Wasser auf ein Volumen von 1000 Liter gelöst; nach längerem Abstehen die Lösung klar abgezogen und von derselben das gleiche Volumen wie beim ersten Gerbbad verwendet. Nach 4stündiger Bewegung in diesem Bade zeigte sich das Leder sehr gut gegerbt und wies alle Vorteile der nach dem Hauptpatent behandelten Blößen auf.

Dipl. Ing. Paul Kauschke in Dresden. Nr. K. 59232.

Patentiert im Deutschen Reiche ab 15. Juni 1914.

1. Verfahren zur Herstellung von insbesondere für Gerb- und Färbereizwecke geeigneten konzentrierten Lösungen komplexer organischer Chromoxydsalze unter Verwendung proteinhaltiger Abfallstoffe als Reduktionsmittel, dadurch gekennzeichnet, daß Chromsäure in konzentrierter Salzsäure unter Verwendung eines Überschusses der letzteren gelöst zur Anwendung kommt.

2. Verfahren nach Anspruch 1 mit der Abänderung, daß zur Einleitung der Reaktion naszierender Wasserstoff erzeugt wird.

3. Verfahren nach Anspruch 1 mit der Abänderung, daß die Reaktion durch wasserentziehende Mittel eingeleitet wird.

4. Verfahren nach Anspruch 1 mit der Abänderung, daß zur Einleitung der Reaktion oxydierbare Substanzen in geringer Menge zugesetzt werden.

5. Verfahren nach Anspruch 1 mit der Abänderung, daß der Eintritt der Reaktion durch Vorwärmung der Masse beschleunigt wird.

80—100 kg entfettete Blanchierspäne werden mit 660 kg Salzsäure (spez. Gew. 1,17) überschüttet und darin 300 kg Natriumbichromat verrührt, bis es gelöst ist. Hierauf hängt man einige Zink- oder Eisenstücke in die Mischung ein, die man darin läßt, bis eine kräftige Reduktion begonnen hat, worauf sie entfernt werden können und unter wiederholtem Umrühren die Reduktion zu Ende geführt wird. Es resultiert eine Lösung von etwa 1,35 spez. Gew., welche etwa 150 kg Cr_2O_3 in Form von $Cr_2(OH)_2Cl_4$ enthält.

Carl Freudenberg G. m. b. H. Weinheim i. Baden. Nr. 308506.

Verfahren zum Falzen und Spalten von Häuten.

Patentiert im Deutschen Reiche ab 18. April 1917.

Verfahren zum Falzen und Spalten von Häuten, dadurch gekennzeichnet, daß die Häute oder Blößen vor dem Gerben mit konzentrierter Lösung eines nichtgerbenden Salzes durchtränkt werden und darauf das Falzen und Spalten in an sich bekannter Weise vorgenommen wird, zum Zwecke, das Ankleben der Haut an den Messern zu verhindern.

Es ist in der Technik allgemein Brauch, das Falzen und Spalten des Leders, das für viele Zwecke erforderlich ist, nach dem Gerben vorzunehmen oder für das Spalten die Haut wenigstens vorzugerben. Das Falzen der ungegerbten Haut mit der Maschine wird durch Kleben der Haut an den Messern und der Druckwalze erschwert. Die in ungegerbtem Zustande gespalteten Häute werden aber beim Gerben wieder ungleich stark, da sie dabei ungleichmäßig quellen.

Nach der Erfindung wird das Falzen und Spalten vor der Gerbung vorgenommen und dadurch zu einem guten Ergebnis geführt, daß man in das Hautgewebe als Ersatz der Gerbstoffe wasserlösliche Salze einlagert und damit eine Art von Scheingerbung erzielt.

Die enthaarten Felle oder Häute werden zu diesem Zweck mit hochkonzentrierten Salzlösungen behandelt und bis ins Innerste gleichmäßig damit gesättigt. Darauf wird das Falzen oder Spalten vorgenommen. Die gespaltene Haut wird alsdann durch Auslaugen von Salz befreit und in üblicher Weise weiterbehandelt.

Auf diese Weise wird das Kleben der Haut an den Messern der Maschine verhindert und ein glatter gleichmäßiger Schnitt erzielt, der auch nach dem Gerben erhalten bleibt. Das Salzen kann vor, während oder nach dem Entkalken der Häute vorgenommen werden.

Man hat zwar schon früher das Salzen von Häuten und Fellen vorgenommen und dabei andere Zwecke im Auge gehabt. Die Häute und Felle werden nämlich, um sie für Versandzwecke haltbar zu machen, eingepökelt. Diese so behandelten Häute und Felle lassen sich aber nicht auf der Spaltmaschine verarbeiten oder falzen, da sie noch die Haardecke haben, die das Bearbeiten unmöglich macht. Sie sind auch dafür zu hart und trocken.

Als Vorbereitung für die Chromgerbung, um das Zusammenziehen des Narbens zu verhindern und das Eindringen der Chromlösungen zu befördern, werden die gebeizten Blößen vielfach mit verdünnten Säuren und Salzlösungen behandelt, wie man sagt „gepickelt". In diesem Zustande lassen sich jedoch die Häute nur schlecht falzen und spalten, weil die freie Säure — meist Schwefelsäure — die arbeitenden Messer sofort stumpf macht und die übrigen Maschinenteile zerstört.

Gegenüber dem üblichen Falzen und Spalten der Häute sollen durch das neue Verfahren folgende Vorteile erreicht werden:

1. Es soll so viel an Gerbstoff gespart werden, als zum Gerben der abfallenden Falzspäne verbraucht würde.
2. Die ungegerbt abfallenden Falzspäne sollen ohne weiteres zur Bereitung von Leim oder Gelatine benutzt werden können.
3. Die Spalte sollen gleichmäßiger und größer gewonnen werden können, als dies früher beim Spalten von Blößen möglich war.
4. Die Gerbung soll beschleunigt werden, da der Gerbstoff in die dünneren Spaltstücke schneller einzieht.
5. Die einzelnen Spalte sollen in verschiedener Weise gegerbt werden können.

William C. Blatz, Wilmington, Newcastle, V. St. A. Nr. B. 100855.

Verfahren zur Herstellung eines weißen Chromleders.

Patentiert in den Ver. Staaten v. Amerika ab 16. November 1916.

1. Verfahren zur Herstellung eines weißen Chromleders, dadurch gekennzeichnet, daß im Innern und auf der Oberfläche der nach irgendeinem der bekannten Chromgerbverfahren behandelten Häute und Felle ein unlösliches weißes Salz eines Erdalkalimetalles niedergeschlagen wird, dessen weiße Farbe aus dem daraus hergestellten Leder erhalten bleibt.

2. Ausführungsform des Verfahrens nach Anspruch 1, dadurch gekennzeichnet, daß als unlösliches weißes Salz vorzugsweise Bariumsalz benutzt wird, das z. B. durch Umsetzung von Bariumchlorid mit Natriumsulfat erzeugt wird.

Vorliegende Erfindung betrifft ein Verfahren zur Herstellung von weißem Chromleder, das für alle Zwecke, besonders jedoch für die Herstellung von Schuhen und jeglicher Art Fußbekleidung verwandt werden kann.

Die Erfindung beruht darauf, daß während oder nach der Gerbung ein unlösliches weißes Salz eines Erdalkalimetalles, vorzugsweise ein Bariumsalz im Innern der Häute und Felle und auf ihrer Oberfläche niedergeschlagen wird. Das niedergeschlagene Bariumsalz oder ein entsprechendes anderes Erdalkalisalz besitzt jede etwa durch die Gerbung entstandene Färbung.

Es kommen alle weißen, unlöslichen Erdalkalisalze in Anwendung bei nach einem Chromprozeß, einem kombinierten Alaun- und Chromprozeß oder einem modifizierten Chromprozeß gegerbten Fellen und Häuten.

Es ist zwar ein Verfahren zur Herstellung eines pergamentartigen, wasserbeständigen Produktes aus Darmoberhaut (vgl. D.R.P. 196891) bekannt, nach welchem durch abwechselnde Behandlung von Darmoberhäuten in 2 Bädern aus Mineralsalzen bzw. anorganischen Säuren oder Basen durch Wechselwirkung ein unlöslicher weißer oder farbiger Pigmentfarbstoff in der Haut erzeugt wird. Es handelt sich bei diesem Verfahren aber nur um die Herstellung eines pergamentartigen Produktes, das die Fähigkeit besitzt, sich im Gegensatz zu Leder beim Anfeuchten auszudehnen und beim Trocknen stark zusammenzuziehen, und deshalb vorzugsweise zum Verbinden von Parfümflaschen usw. benutzt wird. Die Anwendung des beschriebenen Prinzips auf die Chromlederbereitung ist bisher von keiner Seite bekannt geworden. Die Erkenntnis aber, daß es durch das nachfolgend beschriebene Verfahren gelingt, ein Chromleder herzustellen von bisher unerreichtem, rein weißem Farbton, bedeutet einen außerordentlichen Fortschritt in der Chromlederindustrie.

Das nach vorliegendem Verfahren hergestellte weiße Leder läßt sich glätten und glänzen. Diese Glättung oder das Glänzen hat nicht nur den Zweck, die Güte des Leders zu verbessern, sondern auch die Wirkung, die Poren des Felles oder der Haut zu schließen und den Feuchtigkeitswiderstand und die Eigenschaften des Endproduktes zu verbessern.

Die Erfindung beruht auf der Erkenntnis, daß man aus einem löslichen Erdalkalisalz, z. B. einem Bariumsalz, ein unlösliches weißes Salz in und auf der Oberfläche, dem Körper und den Fasern von Häuten und Fellen niederschlagen kann.

Die hierbei auch entstehenden anderen löslichen Salze haben keine nachteilige Wirkung auf das der Behandlung unterliegende Leder. Die erzielte Weißfärbung ist dauerhaft, weil das weiße Salz unlöslich ist.

Am besten wirkt Bariumsulfat, aber auch die anderen unlöslichen Erdalkalisalze können zum gleichen Zwecke dienen.

Bei der Ausführung des Verfahrens verfährt man im wesentlichen folgendermaßen: Nachdem die Felle oder Häute durch irgendeines der bekannten Verfahren zur Gerbung vorbereitet sind, werden sie der Einwirkung einer Gerbpaste bekannter Art, die Öl, Eidotter, Mehl, Alaun und gewöhnliches Salz enthält, vorzugsweise in einer Trommel unterworfen. Die Behandlung der Felle nach der Anwendung der Gerbpaste kann im wesentlichen die gleiche sein, wie bei irgendeinem der jetzt gebräuchlichen Chromgerbverfahren.

Vor den letzten Maßnahmen, denen die Häute oder Felle im Verlauf der Gerbung in der gewöhnlichen Weise unterworfen werden, bevor also die Gerbung ganz oder im wesentlichen vollendet ist, gelangt das den Gegenstand der Erfindung bildende Verfahren zur Anwendung. Zu der Hyposulfitlösung, die für etwa 50 kg Häute oder Felle aus etwa 50 Liter einer Lösung von

15% Natriumhyposulfit,
1% Salz- oder Schwefelsäure

besteht — die Hyposulfitlösung soll etwas stärker sein als bei der gewöhnlichen Gerbung —, werden ungefähr 6% eines löslichen Salzes, z. B. Kaliumsulfat, Magnesiumsulfat, Ammoniumoxalat usw. oder irgendeines entsprechenden Salzes, das die gewünschte Umsetzung herbeizuführen vermag, zugesetzt. Der Zusatz erfolgt entweder vor Beginn oder nach Beendigung des Reduktionsprozesses. Die Häute werden in diesem Spezialbade 3—4 Stunden lang gewalkt und bleiben dann über Nacht in der Lösung.

Die Spezial-Hyposulfitlösung wird dann von den Häuten oder Fellen abgelassen und es werden etwa 23 Liter einer ungefähr 11%igen Lösung eines Erdalkalimetallsalzes, z. B. eines Bariumsalzes, in den Bottich gebracht und die Häute und Felle eine kurze Zeitlang gewalkt. Dann wird die überstehende Flüssigkeit abgelassen. Nun werden ungefähr 23 Liter einer 7%igen Lösung eines der zuerst genannten Salze im Bottich angesetzt, und die Häute werden etwa 1 Stunde lang in dem Bade gewalkt, hierauf wieder 23 Liter einer 11%igen Lösung des Bariumsalzes dem Bade in dem Bottich zugeführt, und die Häute nochmals eine kurze Zeitlang gewalkt.

Die abwechselnde Behandlung der gegerbten Häute oder Felle in genau begrenzten Zeiten mit dem Erdalkalisalz und dem dieses fällende Salz bürgt, ganz gleich, ob jedes für sich oder beide zusammen angewandt werden, einen vollständigen Niederschlag eines weißen unlöslichen Salzes in und auf der Oberfläche der Körper und Fasern der der Behandlung unterworfenen Häute oder Felle mit der gewünschten weißen Farbe. Nachdem der Niederschlag erfolgt ist, werden die Felle aus dem Bottich herausgenommen, gewalkt, getrocknet und ausgestollt. Die so behandelten Häute oder Felle geben ein vollständig weißes marktfähiges Leder und können auch, wenn es verlangt wird, geglättet oder satiniert werden. Das nach diesem Verfahren hergestellte weiße Leder ist, wenn geglänzt, ein wirklich wasserbeständiges Erzeugnis.

Wenn es aus irgendeinem Grunde erwünscht ist, können die Häute, die hart sind oder sich in einem Zustande befinden, der ihre Behandlung mit Fett oder Öl begründet, durch eine derartige Behandlung mit Fett oder Öl geschmeidig gemacht werden, ehe sie für das Ausstollen und das nachfolgende Glänzen und Satinieren vorläufig getrocknet sind.

Die Menge der gebrauchten Materialien kann verändert werden, indem beispielsweise weniger Natriumbichromat und Säure angewandt werden.

Es ist bereits versucht worden, weißes Leder aus chromgegerbten Häuten herzustellen, bei allen früheren Versuchen, weißes Leder herzustellen, konnte aber praktisch von einer Chromgerbung nicht Gebrauch gemacht werden, weil das Chrom das Leder färbte.

Das nach dem vorliegenden Verfahren hergestellte weiße Leder widersteht nicht nur dem Waschen mit einem mit Wasser angefeuchteten Tuche, sondern ist sozusagen ein weißes waschbares Leder. Für weiße Schuhe, gleichgültig, ob als vollständiges Oberleder oder nur für den oberen Teil, Schaft oder dergl. allein verwendet, ist es allen bisher erzeugten weißen Ledersorten überlegen.

Hermann C. Starck, Berlin. Nr. 390602.

Verfahren zur Herstellung von Chromsalzen.

Patentiert im Deutschen Reiche ab 2. Juni 1922.

Verfahren zur Herstellung von Chromsalzen, dadurch gekennzeichnet, daß Chromeisenstein bei Gegenwart oxydierender Stoffe, wie Chromsäure, in bekannter Weise aufgeschlossen wird, und die schwefelsäurehaltige Flüssigkeit mit Eisenchromlegierungen zwecks

Reduktion vorhandener Ferriverbindungen und Abstumpfung überschüssiger Schwefelsäure versetzt wird, worauf dann Alkalisalze zwecks Umsetzung oder Bildung von Doppelsalzen zugegeben werden.

J. Michael & Co., Berlin. Nr. M. 77341.

Verfahren zur Chromgerbung.

Patentiert im Deutschen Reiche ab 4. April 1923.

Verfahren zur Chromgerbung, dadurch gekennzeichnet, daß solche basisch gemachten Chromlösungen zur Gerbung verwendet werden, die man erhält, wenn man handelsübliches Ferrochrom, zweckmäßig kohlenstoffarmes, in Säuren chemisch oder elektrolytisch löst, und die so erhaltene Lösung aus Ferrosulfat und Chromisulfat in üblicher Weise basisch macht.

Beim Lösen von Ferrochrom, zweckmäßig kohlenstoffarmen — oder freien — in Säuren erhält man, entsprechend der Zusammensetzung des marktgängigen Ferrochroms stark eisenhaltige Chromlösungen. Solche erschienen bisher für die Chromgerberei unverwendbar, da das Eisen offenbar während der Gerbung selbst störte, und da die Gefahr bestand, daß das Leder durch einen Eisengehalt einer mehr oder weniger raschen Zerstörung anheimfiele. Dies mußte um so mehr als richtig angenommen werden, da zwar mehrere Verfahren der sogenannten Eisengerbung vorgeschlagen worden sind, jedoch keines derselben sicher Eingang in die Praxis gefunden hat, im Gegenteil, sogar in Gerberkreisen die Meinung verbreitet ist, daß eisenhaltiges Leder während der Lagerung katalytisch der Zerstörung unterliege.

Es hat sich nun wider Erwarten ergeben, daß nicht nur jene stark eisenhaltigen Lösungen ohne Störung zur Chromgerbung verwendet werden können und die genau ebenso gutes Chromleder ergeben, wie eisenarme oder -freie Lösungen, was um so auffälliger ist, als ja während der Gerbung in der Lösung die Eisenmenge relativ sehr stark zunimmt, sondern auch, daß das Eisen in der Ferroform überhaupt nicht in die Haut hineingeht, bzw. daß alles hineindiffundierende Eisen beim ersten Waschen des Leders wieder entfernt wird, so daß eine Gefährdung des Leders durch das Eisen überhaupt nicht eintreten kann, und daß vor allem auch die Einstellung der Chromlösungen auf eine bestimmte Basizität, wie die Gerbung sie erfordert, durch das vorhandene Eisen in keiner Weise beeinflußt wird. Dies ist ganz besonders überraschend, da man eigentlich das Gegenteil erwarten sollte und da die bezüglichen Verhältnisse bei den verwickelten Dissoziationsvorgängen in gemischten Lösungen von Chromi- und Ferrosalzen zum mindesten völlig unübersichtlich liegen.

Die Erfindung bietet also das überraschende Ergebnis, daß man mit auf chemischem oder elektrolytischem Wege aus Ferrochrom hergestellten gemischten Chromeisenlösungen gerade so gut wie mit reinen Chromsalzlösungen gerben kann.

Daß die sogenannte Eisengerbung mit einer Chromgerbung kombiniert werden kann, hat mit der im vorangegangenen beschriebenen Methode der Erzeugung von Chromsalzgerblösungen und der Chromgerbung nichts zu tun, da es sich ja, wie gesagt, bei dem neuen Verfahren überhaupt nicht um eine Eisengerbung handelt, denn Eisen wird von dem Leder gar nicht aufgenommen.

Beispiel: Ein Ferrochrom mit 1,1% Kohlenstoff und 69% Chrom wird in 25%iger Schwefelsäure unter Umrühren in der Wärme so lange digeriert, bis alle vorhandene Schwefelsäure im stöchiometrischen Verhältnis $FeSO_4$ und $Cr_2(SO_4)$ gebunden ist.

Man kann nämlich auch mehr Chrom in Lösung bringen, wobei basisches Chromsalz erzielt wird. Die so erhaltene Lösung von Eisen- und Chromsulfat wird in üblicher Weise durch Zusatz von Soda basisch gemacht, verdünnt und nun zur Gerbung benutzt, wobei $^4/_5$ des vorhandenen Chroms von den Häuten aufgenommen wird. Eisen wird hingegen nicht aufgenommen und die in die Haut hineindiffundierende Eisenlösung kann nach Beendigung der Gerbung durch Waschen völlig beseitigt werden. Die noch etwas chromhaltige Lösung wird ohne weiteren Zusatz zur Angerbung frischer Häute verwendet, bis nur mehr Spuren von Chrom in ihr vorhanden sind, und dann fortgegossen.

Selbstverständlich kann man auch durch Eindampfen und Auskristallisieren aus der Chromlösung einen mehr oder minder beträchtlichen Teil des Eisens entfernen.

Gustav Arth, Oberursel a. T. Nr. 390945.

Verfahren zum Gerben von mit einer mit Salzlösung vorbehandelten Häuten und Fellen.

Patentiert im Deutschen Reiche ab 23. September 1923.

Verfahren zum Gerben von mit einer Salzlösung vorbehandelten Häuten und Fellen, dadurch gekennzeichnet, daß man, anstatt die vorbereiteten Blößen direkt in die Gerbung zu bringen, sie erst mit einer starken Salzlösung behandelt und mit dem Salze trocknet, um sie in dem trockenen Zustande in der Gerbbrühe einzuweichen und gleichzeitig mit der Erweichung durchzugerben.

Das Verfahren bezweckt die Herstellung von Leder zu allen üblichen Verwendungszwecken und zeichnet sich durch Einfachheit sowie durch Gerbmaterial- und Zeitersparnis aus.

Die Blößen werden in gewöhnlicher Weise bis zur Gerbung vorbereitet, dann erfolgt eine Behandlung in starker Salzlösung, bis das Hautgewebe gänzlich davon durchdrungen ist. Nun werden diese Blößen getrocknet. Im gut trockenen Zustande werden sie in der gewünschten Gerbbrühe eingeweicht und gewalkt, bis sie gleichmäßig von ihr durchdrungen sind. Die Menge und Stärke der Brühe richten sich nach dem Gewichte und der Dicke der ursprünglichen Blößen. Für ein leichtes Schaffell z. B. können schon 3 Liter Gerbebrühe von 2° Bé ab zur Gare genügen; für schwerere Fell- und Häutegattungen nimmt man entsprechend größere Mengen und Stärken. In dem Verhältnis, wie die Blöße nun in der Gerbbrühe erweicht, schreitet auch die Gerbung voran, so daß leichtere Felle schon in weniger als einer Stunde gar sein können. Zu starke Brühen sind zu vermeiden. Nach der Durchgerbung werden die Felle herausgenommen und gespült, um wie gewöhnlich gegerbte Leder weiterbehandelt zu werden. Schwere Leder können nach dieser Durchgerbung zwecks Gewichtserhöhung weiter mit Gerbstoff behandelt werden. Durch das Verfahren wird die ganze Gerbung sehr beschleunigt und der Gerbstoffverbrauch auf ein geringes Maß beschränkt.

Die abgetropften, wie gewöhnlich zur Gerbung vorbehandelten Blößen werden in eine neutrale Salzlösung, am billigsten ist Chlornatrium, gebracht, welche vorteilhaft 15—20° Bé mißt. Die Flüssigkeitsmenge muß so groß sein, daß die Blößen darin bewegt werden können, entweder mittels Walkfaß, Haspel, Stampfe oder dergleichen.

Diese Bewegung geschieht so lange, bis das ganze Hautgewebe vollkommen von dem Salz durchdrungen ist, was je nach der Dicke und Festigkeit der Hautblöße in mehr oder weniger Stunden der Fall ist. Dann, oder noch nach etlichen Stunden Ruhe in der Brühe, läßt man diese Salzblößen abtropfen, um sie danach zum völligen Austrocknen in einen entsprechenden Trockenraum zu hängen.

Die praktische Chromgerberei.

Die Rohmaterialien.

a) Allgemeine Bemerkungen.

Die Chromgerbung sollte nur bei vorzüglichem Rohmaterial und ausschließlich bei jenen Häute- und Fellsorten angewendet werden, welche genügend Hautmasse besitzen, um ein lederhaftes Produkt zu liefern. Leere Häute und Felle werden, rein chromgegerbt, stets eine leeres Leder produzieren, weshalb bei feineren Ledersorten derartige Blößen oft erst eine Glacégare erhalten, und dann nach dem Einbadverfahren chromgegerbt werden. Bei Anwendung des Zweibadverfahrens würden durch die dort mit arbeitenden Säuren die Fettstoffe der Glacégerbung zersetzt werden, womit die Gerbwirkung derselben wieder aufgehoben wird.

Ob sich nun frische, gesalzene oder getrocknete Rohware zum Chromgerbeverfahren am besten eignet, dürfte vom Standpunkte der Vorsicht nicht schwer zu beantworten sein. Wer es möglich machen kann, frische oder frischgesalzene Ware zu verarbeiten, steht sich aller Wahrscheinlichkeit nach am besten, denn bei altgesalzenen und noch mehr bei trockenen Fellen können sehr leicht Narb- und andere Schäden vorkommen, welche erst nach dem Wässern, mitunter, und dieses wohl in den meisten Fällen, erst an der Blöße zu erkennen sind, während bei frischen Fellen so ziemlich jeder Schaden vom Fachmanne erkannt werden kann. Bei normalen Fellen ist es gleichgültig, ob dieselben frisch oder gut gesalzen sind, wenn sie nur nicht altgesalzen; ebenso läßt sich aus gut getrockneten Fellen ein gutes Chromleder herstellen, wenn dieselben im Äscher und den sonstigen vorbereitenden Arbeiten in richtiger Weise behandelt wurden.

Die Rohware soll unter allen Umständen gesund sein, sie sollte sofort nach dem Abziehen die entsprechend konservierende Behandlung erhalten haben; dann ist es nötig, die Erzeugungsquelle, die Gegend der Abstammung, zu berücksichtigen, da ein sehr großer Unterschied in den Fellen der verschiedenen Abstammungsplätze vorhanden ist, ob milde oder rauhe Gegend, ob wirtliche oder unwirtliche und ob gut gefüttert oder nicht. Bei Salzfellen soll die Fleischseite klar und rein, also ohne Blutlake sein, die Haarseite ohne Nässe und unnötigen Schmutz mit glattem, fest aufsitzendem Haar oder Wolle und ohne intensiven Geruch. Wo die Fleischseite schmutzig, blutunterlaufen, die Haarseite naß mit haarlosen Stellen und sandigem Gefühl, dort kann man überzeugt sein, daß die Ware auf irgendeine Weise Schaden erlitten hat.

Trockene Felle müssen glatte und reine Haarseite, frische Aasseite mit glatten Seiten und Klauen zeigen, dann kann man ziemlich sicher auf eine gesunde Ware schließen. Zusammengetrocknete Felle oder solche mit struppigem, klebrigem Haar sind sehr vorsichtig zu prüfen, denn für gewöhnlich ist irgendein Übelstand vorhanden. Die zusammengezogenen Stellen trockneten in den Falten nur langsam, wodurch fast stets die Eiweißkörper in Mitleidenschaft gezogen werden. Sie werden der fauligen Gärung zugeführt, wodurch beim Fortschreiten die Zellen gesprengt und die angrenzenden Partien des Felles zerstört werden; eine Wiederherstellung der gesprengten Zellen ist der größten Geschicklichkeit nicht möglich.

Getrocknete Felle sollen bei der Ankunft gleich aus den Ballen gelockert und auf ihre Trockenheit, sowie auf sonstige Beschaffenheit nachgesehen werden.

Nicht ganz trockene Felle müssen auseinandergelegt werden zum völligen Austrocknen, um jede Gefahr der Fäulnis zu beseitigen. Durch dieselbe zerstörte oder auch nur in Mitleidenschaft gezogene Stellen heben sich deutlich ab und werden vom Gerber als „verstunkene Stellen“ bezeichnet. Diese durch faulige Gärung zerstörten Zellen lassen sich nicht wieder herstellen.

Werden nicht genügend getrocknete Felle, in größeren Partien aufeinandergehäuft, oder in Ballen fest zusammengeschnürt, längere Zeit liegen gelassen, so entwickelt sich allmählich eine höhere Temperatur, bei welcher die feuchten oder feucht gewordenen eiweißhaltigen Körper sich zu einer unlöslichen Masse umformen, und an solchen Stellen ist ein gänzliches Erweichen ausgeschlossen, das Leder wird blechig; derartige Stellen werden mit „erhitzt“ bezeichnet.

Gesalzene Felle sollen gleichfalls bei Ankunft auf ihren Zustand untersucht und flach auseinandergelegt werden, mit einem erhöhten Punkt unter dem ganzen Rücken, so daß nach beiden Seiten hin etwaige Feuchtigkeit ablaufen kann. Die Aufhäufung zu großer Mengen ist nach Möglichkeit zu vermeiden, da durch den dadurch entstehenden starken Druck schädliche Wärme entstehen kann. Sind die Felle genügend mit körnigem Salz gesalzen, so ist keine Gefahr vorhanden, sind die Felle aber feucht oder mit Salzmehl oder sonstigem untergeordneten Salz gesalzen, so ist ein Nachsalzen erforderlich, wenn die Felle noch lagern sollen.

Kochsalz konserviert die Gebilde des grünen Schlachtfelles durch seine fäulniswidrige Eigenschaft, erweicht aber auch die Eiweißkörper und macht dieselben vorzüglich geeignet für den ferneren Verlauf des Gerbprozesses, es bildet somit den Übergang von den Stoffen, welche das Fell erweichen, zu denen, welche das Fell gerben, nur darf nicht mit dem Salz gespart werden, es muß reichlich und in einem möglichst reinen Zustande gegeben werden, will man des Erfolges sicher sein.

Sollen Felle für Handelszwecke, in Form von Paketen gefaltet, auf den Markt gebracht werden, so muß das Salzen des grünen Felles rasch und reichlich mit körnigem Salz durchgeführt werden. Es entzieht ihm so den Wassergehalt und schützt das Fell, ohne demselben Eiweißkörper zu entziehen. Felle, welche vor dem eigentlichen Salzen längere Zeit in Salzlake gelegen, oder solche mit langem Winterhaar, oder auch in sehr nassem Zustande gesalzene Felle, in denen das körnige Salz sich gelöst und von dem Fell verloren hat, besitzen stets für den Gerber nachteilige Eigenschaften. Es kann hierbei oft ein Zerstörungsprozeß begonnen haben, durch den die Eiweißkörper mehr oder weniger erweicht und dem Felle entzogen wurden. Es ging hier die erste Grundlage zur Herstellung guter Leder verloren, und mangelhaftes Äschern, ein nicht richtiges Aufgehen, hungriges Äußere und schlechtes Gewichtsrendement sind die unausbleiblichen Folgen bei der Bearbeitung solcher Salzfelle.

Sind die Felle ungenügend oder zu spät gesalzen, so entstehen haarlose Stellen, welche sich später in Salzflecke umwandeln. Hier witterte das Eiweiß die oberste Schicht aus, durchbrach hierbei die Epidermis und läßt dieselbe in größeren oder kleineren Partien als krebsartig durchfressene Masse auf die eigentliche Lederhaut aufsitzen.

Entstehen bei gesalzenen Fellen sogenannte Rostflecken, bekommen dieselben Stellen von hochroter, rosagefärbter oder rostbrauner Farbe, so ist dieses ein Beweis, daß die Eiweißkörper solcher Felle an diesen Stellen zu leiden beginnen oder gelitten haben.

Gut gesalzene Felle können ohne Gefahr für ihre innere Güte längere Zeit aufbewahrt bleiben, wogegen zu wenig gesalzene oder mit schlechtem Salz behandelte Felle leicht dem Verderben ausgesetzt sind. Im ersteren Falle wirkt das Salz antiseptisch, im zweiten Falle wird das Eiweiß zu viel gelöst und geht bei den folgenden Operationen, ja teilweise schon bei längerem Lagern, dem Felle verloren, wodurch weniger mildes und minder wiegendes Leder mit allen den bekannten Fehlern erzielt wird. Es konnte bei dem ungenügenden Salzen kein hinreichendes Entwässern stattfinden, wodurch sich eine faulige Gärung entwickelt und sich oben angeführte Zerstörung herausbildet.

Derartige Felle erfordern ein rasches Konservieren, einen wirksamen Schutz gegen fortschreitende Fäulnis, wozu es augenblicklich wirkender Antiseptica bedarf. Hier hilft kein erneutes Salzen, sondern es müssen Stoffe angewendet werden, welche die Eiweißkörper des Felles nicht nur nicht weiter erweichen, sondern welche befähigt sind, dem Voranschreiten der Auflösung Einhalt zu tun und die Eiweißkörper dem Felle zu erhalten.

Unter den vielen chemischen, für den ferneren Verlauf des Gerbprozesses aber völlig unschädlichen Mitteln, das auch sehr rasch in seiner Wirkung ist, hat sich das Chlorzink in seiner wäßrigen Lösung erwiesen. Bei sehr schlimmen Fällen genügt 1 Liter 33%ige Chlorzinklösung auf 1 Kubikmeter Wasser. Die angegriffenen Felle werden hineingelegt und die Zersetzung hört sofort auf. Sie stärkt und kräftigt auch die Natur des Felles. Bei weniger stark entwickelten Fällen genügt ein minderes Quantum. Das Verfahren hat keinerlei üblen Einfluß auf den späteren Verlauf des Gerbprozesses oder auf die Vorläufer desselben und hinterläßt dem fertigen Fabrikate auch nicht die geringsten Nachteile oder Erkennungszeichen, welche an die Anwendung des Chlorzinks erinnern.

Es kann hier auch der Faulflecke gedacht werden, welche auf mancherlei Art entstehen können und beim fertigen Leder sich als matte, dunkle, graue, gelbe oder braune Flecke auszeichnen.

Für manche Sorten Chromoberleder kann auch minder gelederte Ware benutzt werden, und wäre es sehr nachteilig, starke, gut gelederte Ware durch Ausfalzen zu einem dünnen Leder zu machen. Nur müssen alle zu Narbenleder bestimmten Felle möglichst narbenrein sein, frei von brüchigen oder angestunkenen Stellen, dabei möglichst ohne starke Genickfalten und Mastrunzeln, wie solche die Gebirgsrassen und die schweren gut gemästeten Tiere liefern, aus welchem Grunde Ochsenhäute den Mutterfellen mindestens gleichzusetzen sind. Es können alle Gewichte zu diesem Zwecke verwertet werden, da denselben durch die Gerbung und Zurichtung gleiche Eigenschaften beigebracht werden können. Chromleder wird nach Maß verkauft. Der Wert des Felles steigt mit der Größe.

b) Die tierische Haut.

Der Chromgerber muß betreffend der Wahl der zu seinen Zwecken geeigneten Rohware nicht allein auf die Abstammung Rücksicht nehmen, sondern hat auch die Erzeugungsgegend zu berücksichtigen, da, wie allen bekannt ist, gewisse Provinzen andern Distrikten um sehr viel überlegen sind. Sich zur Chromgerbung das tierische Rohmaterial in richtiger Auswahl beschaffen, bedeutet den ersten Schritt zum Gelingen des Ganzen.

Die tierische Haut ist im frischen Zustande sehr wasserhaltig und wegen ihres Gehaltes an leimgebenden Stoffen sehr zur Fäulnis geneigt, so daß sie, sich selbst überlassen, in der kürzesten Zeit vollständig zerstört sein würde. Durch das Entziehen des Wassers, also durch völliges Auftrocknen, wird eine der Hauptursachen des Faulens beseitigt, und sie kann in diesem Zustande an einem luftigen trockenen Orte längere Zeit ohne Schaden aufbewahrt bleiben. Ebenso läßt sich das Wasser durch Salz entziehen. Sie kann dann ebenfalls eine Zeitlang ohne weitere Konservierung bleiben. Dasselbe kann auch durch Räuchern geschehen. Welche Art der Konservierung die passendere ist, soll später erläutert werden.

Die zur Lederfabrikation verwendbare tierische Haut besteht aus:

a) Oberhaut,
b) Lederhaut,
c) Unterhaut.

a) Die „Oberhaut“ besteht aus glatten, sehr dicht, in verschiedener Stärke, aufeinandergehäuften Zellenelementen, deren älteste absterben und sich als tote Masse, fest vertrocknet, auf der äußeren Schicht festsetzen und bei der späteren Verarbeitung zu Leder entfernt werden müssen.

Professor H. R. Procter schreibt darüber: „Die Zellschichten, aus welchen die Oberhaut gebildet ist, bestehen aus geronnenem, koaguliertem Eiweiß, wie solches am reinsten in dem Eiweiß eines hart gesottenen Eies sich befindet. Diese, die Oberhaut zusammensetzenden Eiweißstoffe werden „Keratine" genannt. Sie schwellen in kaltem Wasser nicht auf und sind in warmem Wasser nicht löslich; durch höhere Temperatur bei Druck gehe sie in eine klebrige, viskose Flüssigkeit über, welche aber nicht wieder erstarrt und keine Gallerte bildet. Sie sind in Säuren nicht löslich, dagegen ziemlich leicht in Alkalien, obwohl in dieser Hinsicht große Unterschiede zwischen den saftigen Schleimschichten der Oberhaut und der härteren Hornschicht, ebenso den Haaren, Hörnern und Hufen bestehen, welche ebenfalls aus Keratinen gebildet sind.

Die Schleimschicht, aus welcher sich die Hornschicht fortwährend erneuert, besteht aus weichen, rundlichen und lebendigen Zellen, welche sich durch Vermittlung von den in der darunterliegenden Lederschicht befindlichen Blutgefäßen ernähren. Die Oberhaut kann sich also nicht selbständig ernähren, sondern ist in dieser Beziehung auf die unteren lebenden Schichten angewiesen.

Die alkalischen Sulfide, wie Schwefelnatrium, Schwefelammonium und Schwefelcalcium wirken auf die Keratine mit bedeutender Kraft lösend ein, während sie auf die Lederschicht eine verhältnismäßig nur ganz geringe Wirkung ausüben. Die Eigenschaft der Alkalisulfide hat darum beim Haarlosmachen der Häute mit diesen Chemikalien eine große technische Bedeutung.

Was die wirkliche chemische Konstitution der Keratine anbetrifft, so ist darüber, ebenso wie über die Eiweißstoffe überhaupt noch wenig bekannt. Sie bestehen wie jene aus Kohlenstoff, Wasserstoff, Sauerstoff und Stickstoff mit Spuren von Schwefel und Asche.

Die Oberhaut ist bei den verschiedenen Tierarten, wie auch an den verschiedenen Stellen des Körpers eines und desselben Tieres ungleich kräftig entwickelt. Die Natur schützt sich in eigenartiger Weise selbst. Je dichter das Haar, desto dünner die Oberhaut, und dieselbe ist an haarlosen Stellen am dicksten. Dieselbe teilt sich in zwei Schichten, der äußeren trockenen Hornhaut und der unteren saftreichen Schleimschicht.

b) Die Lederhaut oder Blöße ist ein elastisches Gewebe, welches aus Bindegewebsfasern, Schweiß- und Talgdrüsen, Haarbälgen mit ihren Zwiebeln, der Masse der Bindegewebssubstanz, der Arterien mit ihren Venen und Muskeln und dem Maschennetz besteht, aus welchem durch Verdichtung allmählich jene kompakten, widerstandsfähigen Gebilde sich formen, die wir „Lederhaut" oder „Blöße" nennen. Die Lederhaut selbst ist von unzähligen, feinen

Kanälchen in allen Richtungen durchkreuzt, welche von verschiedener Breite sind und mit der erwähnten Bindegewebssubstanz, welche an verschiedenen Stellen auch eine ungleiche Konsistenz besitzt, teilweise angefüllt sind, von denen ein Teil beim Äschern gelöst und fortgeführt wird.

Die in der tierischen Haut vorkommenden Muskeln sind aus Primitivbündeln zusammengesetzt, welche aus einer Menge Längsfibrillen bestehen, welche entsprechend der Lage feiner Querstreifen kleine Kerne enthalten, Zellen, welche bei mit Säure behandelten Blößen deutlich hervortreten, indem die Muskeln anschwellen und die einzelnen Gebilde der Zellen deutlich sichtbar machen.

Die zwischen den Zellen liegenden Fasermassen enthalten die leimgebenden Substanzen. Die Zelle selber ist nie leimgebend. Innerhalb der Zelle befindet sich ein Teil des Eiweißes, wie auch in dem Zwischengewebe neben der leimgebenden Substanz Eiweiß enthalten ist. Das Eiweiß findet sich im tierischen Organismus überall, und die eiweißhaltigen Körper sind die Mutterkörper einer Reihe von stickstoffhaltigen Stoffen, aus welchen die Gewebe der Haut zusammengesetzt sind.

c) Die innere Unterhaut, bestehend aus Fett und dem Unterlagsgewebe, hat für die Lederbildung keinen Wert. Diese und die Oberhaut sind nur der lebenden Haut zum Schutz gegeben, und müssen entfernt werden, soll das Produkt allen Anforderungen genügen. Zwischen der inneren Unterhaut und der Lederhaut liegt das Adernetz, welches genau die Stelle angibt, bis wohin das Fett- und Unterlagsgewebe von der Lederhaut zu trennen ist.

Anders ist es mit den Fettdrüsen, welche am Grunde der Haare sitzen und den Haaren, namentlich der Wolle, die notwendige Fettsubstanz zuführen und zur Erzeugung der sogenannten Hautschmiere notwendig sind. Diese Fettdrüsen können so gewaltige Fettmassen hervorbringen, daß solche dem gegerbten Leder unbequem sind, wie bei den specknackigen Schafledern und den Roßkämmen.

Bei Rind-, Kalb- und Ziegenfellen wird durch die Prozedur des Kalkens das Fett in Form des fettsauren Kalkes gelöst, welches dann durch Wässern, Glätten und Ausstreichen leicht entfernt wird, während bei Schaffellen und Roßhäuten besondere Mittel angewendet werden müssen.

Die für den Gerber zumeist interessanten Gewebe sind:

1. Die hornartigen Substanzen,
2. Die Substanzen des elastischen Gewebes,
3. Die leimgebende Substanz.

Diese beiden letzteren sind für den Gerber nächst den Eiweißkörpern die wichtigsten.

1. Den eiweißartigen Mutterkörpern schließen sich zunächst die hornartigen Gewebe an, welche sich als tote Masse auf der Oberhaut ablagern und vor dem Gerben unbedingt entfernt werden müssen. Es bedürfen diese eiweißartigen Körper nur unbedeutender Veränderungen in ihrer Zusammensetzung, um unter den vielen Hautgebilden auch die äußerste Schicht der Tierhaut zu schaffen.

2. Das elastische Gewebe ist den eiweißartigen Körpern sehr wenig ähnlich, es fehlt vor allem der Schwefelgehalt. Auch hinsichtlich ihrer Eigenschaften weichen diese elastischen Gewebe von den übrigen in der tierischen Haut vorkommenden Körpern ab, indem sie sehr schwer löslich und den heftigsten Angriffen von Alkalien sowie Säuren längere Zeit widerstehen.

Dem Gerbeprozeß bleiben solche als indifferente Masse vollständig fern.

3. Die leimgebende Substanz steht dem Eiweiß nahe, sie liefert beim Kochen den Leim, welcher als solcher in der tierischen Haut nicht vorhanden ist. Nach Knapp soll die Umbildung des leimgebenden Gewebes eine ähnliche Umänderung sein, wie die Verwandlung der Stärke in Zucker.

Das leimgebende Gewebe, wie solches in der tierischen Haut enthalten, ist in kaltem Wasser unlöslich, wohl aber kann die Lösung durch Kochen oder durch Säuren erzielt werden. Eine Umwandlung der leimgebenden Substanz ist in angesäuertem Wasser leicht und rasch zu bewerkstelligen, am schnellsten jedoch in konzentrierter Essigsäure.

Es befinden sich weder der Leim, noch die gelöste leimgebende Substanz als solche in der Haut vor, sondern nur die zwischen den Zellen liegende Fasermasse, das Bindegewebe, aus welchem dieselben hervorgehen.

Der durch Kochen gewonnene Leim ist in Alkohol, Äther, Fetten und ätherischen Ölen nicht löslich, wogegen konzentrierte Mineralsäuren den Leim auflösen, ihn aber auch sogleich wieder zersetzen, wie nach Prof. Knapp konzentrierte Essigsäure die Gallerte auflöst, welche dann noch Klebekraft besitzt, aber nicht mehr gelatiniert. Ein gleiches ist mit Salzsäure der Fall, während konzentrierte Salpeter- oder Schwefelsäure die Gallerte völlig zersetzen.

Wenn nun auch in den verschiedenen Gebilden der tierischen Haut das Eiweiß neben der leimgebenden Substanz vorkommt, so sind diese Körper in chemischer Beziehung sehr verschieden. Moleschott lehrt uns, daß die eiweißhaltigen Körper zu den Primitivgebilden des tierischen Organismus gehören, aus denen sich die anderen Gebilde später entwickeln. So entwickeln sich in der tierischen Haut aus den weißen, eiweißartigen Körpern die vorkommenden Gebilde zu festen Substanzen, wie wir dieses deutlich an der feinen Textur eines schönen Kalbfelles gegenüber der ausgebildeten Rindhaut erkennen können.

Wie hier das Eiweiß als Mutterkörper unentbehrlich ist, so muß dasselbe zur Erzielung eines guten Fabrikates auch der Haut wie der Blöße weitmöglichst erhalten bleiben, und es sind alle Operationen, welche ein Entfernen der Eiweißkörper ermöglichen, zu unterlassen oder auf das Mindestmaß zu beschränken.

So löst Eiweiß sich in Salzlösung in ziemlichen Mengen, besonders auch in kohlensauren Alkalien, und durch längeres Lagern in Kalkmilch werden die in den Bindegewebsmassen eingelagerten Eiweißkörper unter starkem Aufquellen allmählich gelöst und der Haut entzogen. Es kann durch fortgesetztes Bearbeiten mit Kalkmilch der Haut alles Eiweiß entzogen werden, wobei die leimgebende Substanz unverändert erhalten bleibt, wie solches an gekalktem Leimleder zu erkennen ist, welches über ein Jahr in der Kalkmilch gelegen hat, ohne an seiner Güte zu verlieren, während das Eiweiß vollständig zerstört ist.

Durch die meisten Säuren wird Eiweiß unlöslich gemacht, während es sich mit Alkalien verbindet. Es löst sich also das Bindungsmittel der einzelnen Bindegewebsfasern durch Kalkmilch auf, die Bindegewebsfaser nicht.

Diese Unterschiede zwischen Eiweiß und der leimgebenden Substanz haben für den Gerber das größte Interesse, denn durch deren verschiedene Behandlung werden die mannigfaltigen Produkte in der Lederfabrikation erzielt.

Die sehr stark vertretenen Hautmuskeln der Oberhaut, welche vom Grund des Haarsitzes bis gegen die äußere Haarschicht laufen, markieren sich im gegerbten Leder als die festen Unterlagspartien für den natürlichen Narben gut gearbeiteter Oberleder, oder sie treten in der unregelmäßigen, groben Narbenbildung schlecht gearbeiteter Leder hervor.

Die Oberseite der Lederhaut, später die Narbenseite des fertigen Leders, besteht aus feineren, vielfach gewundenen und durchflochtenen Bindegewebsbündeln, welche im allgemeinen mit der Oberfläche der Lederschichte parallel verlaufen und nur in allmählicher Neigung gegen dieselbe aufsteigen, wobei sich aber die faserigen Elemente jener Bündel auseinanderlegen, untereinander durchflechten und so die eigentümliche Beschaffenheit der Ledernarbe zustande bringen.

Die oberste Schicht dieser Lederhaut bildet fast eine ideale, äußerst feine hyaline Schicht, welche den natürlichen Glanz der Narbe am fertigen Leder verursacht und leicht durch irgendeinen stärkeren Eingriff beschädigt werden kann, wodurch auch selbstverständlich der Narbenglanz selbst Schaden leidet.

Bei der Bearbeitung der tierischen Haut zu Leder muß es die Hauptaufgabe des Gerbers sein, die Haut soweit möglich in ihrer natürlichen Beschaffenheit zu erhalten und nur diejenigen Teile zu entfernen, welche dem fertigen Produkt hinderlich sind. Jedes Zuviel oder Zuwenig ist vom Übel, wie wir später ersehen werden.

Alle Veränderungen, welche mit der tierischen Haut zum Zweck des Umformens in Leder vor sich gehen, fußen in dem Verhalten ihrer Eiweißkörper, ihrer leimgebenden Substanz und ihres groben Fasernetzes indifferenter Gewebe während der Operationen, und diese Veränderungen sind die Folgen chemischer sowie physikalischer Vorgänge.

Dr. Th. Körner schreibt über die chemische Zusammensetzung der Haut:

„Die Bindegewebsfasern oder primären Fibrillen der Lederhaut bilden die Grundsubstanz derselben, indem sie etwa 95% deren ganzer Masse ausmachen, mit diesen eng verbunden, aber der Menge nach fast verschwindend, befinden sich darin noch die sogenannten elastischen Fasern.

Beide Gewebsteile haben eine etwas verschieden chemische Zusammensetzung, und zwar besteht das Fibrillengewebe aus „Glutin“, das elastische Gewebe aus „Elastin“, welche durch Behandlung mit künstlichem Magensafte voneinander getrennt werden können. Daneben finden sich noch Nerven, Muskeln, eigentliche Eiweißkörper, Fett, Mineralstoffe u. a. m., welche Bestandteile bei der Lederbildung keine wesentliche Rolle spielen, hier kommt nur das Fibrillengewebe in Betracht.

Nach Muspratt-Stohmann soll die eigentliche Bindegewebssubstanz aus „Fibroin“ bestehen und mittels einer Zwischengewebssubstanz, dem „Coriin“, untereinander verbunden sein.

„Coriin“ und „Fibroin“ sollen also zwei chemisch verschiedene Substanzen darstellen, welche sich unter anderem auch dadurch unterscheiden, daß das „Fibroin" im Kalkwasser unlöslich ist, während sich das „Coriin" darin leicht auflöst. Dagegen soll sich das „Fibroin" in Essigsäure, Salzsäure und anderen Säuren auflösen, sich aber bei Neutralisation wieder daraus ausscheiden, während das „Coriin" in Essigsäure unlöslich sein und in verdünnter Salzsäure sich nur teilweise auflösen soll.

Dr. A. Küntzel-Darmstadt lehnt im Collegium 1924, S. 212ff., die alte Anschauung, daß die Fibrillen der kollagenen Fasern durch eine besondere Kittsubstanz zusammengeklebt seien, welche entweder für ein Muzin oder für ein Kollagenabbauprodukt (Coriin) gehalten wurde, ab. Er findet in einer sehr eingehenden Arbeit, daß die Fibrillen auf zweierlei Weise zu einer Faser zusammengehalten werden, und zwar durch bindegewebige Hüllen um die Faser herum und durch Bindegewebszellen, die zwischen den Fibrillen gelagert sind und untereinander durch Protoplasmafortsätze zusammenhängen, wodurch sie die Rolle einer Kittsubstanz spielen. Die Hüllen verursachen die bisher gar nicht oder falsch gedeutete Ringbildung beim Quellen der Faser. Da sie durch anhaltende Kalkäscherung nicht angegriffen und durch Trypsin auch nicht verdaut werden, sich auch wie Kollagen färben, so schließt derselbe daraus, daß das Kollagen durch das Äschern nicht angegriffen wird. Das aus alten Äschern vermittelst Essigsäureneutralisation fällbare Eiweiß (Coriin, Coriomukoid) wird durch die sauren Zellbestandteile geliefert. Abgesehen von der Epidermis und ihren Einsenkungen unterscheidet er im Bindegewebe färberisch zwei Zellarten, die Fibroblasten und fibroblastenähnlichen Zellen, außerdem die Mastzellen. Die Fibroblasten bilden untereinander einen weitläufigen Zellverband, der entwicklungsgeschichtlich bedingt ist. Die Mastzellen liegen außerhalb des Zellverbandes der Fibroblasten und fallen durch Mastzellenkörnung und abweichende Färbbarkeit der Kerne auf. Bei Kochsalzbehandlung wird das saure Eiweiß der Mastzellenkörnung gelöst und vom Kollagen adsorbiert (Mastzellenhöfe). Bei alkalischer Behandlung wird die gelöste Mastzellenkörnung nicht vom Kollagen aufgenommen. Eine für Papillar- und Retikularschicht gesondert durchgeführte Behandlung mit halbgesättigtem Kalkwasser ergab, daß sich aus der Papillarschicht eine zehnmal größere Eiweißmenge herausziehen läßt, als aus der Retikularschicht, auf gleichen Kollagengehalt bezogen. Dies erklärt er aus dem größeren Reichtum an Zellen, durch den sich die Papillarschicht auszeichnet. Küntzel hat gezeigt, daß die Lederhaut nicht von oben bis unten gleichmäßig aufgebaut ist, sondern daß die Narbenmembran — anatomisch Papillarschicht genannt — sich durch einen besonderen Bau von dem Unterleder — anatomisch Retikularschicht — unterscheidet. Der Zusammenhang beider Schichten wird in bestimmten Ebenen durch die Drüsenöffnungen unterbrochen, einmal durch die Talgdrüsen, die ungefähr in halber Höhe der Haarbälge liegen, das andere Mal durch die Schweißdrüsen, die ungefähr am Grunde der Haarbälge liegen. In diesen Ebenen ist der Zusammenhang des Fasergeflechtes am schwächsten, so daß bei einer Beschädigung des Fasergewebes die schädigende Wirkung sich dort am meisten fühlbar macht. Es erfolgt eine Abschälbarkeit der Narbenmembran, mitunter sogar eine doppelte Abschälbarkeit, entsprechend den beiden Ebenen, in denen die Talgdrüsen und die Schweißdrüsen liegen. Seine chromolytische Untersuchung zeigte, daß bei einfacher Kalkwasserbehandlung drei saure Zelleiweiße in Lösung gehen: das Globulin, der Nukleolin, das Granoplasma und die Mastzellenkörnung. Das vierte saure Eiweiß, das Nuklein, blieb ungelöst. Teile des basischen Spongeoplasmas wurden in Lösung gebracht. Zellstrukturen und Oberhaut blieben erhalten; die ungleichmäßige Quellung wirkte demnach mehr haarlockernd als eine etwaige Zellzerstörung. Die Mitwirkung des Abbaues der Zelleneiweiße war zweierlei: die Fasern verloren die Schlüpfrigkeit ihrer Umhüllung und der Fibrillenverband im Innern der Faser wurde aufgelockert. Vom praktischen Standpunkte aus wäre es wünschenswert gewesen, wenn die durch den Gebrauch alter Äther auftretende Bakterienwirkung mit in den Kreis dieser Untersuchungen gezogen worden wäre.

Die Eigenschaft der Chromsalze, die Hautfasern zu durchdringen, verlangt beim Äschern eine bedeutende Einschränkung. Bei Benutzung von Mineralien zum Gerben findet bei der Gerbung selbst eine Hebung und Lockerung statt, und derartige Leder werden durch die Gerbung selbst milde, weshalb das Weichen, Wässern, Äschern und Beizen nur so weit durchgeführt zu werden braucht, daß das entfernt werden kann, was dem fertigen Produkt schädlich sein könnte. Jedes Mehr würde am fertigen Fabrikat in ungünstiger Weise zu erkennen sein, an hohlem, lockerem Narben, an lappigen Seiten und an einer zu rauhen Aasseite, wobei die Leere des Felles auch die Milde beeinträchtigen würde.

Die Einwirkung des Äschers in bezug auf Lösung und Lockerung darf hier nicht in dem Maße stattfinden, wie solches bei vegetabilischer oder noch mehr bei der Glacégerbung für nötig erachtet wird, da bei der Chromgerbung nur eine äußerst geringe Füllungsmasse der

Blöße zugeführt wird. Die Erhaltung der natürlichen Hautmasse muß darum im höchsten Grade, mit allen möglichen Mitteln, angestrebt werden.

Bei der vegetabilischen und bei der Glacégerbung wird den Blößen Füllmaterial in Menge zugeführt, weshalb bei diesen Gerbearten ein vorheriges Lockern und Heben stattgefunden haben muß, damit die Blößen in der Lage sind, das Füllmaterial aufnehmen zu können. Auch ist das Lockern und Heben nötig zum Schaffen der Milde und Zügigkeit.

c) Das Wasser.

Wie bei allen Arten von Gerbung, so bildet bei der Chromgerbung die Beschaffenheit des Wassers einen Hauptfaktor zum Gelingen des Ganzen. Je weniger fremde Körper in einem solchen Wasser vorhanden sind, je reiner es von Beimischungen ist, desto aufnahmefähiger, wie auch zur Vorbereitung der Blößen geeigneter ist dasselbe zu Chromgerbezwecken. Hartes Wasser, welches eine Menge kohlensauren Kalkes sowie anderer Bestandteile enthält, ist nicht gut zu gebrauchen; Meer- und Mineralwasser sind für diese Zwecke völlig unbrauchbar, denn sie führen auf den Gerbprozeß nachteilig wirkende Substanzen in großen Quantitäten bei sich.

So enthält Seewasser große Mengen Chlornatrium, Chlormagnesium, schwefelsauren Kalk, schwefelsaure Magnesia, Chlorcalcium usw., lauter Stoffe, welche sich in der Haut ablagern und nicht nur die Wirkung der dem Gerbprozeß nötigen Stoffe ausschalten, sondern auch auf die Natur des fertiggegerbten Leders nachteilig einwirken. Einen Teil des angewendeten Gerbmaterials zersetzen sie, indem sie mit demselben Verbindungen eingehen, so daß dasselbe dem eigentlichen Gerbprozeß verloren geht.

Mineralwasser enthält ähnliche und je nachdem noch andere Bestandteile in oft noch größerer Menge und außerdem häufig noch einen Überschuß an Kohlensäure, was es für diese Zwecke unbrauchbar macht.

Kohlensaure wie auch eisenhaltige Wasser haben den großen Nachteil, daß dieselben mit dem Kalk unlösliche Verbindungen eingehen, als solche in der Haut verbleiben und an dem fertigen Produkt sich durch hartes Anfühlen kennzeichnen. Der Eisengehalt übt häufig auch einen ungünstigen Einfluß auf die Lederfarbe aus.

Quellwasser, welchem Erdarten, selbst indifferenter Natur, beigemischt sind, sollen und dürfen für Gerbzwecke direkt nicht benutzt werden, weil sich die Haut darin verschlammt und Fäulnis derselben die unausbleibliche Folge davon ist. Auch dürfen warme Quellwasser, und selbst wenn solche frei von allen schädlichen Bestandteilen sind, erst in erkaltetem Zustande benutzt werden, denn weder die rohe Haut verträgt diese Wärme, noch ist sie dem vorbereitenden Teil des Gerbprozesses zuträglich, sie hat in jedem Falle nur nachteilige Wirkungen. Wo ein wie oben beschriebenes Wasser nicht vorhanden ist, muß solches durch Zusetzen von passenden Chemikalien oder durch Filtration, wo solche hinreicht, geschaffen werden. Der aus Sand und Kies gebildete Filter genügt in vielen Fällen zum Reinigen und Brauchbarmachen des Wassers. Kann man eine Schicht Holzkohle in dem Filter anbringen, so dürfte der Zweck der Filtration noch besser erreicht werden. Da nun dem Wasser noch andere Bestandteile beigemischt sein können, welche aber vor dem Gebrauche entfernt sein müssen, aber durch ein Filter nicht entfernt werden können, so muß dieses Wasser auf Grund der chemischen Untersuchung vorher behandelt werden.

Die Natur selbst bedient sich des Wassers als allgemeines Lösungsmittel, und es ist als solches in chemischer Beziehung sehr wichtig, es befördert viele chemische Prozesse. Es verhält sich gegen starke Säuren wie eine schwache Base und gegen starke Basen wie eine schwache Säure.

Kohlensaures Wasser wird dadurch weich gemacht, daß dünne Kalkmilch in geringen Portionen zugeführt und damit vermischt wird. Die Kalkmilch entzieht dem Wasser die un- oder nur lose gebundene Kohlensäure, bildet mit derselben unlöslichen kohlensauren Kalk und bewirkt gleichzeitig die Ausscheidung des darin gelöst gewesenen kohlensauren Kalkes.

In physikalischer Beziehung ist zu bemerken:

Das spezifische Gewicht ist = 1.

Das Wasser gefriert unter normalen Umständen bei 0° C, kann aber bei ruhigem Wetter selbst bei 12° C flüssig bleiben, erstarrt dann aber bei der leisesten Bewegung.

Die größte Dichtigkeit erhält es bei + 4,1° C, daher die Ausdehnung beim Gefrieren.

Das Wasser siedet bei + 100° C und bildet dann Dämpfe, auch hierbei findet Ausdehnung statt. Das Wasser selbst, im Gegensatz zu den Dämpfen, nimmt keinen höheren Hitzegrad mehr an.

Fabrikationsverfahren.

Boxkalbleder.[1])

Zu den weitverbreitetsten, aber trotzdem noch nicht völlig beherrschten Gebieten der Lederfabrikation gehören unstreitig auch die Chromkalbleder. Die Ursachen sind unschwer zu finden, sie liegen zum großen Teil wohl darin, daß man im Leder stets ein ungleiches und wechselndes Rohmaterial hat, das als Naturprodukt immer so genommen werden muß, wie es ist und vielfach noch nach ganz empirischen Methoden konserviert und seinem Werte entsprechend ungenügend geschützt zum Gerber kommt. Wenn man bedenkt, daß die Klassifikation der Felle nach Alter, Geschlecht, Gewicht, Haarfarbe usw. nur nach allgemeinen Richtlinien geschieht bzw. geschehen kann, und naturgemäß besondere Umstände, wie Krankheit, Rasse u. dgl. nicht berücksichtigt werden können, so wird man darin schon ein wesentliches Moment für die Schwierigkeit der Erzielung gleichmäßiger Resultate erkennen. Andererseits fällt die Tatsache schwer ins Gewicht, daß eine mustergültige Fabrikation Ausnützung aller gegebenen Vorteile hinsichtlich der Qualität der benutzten Rohmaterialien, Appreturen, Öle usw., der Maschinentechnik und nicht zuletzt der jeweiligen Konjunktur des Marktes voraussetzt, wie sie gewöhnlich nur in Großbetrieben gewährleistet wird. In kleineren Betrieben könnten die Vorteile nur wahrgenommen werden, wenn diese sich zu größerer Arbeitsteilung entschließen könnten und den Ehrgeiz, fertiges Leder herzustellen, gegenüber der Zweckmäßigkeit einer Bearbeitung von Halbfabrikaten fallen ließen. Es liegt klar auf der Hand, daß die Aufmerksamkeit und Leistungsfähigkeit um so mehr gesteigert wird, je mehr sie sich auf ein gewisses, engbegrenztes Gebiet konzentrieren läßt. Je kleiner dasselbe ist, um so sicherer wird es beherrscht und um so geringer ist das Risiko, was bei den ungeheuer schwankend gewordenen Preisen von Rohwaren und Leder ganz besonders schwer in Betracht kommt. Schon im Interesse einer besseren Stabilisierung des Wertunterschiedes zwischen rohen Fellen und fertigem Leder wäre es wünschenswert, wenn sich diese Arbeitsteilung im weitesten Umfange durchsetzen würde; sie brächte eine Gesundung und Kräftigung der ganzen

[1]) Ein Teil der hier gegebenen Fabrikationsbeschreibungen ist bereits in dem vom gleichen Verfasser herausgegebenen Buche „Luxuslederfabrikation“ erschienen. Verlag F. A. Günther A.-G. Berlin W II.

Lederindustrie mit sich und machte sie weit unabhängiger gegen die Lieferanten der Rohware und Abnehmer der Fabrikate, als seither. Außerdem wäre die Möglichkeit nahe gerückt, daß sich Interessentenverbände, Genossenschaften mit gemeinsamem Einkauf und eventuellem Verkauf bildeten, wie sie in den Kartellen vergeblich erstrebt wurden. Sie könnten mit der Zeit zum wirksamen Gegengewicht der Großbetriebe und Trusts werden und ein Erdrücktwerden des einzelnen verhindern. Dem einzelnen ist es nur selten möglich, Konjunkturen des Weltmarktes auszunützen oder gar auf dieselben bestimmend einzuwirken. Sind doch gerade die Kalbfelle ein Artikel, der auf dem deutschen Markf nur in ungenügender Menge vorhanden ist und den deshalb das Ausland in ganz erheblichen Mengen liefert.

Der größte Teil der Kalbfelle kommt in gesalzenem Zustande in die Gerberei, seltener getrocknet. Bleiben sie längere Zeit auf Lager, ehe sie eingearbeitet werden, so ist es tunlich, sie, besonders in der warmen Jahreszeit, in kühlen Räumen zu haben. In größeren Betrieben empfiehlt sich die Anlage besonderer Kühlräume von selbst. Die tierische Haut ist ein der Verwesung leicht geneigtes Produkt, das selbst durch Salz nur ungenügend geschützt ist, wenn dieses, wie es in der Natur der Sache liegt, nicht überall hindringen kann und zudem höhere Temperaturen, durch Selbsterwärmung größerer Mengen entstanden, die Fäulnis begünstigen. Häufiges Umlagern ist unerläßliche Bedingung. Ehe man die Felle einarbeitet, sortiert man sie zweckmäßig unter Berücksichtigung ihrer Beschaffenheit hinsichtlich Konservierung, Stärke und Größe. Dann gibt man sie in die Weiche. Dieses Sortieren nach möglichster Gleichmäßigkeit in Größe und Stärke ist für die gleichmäßige Wirkung aller nachfolgenden Bäder und Arbeiten und damit der erzeugten Lederqualität von entscheidender Bedeutung. Da die Wasserarbeiten so ziemlich der unangenehmste Teil der Fabrikation sind — Nässe, Kalklöcher, Geruch, um einige Punkte herauszugreifen —, so ist es begreiflich, daß man sich von demselben fernhält, wenn man es vermag. Dies ist die Ursache, daß dies Gebiet, welches erhöhte Aufmerksamkeit erfordert — weil die tierische Haut einen ihr gefährlichen Prozeß durchläuft —, vielfach allzusehr vernachlässigt wird. Statt gerade hier der völlig ungeschützten Haut doppelte Sorgfalt zuzuwenden, weil die hier entstehenden Fehler gewöhnlich nie mehr beseitigt werden können, überläßt man sie vielfach völlig veralteten Methoden, in den Händen solcher, die von Theorie keine blasse Ahnung haben und meistens für das fertige Fabrikat nicht verantwortlich sind. Dies zu beachten, ist um so wichtiger, als die hier gemachten Fehler gewöhnlich erst beim Fertigstellen des Leders zutage treten und dann fälschlicherweise in den letzten Stadien der Fabrikation gesucht, natürlich aber nicht gefunden werden. Diese bezweckt zunächst die Beseitigung der verschiedenen Unreinigkeiten, wie Blut, Kot usw., und größtmöglichstes Aufquellen; es geschieht am besten in öfters gewechseltem frischen Wasser. Da den Fellen durch das Salzen erhebliche Wassermengen entzogen wurden, so sollen sie durch das intensive Wässern wieder in ihren natürlichen Zustand zurückgebracht werden, ehe sie durch geeignete Alkalien zum Schwellen gebracht werden können. Das Salz, welches die Schwellung verhindern bzw. verzögern würde, wird dabei wieder entfernt. Um zu langes Wässern, welches seinen Zweck verfehlen würde, zu verhindern, streckt man die Felle nach eintägigem Wässern auf dem Baum bzw. der Maschine und gibt sie dann nochmals einen Tag in frisches Wasser. Je öfters dieses gewechselt werden kann, um so besser ist die Wirkung. Längeres Wässern brächte zuviel Hautsubstanzverlust mit sich und ist deshalb nur bei trockenen Fellen, und auch da nur begrenzt, angebracht. Man verhütet es soviel wie möglich, daß die Felle lappig und matt in den Kalk kommen. Als rationellste Äschermethode wird vielfach die mit reinem Weißkalk angesprochen, da die bekannten Anschärfmittel, wie Schwefelnatrium und Arsenik, das Leimleder und die Haare mehr oder weniger minderwertig machen, was bei einem größeren Betrieb nicht unterschätzt werden darf. Wenn die Felle deshalb einen Tag länger im Äscher bleiben müssen, so wird dies durch den gesteigerten Wert der Abfälle und die ersparten Kosten der Anschärfungsmittel häufig wieder hereingebracht. Man verwendet häufig Rühräscher, in welche die Felle auf Stangen eingehängt werden und worin sie 4—6 Tage verbleiben; sie sollen mit Dampf- und Wasserzuleitung versehen und leicht entleerbar sein. Das wirksamste Rührsystem besteht in einem unter dem doppelten Boden wagerecht laufenden Propeller; die Rührwerke mit bedeckter Haspel sind weniger gut geeignet. Es empfiehlt sich sehr, die Äscher stets bei gleicher Temperatur zu halten und sie auch regelmäßig frisch zu stellen. Dies sind zwar für einen modernen Gerbereibetrieb Selbstverständlichkeiten, auf die aber doch manchmal viel zu wenig Wert gelegt wird. In neuerer Zeit geht man mehr und mehr zum Äschern im Walkfaß über. Es hat sich gezeigt, daß, richtige Anwendung vorausgesetzt, die Zeitdauer des Äscherns ganz wesentlich herabgedrückt werden kann, was neben der besseren Schonung der Hautsubstanz und Kontrollfähigkeit des Prozesses die Möglichkeit der Entstehung von Fehlern auf ein Minimum reduziert. Es liegt klar auf der Hand, daß bei 6—8tägigem Äschern mehr Fehler in der Behandlung gemacht werden können, als durch 10—12stündiges Walken. Man kann beim Aufschlagen und Wiedereinlassen der Häute oder Felle in den Äscher es nie vermeiden, daß hier und dort Quetschfalten, Luftblasen u. dgl. entstehen, daß die einen mehr der Luft ausgesetzt wurden, als die anderen. Bei Hängeäschern ist zu beachten, daß die rohe Haut infolge ihres eigenen Gewichtes durch die Zugwirkung leicht Ziehfalten bekommt und losnarbig wird. Da sich bekanntlich der aufgerührte Kalk sehr bald wieder setzt, so tritt stets in den oberen Teilen des Hängeäschers eine schwächere Wirkung ein, als in den unteren Partien, wenn man nicht ununterbrochen rührt. Alle diese Nachteile lassen sich beim Äschern im Faß vermeiden. Durch den ganz besonders langsamen Gang dieser Fässer — eine Tour pro Minute — wird die Befürchtung, daß das Walken der noch ungeschützten Haut schaden könnte, hinfällig, Man denkt dabei zu leicht an die schneller laufenden Walkfässer, welche naturgemäß eine viel stärkere Wirkung ausüben und für das Äschern unbrauchbar sind. Ihre Bauart ist denjenigen der Gerbfässer ähnlich, möglichst groß, damit eine Ausdehnung der Häute möglich ist. Im Innern vermeidet man nach Möglichkeit die Anbringung von Zapfen; die Verwendung starker, nicht zu hoher Querleisten ist zweckmäßiger. Gewöhnlich arbeitet man im Faß ohne Weißkalk; man rechnet auf etwa 500 kg grüne Haut 15—20 kg Schwefelnatrium, 15 kg Kochsalz und 1200—1500 Liter Wasser bei einer Temperatur bis zu 25° C. Der Zusatz von Kochsalz hat den Zweck, der durch das Schwefelnatrium hervorgerufenen Schwellung entgegenzuwirken.

Die Enthaarung erfolgt auf diese Weise gleich mit und wird durch anschließendes Spülen beendet. Die Zerstörung der Haare wird durch die vereinfachte Arbeitsweise mehr wie aufgehoben. Von besonderem Vorteil ist es, daß man den Fortschritt der Äscherung jede Stunde kontrollieren kann und daß man große und kleine Felle insofern ohne Schaden gleichzeitig äschern kann, daß man die kleineren, empfindlicheren Felle entsprechend später hinzufügt. Vorteilhaft ist es außerdem, wenn das Faß mit automatisch umstellbarem Vor- und Rückwärtsgang ausgestattet ist und mit besonderem Motor angetrieben wird, so daß man es während der Nacht laufen lassen kann. Bei besonders großen Fässern empfiehlt sich die Anbringung doppelter Rädervorgelege; dieses verbürgt bei derartigem Rädergetriebe einen fast geräuschlosen Gang. Dazu sollte natürlich, des leichten Antriebes wegen ein möglichst großer Zahnkranz mit auswechselbaren Zähnen vorgesehen sein, die aus Hartholz bestehen können. Beim Enthaaren der Felle sind Narbenbeschädigungen unter allen Umständen zu verhüten und deshalb Baum bzw. Maschine entsprechend zu polstern. In dieser Richtung haben sich auch Rollen an den Kanten von Äschern, Weich- und Wasserkästen als sehr zweckmäßig bewährt. Nach dem Enthaaren und Spülen werden die Felle entfleischt und gespalten; die Maschinentechnik mit ihren großen, umwälzenden Verbesserungen setzte hier ganz besonders günstig ein und gibt fast durchweg bessere Arbeit als die Hand. Zudem bringt die Maschinenarbeit eine enorme Ersparnis an Zeit und die Ermöglichung der Bewältigung großer Mengen. Zur Behandlung der Felle in diesem Stadium der Fabrikation ist besonders zu bemerken, daß großes Augenmerk darauf gelegt werden sollte, zu verhindern, daß die Felle viel an der Luft liegen. Es verursacht, da die Luft viele freie, gasförmige Säure enthält, daß der an der Oberfläche befindliche Kalk unlöslich wird und den Grund zu den gefürchteten Kalkflecken bildet, welche die Färberei der Leder so oft beeinträchtigen. Können deshalb die Felle aus irgendwelchen Gründen nicht gleich verarbeitet bzw. in Wasserkästen u. dgl. gebracht werden, so schichtet man sie möglichst flach auf Haufen und bringt dabei die Narbenseite schützend nach innen. Sowohl in den Kalkbrühen, wie auch im übrigen Spülwasser u. dgl. verwendet man mit Vorteil Kochsalz, weil einesteils die Kalkwirkung weniger heftig zur Geltung kommt und außerdem die Blößen hygroskopisch bleiben. Die Felle werden sodann zunächst unter Zu- und Abfluß lauwarmen Wassers gehaspelt, um einen Teil des Kalkes vorweg zu entfernen. Dann gibt man sie in die Beize. Da diese lediglich den Zweck hat, zu entkalken, d. h. den Kalk in eine leicht lösliche Form zu bringen, welche sich leicht auswaschen läßt, so ist dem Beizen mit geeigneten Säuren oder künstlichen Beizen unbedingt der Vorzug zu geben. Nicht nur, weil dem Fell seine wichtigsten Bestandteile erhalten bleiben, was bei den gärenden Mist- und Kleiebeizen nicht immer der Fall ist, sondern weil man eine viel sicherere Handhabe hat, den Prozeß zu überwachen. Die Temperatur der Beize hält man auf etwa 28—30° C, die anzuwendende Menge Säure (Milch- oder Salzsäure) richtet sich nach dem Kalkgehalt der Felle, soll aber 1% vom Weißgewicht nicht übersteigen. Bei den künstlichen Beizen richtet man sich nach den mit demselben gegebenen Vorschriften. Die

Kalkmenge in den Fellen überschreitet gewöhnlich 3% vom Weißgewicht nicht, sie geht natürlich durch die Verarbeitung und das Waschen erheblich zurück und wird deshalb gewöhnlich schon durch geringe Säuremengen zur Fällung gebracht. Die Entkalkung mit Säuren erfordert immerhin Aufmerksamkeit; ein Überschuß ist, besonders bei starken Säuren, wie Salzsäure u. dgl., unbedingt zu vermeiden. Es kommen auch nur solche Säuren in Betracht, welche mit Kalk Salze zu bilden vermögen, welche in Wasser löslich sind, also keinenfalls Schwefelsäure. Man gibt deshalb dieselbe nicht mit einer Gabe, sondern nach und nach und prüft des öfteren, wie die Entkalkung fortschreitet. Hat man einmal eine Norm für die vorhandenen Verhältnisse gefunden, so ist es ein leichtes, die Kontrolle ohne viel Mühe dauernd aufrecht zu erhalten. Denn wenngleich die Chromgerbung im allgemeinen gegen rückständigen Kalk unempfindlicher ist als die Lohgerbung, so wird die Qualität desselben doch sehr oft beeinträchtigt, da sich häufig unregelmäßige Narbenbildungen und bei farbigen Ledern unegale, schlechte Färbungen einstellen. Gerade beim Entkalken wird noch viel zu wenig Kontrolle geübt und damit die Grundlage zu Ursachen gelegt, die nachher, beim Färben und Zurichten, nicht mehr geklärt werden können. Man hat nun in dem bekannten Indikator Phenolphthalein eine zuverlässige Handhabe zur Kontrolle und sollte sie nicht unbenützt lassen. Man löst es in Alkohol auf und kann der Lösung evtl. Wasser zusetzen. Bringt man einen Tropfen dieser Lösung bzw. damit präpariertes Papier auf die Haut, so bringen geringe Spuren von Kalk schon eine rötliche Färbung hervor. Um natürlich wirksam zu kontrollieren, schneidet man besonders dicke Stellen, z. B. am Kopf, an und prüft im Schnitt. Ergibt sich dabei noch ein Vorhandensein von Kalk, so ist es ein Leichtes, ihn durch entsprechend längeres bzw. stärkeres Beizen zu entfernen und so späteren Fehlern vorzubeugen. Im Prinzip dem Beizen mit Säuren entsprechend, aber einfacher zu handhaben, ist das Beizen mit Purgatol, Oropon, Polizym usw. Man haspelt hierzu die Felle zunächst mit etwa 28° C warmem Wasser kurze Zeit, um die gröbste Menge Kalk zu entfernen und die Felle für das Beizbad vorzuwärmen. Man beizt bei derselben Temperatur und gibt die erforderliche Menge Purgatol, Oropon, Polyzim usw. bis zu 2% vom Blößengewicht, in 2—3 Gaben, vorher in Wasser gelöst, zu den in der bedeckten Haspel laufenden Fellen. Die Beizdauer richtet sich naturgemäß nach dem Kalkgehalt der Felle, ist aber gewöhnlich in $1^1/_2$—2 Stunden beendet. Nach der Beize wird noch gestrichen, um den aufgelösten Kalk und Grund der Haare zu entfernen und wenn erforderlich geputzt. Danach wird das Blößengewicht festgestellt und die Felle bis zum Gerben in reines Wasser gegeben. Es liegt in der Natur der Dinge, daß dieses erste, damit zum Abschluß gebrachte Fabrikationsstadium das schwierigste, unangenehmste und deshalb vielfach am meisten vernachlässigste ist. Das stete Arbeiten mit den scharfen, die Haut angreifenden Kalk- usw. Brühen ist nicht angenehm und man überläßt es gern untergeordneten Elementen ohne theoretische Ausbildung und Aufsicht. Da aber die rohe Haut, die geäscherte Haut in vermehrtem Maße empfindlich gegen chemische und mechanische Einflüsse ist, so liegt es klar auf der Hand, daß hier ein großer Teil der Fehler entsteht, der erst im Verlaufe der Fabrikation sichtbar wird und es deshalb äußerst ratsam erscheinen läßt, diesem Stadium der Fabrikation die gebührende Aufmerksamkeit zu widmen.

Der Gerbung geht zweckmäßig das sog. Pickeln vorauf; es konserviert die Haut und erleichtert die Gerbung. Da man die Gerbbrühe am besten möglichst wenig sauer hält, die Blößen jedoch im Interesse reichlicher Gerbstoffaufnahme entsprechend geschwellt sein sollen, so säuert und schwellt man dieselben durch den Pickel und erreicht damit, daß die Gerbstoffaufnahme zwar weniger rasch, aber um so gründlicher vor sich geht, weil ein sogenanntes Totgerben der Oberfläche durch die Gerblösung verhindert wird. Man bereitet sich den Pickel am vorteilhaftesten durch die Lösung von 10 kg Kochsalz und 2—3 kg Salzsäure in 150 Liter Wasser pro 100 kg Blöße und walkt damit die Felle etwa $1^1/_2$ Stunden. In vielen Fällen erzielt man sehr gute Resultate, wenn man die Salzsäure durch schwefelsaure Tonerde ersetzt. Sind die Felle gepickelt, so legt man sie flach auf Haufen und läßt sie abtropfen oder gibt sie besser noch sofort ins Gerbfaß. Zur eigentlichen Gerbung bereitet man sich den nachstehend beschriebenen Extrakt: Man löst zunächst 20 kg Chromalaun in 50 Liter Wasser auf und fügt nach dem Erkalten 5 kg Glycerin und 2 kg Formaldehyd (40%ig) hinzu und verrührt gut. Das Ganze wird durch langsame Zugabe von Sodalösung nahezu neutralisiert, d. h. man gibt so lange Sodalösung zu, bis ganz feine Flockenbildung beginnt einzutreten. Man hat sich vor dem Beginn der Sodazugabe einen Teil der Brühe abseits gestellt und gibt denselben zur inzwischen kaum merklich flockig gewordenen Brühe zurück, wodurch diese wieder klar und gebrauchsfertig wird, d. h. schwach sauer. Man bereitet durch Zugabe von entsprechend Wasser eine Gerbbrühe, welche etwa 1° Bé spindelt und gerbt damit an. Nach und nach bringt man die Brühe im Faß durch entsprechende Zugaben von Extrakt auf etwa 3—4° Bé. Zeigt sodann der Schnitt die bekannte grünlichblaue Färbung durchgehends und keine ungaren Stellen mehr, so kann man der Gerbbrühe noch etwas mehr Soda zufügen und ist die Gerbung sodann nach kurzer Zeit beendigt. Man benutzt zum Gerben fast ausschließlich das nicht zu hohe und mittelmäßig schnell gehende Faß, welches viel Brühe faßt; doch ist auch die Haspel bzw. Trommel gut geeignet.

Ist die Gerbung beendigt, so reckt man von Hand oder mit der Ausreckmaschine aus. Daran anschließend wird mit der Falzmaschine sorgfältig gefalzt und dabei gut in der Stärke egalisiert. Beachtenswert ist es dabei, daß man vorteilhaft vom Rücken nach den Flanken zu arbeitet, also in der Richtung etwa vorhandener Mastrunzeln, wodurch diese dann beim späteren Fertigstellen der Leder weniger hervortreten, weil sie nicht, wie es beim entgegengesetzten Arbeiten geschieht, besonders ausgefalzt werden. Dann werden die Leder gewogen und das dabei ermittelte Gewicht (Falzgewicht) als Norm für die nun folgende Zurichtung betrachtet. Das Leder enthält nunmehr noch freie Säure, die sich durch bloßes Auswaschen mit Wasser nicht entfernen läßt, und ist es das beste und gebräuchlichste Verfahren, welches ohne viel Umstände zum Ziele führt, mit Borax zu entsäuern, wovon je nach dem Säuregehalt des Leders bis zu 2% vom Falzgewicht des Leders zur Anwendung gelangen. Man walkt zunächst 1 Stunde mit fließendem Wasser von etwa 30° C, dann mit Borax $^1/_2$—1 Stunde bei gleicher Temperatur und wäscht sodann gut mit 50—60° C warmem Wasser nach, wodurch die Felle gleichzeitig zum Färben vorgewärmt werden. Sind die Felle bei Beendigung der Gerbung schon gut mit Soda behandelt worden, so erübrigt sich in vielen Fällen eine nachhaltige Behandlung mit Borax, da es nicht notwendig ist, daß die Leder absolut säurefrei bzw. alkalisch reagieren. Die richtige Entsäuerung des Leders vor dem Färben ist ein wichtiger Punkt der Fabrikation, welcher unablässiger, gewissenhafter Kontrolle bedarf. Blaues Lackmuspapier, auf den Schnitt des Felles gebracht, soll sich nicht oder doch nur sehr wenig röten; andererseits darf rotes Lackmuspapier nicht blau werden. Hat man rosa Lackmuspapier nicht gerade zur Hand, so bereitet man es sich dadurch, daß man blaues, mit destilliertem Wasser angefeuchtetes Lackmuspapier über rauchender Salzsäure rot werden läßt; umgekehrt wird rotes Lackmuspapier über Ammoniakdämpfen blau. Ist das Leder nicht oder nur mangelhaft entsäuert, so kann dies zur Fehlerquelle weittragendster Bedeutung werden. Die Säure ist dem Fell so lange dienlich, als es sich im Stadium des Werdens zu Leder befindet; sie schwellt die Faserbündel der Haut und begünstigt dadurch die Gerbstoffaufnahme. Ist das Maximum derselben aber erreicht und die Gerbung vollendet, so wirkt die Säure schädlich, weil der Haut im Verlauf der Zurichtung neue Substanzen zugeführt werden, die durch die vorhandene freie Säure eine Umbildung erfahren können. Sie bindet bzw. fällt den Farbstoff, und zwar meist unregelmäßig, das schon in der ungleichmäßigen mechanischen Bearbeitung des Leders seinen Grund hat; sie zersetzt aber auch das eindringende, meist mit Alkalien emulgierte Fett und geht Verbindungen mit demselben ein, während es die Alkalien in Form weißen Ausschlages ausscheidet. Es ist deshalb das beste, das Leder von Säuren und Alkalien möglichst frei zu halten und steht man dann nicht Schwierigkeiten gegenüber, die gewöhnlich erst zu spät bemerkt werden und dann meist nicht wieder gut zu machen sind. Da zum Spülen und Waschen der Leder im Walkfaß häufig kombinierte Wasser- und Dampfleitungen verwandt werden, bei welchen im Zulaufrohr durch Zuleitung von Dampf das Wasser erwärmt wird, so sei auf das Unzuverlässige in der Erhaltung der Temperatur besonders hingewiesen. Wenn gleichzeitig an einer anderen Stelle größere Wassermengen der Leitung entnommen, der Druck also vermindert wird, erhöht sich damit automatisch die Wirkung des Dampfes oder umgekehrt, so daß man sehr leicht schädliche Wirkungen erzielt, ohne sie beachtet zu haben. Es ist deshalb viel besser, in solchen Fällen das warme Wasser in Reservoiren zu bereiten und von dort zulaufen zu lassen.

Da sich hier die Fabrikation der schwarzen Leder von derjenigen der farbigen trennt, so sei zunächst diejenige der schwarzen Leder, als der wichtigeren im Konsum, näher beschrieben. Man trennt die Fabrikation aus dem einfachen Grunde, weil die farbigen Leder dadurch leichter rein und sauber gehalten werden, andererseits, weil die Bearbeitung leichter vonstatten geht, wenn die Sorgfalt bezüglich Sauberhaltung von Farbstoffflecken, welche bei farbigen Ledern unerläßlich ist, nicht auch auf die schwarzen Leder übertragen werden muß. Daß deshalb die Fabrikation schwarzer Leder geringerer Sorgfalt bedürfte als diejenige der farbigen Leder, ist damit durchaus nicht gesagt; man kann bei beiden Arten manches tun, was zur Verbesserung der Qualität beiträgt und damit das Fabrikat leichtverkäuflicher und wertvoller macht. So ist es z. B.

nicht gleichgültig, ob eine Nuance leer und mager oder voll und blumig erscheint; auch der Glanz bzw. die Appretur spielt eine wesentliche Rolle, sie können durch entsprechendes Feuer und Deckkraft viel zur Schönheit einer Färbung beitragen. Bei sachverständiger Auswahl der Farbstoffe und Zusammensetzung der Appreturen lassen sich auch manche ökonomische Vorteile erzielen, die im Laufe des Jahres nicht unwesentlich in die Wagschale fallen. Die einfachste Methode des Schwarzfärbens ist diejenige im Faß mit direkt färbenden Farbstoffen. Bei denselben kann man während oder nach dem Färben fetten. Man verwendet hierzu folgende Emulsion: 10 kg grüne oder weiße Marseiller Seife werden unter Zusatz von 400 g Borax in 16 Liter Wasser durch Kochen gelöst, danach rührt man 5 kg Klauenöl ein, kühlt ab und rührt noch 2,5 kg Eigelb hinein. Das Ganze wird bis zum vollständigen Erkalten gerührt. Man löst zum Gebrauch 5% vom Falzgewicht in etwa 50° C warmem Wasser auf und walkt damit etwa ½ Stunde; im Durchschnitt rechnet man etwa 100 Liter Wasser auf 100 kg Leder nach dem Falzgewicht. Man bringt die Leder zunächst ins Färbefaß und läßt dann die Farbstofflösung durch die hohle Achse zulaufen. Man bereitet sich dieselbe durch die Lösung von etwa 0,8—1% Chromlederschwarz unter Zusatz von Blau oder Violett, je nachdem man eine blaustichig violette oder schwarze Rückseite wünscht, und setzt etwas Blauholzextrakt oder Epidermol zu, um dem Leder ein etwas festeres Gefüge zu verleihen, welches das spätere Glanzstoßen sehr erleichtert. Man kann die Leder auch mit der Blauholzbrühe allein (mit Ammoniakzusatz) etwa 20 Minuten laufen lassen, nachdem man zuerst die Farbstofflösung hat zulaufen lassen. Die Temperatur der Farbflotte wird während des ganzen Färbens auf etwa 55—60° C gehalten. Ist der Farbstoff nach etwa ½stündigem Walken dem Bade noch nicht entzogen, so säuert man es durch eine geringe Zugabe von Essigsäure leicht an und läßt damit noch 10 Minuten laufen. Danach wird mit der vorerwähnten Fettemulsion gefettet, gespült, ausgepreßt, abgereckt und an Haken hängend vorgetrocknet. Windtrocken wird nochmals von Hand oder mit der Maschine nachgesetzt und dann auf Bretter- oder Lattengestellen flach und natürlich aufliegend, ohne zu spannen, aufgenagelt, und rasch, aber nicht heiß getrocknet. Straffes Spannen würde die Leder leer und blechig trocknen lassen. Für farbige Zwecke ist es naturgemäß von vornherein geboten, daß auf gute narbenreine Rohware besonders gesehen wird. Auch während der ganzen Fabrikation darf der Zweck der Felle, möglichst rein und gleichfarbig herauszukommen, nicht aus dem Auge gelassen werden. Aus diesem Grunde ist die Herstellung der farbigen Leder unbedingt von derjenigen der schwarzen zu trennen. Alle Arbeiten sind besonders vorsichtig auszuführen, Entkalkung, Gerbung und Entsäuerung gewissenhaft zu kontrollieren. Die Herstellung wirklich einwandfreier Ware ist dann von vornherein erleichtert und führt sicher zum Ziel. Gewöhnlich fängt es mit irgendeinem kleinen Fehler in der Wasserwerkstatt — ein Zuviel oder Zuwenig — schon an, der Fehler zieht im Laufe der Fabrikation kleinere und größere Fehler nach sich und schließlich steht man vor dem ärgerlichen Ausfall und weiß gar nicht, wie man dazu gekommen ist. Da hilft einzig und allein fortgesetzte, zweckmäßige Kontrolle. Die Arbeitsweise bis zum Färben gestaltet sich im großen ganzen wie bei Schwarz beschrieben. Nachdem die Leder gefalzt sind, werden sie gewaschen und entsäuert und auffolgend gefärbt. Man gibt sie mit 100 Liter Wasser von etwa 60° C für 100 kg Leder (Falzgewicht) ins verschließbare Faß und läßt sodann die Farbstofflösung durch die hohle Achse zulaufen. Es ist vorteilhaft, wenn man das Färbereilaboratorium oberhalb der Walkfässer legt und mit großen Fässern mit Wasser- und Dampfzuleitung versieht, in denen man die erforderlichen Lösungen mühelos bereiten und durch direkte Leitungen in die Walkfässer laufen lassen kann. Diese Fässer sind entsprechend gradiert, so daß man, entsprechend dem Falzgewicht der Leder, jedes Wasserquantum leicht abmessen kann. Die Rohre sollen von größtmöglichstem Durchmesser sein, um den Einlauf rasch betätigen zu können. Es kommen in Betracht, für ganz helle Brauntöne, wie Beige, Champagner u. dgl., Kombinationen von saurem Havannabraun mit saurem Schwarz, unter Zusatz von Seife oder Fettlicker gefärbt. Sollen mehr grünstichigere Töne erzielt werden, so kann einerseits das Schwarz durch ein grünlicheres Säureschwarz ersetzt werden, andererseits kann man auch leicht mit Grün abtönen. Für Feldgrau kommt Schwarz, mit Havannabraun und Grün abgetönt, ebenfalls mit Seife oder Fettlicker im Farbbad, zur Verwendung. Leuchtende Gelbtöne bis Orange werden mit Chromledergelb und Orange erzielt, sie lassen sich durch Zusatz geringer Mengen Schwarz leicht trüber, bräunlicher gestalten. Die übrigen gangbaren Brauntöne lassen sich mit Chromlederbraun für sich allein oder mit Chromledergelb und Orange kombiniert, bzw. mit Schwarz abgetrübt, ohne weiteres erreichen. Während Chromlederbraun B oder G, M oder D grünstichige, nach Olive hinneigende Braun erzielen lassen, welche Richtung durch entsprechenden Zusatz von sauren oder substantiven Gelb und evtl. Schwarz erweitert wird, gibt Chromlederbraun R rotstichige, an Kastanienbraun erinnernde Töne, die durch Zusatz von Chromledergelb bzw. sauren Gelb gelbstichiger, durch substantive oder saure Rot rotstichiger werden. Für rote Nuancen nimmt man die sauren oder direkt ziehenden roten Farbstoffe, welche durch geeignete Zusammensetzung jede erdenkbare Schattierung ergeben. Man färbt bei substantiven Farbstoffen in der Weise, daß man die Leder zunächst 20 Minuten mit der Farbstofflösung laufen läßt, dann eine geringe Menge Essigsäure, etwa 50 ccm für 100 kg Leder, zugibt und dann noch 10 Minuten weiterlaufen läßt. Nach dieser Zeit ist fast aller Farbstoff von den Fellen absorbiert, so daß man, wenn man besonders volle und gedeckte Nuancen wünscht, zum Übersetzen mit basischen Farbstoffen schreiten kann. Es geschieht, unmittelbar folgend, im gleichen Bad und verursacht somit keine unnötige Arbeit. Man verwendet nur ganz geringe Mengen der betreffenden Farbstoffe, gibt die Lösungen gut heiß, etwa 70° C warm, durch die hohle Achse ins laufende Faß und walkt etwa 15—20 Minuten. Nach dem Färben wird etwa 50° C durch etwa $^1/_2$stündiges Walken heiß gefettet. Will man dagegen nur mit Säurefarbstoffen, oder nur mit basischen Farbstoffen färben, so ist es zweckmäßig, die Leder nach dem Neutralisieren zunächst zu fetten und mit vegetabilischem Gerbstoff oder Epidermol C vorzubehandeln und dann zu färben. Bei den Säurefarbstoffen, welche auf mehrere Gaben verteilt und unter öfterem Zusatz geringer Ammoniakmengen leicht durchfärben, gibt man den zur Fixierung erforderlichen Säurezusatz erst nach etwa 15—20 Minuten Färben, nachdem eine gleichmäßige Verteilung des Farbstoffes über die ganze Oberfläche bereits stattgefunden hat, und läßt dann noch einige Zeit weiterlaufen. Bei basischen Farben unterbleibt der Säurezusatz. Dann wird gespült, abgereckt und an Haken hängend vorgetrocknet. Nachsetzen und aufnageln erfolgt sodann, wie bei den schwarzen Ledern beschrieben. Die Trocknung wird nur durch möglichst ununterbrochenen Luftersatz rationell, die Wärme allein tut es nicht. Erwärmte trockene Luft muß systematisch zugeführt, feuchte abgezogen werden, und bedient man sich dazu neuerdings besonders gebauter wagerechter oder senkrechter Luftschächte, in denen die Fellpartien vorwärts gebracht werden. Die nassen Felle kommen bei der dem Exhaustor (feuchten Luftabzug) zunächst gelegenen Seite in den Kanal und rücken sukzessive vor, bis sie auf der dem Ventilator (trockenen Luftzuzug) zunächst gelegenen Seite den Kanal als getrocknet verlassen. Es liegt ohne weiteres klar auf der Hand, daß diese auf dem Gegenstromprinzip beruhende Trocknungsweise den unbedingten Vorzug vor den üblichen Trockenstuben und -sälen verdient, da sie nicht nur wirtschaftlicher ist, sondern eine zuverlässige, regelbare Handlung darstellt, welche den Ledern nicht schadet und wie sie in einen modernen Betrieb hineinpaßt. Wenn die Felle trocken sind, können sie auf die umgekehrte Weise, ohne von den Rahmen entfernt zu werden, wieder angefeuchtet werden. Die aus dem Luftschacht gezogene feuchte Luft wird dann wieder benutzt, indem sie durch einen anderen, auf gleiche Weise eingerichteten Schacht hindurchgeleitet wird und so, wiederum nach dem Gegenstromprinzip, die noch warmen Leder anfeuchtet, um gestollt werden zu können. Erforderlichenfalls kann man durch entsprechende Wasserdampfzuleitung die Luft beliebig feuchter gestalten. Das Einlegen in Sägespäne und die damit verbundene Gefahr des Fleckigwerdens bzw. des ungleichmäßigen Feuchtwerdens fällt auf diese Weise vollständig weg; die Leder bleiben rein, die Arbeit des Ein- und Auspackens in Sägespäne fällt weg und der Feuchtigkeitsgrad kann zuverlässig geregelt werden. Man läßt die Felle nicht zu naß werden, aber gut durchziehen und stollt dann längs und quer auf der Maschine, Kern und Klauen besonders beachtend. Die Arbeit ist nicht sehr schwer, erfordert aber immerhin eine gewisse Geschicklichkeit. Nach dem Stollen werden die Felle wieder flach auf Rahmen aufgenagelt, ohne zu spannen und getrocknet. Sind die Felle, wie beschrieben, bearbeitet worden, so werden sie nunmehr mit der ersten Appretur versehen. Dieselbe wird für farbig in der Weise bereitet, daß man sich eine nicht zu starke Lösung von Epidermol C in Wasser herstellt und diese mit einem geeigneten Säure- oder substantiven Farbstoff anfärbt. Man färbt bei farbig nur leicht an. Bei Schwarz verwendet man Chromlederschwarz, jedoch in größerer, gut deckender Menge. Man kann diese erste möglichst heiß aufzutragende Appretur auch vorteilhaft auf die getrockneten Leder vor dem Durchfeuchten zum Stollen aufbürsten. Wenn die erste Appretur getrocknet ist, wird die Fleischseite geschliffen. Dieses ist bei farbigen Ledern besonders geboten, da die kleinste Unegalität beim Glanzstoßen dunkle Stellen hervorrufen würde. Sodann gibt man die zweite Appretur, welche für farbig in der Hauptsache aus Eialbumin, in Wasser gelöst, und mit einem geeigneten Säurefarbstoff angefärbt, besteht. Für Schwarz verwendet man mit Wasser stark verdünntes, gut entschleimtes Rinderblut, oder eine Lösung von Blutalbumin in Wasser, mit Nerazin oder Nigrosin genügend tief angefärbt und mit einem Zusatz von Carbolsäure oder Formaldehyd versehen. Die Glanzstoßappretur soll leicht und gleichmäßig aufgetragen und im warmen Raum getrocknet werden. Auch ist es gut, wenn die Leder noch warm zum Glanzstoßen kommen und der Glanzstoßraum ein trockener Raum ist. Bei farbigen Ledern erfordert das Glanzstoßen natürlich besondere Vorsicht hinsichtlich der Vermeidung von Streifen und Zwickeln, weshalb man häufig nicht ohne Vorteil unter dem Riemen der Glanzstoßbahn einen Filzstreifen oder unter der Federung der Maschine eine Gummi- oder Korkeinlage anbringt. Daß auf Reinhaltung der Felle von Öl- und Schmierflecken Sorgfalt gelegt werden muß, verdient erwähnt zu werden. Nach dem Glanzstoßen werden die Leder, wenn der charakteristische Boxnarben gewünscht wird, auf vier Quartiere unter sich gezogen und aufpantoffelt. Öfter werden sie jedoch glatt verlangt und erhalten dann oftmals den Auftrag einer wasserdicht machenden Appretur aus Casein, mit Ammoniak in Wasser gelöst, oder Zaponlack, welche in gleicher Weise getrocknet wird. Sind die Felle dann nochmals glanzgestoßen, diesmal mit leichtem Druck, und zwar fehlerlos, so werden sie zunächst gebügelt — am besten mittels Plattenpresse — und evtl. nochmals leicht aufgekraust. Um zu verhindern, daß die Appretur die Leder unansehnlich macht, wird sie im Tone derselben leicht angefärbt. Bringt man die Leder sodann kurze Zeit in einen Raum, welcher etwa 50° C warm ist, so verflüchtet sich der dem Zaponlack eigentümliche Geruch bald. Häufig treten an Stelle der Glanzstoßappreturen solche von Leinsamenschleim u. dgl., welche den damit appretierten Ledern nur einen matten Glanz verleihen und auch nicht glanzgestoßen, sondern nur gerollt oder gebügelt werden.

Velvetkalbleder.

Von Amerika ausgehend und durch den Automobilsport begünstigt, haben sich verschiedene Lederarten in das Gebiet der Mode begeben und damit Erfolg gehabt. So stellen auch die obengenannten Leder eine sehr verbesserte und beliebt gewordene Spezialität unter den Chromkalbledern dar, die vielfache Verwendung finden. Sie werden sowohl für Luxusschuhe, als auch für Gürtel und Täschchen, wie auch für einzelne Kleidungsstücke, wie Westen, Jacketts, Hüte und zum Aufputz solcher gebraucht, zeigen alle beliebten Modetöne und haben infolge ihres weichen, samtartigen Griffes sicher vieles für sich.

Ihre Herstellung bedingt naturgemäß zweckentsprechende Auswahl der Rohware; man wählt ganz junge, sog. Saugkalbfelle, eventuell auch ungeborene, da nur diese bei zweckmäßiger Arbeitsweise die verlangte, feinfaserige Fleischseite ergeben. Da es sich dabei meistens um Leder handelt, dessen Fleischseite zugerichtet wird, so ist natürlich auf diese besonderes Augenmerk zu richten. Felle mit tiefen Kerbschnitten sind nicht verwendbar, dagegen spielt die Beschaffenheit des Narbens eine weniger wichtige Rolle. Im allgemeinen dürften die Felle von den Boxcalf wegsortiert werden können, da sie gewöhnlich mit denselben zugleich fabriziert werden. Ihre alleinige Herstellung würde nur in ganz großem Maßstabe rationell, was jedoch, da es sich um einen teuren Modeartikel handelt, durch den Wechsel der Mode leicht in Frage gestellt ist.

Die Felle erhalten die übliche Vorbehandlung der zu Box bestimmten Felle in der Wasserwerkstatt, werden gründlich, aber nicht zuviel geweicht, ehe sie in den Kalk kommen und erhalten normale Äscherung. Grundreines Enthaaren und sauberes Entfleischen folgt. Fehler sind unbedingt zu vermeiden, da nur erstklassige Qualitätsware Aussicht auf Absatz hat. In der weiteren Folge wird dann zweckmäßig gebeizt, entkalkt, gepickelt und analog den Boxfellen gegerbt. Bezüglich der Gerbung braucht nicht besonders erwähnt zu werden, daß dieselbe ein volles, geschmeidiges Leder ergeben soll, nachdem dies ja auch Grundbedingung der Boxfelle ist. Es erübrigt sich aus diesem Grunde auch eine nähere Beschreibung der Gerbung, weil die Fabrikation dieses Artikels nur dort lohnend ist, wo ohnehin schon in Chromkalbfellen eine Qualitätsware hergestellt wird. Die besondere Bearbeitung setzt erst nach der Gerbung ein; die Felle werden zunächst dünn gefalzt und ist dabei Obacht zu geben, daß dies makellos geschieht. So dürfen z. B. keine Löcher oder sog. Treppen entstehen, welch letztere von zu langsamem Gang der Falzmaschine bzw. zu großer Entfernung zwischen den Messern derselben herrühren können. Dann werden die Leder mit fließendem Wasser und dann unter Verwendung einer Lösung von Borax in lauwarmem Wasser, durch entsprechendes Walken richtig entsäuert. Man walkt etwa $\frac{1}{2}$—1 Stunde, bis blaues Lackmuspapier, auf den Anschnitt eines Felles gebracht, sich nicht mehr rötet. Nachdem die Felle entsäuert und mit 60° C warmem Wasser gewaschen sind, werden sie mit möglichst neutralem Fettlicker im Faß warm gefettet. Man benützt dazu eine Emulsion von Klauenöl und Marseiller Seife in Wasser, welche vorteilhaft einen Zusatz von Eigelb und Dextrin enthält. Vielfach gibt man nach dem Fettlicker auch einen Zusatz von vegetabilischem Gerbstoff, wie Gambir, Sumach u. dgl., wodurch das Wiederaufweichen der Leder nach dem Trocknen wesentlich erleichtert wird. Nachdem streift man die Felle von der Fleischseite aus leicht aus und hängt an den Hinterklauen zum Trocknen auf. Das Trocknen geschieht so luftig wie möglich und ohne Anwendung höherer Temperaturen. Man tut gut daran, die Felle dann einige Zeit kühl zu lagern und erst bei eintretendem Bedarf weiter zu verarbeiten. Zu diesem Behufe werden sie zuerst in feuchte Sägespäne eingelegt oder ins Dampfbad eingehängt, worin sie sich durchfeuchten. Dann werden die Felle, auf der Maschine gestollt, vorgeschliffen und flach aufgespannt, wieder getrocknet. Hieran anschließend wird die Fleischseite mit feinem Korn auf dem Schmirgelrad nachgeschliffen, häufig auch die Narbenseite, womit die maschinelle Bearbeitung der Leder vor dem Färben beendet ist. Um die Leder nun zum Färben geeignet und für die Farbstoffe aufnahmefähig zu machen, müssen sie mit 60—70° C heißem Wasser gründlich aufgewalkt werden; bekanntlich lassen sich Chromleder, einmal ausgetrocknet, nur schwer wieder aufweichen und befriedigend färben. Die beschriebene Vorbehandlung der Leder ergibt nun, in Verbindung mit der hohen Temperatur beim Walken, daß die Leder schon nach etwa 1 Stunde so weich sind, daß sie unbedenklich zum Färben gebracht werden können, zumal sich die Fleischseite ohnehin leichter färbt. Man gibt den aufgeweichten Fellen dann zunächst ein leichtes Seifenbad und — gleichfalls im Walkfaß — eine Behandlung mit vegetabilischen Gerbstofflösungen. Das Färben wird mit Säurefarbstoffen oder sogenannten direkt ziehenden, substantiven Farbstoffen oder Kombinationen derselben untereinander, ausgeführt, welche in allen modernen Farbtönen erhältlich sind. Die Farbstoffe werden in kochendem Wasser gelöst und durch die hohle Achse des Fasses zu den laufenden Fellen gegeben; man rechnet durchschnittlich 100—125 Liter Wasser von 60° C auf 100 kg trockene, geschliffene Leder. Das Farbstoffquantum richtet sich nach der Tiefe des Farbtones. Haben die Felle sodann etwa $^1/_2$ Stunde mit einer geeigneten Farbstofflösung gelaufen, so erschöpft man die Flotte durch die Zugabe einer entsprechenden Menge Essig- oder Ameisensäure oder auch Alaun, je nach dem Farbstoff. Die Farbstofflösungen müssen natürlich stets sorgfältig bereitet und durchgeseiht werden. Für Schwarz wird eine ganz besonders tiefe und volle Nuance verlangt, wie sie gewöhnlich nur mit größeren Mengen künstlicher Farbstoffe erreicht wird. Man walkt die Leder zunächst mit der erforderlichen Menge des grünstichig-schwarzen Säurefarbstoffes, fügt eine entsprechende Menge Alaun, in heißem Wasser gelöst, hinzu und läßt damit einige Stunden laufen, um möglichste Durchfärbung zu erreichen. Diese Färbung wird zweckmäßig mit basischen Farbstoffen übersetzt. Die Mitverwendung von Holzfarbstoffen kommt bei hellen und mittleren Graunuancen in Betracht, wo dieselben mit Metallsalzen, wie Kupfer- und Eisenvitriol, in der Hauptsache erzielt und mit Säurefarbstoffen ohne Säurezusatz entsprechend abgetönt werden.

Sind die Leder fertig gefärbt, so werden sie vom Narben aus kräftig abgereckt und bei guter Lüftung getrocknet; allzu große Hitze ist dabei wiederum soviel wie möglich zu vermeiden, da sie nur den weichen Griff der Leder beeinträchtigt. Nach dem Trocknen werden sie wieder durch Einlegen in reine, feuchte Sägespäne — aus hartem Holz — durchfeuchtet, eventuell im Dampfbad, und dann im trockenen Walkfasse einige Stunden gewalkt. Es hat dies den Zweck, die Fasern der Fleischseite zu lockern und so dem Leder den velvetartigen Griff zu verleihen. Die Gleichmäßigkeit und Fülle der Nuance bleibt dabei vollständig erhalten, was nicht der Fall wäre, wenn die Fleischseite durch Schleifen oder Abbimsen wieder aufgerauht würde. Sind die Leder dann noch richtig ausgetrocknet, so werden sie mit der Maschine, die aber keine scharfe Klinge haben darf, gestollt, mit steifer Bürste gebürstet, leicht mit Talkum gepudert und zum Schluß mittels des weichen Filz- oder Plüschrades auf der Fleischseite poliert.

Es ist leicht erklärlich, daß sich für diese Ledersorte auch mehr oder weniger gute Imitationen eingeführt haben, die aus Chrom-Schaf- oder -Ziegenledern oder auch aus lohgaren Ledern bereitet werden. Die Verarbeitung ist im großen ganzen die gleiche, wie beschrieben und hat wie da möglichst feinfaserigen, velourartigen Griff als erste Bedingung. Lohgare Leder werden deshalb gewöhnlich zuerst etwas angegerbt und dann mit Chrom nachgegerbt. Moderne Nuancen sind grau in allen Schattierungen, bläulich, grünlich und bräunlich Heliotrop, recht satte aber lebhafte Grün, Blau und Rot, ferner leuchtende Brauntöne von olive bis kastanienbraun variierend und in der Hauptsache Schwarz. Dieses in ganz ausnahmsweiser, blumiger Fülle zu erzielen, ist nicht leicht und macht sicher manchem Anfänger mehr Versuche nötig, als die gewiß schwierige Aufgabe der Herstellung farbiger Boxfelle neben schwarzen.

Chevreaux.

Bei der Herstellung dieser Leder spielt ganz besonders die richtige Auswahl der Rohware eine große Rolle und erfordert viele Erfahrung. Es ist notwendig, daß die Partien unter sich möglichst gleichartige Felle hinsichtlich Herkunft, Größe, Stärke, Alter, Geschlecht usw. enthalten, da es logisch ist, daß z. B. Weiche und Äscherung auf ein dünnes, leeres Fell anders einwirken, als auf ein kräftiges, und sie so in der Folge schon ungleich vorbereitet zum Gerben kommen; der Unterschied erhält sich durch die ganze Fabrikation hindurch und läßt kein gleichmäßiges Fabrikat erwarten. Es ist ohnehin nahezu unmöglich, farbige Felle genau in der gleichen Nuance herauszubringen, eins wie das andere, wenngleich der Unterschied manchmal nur gering ist; aber es liegt in der Natur des Rohmaterials, daß man selbst an ein und demselben Fell verschiedene Nuancen beobachten kann, wenn man z. B. den Kern mit den Weichteilen vergleicht.

Wo die Felle getrocknet ins Lager der Gerberei kommen, ist für gute Lüftung zu sorgen, was besonders in der wärmeren Jahreszeit beachtenswert ist, da die geringste Feuchtigkeit, z. B. vom Seetransport herstammend, bei längerem Lagern schädlich wirkt. Die überseeischen Felle kommen aber außer getrocknet auch gesalzen, in Fässern verpackt, in den Handel, und empfiehlt es sich bei denselben, sie sobald als möglich aus den Fässern zu nehmen, eventuell nachzusalzen und flach ausgebreitet möglichst kühl auf Haufen zu lagern; dieselben müssen natürlich des öfteren umgelegt werden. Zur Weiche bedarf es selbstverständlich bei den getrockneten Fellen längerer Zeit als bei den gesalzenen; erstere werden, nachdem sie einen Tag im Wasser waren, unter Zuhilfenahme einer Haspel durchgearbeitet und dann aus der Ader gestreckt, wonach sie wieder in frisches Wasser kommen. Ein Zusatz antiseptischer Mittel zur Verhinderung der Fäulnis ist besonders in der warmen Jahreszeit angebracht. Bei den gesalzenen Fellen unterbleibt das Haspeln, im übrigen bleibt sich die Weiche gleich; das Wasser wird entsprechend oft erneuert, je nachdem es zu entfernende Unreinigkeiten, Blut u. dgl. gebieten. Man lege Wert darauf, daß die Felle rein und weich in den Äscher kommen. Hierfür hat sich das langsam laufende Walkfaß (1—2 Touren in der Minute) bereits bestens bewährt. Man rechnet bis zu 65 g Kalk pro Kilogramm Grüngewicht, und vermindert die Menge, wenn man Anschärfungsmittel mitverwendet, wie z. B. Arsenik oder Schwefelnatrium, verhältnismäßig. Ein Zusetzen von Kochsalz ist zur Verhinderung übermäßiger Schwellung sehr dienlich. Wenn man es sich einrichten kann, läßt man das Äscherfaß eine Nacht durchlaufen und kann dann gewöhnlich am folgenden Morgen enthaaren. Die genaue Zeitdauer ist den örtlichen Verhältnissen anzupassen. Danach wird gespült, beschnitten, wenn erforderlich auch entfleischt, dann in lauwarmem Wasser gehaspelt und gebeizt. Je nach der Art, z. B. bei hartnarbigen Fellen, ist eine Vorbeize erforderlich, welche in der Regel aus Oropon, Polizym oder Purgatol bereitet wird; aus dieser kommend, wird zunächst gespült und dann in die Kleienbeize gegeben. Es ist naheliegend, daß man aus praktischen Gründen nach einer Vereinfachung der Beizmittel sucht. Gerade die Beize, die Entkalkung der Blößen, ist noch ein sehr wunder Punkt und gewöhnlich von den Gerbern, die farbige Leder machen wollen, noch viel zu wenig beachtet. Die Fabrikanten dieser künstlichen Beizmittel geben gewöhnlich genaue Gebrauchsanweisungen, welche beachtet werden sollten. Man beizt nicht wärmer als 28—30° C. Um wirklich makellose farbige Ware herauszubringen, muß hier bei der Beize auch schon eine wirkungsvolle Kontrolle einsetzen: Das Fell muß ohne Verlust an Hautsubstanz völlig entkalkt werden; eine zuverlässige Handhabe zur Kontrolle hat man im Phenolphthalein, welches auf das gebeizte Fell bzw. in einen dicken Anschnitt desselben gebracht, keine Rötung hervorbringen darf. Nach der Beize werden die Felle zunächst gut gespült, vom Narben aus gut abgezogen, um den gelösten Kalk, Grund usw. zu entfernen, am besten unter Zuhilfenahme von leicht angewärmtem Wasser, wobei aber ein Wundstreichen des Narbens verhütet werden muß, dann wird nochmals gespült, abtropfen gelassen und im Walkfaß gepickelt. Man löst zu dem Zweck für 100 kg Blöße: etwa 8—10 kg Kochsalz, 2—3 kg Salzsäure in 150 Liter Wasser und walkt damit die Felle etwa $1^1/_2$ Stunden. Man gibt sie dann ohne Verzug ins Gerbfaß. Die Gerbung wird gewöhnlich nach dem Zweibad-, seltener nach dem Einbadverfahren ausgeführt bzw. einer Kombination derselben.

Um das Zweibadverfahren auszuführen, stellt man sich vor dem Gebrauch je eine Lösung von $2^0/_0$igem und eine solche von $4^0/_0$igem doppeltchromsauren Kali in 40 bzw. 80 Liter Wasser (pro 100 kg Blöße) her, wobei man 1 bzw. $2^0/_0$ Salzsäure hinzufügt. Man stellt sich die Lösungen in hölzernen Gefäßen her und läßt sie darin erkalten. Zunächst läßt man die Felle in gut verschlossenem

Faß mit der schwächeren Kalisalzsäurelösung eine Stunde laufen, sodann gibt man durch die hohle Achse die zweite, stärkere Lösung ohne Unterbrechung der Rotation dazu und läßt weitere 4—5 Stunden laufen. Wenn der Schnitt dann durchweg von gelber Farbe ist, so nimmt man die Felle aus dem Faß und legt sie faltenlos, Narben auf Narben, glatt auf Haufen, und läßt sie in möglichst dunklem Raum gut zugedeckt liegen, bis man zur Reduktion schreitet. In der richtigen Ausführung der letzteren liegt der Erfolg. Man muß darum äußerst sachgemäß verfahren, wenn man das in der Haut abgelagerte, aber noch nicht gebundene Chrom (Chromsäure) darin erhalten und als Chromoxyd mit der Faser verbinden will.

Es ist durchaus nicht gleichgültig, wie dies geschieht, da die Chromsäure noch sehr leicht ausblutet. Zu diesem Zwecke stellt man sich ein ziemlich starkes Reduktionsbad her, in welchem die chromierten Felle zunächst mehrmals rasch und glatt durchgezogen werden, wobei aber jedes Schlagen oder unnötiges Bewegen der Felle aus dem Grunde vermieden werden soll, weil dadurch das in der Haut lose sitzende Chrom entfernt wird.

Das Durchziehen durch dieses Bad verursacht eine das abgelagerte Chrom zurückhaltende Niederschlagshülle, darf aber nicht übertrieben werden, da sonst zu starke Narbenbildung erfolgt. Eine Lösung von 3 kg unterschwefligsaurem Natron (Antichlor) in 100 Liter Wasser, auf 18° C abgekühlt und unmittelbar vor dem Gebrauch mit 1 kg Salzsäure vermischt, ist zweckentsprechend. Der Geruch der dabei entstehenden schwefligen Dämpfe ist scharf und unzuträglich, weshalb für gute Lüftung gesorgt sein soll, am besten durch Anbringung eines Zugschlotes mit weiter Öffnung unmittelbar über dem betreffenden Gefäß, am besten einem rechteckigen Kasten. Der Gebrauch von Gummihandschuhen ist hierbei sowohl wie auch beim Entleeren der Chromfässer und nach der Reduktion geboten. Dabei sei speziell auf die vom Reichsgesundheitsamt herausgegebenen Merkblätter für Chromgerbereien hingewiesen, die durch den Zentralverein erhältlich sind. Nach dem Durchziehen legt man die Felle wieder, Narben auf Narben, glatt und faltenlos auf Haufen und beläßt sie gut zugedeckt bis zum folgenden Morgen, an welchem das Durchziehen in gleicher Weise wiederholt wird und die Felle nochmals glatt auf Haufen kommen. Erst am dritten Tag erfolgt die eigentliche Reduktion im Faß.

Um alsdann beim Reduzieren im Faß das Entweichen der schwefligen Dämpfe, die für den Gerbprozeß förderlich, für die

Gesundheit der Umgebung aber nachteilig sind, zu verhindern, benötigt man zu jedem Reduzierfaß zwei höher als dessen Achse stehender Lösefässer, am besten im darüber befindlichen Laboratorium stehend, wie für das Färben auch, deren Ablaufrohre aus Blei sich zu einem vereinigen, welches dann durch die hohle Achse ins Faß mündet. Jedes dieser beiden Lösefässer muß mit einem sicher funktionierenden Ablaßventil versehen sein. Die Menge der Gerbflüssigkeit soll 6 Liter pro Kilogramm Fell und die Temperatur 18° C nicht übersteigen. Man löst nun in einem dieser Fässer 20% (der Blöße) Antichlor ohne Zusatz von Wasser durch Dampf auf und verdünnt die Lösung entsprechend mit kaltem Wasser. Im anderen Faß vermischt man 8% (der Blöße) Salzsäure mit der gleichen Menge kalten Wassers, wie sie im Antichlorlösefaß vorhanden ist. Es ist vorteilhaft, wenn beide Lösefässer Wasser- und jenes für Antichlor auch Dampfleitung haben, mit Blei ausgeschlagen, und sonst in jeder Weise leicht zu bedienen sind.

Nachdem die beiden Lösungen vorbereitet sind, gibt man die vorher durchgezogenen Felle samt der benutzten Brühe ins Faß und setzt dieses gut verschlossen in Rotation. Es soll, wie das Chromierfaß, nicht zu hoch sein und etwa 18 Touren in der Minute machen. Es werden dann sofort und zugleich die Ventile beider Lösefässer geöffnet, so daß deren Inhalt in einem Rohr vereinigt durch die hohle Achse ins Faß kommt. Wie schon erwähnt, soll die Gesamtbrühenmenge 6 Liter pro Kilogramm Haut nicht übersteigen. Ganz besonderes Augenmerk ist darauf zu richten, daß das Faß in der ersten Stunde und namentlich während des Einlaufs der scharfen Brühe unter keinen Umständen zum Stehen kommt. Sobald der Inhalt der Lösefässer abgelaufen ist, verschließt man durch deren Ventile den entweichenden schwefligen Dämpfen den Weg.

Das Faß soll ohne wesentliche Unterbrechung 8—10 Stunden laufen. Nach dieser Zeit läßt man noch, wenn erforderlich, die Lösung von 5 kg Antichlor (unterschwefligsaures Natron) in einem und 1 kg Salzsäure im anderen Lösefaß — unter Verwendung gleicher Wassermenge, in gleicher Weise wie die erste Gabe zulaufen (18° C) und ohne Unterbrechung weitere 3 Stunden walken.

Will man zur Kontrolle die Leder besichtigen, so darf durch das Öffnen und Schließen der Fässer kein zu großer Zeitverlust entstehen. Nach der angegebenen Zeit ist die Reduktion beendet; sie ist erkenntlich, wenn der Schnitt der Leder durchweg bläulichgrün ist. Ist das Bad nicht wasserklar, sondern grünlich-blau, so ist Chrom ausgeblutet. Zeigt sich noch eine bräunliche Farbe, so ist die Reduktion noch nicht beendigt und erfordert weitere Zusätze von Antichlor und Salzsäure im bereits gebrauchten Mengenverhältnis. Die Leder können dann noch vorteilhaft einige Stunden ruhig in der Brühe liegen bleiben, worauf man sie flach auf Haufen schichtet.

Nachdem die Leder einige Tage gelagert sind, werden sie entweder mittels hydraulischer Presse ausgepreßt oder mit der Maschine oder von Hand gut trocken ausgesetzt, damit man sie falzen kann. Eine befriedigende Qualität erkennt man schon beim Ausrecken, wenn das Leder gummiartig zugig ist, nur schlecht gegerbte Leder legen sich leicht flach. Das Falzen kann nur mit der Maschine geschehen. Die dabei gut egalisierten Leder werden sodann gewogen. Das dabei ermittelte Gewicht (Falzgewicht) dient als Norm für die weitere Zurichtung. Das Leder enthält nunmehr noch freie Säure, welche sich durch bloßes Auswaschen mit Wasser nicht entfernen läßt; das beste und gebräuchlichste Verfahren, welches ohne viel Umständlichkeiten zum Ziele führt, ist nach etwa 1stündigem Wasserwalken die Entsäuerung mit Borax, wovon je nach dem Säuregehalt des Leders bis zu 2% vom Falzgewicht des Leders zur Anwendung gelangen. Man walkt damit $^1/_2$—1 Stunde bei etwa 30° C und wäscht sodann gut mit warmem Wasser nach; die Temperatur steigert man dabei zweckdienlich von 30° C bis auf etwa 60° C, wodurch die Leder gleich zum Färben angewärmt werden. Die Entsäuerung des Leders vor dem Färben ist ein wichtiger Punkt in der Fabrikation, welcher gewissenhafter Kontrolle bedarf. Blaues Lackmuspapier, auf den frischen Anschnitt eines Felles gebracht, darf sich nicht röten. Ist das Leder nicht oder nur schlecht entsäuert, so kann dies die Quelle der verschiedensten Fehler sein. Die Säure ist dem Fell so lange dienlich, als es sich im Stadium des Werdens zu Leder befindet, sie schwellt die Faserbündel der Haut und begünstigt dadurch die Gerbstoffaufnahme. Von dem Zeitpunkt an aber, an welchem darin kein Fortschritt mehr stattfindet, d. h. nach beendigter Gerbung, ist die Säure noch ein Schutz gegen Einflüsse der Luft, des Staubes usw.; sie wirkt aber schädlich, wenn man wieder neue Substanzen in die Haut einführt, wie es beim Färben und Fetten der Fall ist. Die im Leder befindliche freie Säure bindet bzw. fällt den Farbstoff, und zwar meist unregelmäßig, was schon in der ungleichmäßigen mechanischen Bearbeitung des Leders und der unregelmäßigen Ablagerung der Säure seinen Grund hat; sie zersetzt aber auch das eindringende, meist mit Alkalien emulgierte Fett und geht Verbindungen mit demselben ein, die sich an der Oberfläche des Leders festsetzen, häufig eine regelrechte Zurichtung verhindern und obendrein beim Lagern Anlaß zu unliebsamem Ausschlag bilden. Es ist deshalb das beste, das Leder möglichst säurefrei zu halten, man steht dann nicht Komplikationen gegenüber, die gewöhnlich erst zu spät bemerkt werden und dann meistens nicht wieder gut zu machen sind. Nachdem also die Leder entsäuert sind und beim nachfolgenden Waschen gut vorgewärmt wurden, werden sie gefärbt, was nach Ablauf des Waschwassers im gleichen Walkfaß erfolgen kann. Dabei ist zunächst zu beachten, daß die Herstellung schwarzer Leder in allen Fällen von derjenigen der buntfarbigen getrennt bleibt, wenn auf gute Qualität Wert gelegt und viel Ärger erspart werden soll. Daß die Fabrikation schwarzer Leder geringerer Sorgfalt bedarf, als diejenige der hellfarbigen, ist damit nicht gesagt, man kann bei beiden Arten manches tun, was zur Verbesserung der Qualität beiträgt und damit das Fabrikat leicht verkäuflicher und wertvoller macht. So ist es z. B. nicht gleichgültig, ob eine Nuance leer und mager, oder voll und blumig erscheint; auch der Glanz spielt eine Rolle, er kann durch entsprechendes, haltbares Feuer viel zur Schönheit der Nuance beitragen. Bei sachverständiger Auswahl der Farbstoffe und Zusammensetzung des Glanzes lassen sich auch manche ökonomische Vorteile erzielen, die im Laufe des Jahres nicht unwesentlich in die Wagschale fallen. Treten wir nun zunächst zur Herstellung der schwarzen Leder, welche bekanntlich den größten Teil der Produktion ausmachen, so finden wir, daß sich dieselben durch verschiedenartig gefärbte Fleischseite unterscheiden. Die Chromziegenleder erhalten vielfach eine vegetabilische Nachgerbung, um denselben guten Griff und eine gewisse Festigkeit zu verleihen; diese Nachgerbung läßt sich gut mit der Färbung verbinden. Eine sehr einfache Schwärzmethode ist diejenige im Faß; sie ist am wenigsten zeitraubend, läßt dabei allerdings hinsichtlich Fleischseitenfärbung etwa weniger Spielraum. Der hierzu zur Verwendung kommende direkt ziehende Diamin-, Benzidin- usw. Farbstoff kann für sich allein (etwa 1% vom Falzgewicht wird benötigt) als auch in Verbindung mit blauen bzw. violetten Farbstoffen und Blauholzextrakt gebraucht werden, wodurch man es in der Hand hat, bei schwarzer Narbenseite die Fleischseite immerhin noch nach Blau oder Violett zu nuancieren. Für sich angewandt, erzielt man mit diesen Farbstoffen, je nach der Gerbung, gewöhnlich eine mehr oder minder tiefe Violettfärbung der Fleischseite. Man gibt hierbei den schwarzen mit dem blauen bzw. violetten

Farbstoff zugleich ins Faß, dem man nach etwa 20 Minuten die Blauholzextraktlösung folgen läßt. Zwecks besseren Ausziehens kann das Farbbad nach der Blauholzzugabe leicht angesäuert werden (mit 25—50 g Essigsäure pro 100 kg Leder). Die Fettung erfolgt bei diesem Schwärzverfahren nach dem Schwärzen. Wünscht man eine ausgesprochen graue, blaue oder violette Fleischseiten- bzw. Durchfärbung, so verwendet man bei grauer Fleischseite: 5% Sumach (Blätterabkochung) oder Gambir, 0,1—0,5% Nigrosin oder Nerazin, abgetönt mit 0,01—0,05% Havannabraun (saures Braun) bzw. 0,01—0,05% Naphtholgrün (saures Grün), falls Durchfärbung erwünscht ist, mit einem Zusatz von Ammoniak (etwa ½%). Man gibt zu den gut entsäuerten Fellen etwa 100 Liter Wasser von 60° C (pro 100 kg Falzgewicht gerechnet, das sich auf alle weiteren Angaben bezieht) ins Faß, läßt laufen und gibt sodann die entsprechenden Farbstoff- usw. Mengen, in wenig heißem Wasser gelöst, durch die hohle Achse des Fasses zu. Notwendiger Ammoniakzusatz wird gleich zu Beginn der Färbung gegeben und entsprechend oft wiederholt, wenn man konstatiert, daß die Durchfärbung keine Fortschritte macht.

Zu blauer bzw. violetter Fleischseite verwendet man 0,4% Blauholzextrakt (fest) in Verbindung mit 0,5—1% Echtblau bzw. 1% Nerazin oder 0,5—1% Formylviolett oder ein anderes Säureviolett (eventuell mit genannten Farbstoffen nuanciert).

Nachdem die Leder die entsprechende Fleischseitenfärbung bzw. Durchfärbung durch ½—1 stündiges Walken erhalten haben, werden sie gewöhnlich in der Mulde oder auf der Tafel mit einem basischen Lederschwarz geschwärzt, wovon man sich eine Lösung von 8—10 g pro Liter Wasser bereitet hat. Bei Ledern, welche, wie beschrieben, zunächst grau, blau oder violett vorgefärbt und dann in der Mulde oder mittels Bürste geschwärzt werden, empfiehlt es sich, vor dem Färben zu fetten, um einen Farbstoffverlust durch Ausbluten zu verhindern. Beim Fetten ist zu beachten, daß die Leder möglichst säurefrei sind und die anzuwendende Emulsion — die nach den üblichen Grundsätzen aus Marseiller Seife, Klauenöl, Eigelb, Borax und Wasser besteht — warm genug angewandt wird, um in das Innere des Leders eindringen zu können. Man walkt mit der dazu notwendigen Wassermenge etwa 100 Liter von etwa 50° C, da eine höhere Temperatur des Eigelbes wegen nicht rätlich ist, ungefähr 20 Minuten, bis das Fett gut vom Leder aufgenommen ist. Danach reckt man ab und hängt an Haken zum Trocknen auf, wenn geschwärzt.

Für farbige Zwecke ist es naturgemäß von vornherein geboten, daß auf gute, narbenreine Rohware besonders gesehen wird. Auch während der ganzen Fabrikation darf der Zweck der Felle, möglichst rein und gleichfarbig herauszukommen, nicht aus dem Auge gelassen werden. Aus diesem Grunde ist die Herstellung der farbigen Leder unbedingt von derjenigen der schwarzen zu trennen. Alle Arbeiten sind besonders vorsichtig auszuführen, Entkalkung, Gerbung und Entsäuerung gewissenhaft zu kontrollieren. Die Herstellung wirklich einwandfreier Ware ist dann von vornherein erleichtert und führt sicher zum Ziel. Gewöhnlich fängt es mit irgendeinem kleinen Fehler in der Wasserwerkstatt — irgend etwas zu viel oder zu wenig — schon an, der Fehler zieht im Laufe der Fabrikation kleinere oder größere Fehler nach sich, und schließlich steht man vor ärgerlichem Ausfall und weiß gar nicht, wieso man dazu gekommen ist. Da hilft einzig und allein fortgesetzte Kontrolle. Die Arbeitsweise gestaltet sich bis zum Färben im großen ganzen wie bei Schwarz beschrieben. Die Felle werden gut entsäuert, ehe sie zum Färben gelangen. Man färbt im geschlossenen Walkfaß mit 100 Liter Wasser von 60° C für 100 kg Felle (Falzgewicht), indem man die besonders hergestellten Farbstofflösungen jedesmal für sich getrennt durch die hohle Achse des laufenden Fasses zulaufen läßt. Zunächst gibt man eine Kombination von sogenannten „direkt ziehenden" oder „substantiven" Chromlederfarbstoffen eventuell mit Säurefarbstoffen kombiniert, und läßt damit etwa 20 Minuten laufen. Zum Zwecke guten Durchfärbens kann man etwas Ammoniak (50—100 ccm pro 100 kg Leder) nach und nach hinzufügen, und zwar gleich zu Beginn des Färbens. Außerdem ist ja die ziemlich hohe Temperatur sehr dienlich. Es bestehen außer den gewöhnlichen direkt ziehenden Farbstoffen noch andere im Charakter sehr ähnliche Chromlederechtfarbstoffe, welche gut zwickecht durchfärben und in den gangbaren Nuancen erhältlich sind. Das gleichmäßige Aufziehen der Farbstoffe wird erleichtert, wenn man der Zugabe der Farbstofflösungen eine solche von etwa $^1/_4$—$^1/_2$% Epidermol C vorausgehen läßt und damit etwa 20 Minuten walkt. Dann wird gefärbt. Nachdem der Farbstoff vom Leder absorbiert ist, gibt man, wiederum durch die hohle Achse, die klare Abkochung von etwa 5 kg Sumachblättern oder 1—2 kg Gambir zu und läßt weitere 20 Minuten laufen; in gewissen Fällen kann die Sumachbrühe gleich zum ersten Farbbad oder auch vor demselben gegeben werden. Zum Schluß übersetzt man die so weit gefärbten Leder in vielen Fällen noch leicht mit einem basischen Farbstoff. Die Reihenfolge dieser Farbstoff- bzw. Gerbstoffgaben gewährleistet eine absolut gleichmäßige, gedeckte Nuance und einen vollen guten Griff. Sofort an die Färbung anschließend, ohne erst zu spülen, aber möglichst im frisch gestellten Bad, kann man dann fetten, und zwar, wie bei Schwarz, mittels möglichst neutraler Emulsion. Die Menge derselben richtet sich naturgemäß nach dem Fettgehalt derselben und darf das Leder keineswegs überfetten. Zum Zwecke des guten Eindringens hält man die Temperatur wie beim Färben möglichst auf 50° C, gewöhnlich genügt etwa $^1/_2$stündiges Walken. Dann wird, wenn nötig, etwas gespült, mittels hydraulischer Presse ausgepreßt, abgereckt und an Haken hängend getrocknet. Die Trocknung wird nur durch möglichst kontinuierlichen Luftersatz rationell; die Wärme allein tut es nicht. Erwärmte trockene Luft muß systematisch zugeführt, feuchte abgezogen werden, und bedient man sich dazu besonders gebauter wagerechter oder senkrechter Luftschächte, in denen die Fellpartien auf fahrbaren Gestellen vorwärts gebracht werden. Es ist ohne weiteres klar, daß diese auf dem Gegenstromprinzip beruhende Trocknungsweise den unbedingten Vorzug vor den üblichen Trockenstuben und -sälen verdient, da sie nicht nur wirtschaftlicher ist, sondern eine zuverlässige, regelbare Handlung darstellt, wie sie in einen modernen Betrieb hineinpaßt. Wenn die Felle trocken sind, werden sie auf die umgekehrte Weise — ohne von den Haken entfernt zu werden — wieder angefeuchtet. Die aus einem Luftschacht gezogene feuchte Luft wird wieder benutzt, indem sie durch einen anderen Schacht hindurchgeleitet wird und so — wiederum nach dem Gegenstromprinzip eventuell unter Zuleitung von etwas Wasserdampf — die noch warmen Leder anfeuchtet, um gestollt werden zu können.

Das Einlegen in Sägespäne und die damit verbundene Gefahr des Fleckigwerdens bzw. des ungleichmäßigen Feuchtwerdens fällt damit vollständig weg; die Leder bleiben rein, die Arbeit des Ein- und Auspackens in Sägespäne fällt weg und der Feuchtigkeitsgrad kann zuverlässig geregelt werden. Man läßt die Felle nicht zu naß werden, stollt leicht auf der Maschine der Länge und Breite nach und beobachtet besonders die Klauen. Die Arbeit ist nicht sehr schwer, erfordert aber immerhin einige Geschicklichkeit. Nach dem Stollen werden die Felle, noch feucht, in gute flache Form gezogen, aufgespannt, getrocknet und dann, wenn überhaupt erforderlich, nochmals leicht gestollt. Wenn es nötig erscheint, schließt sich hier das Schleifen der Fleischseite auf dem Schmirgelrad an;

es kommt gewöhnlich dann in Betracht, wenn die Leder nicht ganz glatt vom Falzen kamen, es kann aber auch nach dem Auftrag bzw. Trocknen der ersten Appretur erfolgen. Nunmehr erhalten sie mittels Bürste den leichten und gleichmäßigen Auftrag der ersten Appretur, die aus einer Lösung von etwa 10 g Epidermol C pro Liter Wasser besteht, die man mit einem zur Nuance des Leders passenden Säurefarbstoff oder Diaminfarbstoff leicht angefärbt hat, wenn man beim vorhergegangenen Färben keine basischen Farbstoffe mit verwendet hat. Ist dies geschehen, so feuchtet man mit ungefärbter Epidermollösung an, eventuell vor dem Stollen, und appretiert mit Gelatinelösung, welche mit basischen Farbstoffen entsprechend angefärbt ist. Bei einem Wechsel in der Farbstoffgruppe wird man infolge Bildung von Farblücken stets mit rötlichen Tönen zu rechnen haben. Nachfolgende Appreturen, welche aus Albumin, Kasein u. dgl. bestehen, färbt man in diesem Falle dann nicht mehr an. Es ist natürlich erforderlich, daß die Narbenseite die Appretur gut aufnimmt, richtig gefettetes Leder wird dies ohne weiteres tun; sonst hilft man sich durch Bearbeiten der Narbenseite mittels Epidermollösung, womit die Narbenseite vor dem Auftrag der Appretur fest abgerieben und wieder getrocknet wird; bloßes Auftragen derselben verfehlt natürlich den Zweck. Bei farbigen Ledern ist auch Abreiben mit Berberitzensaft bzw. ein Zusatz desselben zur ersten Appretur dienlich. Nach dem Auftrag der ersten Appretur — mit Gelatine — wird in warmem Raum getrocknet, wonach man den Auftrag der eigentlichen Glanzstoßappretur gibt, deren Hauptbestandteil in Albumin besteht. Für farbig nimmt man Eialbumin, in kaltem Wasser gelöst. Für Schwarz nimmt man am besten frisches durchgeseihtes Ochsenblut, welches entsprechend mit Wasser verdünnt, mit Nerazin oder Nigrosin hinreichend tief angefärbt wird. Ein Zusatz von Carbolsäure oder Formaldehyd bringt bei genügender Menge das Albumin zum Koagulieren, in welcher Form die Appretur sehr gut deckt. Die Appretur soll nicht zu dick, aber gut eingerieben, aufgetragen werden. Dann wird warm getrocknet und anschließend glanzgestoßen. Der Auftrag der zweiten Appretur, Trocknen und Glanzstoßen kann eventuell wiederholt werden. Diese Arbeit erfordert gerade bei Ziegenleder besondere Fertigkeit, und dies um so mehr, wenn sie mild und zügig gegerbt und modefarbig gefärbt sind. Zu starker Druck ist zu meiden, desgleichen Streifen und Zwickel. Danach wird gebügelt und sind die Leder dann fertig.

Chevreauximitationen.

Die Bearbeitung der Imitation von Chevreaux aus Schafledern, sog. Chevretten, und von Roßchevreaux lehnt sich im großen und ganzen an diejenige der Chevreaux an.

Bei den Schafledern wird naturgemäß der Wolle, ihrem Werte entsprechend, Beachtung geschenkt, weshalb sie, nachdem sie in frischem Wasser geweicht und gestreckt sind, was mehrere Tage erfordert, wenn es sich um trockene Felle handelt, von der Fleischseite aus mit einem Brei aus Schwefelnatrium und Kalk angeschwödet werden. Man verwendet hierzu ein Gemisch von etwa 50—60 kg Schwefelnatrium konz., 100—120 kg Kalk, vor dem Gebrauch gelöscht, und 250—300 Liter Wasser, welches Quantum hinreichend für 100 Dutzend Felle ist. Die Felle, welche glatt auf Haufen aufgebreitet sind, werden mittels eines Binsen- u. dgl. Pinsels dünn und gleichmäßig bestrichen, Fleischseite auf Fleischseite zusammengelegt und so etwa 8 Stunden auf nicht zu hohen Haufen gelegt. Der Wolle wegen separiert man die Felle in weiße, graue oder braune und schwarze, auch bringt man stets möglichst gleich große Felle zusammen, um zu verhindern, daß die Wolle vom Schwödebrei betroffen und dadurch entwertet würde. Nach der angegebenen Zeit wird entwollt, was sowohl von Hand, wie auch mit der Maschine erfolgen kann. Die Wolle wird sofort sortiert und gewaschen, die Felle kommen in den Äscher. Je nachdem, ob man hierzu das Äscherwalkfaß, bzw. sonstige mechanische Hilfsmittel, oder Aufschlagäscher benutzt, ist auch die Äscherdauer verschieden. Es ist zweckmäßig, nur reinen Weißkalk zu verwenden.

Dann wird zunächst in frischem fließenden Wasser etwa 1 Stunde gehaspelt, wonach die Felle beschnitten und mit der Maschine entfleischt werden. Danach wird nochmals, unter Zu- und Abfluß von Wasser, am besten lauwarm, gehaspelt und dann entweder in der Haspel oder im langsam laufenden Walkfaß gebeizt.

Man beizt im allgemeinen bei 28—30° C und verwendet am besten eins der künstlichen Beizmittel, wozu die Fabrikanten derselben genaue Gebrauchsanweisung geben. Danach werden die Blößen, wenn sie gut verfallen sind, von der Fleischseite aus abgezogen, vom Narben gestrichen und nach dem Spülen in reinem, nicht zu kaltem Wasser zum Abtropfen über einen Bock gehängt.

Stark fetthaltige Felle werden dann zum erstenmal entfettet. Man bringt sie zu dem Zweck in ein gut dicht schließendes Walkfaß, auf 40° C angewärmt, und gibt eines der neuerdings bekannt gewordenen Entfettungsmittel, wie Trichloräthylen, Lanadin L u. dgl., mit etwas Wasser von 40° C verdünnt, hinzu. Nach 20—30 Minuten Walken ist die Entfettung beendet und spült man sofort anschließend im gleichen Faß durch den Zu- und Abfluß von Wasser von 40° C während 20 Minuten bei geöffnetem Faß. Bei geeigneter Einrichtung läßt sich das Entfettungsmittel auffangen und wiedergewinnen, so daß nur ein Verlust von 12—15% entsteht.

Die Felle kommen nun mit der doppelten Gewichtsmenge kalten Wassers ins Walkfaß und werden unter Zusatz von 1½ kg Salzsäure (für 100 Dtzd. Felle) etwa 20 Minuten gewalkt. Dieser Vorpickel wird sodann ablaufen gelassen und dann mit der erkalteten Lösung von 2% Schwefelsäure, 4% Alaun und 8% Kochsalz in der doppelten Gewichtsmenge kalten Wassers — vom Blößengewicht gerechnet — 1½ Stunden gewalkt.

Man gibt die Felle dann sofort ins Gerbfaß, in welchem wieder die gleiche Gewichtsmenge Wasser, wie beim Pickel, und 3—5% Glaubersalz enthalten sind. Sollte während des Pickels eine Schwellung eingetreten sein, so wird sie durch Erhöhung der Salzmenge auf 10—12% beseitigt. Danach läßt man die erkaltete Lösung von etwa 16% Chromalaun oder die entsprechende Menge eines anderen Chromgerbsalzes nach und nach zulaufen und walkt so lange, bis der Anschnitt dicker Stellen völlige Durchgerbung zeigt. Erst dann beginnt man mit der Zugabe der erforderlichen Sodalösung, welche bei obiger Chromalaunmenge etwa ¼ ihres Gewichts beträgt. Bei der Verwendung anderer Chromgerbemittel ist diesbezüglich natürlich nach gegebener Vorschrift zu verfahren.

Nach beendeter Gerbung schichtet man die Felle zunächst flach auf Haufen und läßt sie einige Tage lagern, wonach man die bekannte Kochprobe macht.

Wenn möglich preßt man sie dann mittels hydraulischer Presse ab und falzt.

Hieran anschließend wird in gleicher Weise, wie nach der Beize, nochmals entfettet und dann, nachdem wie vorgeschrieben gespült wurde, unter Verwendung von etwa 2% Borax mit 100% Wasser von 32° C durch ½stündliches Walken entsäuert. Danach wird nochmals unter Verwendung fließenden Wassers im offenen Walkfaß ½ Stunde gespült und die Felle durch langsame Erhöhung der Temperatur des Wassers auf 60° C für das Färben vorgewärmt. Zum Färben eignen sich sowohl Säure- wie auch direkt ziehende Farbstoffe, bzw. Kombinationen derselben und erfordert dasselbe gewöhnlich $^1/_2$ Stunde. Man arbeitet mit einer Flotte von etwa 100% bei 60° C, vom Falzgewicht gerechnet, und gibt die Farbstofflösung nach und nach durch die hohle Achse zu. Das Färbefaß soll nach Möglichkeit 15—18 Touren in der Minute machen; von je höher der Zulauf der Farbstofflösung erfolgt, um so besser ist es, der besseren, rascheren Verteilung wegen. Danach gibt man die übliche Fettemulsion zu, die aber, da die Leder an und für sich weich sind, in geringeren Mengen gehalten wird, als bei Chevreaux.

Andererseits erhöht man aber dann den folgenden Zusatz vegetabilischer Gerbstoffe, um der an sich lockeren Struktur der Schafleder eine größere Festigkeit zu verleihen. Nachdem dann die Färbung in bekannter Weise durch Übersetzen mit den Lösungen basischer Farbstoffe beendet ist, wird die weitere Bearbeitung analog derjenigen der Chevreaux gehandhabt.

Bei der Herstellung von Roßchevreaux, aus den Hälsen der Roßhäute, fällt die wegen der Schonung der Wolle besondere Äscherbehandlung weg und kann in ähnlicher Weise, wie bei Rindledern, gehandhabt werden. Die stark fetthaltigen Roßkämme werden gewöhnlich ausgeschnitten, andererseits müßten sie wie die Schaffelle entfettet werden. Die weitere Behandlung ist im großen ganzen derjenigen der Rindboxleder angepaßt, mit dem Unterschied, daß sowohl während der Gerbung, wie auch während der Zurichtung auf die Erhaltung eines festen, glatten Narbens hingearbeitet wird und alle Manipulationen unterbleiben, welche zur Erzielung von Narben sonst angewendet werden.

Da Roßleder vielfach stärker im Narben beschädigt sind als andere Leder, werden sie gewöhnlich nach beendeter Zurichtung auch noch mit sog. Deckfarben behandelt, welche aus fein geschlämmten Erdfarben bzw. Pigmentfarbstoffen bestehen, die durch irgendein passendes Bindemittel auf dem Leder festgehalten werden.

Je weniger sie als solche erkannt werden, um so besser ist es für die Qualität des Leders; ihre richtige Verwendung erfordert Übung und ist nicht leicht.

Chromgare Rindoberleder.

Rindbox, welches anfangs als Imitation für Boxcalf dienen sollte, hat sich allmählich als direkter Ersatz des Kalbleders eingeführt, da es größere Dauerhaftigkeit mit gleicher Geschmeidigkeit und Schönheit verbindet. Die Fabrikation der gen. Ledersorte erfordert eine umfassende Kenntnis der dazugehörigen Gerb- und

Zurichtmethoden, aber auch — was nicht minder wichtig ist — eine sorgfältige Auswahl der Rohware. Dagegen hat Rindbox, wie alle Chromleder, den Vorzug der raschen Fertigstellung, den man bei den hohen und dabei noch so schwankenden Rohhäutepreisen sehr zu würdigen weiß.

Das bestgeeignete Rohmaterial für Rindbox sind Kalbinenhäute im Gewichte von 50—52 Pfund, kurzklauig, ohne Horn und Schweifbein; süddeutsches Gefälle wird dem norddeutschen vorgezogen, doch sind natürlich auch andere Sortimente, entsprechend gewählt, brauchbar.

Um die Häute vom Salz und Unrat gründlich zu reinigen, werden sie bei öfterem Wasserwechsel zwei Tage geweicht, nötigenfalls gestreckt, abgemistet und ausgehornt. Dann hängt man sie an Haken oder auf Stangen in Rühräscher ein, welche mit Weißkalk und Schwefelnatrium angeschärft werden. Nach 4—5 Tagen wird enthaart, grundrein mit nicht zu scharfem, glattem Eisen oder mittels der Maschine — Narbenbeschädigungen müssen unter allen Umständen vermieden werden —, dann wird gefalzt und geschoren, was auch mit der Entfleischmaschine ausgeführt werden kann. Dem darauf folgenden Spalten mit der Bandmesserspaltmaschine ist ganz besondere Sorgfalt zuzuwenden, denn es ist von großer Bedeutung für die zu erzielende Qualität. Nach dem Spalten wird etwa 15—20 Minuten unter Zufluß lauen Wassers in der Haspel gewaschen, wodurch schon ein großer Teil des Kalkes entfernt wird. Ist dies geschehen, so kommen die Häute in die Beize. Man benützt dazu einen rechteckigen Kasten von etwa 3 m Länge, $1^1/_2$ m Breite und $1^1/_2$ m Höhe, welcher eine starke Lattentrommel enthält, die durch ein Zahnradgetriebe 2—3 Touren in der Minute macht. Da die Beize lediglich den Zweck hat, zu entkalken, d. h. den Kalk derart niederzuschlagen, daß er durch Wasser bzw. entsprechende mechanische Bearbeitung leicht entfernt werden kann, so ist dem Beizen mit entsprechenden Säuren oder mit geeigneten künstlichen Beizen unbedingt der Vorzug zu geben. Nicht nur, weil dabei der Haut die wichtigsten Bestandteile erhalten bleiben, was bei gärenden Beizen nicht der Fall ist, sondern weil man eine viel sicherere Handhabe hat, den Prozeß zu überwachen. Selbst bei Kleienbeizen, welche den Kotbeizen schon aus hygienischen Gründen vorzuziehen sind, kommt es vor, daß zeitweise infolge schwankenden Klebergehalts anstatt des Verfallens ein Schwellen stattfindet, was von nachteiligen Folgen für die Qualität begleitet ist.

Die Temperatur der Beize beträgt 28° C, die angewandte Quantität Säure (Milch- oder Salzsäure) richtet sich nach dem Kalkgehalt der Häute, soll aber 1% vom Weißgewicht nicht übersteigen und wird nach und nach zugegeben; ein ein- bis zweistündiges Haspeln genügt, um den in der Haut enthaltenen Kalk in leicht löslichen milch- oder salzsauren Kalk überzuführen, welcher dann durch etwa 10 Minuten langes Walken im langsam laufenden Faß unter Zufluß von viel lauem Wasser entfernt wird. Bei künstlichen Beizen richtet man sich nach den Vorschriften der Hersteller. Wenngleich Chromleder weniger empfindlich als lohgares gegen rückständigen Kalk ist, so wird die Qualität doch manchmal dadurch sehr beeinträchtigt, da sich häufig unregelmäßige Narbenbildung und unegale Färbung einstellen.

Nachdem die Haut entkalkt, grundrein gestrichen und zum Abtropfen über einen Bock gehängt wurde, wird das Blößengewicht festgestellt, und dann wird die Blöße bis zur Gerbung in reines, nicht zu kaltes Wasser gelegt.

Man hat nun zwei Arten, mit Chrom zu gerben, das Ein- und Zweibadsystem. Es gibt eine größere Anzahl von Lederfabriken, welche nach dem Einbad, und ebenso auch solche, welche nach dem Zweibad arbeiten, und zwar beide auf Grund gemachter Erfahrungen mit bestem Erfolg. Bei dem einfacheren Einbadverfahren wird die Haut mit dem fertigen Chromoxydniederschlag, gewöhnlich aus neutralisierter Chromalaunlösung bestehend, gegerbt, während dieser Niederschlag beim Zweibadverfahren in der Haut selbst dargestellt wird. Wie schon erwähnt, gehören zu beiden Systemen praktische Erfahrungen, und können solche, da sie meistens in örtlichen Verhältnissen begründet sind, nicht in den Rahmen bestimmter Angaben gezwängt werden. Im allgemeinen ergeben Zweibadleder ein volleres Leder und billigere Gerbmaterialkosten, bedingen aber, daß die Ausführung der Gerbung in umsichtigen Händen liegt und der Prozeß bei jeder Partie sorgsam überwacht wird.

Das Einbadverfahren ist ungleich einfacher und leichter durchzuführen und ist am ehesten geeignet, den neu mit dem Artikel sich beschäftigenden Gerber vor allzu großem Lehrgeld zu bewahren. Bei diesem Verfahren werden die Leder zunächst in üblicher Weise unter Verwendung von Säure (z. B. Salz- oder Ameisen-) und Salz gut durchgepickelt, dann wird das Chromoxyd, welches teils flüssig, fertig zum Gebrauch mehr oder weniger stark basisch gestellt, teils teigförmig oder als Chromalaun kristallisiert, in den Handel gebracht wird, und zum Gebrauch in Wasser unter Zusatz von Salzsäure bzw. Soda aufgelöst werden muß — in nicht zu starken Lösungen zum

Ausgerben im Walkfaß verwendet. Dabei soll reichlich Brühe vorhanden, der Gang des Gerbfasses nicht zu schnell und die Temperatur ziemlich gleichmäßig (etwa 18—20° C warm) gehalten sein. Je nach Art und Stärke des Rohmaterials ist die Gerbdauer verschieden.

Die für die Einbadchromgerbung verschiedenen Chromgerbextrakte sind folgende:

Das Chromalin der Firma Dr. G. Eberle u. Co. in Stuttgart kommt in flüssiger und fester Form in den Handel. Das flüssige enthält etwa 8%, das feste etwa 24—28% Chromoxyd. Es wird durch Reduktion von Bichromat und Schwefelsäure mit Rohglyzerin erhalten. Das flüssige Chromalin bildet eine dunkelgrüne Flüssigkeit, das feste ein graugrünes, trockenes Pulver. Bei der Verwendung wird es in der etwa 4—5fachen Menge kochenden Wassers unter Umrühren aufgelöst.

Die Badische Anilin- und Sodafabrik in Ludwigshafen a. Rh. liefert neben Chromalaun eine Reihe verschiedener Chromgerbextrakte, teils in flüssiger, teils fester Form.

Die Chromlauge V ist flüssiger Chromalaun, also eine starke Auflösung von Chromalaun mit einem Chromoxydgehalt von etwa 11%; sie muß, wie Chromalaun, welcher etwa 15% Chromoxyd enthält, durch Sodazusatz basisch gemacht werden. Die Chromlauge basisch ist ein gebrauchsfertiger Chromgerbextrakt mit etwa 20% Chromoxydgehalt. Ihm entspricht auch die Chrombeize für Leder A mit einer Basizität von 100 : 98 (auf 100 Teile Cr_2O_3 kommen 98 Teile SO_3). Beide sind flüssig. Chromacyl B ist ein fester Chromgerbstoff mit einem Chromoxydgehalt von etwa 30%, mit einer Basizität von 100: 60 und mit einem Gehalt von 41,5% an Alkalisalzen in gekörnter, fester Form. Die Chrombeize für Leder trocken N ist eine höher konzentrierte Form der Chrombeize für Leder A in trockener, gekörnter Form mit einem Chromoxydgehalt von etwa 26,5%, einer Basizität von 100 : 81 und einem Gehalt von 33,5% an Alkalisalzen. Weiters liefert die Firma noch folgende Chromgerbextrakte:

	% Chromoxydgehalt	% Gehalt an Alkalisalzen	Basizität
Chromlauge 2 extra	20	10	100: 100
Chromlauge SA konz.	24	11	100: 100
„ SF konz.	28	0,7	100: 100
Chromosal B	28	26	100: 100
„ SA (salzarm)	32,5	14,5	100: 100
„ SF (salzfrei)	37	1	100: 100

Die Farbenfabriken vorm. Friedr. Bayer u. Co. in Leverkusen bringen in ihrem Chromgerbsalz Bayer einen Chromgerbextrakt in Form von festen, grünen Blättchen in den Handel, welches 38% Chromoxyd enthält und $^{6}/_{12}$ basisch ist. Man teigt es zunächst in kaltem Wasser an und läßt es über Nacht stehen. Durch Einleiten von Dampf erzielt man dann sehr rasch eine klare Lösung. Es empfiehlt sich, auf alle Fälle die Häute vor der Gerbung gut durchzupickeln, außerdem gibt man zum Angerben zweckmäßig etwas Salzsäure. Für eine gute satte Gerbung sind 6—8% Chromgerbsalz, vom Blößengewicht gerechnet, erforderlich.

Die Chemische Fabrik Griesheim-Elektron in Frankfurt a. M. liefert als Chromgerbextrakt Chromchlorid in flüssiger Form.

Die Firma Röhm & Haas A.-G. in Darmstadt liefert unter dem Namen Koreon einen festen Chromgerbextrakt in Form eines groben, glänzenden Pulvers mit einem Chromoxydgehalt von etwa 25%, einem Gehalt von Alkalisalzen von etwa 22% und einer Basizität von 100: 100.

Unter der Bezeichnung „Tanochrom", hochkonzentrierter Chromalaun, bringt die Deutsche Formiat-Gesellschaft m. b. H. in Hamburg einen festen Chromalaun in den Handel, der 25% Chromoxyd und so viel kalzinierte Soda enthält, daß eine $^{1}/_{3}$-Basizität besteht. Man kann mit diesem Präparat genau so arbeiten, wie mit kristallisiertem Chromalaun, doch hat es den Vorteil, daß bereits der hinreichende Sodagehalt vorhanden und die Löslichkeit des Produktes im Wasser leichter ist. Das Produkt soll ein sehr gutes Leder liefern.

L. Prenzlaus Fabrikwerke in Hamburg 1 liefern einen flüssigen Chromgerbextrakt unter dem Namen Corin.

E. de Haën, Chemische Fabrik „Lip" in Seelze bei Hannover liefert unter der Bezeichnung Basichrom einen Chromextrakt mit einem Chromoxydgehalt von 12%, außerdem ein basisch-schwefelsaures Chromoxyd mit einem Chromoxydgehalt von 20%.

Die Chemische Fabrik Haltingen in Haltingen (Baden) liefert unter der Bezeichnung Chromesco in Pulver einen festen Chromgerbextrakt mit 28% Chromoxyd bei einer Basizität von $33^{1}/_{3}$%. Chromesco löst sich leicht in der 3—4fachen Menge seines eigenen Gewichtes heißen Wassers durch Umrühren auf.

Bei der Durchführung der Einbadgerbung ist darauf zu achten, daß die Basizität erst mit Beendigung der Gerbung zur Wirkung kommt. Man erreicht dies zunächst dadurch, daß man die Leder vorher in bekannter Weise pickelt und mit sauren Brühen die Gerbung beginnt, die man erst gegen Beendigung der Gerbung nach und nach durch kleine Zugaben von Soda basisch stellt. Hat man bereits mehr oder weniger basisch gemachte Brühen zur Verfügung, so gibt man die Zusätze derselben zu den gut gepickelten Blößen in vorsichtiger Weise nach und nach.

Nach erfolgter Durchgerbung, welche man im Anschnitt besonders dicker Stellen erkennt, nimmt man die Häute aus der Gerbung und schichtet sie flach und faltenlos auf Haufen, wo man sie zugedeckt einige Tage liegen läßt. Es ist zweckmäßig, erst nach dieser Zeit die Kochprobe zu machen, da sie mitunter unmittelbar nach der Gerbung negativ ausfällt. Der Umfang des zur Kochprobe bestimmten Leders wird auf Papier abgezeichnet und soll sich durch Eintauchen in kochendes Wasser während 1—2 Minuten nicht verringern.

Wenn man eine hydraulische Presse zur Verfügung hat, preßt man dann die Leder ohne zu starke Faltenbildung ab, wodurch sie etwa 50% ihres Feuchtigkeitsgehaltes verlieren und so die richtige Beschaffenheit für das nun folgende Falzen haben. Es ist dabei besonders darauf zu achten, daß gleichmäßig und glatt gefalzt wird, ohne sogenannte Treppen, welche häufig durch zu langsamen Lauf der Maschine bzw. schlappe Riemen entstehen und am fertigen Leder durch das Glanzstoßen bemerkbar werden. Durch mit Gewichten beschwerte Gleitrollen kann man den Antrieb elastisch machen und der Beanspruchung anpassen.

Nach dem Falzen kommen die Leder ins offene Walkfaß, welches mit einer Gittertür versehen und reichlichen Zu- und Abfluß von Wasser hat. Man walkt die Leder etwa 1/2 Stunde und entfernt damit schon einen großen Teil der im Leder befindlichen Säure, welche noch von der Gerbung stammt. Sie früher, also schon vor dem Falzen auszuwaschen, wie es vielfach geschieht, empfiehlt sich nicht, da sie dem Leder bis dahin als Schutz dient und stärkere Einwirkungen der Luft, des Staubes usw. verhindert. Nach dem ersten Auswaschen schließt man das Faß und löst die noch im Leder gebundene Säure durch 1/2stündliches Walken mit etwa 2% Borax in 100% Wasser von 28° C. Die Säure geht dabei in eine leicht auswaschbare Form über und wird durch das nun folgende Waschen im wieder geöffneten Faß, durch Anlegen einer sogenannten Gittertür, und unter reichlichem Zu- und Abfluß lauwarmen Wassers ausgewaschen. Nach etwa 20 Minuten Walken dürften die Leder säurefrei sein, was im Anschnitt der ausgedrückten Leder durch blaues Lackmuspapier geprüft werden kann, es soll sich nicht, oder nur wenig röten. Man hat es bei diesem Auswaschen der Leder in der Hand, durch langsames Erhöhen der Temperatur des zulaufenden Wassers bis auf 60° C die Leder für das Färben vorzuwärmen, was sehr vorteilhaft ist. Diese brauchen sodann das Faß gar nicht zu wechseln und können unmittelbar folgend gefärbt werden, wodurch Arbeit gespart und Fehler vermieden werden.

Zum Färben werden die direkt ziehenden Chromleder- oder Chromlederechtfarbstoffe bevorzugt, wozu ja auch die verschiedenen Farbenfabriken genaue und ausführliche Anwendungsvorschriften geben. Genaue Mengenangaben lassen sich weder für farbig, noch für Schwarz machen, da sie von der Konzentration ber betreffenden Farbstoffe abhängen. Man berechnet sie stets nach dem Falzgewicht, die Menge des Wassers — 60° C warm — stellt man zum Beginn des Färbens auf etwa 100%, d. h. den Ledern im Gewichte gleich, für 100 kg Leder 100 Liter Wasser, durch die Zusätze an Farbstofflösung, Fettlicker u. dgl. kann die Flotte noch um 50% erhöht werden. Nach etwa ½stündlichem Walken mit den direkt ziehenden Farbstoffen gibt man die übliche Fettemulsion zu, welche man sowohl aus Kombinationen von Seife, stearinfreien Ölen und Eigelb, wie auch aus geeigneten sulfonierten Ölen bereiten kann, wozu die Fabrikanten derselben gute Anwendungsvorschriften geben. Im Anschluß daran gibt man nun den Zusatz der Lösungen vegetabilischer Gerb- oder Farbstoffe, wie Gambier, Sumach, Gelbholzextrakt, Epidermol für farbig bzw. Blauholzextrakt und Epidermol für Schwarz und läßt damit noch etwa ½ Stunde weiter laufen. Durch diese vegetabilische Nachbehandlung nach dem Fetten wird die spätere Zurichtung der Leder sehr erleichtert. Schwarze Leder sind damit fertig gefärbt, farbige Leder erhalten gewöhnlich noch einen unmittelbar folgenden Aufsatz basischer Farbstoffe, wodurch eine besonders gute Deckung im Farbton erreicht wird. Nach weiteren 20 Minuten Walken ist auch dies geschehen und preßt man dann die Leder zunächst mit der hydraulischen Presse möglichst frei von Wasser, um sie anschließend mittels einer Ausreckmaschine auf Fasson aussetzen zu können. Schwarze Leder ölt man dann vom Narben aus leicht ab.

Das nun folgende Trocknen geschieht an Haken oder auf Stangen hängend.

Einiges Lagern der gut getrockneten Leder in einem kühlen Raum gereicht denselben sodann zum Vorteil. Dann werden sie bis zu

12 Stunden in angefeuchtete Sägespäne eingelegt, um durchfeuchtet zu werden, wenn ihre Durchfeuchtung nicht in einem mit Wasserdampf gesättigten, warmem Raum erfolgen kann, und alsdann auf der Maschine gestollt. Dann wird zum Trocknen auf Rahmen genagelt und getrocknet, wonach eventuell nochmals leicht nachgestollt wird. Man stellt sich die erste Appretur aus einer Lösung von Epidermol her, welche man bei Schwarz durch Chromlederschwarz genügend tief anfärbt.

Anschließend daran erfolgt der Auftrag der eigentlichen Glanzstoßappretur, welche man sich aus frischem, durchgeseihtem Rindsblut bereitet, das ungefähr 10fach mit kaltem Wasser verdünnt und mit Nerazin oder Nigrosin leicht angefärbt wird. Ein geringer Zusatz von Eialbumin und eventuell auch von etwas Gummi arabicum ist für die Erzielung eines guten Feuers im Glanz oft dienlich. Carbolsäure kann man ebenfalls zugeben, um das in der Appretur enthaltene Albumin zum Koagulieren zu bringen. Ist der sehr schwach gegebene Auftrag trocken, so wird mit der Maschine glanzgestoßen. Die Leder werden dann zum erstenmal auf vier Quartiere unter sich gezogen und aufpantoffelt, nochmals leicht mit der Maschine geglänzt und dann zum zweiten Male leicht aufgekraust. Schließlich beendigt man die Zurichtung durch Bügeln und Überwischen mit einem weichen Wollappen. Für farbig verfährt man in der Weise, daß man die Leder, welche nach dem Stollen und Aufnageln getrocknet sind, zunächst mit der 50° C warmen Lösung von etwa 10 g Epidermol pro Liter Wasser ausreibt und dann wieder trocknet. Eine etwa notwendig erscheinende Korrektur des Farbtones kann dann durch die Lösungen entsprechender basischer Farbstoffe vorgenommen werden, welche einen geringen Zusatz von Gelatine erhalten. Nach dem Trocknen dieses Auftrages gibt man mittels Plüschbrett den sehr dünn und gleichmäßigen Auftrag einer schwachen Lösung von Albumin, Casein u. dgl. eventuell unter Zusatz von etwas Milch, trocknet und glänzt auf der Maschine.

Wenn die Leder nicht mit dem charakteristischen Boxnarben verlangt sind, so werden sie nur mit der Maschine gebügelt. In diesem Falle unterbleiben natürlich die entsprechenden Manipulationen zur Hervorbringung des Boxnarbens.

Neben guter Gerbung, die im geschmeidigen Griff zum Ausdruck kommt, wird vornehmlich auf satte Farbtöne, ein schönes Schwarz und auf einen brillanten Glanz gesehen, so daß man vollauf zu tun hat, um allen Wünschen gerecht zu werden, zumal sich diese auch auf einen unbeschädigten, gleichmäßig natürlichen, in sich festen Narben ausdehnen. Übung und praktische Erfahrungen sind darum auch bei der Fabrikation von Rindbox wichtige Faktoren.

Eine weitere, sehr beliebte Art chromgarer Rindleder wird Newbuck oder Antilope genannt. Die Herstellung derselben ist bis einschließlich der Gerbung derjenigen der Rindbox analog. Die spezielle Bearbeitung beginnt nach dem Falzen der chromgaren Leder. Sie werden dann zunächst durch $^1/_2$stündliches Walken mit fließendem Wasser von 28° C gewaschen, anschließend mit etwa 2% Borax und 100% Wasser von 28° C im geschlossenen Walkfaß durch $^1/_2$stündliches Walken entsäuert und dann nochmals durch $^1/_2$stündliches Walken im offenen Faß unter Zufluß laufenden Wassers gewaschen. Man erhöht dabei die Temperatur nach und nach auf 60° C, um die Leder zu erwärmen und fettet sie dann in üblicher Weise mittels Emulsion. Im Anschluß daran gibt man noch den Zusatz von $^1/_4$—$^1/_2$% Epidermol C, in etwas Wasser von 50° C gelöst und läßt damit etwa 20 Minuten weiter laufen. Dann wird abgereckt und lose an Stangen hängend getrocknet. Das Einlegen in Sägespäne, zum Durchfeuchten, Stollen und Aufnageln auf Rahmen erfolgt sodann auf bekannte Art. Dem jetzt folgenden Schleifen der getrockneten Leder ist ganz besondere Beachtung zu schenken. Damit die Narbenschicht gleichmäßig und nicht zu tief abgeschliffen wird, ist es notwendig, daß vor dem Schleifen des Narbens eine Egalisierung des Leders von der Fleischseite aus vorgenommen wird, was am besten mit der Falz- oder Blanchiermaschine erfolgt. Die beste Schleifmaschine zum Abschleifen des Narbens ist diejenige der Maschinenfabrik Turner, wie sie im Buche abgebildet ist. Man schleift nur ganz leicht und stets nach einer Richtung, nicht kreuz und quer, achtet aber natürlich darauf, das die gesamte Oberfläche geschliffen wird. Nach dem Schleifen walkt man in heißem Wasser gründlich auf, wodurch das Leder durch und durch naß wird. Dann walkt man die Leder mit der etwa 40° C warmen Lösung eines vegetabilischen Gerbstoffes, Farbholzextraktes oder Epidermol C, wonach man mit den Lösungen leicht durchfärbender Säurefarbstoffe durchfärbt. Zur Erleichterung der erforderlichen Durchfärbung arbeitet man in der Weise, daß man die Farbstofflösung nicht auf einmal zugibt, sondern auf mehrere Gaben verteilt. Außerdem ist es zweckmäßig, wenn man jeder Farbstoffzugabe den Zusatz einer geringen Menge Ammoniak (Salmiak) vorausgehen läßt. Nachdem die Durchfärbung eingetreten ist, gibt man den erforderlichen Säurezusatz, auf zwei Gewichtsteile

Farbstoff ein Gewichtsteil Ameisensäure und walkt damit noch 10—20 Minuten weiter. Bei richtiger Auswahl der Farbstoffe ist durch 1—2stündliches Walken völlige Durchfärbung zu erreichen. Nach vollendetem Färben reckt man kräftig von der Fleischseite aus ab und ölt die Narbenseite ganz schwach mit sulfoniertem Mineralöl ab. Dann wird leicht aufgespannt getrocknet. Die Zurichtung wird vollendet, indem man die Leder nochmals leicht durchfeuchtet, am besten bloß von der Fleischseite aus, über Nacht aufeinander liegend durchziehen läßt und dann stollt. Man rauht dann noch die velvetierte Narbenseite leicht mit künstlichem Bimsstein auf und pudert zum Schluß leicht mit Talkum. Dies natürlich erst, nachdem die Leder trocken sind. Durch Abbürsten und Abwischen mit einem Wollappen werden die Leder fertiggestellt.

Die Herstellung chromgarer Spalte von Rindledern für Velvetleder geschieht in ganz ähnlicher, angepaßter Weise, wie vorstehend für Newbuck beschrieben.

Lohgare Kipse, mit Chrom nachgegerbt.

Zu den verschiedenen, in neuerer Zeit bedeutend verbesserten Fabrikationsmethoden zählen heute unzweifelhaft auch diejenigen der Kipse. Die Zeit ist vorbei, wo dieselben lediglich zu Opanken oder Pantinen, schließlich auch zu Sattlerledern Verwendung fanden. Sie sind vermöge ihres fein geschlossenen Narbengebildes sehr wohl dazu geeignet, auch für bessere Zwecke in Betracht zu kommen und bedürfen dazu lediglich einer geeigneten Auswahl und entsprechenden Bearbeitung, um sowohl ein brauchbares, konkurrenzfähiges Produkt darzustellen, als auch seinen Wert derart zu erhöhen, daß trotz Mehrarbeit dem Gerber ein Nutzen bleibt.

In chromgaren Ledern begegnet man ja schon vorzüglichen Kipsmarken. Es ist aber gar nicht so schwer, gute Imitationen derselben durch lohgare Leder herauszubringen, die in Qualität mancher reinchromgaren Ware um vieles überlegen sind. Man hat es leichter in der Hand, passend zu sortieren, da man die Leder bereits gegerbt und aufgetrocknet vor sich hat. Außerdem haben diese Leder bei aller notwendigen Geschmeidigkeit doch mehr Stand und festen Griff und ist ein Mißerfolg nicht so leicht zu befürchten wie bei rein chromgaren Ledern.

Man nimmt eine große, kräftige Marke, z. B. Chinesen, welche auch einen Spalt erwarten lassen — mit dem man bei Maßware zu rechnen hat —, wässert und kalkt wie üblich, enthaart, entfleischt und spaltet auf der Bandmessermaschine. Zu farbig ungeeignete, übermäßig stark narbenbeschädigte, mit Brandzeichen versehene Kipse, vorzugsweise Deckelhäute u. dgl. werden natürlich vor dem Spalten aussortiert und zu anderen Zwecken verarbeitet, z. B. zu braun geschmiert, schwarz, oder schließlich zu Brandsohlen. Beim nun folgenden Beizen soll man besonders gutes Entkalken erstreben, ganz gleich, ob man es mit Kleie, Mist oder Säure ausführt; durch die Phenolphtaleinprobe kann man ja leicht kontrollieren im Anschnitt dicker Stellen; Spuren von Kalk bringen eine Rötung hervor.

Die rationellste Gerbung ist die im Faß neben der in der Brühe. Versenk bzw. Versatz kommen nicht in Betracht, da man keine Gewichtsware fabriziert, zudem wären die dabei entstehenden Säureflecken ein ernstliches Hindernis für gleichmäßige Färbungen. Man färbt zunächst in schwachen Fichtenbrühen an, bis man einen gefestigten Narben hat. Dann gibt man die Leder mit stärkeren Quebracho-, Mimosa- u. dgl. Brühen ins Faß und gerbt sie darin unter entsprechend zunehmender Brühenverstärkung in einigen Tagen aus. Man kann sie auch, zunächst aus den Farben gut abgepreßt, mit purem etwa 25° Bé starken Extrakt ausgerben, wobei man allerdings darauf achten muß, daß sich die Leder nicht zu sehr erhitzen bzw. verwickeln. Nach vollendeter Gerbung, vorteilhaft durch einige kräftige, warme Sumachbäder aufgehellt, werden die Leder zunächst gut ausgewaschen, abgetrant und getrocknet, dann halbiert und entsprechend durchfeuchtet, gleichmäßig gefalzt. Das nach demselben ermittelte Gewicht (Falzgewicht) wird für die weitere Bearbeitung als Norm angenommen. Dann bereitet man sich eine möglichst neutrale Chromalaunlösung, eventuell unter Zusatz von Formaldehyd, und gerbt darin die Leder im Faß nach. Man löst etwa 8—12% Chromalaun in kochendem Wasser auf und kühlt die Lösung vollständig ab. Separat davon bereitet man sich eine Lösung von etwa 2—3% Soda krist. und gibt von dieser Lösung langsam und vorsichtig zu, bis die bis dahin klargebliebene Chromalaunlösung anfängt, ganz leicht wolkige Flöckchen zu bilden. Hat man sich vorher von der Chromalaunlösung einen kleinen Teil beiseite gestellt und gibt sie dann zurück, so wird die Flockenbildung wieder beseitigt und die Brühe wird wieder klar. Man darf natürlich den kaum merklichen Anfang der Flockenbildung nicht übersehen und muß sich durch öfteres Nachsehen mit einem Probierglas hiervon vergewissern. Eventueller Formaldehydzusatz wird mit der Soda zugleich gegeben. Bei Verwendung von calcinierter

Soda nimmt man entsprechend weniger, etwa die Hälfte von kristallisierter Soda. Es empfiehlt sich, sich für einen größeren Zeitraum eine Art Extrakt (konzentrierte Lösung) zu bereiten, damit man der Arbeit des Neutralisierens, die beachtenswert und wichtig ist, die erforderliche Zeit widmen kann. Das lohgare Leder wird durch die Nachbehandlung mit Chrom zäher, gegen Hitze widerstandsfähiger und auch sonst im Aussehen, Griff und Schnitt dem Chromleder ähnlich und dies um so mehr, je kräftiger man die Chrombrühe einwirken läßt. Dann spült man gut im offenen Wasserfaß, unter Zufluß lauen Wassers, entsäuert in bekannter Weise, und schreitet alsdann zum Färben.

Vor dem Färben wird zunächst gut gespült, eventuell unter Zusatz von Borax und warm, und dann gefettet. Es ist notwendig, daß die Säure vorher entfernt wird, da sie das Eindringen des Fettes ins Innere und damit dessen Zweck verhindern würde. Nur das Fett im Innern des Leders nützt, welches die Fasern geschmeidig erhält. Man bereitet sich hierzu eine Fettemulsion z. B. nach folgender Vorschrift:

10 kg Marseiller Seife und
400 g Borax werden in
16 Liter Wasser gekocht und nach erfolgter Lösung unter stetem Umrühren
5 kg Klauenöl zugefügt; man läßt nun bis etwa 30° C erkalten und gibt
$2^1/_2$ kg Eigelb hinzu. Das Ganze wird möglichst bis zum Erkalten gerührt.

Man verwendet hiervon je nach der Stärke der Leder 5—8%, vom Falzgewicht gerechnet und walkt damit in etwa 125 Litern Wasser von etwa 45° C $^1/_2$—$^3/_4$ Stunden.

Gewöhnlich werden, um die Lohgerbung möglichst zu verdecken, durchgefärbte Farbtöne verlangt, welche naturgemäß nur unter Mithilfe des Walkfasses erreicht werden. Hierzu sind die sogenannten Säurefarbstoffe die geeignetsten; um aber zu verhindern, daß durch etwa vorhandene Säure der Farbstoff schon in den Außenpartien des Leders fixiert und dadurch die Durchfärbung erschwert würde, gibt man gleich zu Beginn der Färbung einen kleinen Zusatz von Ammoniak zur Neutralisation der freien Säure, und wiederholt ihn nach Bedarf während des Färbens. Man berechnet das anzuwendende Farbstoffquantum jeweils nach dem Falzgewicht der Leder, je nach Tiefe der Nuance und Stärke der

Leder sind bis 4% Farbstoff erforderlich. Man gibt die Leder mit etwa 100 Liter Wasser von etwa 45° C und $^1/_{20}$—$^1/_{10}$ Liter Ammoniak (pro 100 kg Leder) ins Faß, läßt laufen und läßt sodann den in etwa 25 Liter heißem Wasser gelösten Farbstoff, auf mehrere Posten verteilt, durch die hohle Achse zufließen. Wie schon erwähnt, ergänzt man den Ammoniakzusatz nach Bedarf, wenn man konstatiert, daß die Durchfärbung keine Fortschritte macht. Man färbt während etwa $^1/_2$—2 Stunden, je nach der Stärke der Leder, wonach man den zur Fixierung der Farbstoffe notwendigen Säurezusatz, etwa ein Teil Ameisensäure konz. auf zwei Teile Farbstoff, in starker Verdünnung durch die hohle Achse ins Faß gibt und weitere 10 Minuten walkt. An Stelle der erwähnten Säurefarbstoffe oder in Kombination mit denselben, lassen sich außerdem fast alle für Chromleder angewandten Farbstoffe verwenden. Danach wird gespült und in den weitaus meisten Fällen mit der Lösung basischer Farbstoffe übersetzt, von welchen nur geringe Mengen benötigt werden, da sie sich vorzugsweise an der Oberfläche des Leders fixieren. Besonders für narbenwunde Leder ist dieses Überfärben von großem Vorteil, da sich hierbei die narbenwunden Stellen durch den sich bildenden Farblack nahezu vollständig mit dem gesunden Teil des Narbens ausgleichen. Ein Zusatz abdunkelnder Blau oder Grün ist dabei an narbenwunden Ledern nicht rätlich; er wird besser bei der vorangegangenen Färbung mit Säurefarbstoffen, und zwar nur mit ganz lichtem Blau oder Grün vorgenommen. Man kann sowohl im Faß als auch mittels Bürste auf der Tafel übersetzen; warme Anwendung ist erforderlich.

Nach dem Färben werden die Leder zum ersten Male plattiert, leicht mit Leinöl abgeölt, abgelüftet und nachplattiert. Zu Schwarz bestimmte Leder werden nach dem Vorfärben mit blauen oder violetten Farbstoffen auf dem Narben durch Überbürsten mit einer warmen Lösung von 10 g basischem Lederschwarz pro Liter Wasser auf der Tafel geschwärzt, gespült und im übrigen wie farbig behandelt. Gewöhnlich stellt man das Schwarz erst durch genügend tief angefärbte Appretur fertig.

Nach dem Trocknen werden die Leder zunächst mit einer reinen Leinsamenabkochung, eventuell unter Zusatz von Albumin, leicht appretiert, getrocknet und alsdann mit ganz leichtem Druck auf der Maschine glanzgestoßen. Dabei ist sehr darauf zu achten, daß nicht durch ungleichmäßigen Druck Streifen entstehen, Maschinen mit Holzfederung und Kork- oder Gummiunterlage darunter sind besonders geeignet. Gewöhnlich gibt man zuerst ziemlich starken Druck und beseitigt dann die entstandenen Streifen durch Nachstoßen bei leichtem Druck. Notfalls kann dies Glänzen auch auf der Tafel mit dem Handglas erfolgen. Danach wird, wenn dies erwünscht ist, das Leder entweder gebügelt oder auf der Maschine mit dem bekannten Boxnarben versehen oder auch bloß unter sich gezogen und auf vier Quartiere aufpantoffelt, was übrigens auch mit den gepreßten Ledern geschieht, um das Narbenbild möglichst natürlich erscheinen zu lassen. Danach gibt man mit einem weichen Schwamm recht gleichmäßig den Auftrag nachfolgend beschriebener Appretur:

30—50 g Schellack, blond, oder Casein, werden mit
10—15 g Ammoniak in
1 Liter Wasser unter Erhitzen gelöst.

Das Ganze wird schließlich eventuell weiter mit Wasser verdünnt, durch den Zusatz von Säurefarbstoffen, in Wasser ohne Säurezusatz gelöst, angefärbt. Je größer die Schellack- bzw. Caseinmenge, um so stärker ist naturgemäß der Glanz. Je nach Bedarf kann der Glanz nach dem Trocknen durch Bürsten erhöht werden. Die Fleischseite wird vor dem Glanzstoßen ganz leicht abgeschliffen.

Der vorstehend erwähnte Schellack- oder Caseinglanz hat den großen Vorzug der einfachen Anwendungsweise, dann benötigt er nicht nochmals die Maschine und verhindert deshalb auch die damit zusammenhängenden Fehler, wie Streifen, Zwickel u. dgl., die gerade bei farbigen Ledern unschön wirken, deckt vorzüglich, ist billig und wird auch bei Chromleder als Ersatz des Stoßglanzes, vornehmlich in Schuhfabriken, verwandt. Legt man Wert darauf, daß das Leder möglichst wasserdicht — abwaschbar — ist, so gibt man einen sehr leichten Auftrag von Zaponlack, gut verdünnt, auf das sonst fertige Leder.

Auf diese Weise zugerichtete Kipse — in England und Amerika „Semi-Chrom" bezeichnet — ergeben ein erstklassiges, beliebtes Schuhleder, das in Griff und Aussehen dem rein chromgaren Leder ebenbürtig, im Tragen aber jedenfalls angenehmer und dabei gegen Nässe widerstandsfähiger ist. Bei einigermaßen sorgfältiger Auswahl und Zurichtung ist ein Mißerfolg (der bei Chromleder häufig ist) ausgeschlossen. Das Verfahren ist geeignet, der an manchen Orten noch sehr darniederliegenden Kipsverarbeitung wieder aufzuhelfen und aus dem Material etwas zu machen, das desselben wert ist.

Glatte Chromschuhleder.

Zu dieser Ledersorte werden die vollsten Felle genommen, und ist die Vorbereitung und das Gerben genau so, wie bei den Chromkalbledern angegeben. Die entsäuerten Leder werden möglichst trocken ausgereckt und gelangen dann zum Falzen bzw. Ausfleischen und Egalisieren. Gleichmäßig gestellte und nicht starke Leder werden jetzt nicht gefalzt, sondern später blanchiert.

Nach dieser Bearbeitung werden die Leder mit wenig Wasser (etwa 25° C) 5—10 Minuten aufgewalkt und von der Aasseite auf der Maschine ausgereckt, um dann auf der Tafel geschwärzt zu werden. Zuerst werden die Leder grundiert mit:

1 Teil rotem Chromkali in
100 Teilen Wasser gelöst.

Hiermit wird der Narben mit einer Bürste eingerieben, und wenn dieses geschehen, eine Blauholzlösung aufgetragen von:

2 Teilen Blauholzextrakt in
100 Teilen Wasser gelöst, unter Zusatz von etwas Salmiak.

Auf diese Grundierung kann die Lösung eines schwarzen basischen Anilinfarbstoffes — etwa 10 g pro Liter — Wasser gut sättigend aufgebürstet werden. An Stelle der Blauholzgrundierung kann man auch eine solche mit den Lösungen vegetabilischer Gerbstoffe, von Epidermol C, oder substantiver bzw. saurer schwarzer Anilinfarbstoffe vornehmen. Je nach Wahl derselben muß die Konzentration der Lösung beschaffen sein; sie beeinflussen natürlich auch je nach ihrem Farbton das erzielte Schwarz.

Bei mehrmaligem Auftragen wird nach jedem Auftragen der Narben durch Ausstreichen von überflüssigem Wasser befreit zum besseren Aufsaugen der Farbe. Nach dem Abspülen werden die Leder so trocken als möglich ausgereckt und gelangen zum Schmieren. Die Schmiere besteht aus:

2 Teilen Moëllon,
2 „ neutralem Öl,
2 „ Weichtalg,

und rechnet man für jedes Fell 200—250 g Schmiere auf 1 kg Falzgewicht.

Die Leder werden von der Aasseite mit der Bürste geschmiert, der Länge nach zusammengeschlagen und in Kissenform gelegt, um dann im Schmierwalkfaß $1^1/_2$—2 Stunden gewalkt zu werden, in welcher Zeit die Schmiere vollständig eingewalkt ist. Die Leder werden kurze Zeit abgewelkt, ohne daß die Außenpartien trockene Stellen erhalten, dann 24 Stunden auf Haufen gelegt, Aas auf Aas, und darauf, die untersten Leder zuerst, auf den Tisch genommen zum Glattstoßen. Der Narben wird degrasiert, mit einem in Leinöl getauchten Lappen abgerieben, glasiert und zum Trocknen genagelt. Die nicht völlig trockenen Leder werden dann blanchiert, die nicht vorher gefalzten werden vor- und nachblanchiert, dann beschnitten, Aas und Narben mit Talkum leicht abgerieben, auf beiden Seiten gebürstet, zuerst vom Aas, und nach dem Bürsten auf der Maschine gerollt. Die gerollten Leder sind leicht im Rahmen auszuziehen, nochmals zu bürsten und zu rollen, dann auszutrocknen, womit die Zurichtung beendet.

Wie wir sehen, haben die Leder eine richtige Schmiere und keine Seifenemulsion erhalten und auch weder vor noch nach dem Trocknen einen Lüster; das nach dem Degrasieren gegebene Leinöl mit dem gleich darauf folgenden Glasieren gibt dem Leder einen matten Glanz.

Chromkalbsatin.

Chromsatin werden mit kombinierter Gerbung gegerbt. Rein chromgar unterscheiden sich dieselben von Chromkid nur durch etwas stärkere Fettung und durch das Aussehen des Narbens, auch sind dieselben nur von einer Seite gefärbt, und ist bei den rein chromgaren Satinledern die gesamte Bearbeitung bis zum Nachfetten konform derjenigen der Chromkidleder. Die Satinleder erhalten 50—60 g gemischtes Fett pro 1 kg Falzgewicht, bestehend aus:

2 Teilen Moëllon,
2 „ neutralem Öl,
2 „ Weichtalg.

Das Nachfetten geschieht nach dem Schwärzen und Ausrecken auf der Tafel mit der Bürste. Die gefetteten Leder werden zum Einziehen auf Haufen gelegt, und nachdem dieses der Fall, werden die Leder auf dem Narben nachgeholt und zum Trocknen genagelt. Die angetrockneten, nicht gänzlich trocknen Leder werden blanchiert, beschnitten, gebürstet und dann gelüstert. Hier erfolgt das Lüstern nach dem Trocknen. Der Lüster wird bereitet aus:

3 Teilen Leinöl,
3 „ Olivenöl,
1 Teil Weichtalg,
1 „ Schmierseife,
1 „ Wachs.

Das Ganze wird zusammengekocht und der Lüster ziemlich warm mit der Bürste eingerieben. Die gelüsterten und eingezogenen Leder werdern degrasiert und dann gerollt oder gebügelt mit einem nicht zu heißen Eisen, so daß der Lüster im Narben verbleibt und nicht tiefer in das Leder eindringt. Die gerollten Leder werden leicht geschlichtet und nachgeglast.

Chromkidleder.

Man hat begonnen, Chromkidleder herzustellen, und zwar als rein chromgegerbte Ware, als vorgegerbt mit Alaun oder mit Chrom und Alaun gleichzeitig gegerbt, sowie mit Alaun gegerbte Leder, welche nach dem Falzen und Ausbroschieren im Wasser mit Chrom nachgegerbt werden.

Die nur mit Chrom gegerbten Leder vertragen am meisten Fettemulsion und sind durch stärkeres Fetten auch etwas voller und griffiger, haben aber kleinere Fläche.

Die mit Alaun und Chrom gleichzeitig gegerbten Leder sollen durch die Alaunzugabe dasselbe etwas weicher machen, enthalten auch eine größere Fläche als die rein chromgegerbten Leder, auch kann der Alaun die starkbasischen Chromgerbesalze verbessern, aber beim spätern Auswaschen nach dem Gerben entweicht der Alaun und macht das Leder leer, wofür dann erst wieder Ersatz geschaffen werden muß.

Die alaungegerbten Leder, welche nach dem Falzen und Ausbroschieren chromiert werden, enthalten die größte Fläche, ähneln auch am meisten den bisherigen Kidledern, kosten aber in der Herstellungsart mehr.

Die rein chromgegerbten Leder, sowie die mit Chrom und Alaun gegerbten Leder werden wie vorn die Chromleder im allgemeinen behandelt und beim Weiterarbeiten entweder auf beiden Seiten oder nur auf dem Narben geschwärzt.

Die auf beiden Seiten zu schwärzenden Leder werden gefalzt, dann geschwärzt und gefettet und dann zu Glanz und Matt sortiert.

Die zu Glanz bestimmten Leder gelangen sofort zum Weiterarbeiten, während die zu Matt bestimmten Leder noch eine kleine Nachfettung mit einem neutralen Öle erhalten, 20—30 g pro 1 kg Falzgewicht, welches dieselben im Walkfaß in etwa 30 Minuten eingewalkt erhalten. Die nachgefetteten Leder werden 24 Stunden flach hingelegt und kommen dann zum Weiterarbeiten, und zwar erst Ausrecken vom Aas auf der Maschine, dann Fassonieren vom Narben auf dem Tisch. Da trockene chromgegerbte Leder einen Lüster sehr schwer aufnehmen, so ist es ratsam, jetzt gleich zu lüstern, und zwar ist ein auf folgender Art bereiteter Lüster zu empfehlen:

350 g Leinsamen,
3 Liter Wasser,
$2^1/_2$ Liter Olivenöl,
200 g Wasser.

Diese beiden Mischungen sind in warmem Zustande zu emulgieren, ferner sind einige Tropfen Ammoniak zuzusetzen und bis zum Erkalten zu rühren. Der Lüster kann mittels Schwamm oder weicher Bürste aufgetragen werden, muß aber in den Narben hineingerieben oder hineingebürstet und dann eingetrocknet werden. Es ist zulässig, aber nicht notwendig, dem Lüster etwa Glycerin zuzusetzen, wodurch ein bequemes Antrocknen ermöglicht wird.

Die Weichmachung und die sonstigen Arbeiten sind analog den der übrigen Narbenleder, nur der sogenannte Finish ist anders.

Das Glätten des Narbens kann durch Rollen mit der Sternrollmaschine oder mittels Bügeln geschehen. Die gerollten Leder werden auf den Schlichtrahmen leicht nachgeholt, weil beim Rollen eine kleine Pressung stattfindet, und kann diese Operation wiederholt werden. Die zu bügelnden Leder brauchen nicht mehr vor dem Bügeln gelüstert zu werden, vertragen heißere Bügeleisen wie sonstige Kidleder und brauchen nicht nachgeholt zu werden, auch ein Nachlüstern kann fortfallen.

Die nur auf einer Seite gefärbten Chromkidleder werden nach dem Gerben nicht vollständig ausgefalzt, sondern nur gefleischt, werden dann gefettet und bleiben ebenfalls 24 Stunden glatt aufgeschichtet liegen. Würden diese Leder vor dem Fetten geschwärzt werden, so würde die Aasseite nicht ungefärbt bleiben, sondern während der Fettoperation die Farbe vom Narben erhalten und der Narben würde entfärbt werden.

Die Leder werden nach dem Lagern im Fett vom Aas mit der Maschine ausgereckt, von der Narbenseite auf dem Tisch ausgereckt und fassoniert und dann mit der Bürste geschwärzt; zuerst mit Salmiakwasser abgewaschen, mit Blauholz grundiert und mit der Lösung eines schwarzen basischen Farbstoffes geschwärzt. Dies ist, wenn nötig, zu wiederholen. Dann auf der Maschine vom Aas ausrecken, darauf auf dem Tisch fassonieren und mit Olivenöl kräftig abölen (30 g pro Kilogramm Falzgewicht). Die abgeölten Leder werden der Länge nach, Narben nach innen zusammengeschlagen, glatt aufgestapelt in nicht zu hohen Haufen und 24 Stunden liegen gelassen. Nach dieser Zeit erfolgt ein nochmaliges Fassonieren mit dem Messingschlicker, worauf mit dem feuchten Öllappen der Narben abgerieben wird, und dann ein Glasieren mit dem Glasschlicker erfolgt. Jetzt werden die Leder mit obigem Lüster und auf Rahmen zum Antrocknen genagelt.

Das angetrocknete Leder wird auf der Maschine blanchiert, wodurch dasselbe gleichzeitig gestollt wird, dann beschnitten, gebürstet, gerollt und gebügelt.

Die nach der Alaungare zu chromierenden Leder werden nach dem Lagern in der Glacégare wie bekannt behandelt bis nach dem Ausbroschieren in Wasser, erhalten dann statt der Nahrung die Chromierung. Sobald die Leder beim Broschieren keine weißen Pünktchen auf dem Narben mehr zeigen, werden dieselben im Einbadverfahren chromgegerbt und richtet sich die Chromgabe nach der Stärke der gewünschten Chromierung. Selbstverständlich werden hier bedeutend geringere Mengen Chromalaun verwendet und dieses nicht mit einem Male, sondern in 2—5 Gaben zugesetzt, von Stunde zu Stunde bei Faßgerbung. Nach dem Chromgerben folgt das Auswaschen in lauwarmem Wasser, welches eventuell wiederholt werden kann, worauf die Leder zum Abtropfen 24 Stunden gut zugedeckt auf den Bock gehängt werden. Ein Neutralisieren braucht hier nicht stattzufinden, da hier keine Seifen-, sondern nur Fettlösung angewendet wird. Die gut abgetropften Leder erhalten auf 100 Stück mittlere Leder eine Nachgare von

180—240 Stück Eidotter = $3^1/_2$—$4^4/_5$ Liter Faßeier,
1,6 Liter Olivenöl,
2,8 „ Kochsalz.

Der Mischung werden 25—30 Liter verschlagenes Wasser zugesetzt und das Ganze gut emulgiert. In dieser Emulsion werden die Leder $^1/_2$—1 Stunde im Faß gewalkt und 24 Stunden glatt aufgeschichtet hingelegt, worauf die Leder ausgereckt und auf dem Tisch geschwärzt werden.

Diese Leder erhalten eine Grundierung von
2 Teilen saurem, chromsaurem Kali,
3 „ Salmiak in
100 „ Wasser gelöst und in den Narben gut eingerieben.
Dann werden die Leder mit einer Blauholzlösung, welcher etwas Gelbholz zugesetzt ist, von
2 Teilen Blauholzextrakt,
1 Teil Gelbholzextrakt in
100 Teilen Wasser gelöst,

zweimal überstrichen und mit der bekannten basischen Lederschwarzlösung geschwärzt.

Die genügend schwarzen Leder werden auf der Tafel mit Wasser und Bürste abgewaschen und dann, wie oben angeführt ist, ausgereckt, geölt, glasiert, gelüstert und genagelt. Die weitere Zurichtung ist wie bei den übrigen Kidledern, nur muß hier ein durchgreifendes Stollen oder Recken stattfinden.

Chromgare Futterleder.

Hierzu verwendet man leichte, dünne Felle, wie Kalb-, Ziegen- oder Schaffelle und können solche nach dem Zweibad- sowie Einbadverfahren gegerbt werden.

Die Vorarbeiten bis zur Gerbung sind die bekannten, nur erhalten die Fellchen vor dem Gerben ein Pickelbad aus Alaun und Salz. Die Gerbung wird in schwachen, allmählich stärker werdenden Brühen ausgeführt, damit der Narben weich und zähe bleibt, während derselbe bei Anwendung von starken Gerbebrühen leicht härtlich wird.

Leichte Kalbleder sind besonders empfindlich und werden durch starke Brühen sehr leicht angegriffen. Bei gespeilten Fellen sind Flanken und Seiten meist etwas lose und abfällig, weshalb bei den Weicharbeiten besonders Obacht gegeben werden muß. Die Vorbereitungsstadien muß man sehr genau durchführen und sich zum Gerben Zeit lassen. Dies ist die Hauptsache, sonst erhält man leicht ein zu dünnes, festes, blechiges Leder.

Nach dem Entsäuern in einem Sumachbade behandelt, werden die Leder nach dem Trocknen beinahe weiß, kommen ohne Sumach zum Einfetten, und wird dabei die Farbe, je nach der Gerbart, eine mehr oder weniger hell blaugrüne oder blaugraue sein.

Die Fettemulsion wird zusammengesetzt aus

5 kg Seife,
15 Liter Knochenöl

durch Kochen lösen, dann das Öl und soviel kaltes Wasser zusetzen bis auf 20—25° R abgekühlt, dann

5 kg Eigelb

tüchtig schlagen und obiger Mischung unter starkem, stetigem Rühren zusetzen, bis die Emulsion fertig und eine gleichmäßige Schmiere entstanden ist, worin die Leder etwa 40 Minuten gewalkt werden.

Man rechnet auf 12 Durchschnittsleder etwa 10 Liter der Emulsion.

Die weitere Behandlung ist analog der bereits angeführten.

Schaffelle und leichte Ziegen werden nicht gefettet.

Vor dem Lüstern muß ein völliges Reinigen des Narbens stattfinden, ebenso vor dem Stoßen. Zu Matt bestimmte Leder werden gebügelt.

Chromriemenleder.

Das Rohmaterial muß in bezug auf Stellung, Beschaffenheit und Reinheit der Narbe tadellos sein, kann aber, da das Chromleder bei seiner mehr als doppelt so großen Widerstandsfähigkeit gegen das Zerreißen — gegenüber dem lohgaren Leder — aus leichteren Häuten bestehen, zumal unsere Maschinentechniker jetzt die Stärke und das regelmäßige Laufen des Riemens mehr in der Breiteausdehnung, als in der Dicke suchen. Die Vorarbeiten sind folgende:

Das Wässern muß rasch in einem frischen Wasser geschehen und in $1-1^1/_2$ Tag vollendet sein, damit keine Hautsubstanz verloren gehen kann. Nachdem von Fleisch, Fett, Blut und Schmutz befreit, gelangen die Häute aus dem dritten frischen Wasser in den Äscher.

Das Äschern geschieht im angeschärften Äscher und ist in 3—4 Tagen beendet, worauf die Häute in einem frisch angesetzten Weißkalkäscher gebracht werden und dort 2—3 Tage verbleiben.

Das Enthaaren, Wässern, Scheren und nochmaliges Wässern soll von einem zum andern Tage beendet sein und soll das Wässern niemals im Faß vorgenommen werden, wo der Blöße zu viel Hautsubstanz entzogen und das innere Hautgewebe, welches durch das Äschern gelockert ist, auseinandergezerrt, d. h. der Blöße die zähe Dehnbarkeit genommen wird.

Nach dem zweiten Wässern werden die Blößen gestrichen und durch Salzsäurelösung entkalkt, um dann „crouponiert" zu werden. Der Abfall kann je nach Bedarf chrom- oder lohgar gemacht werden.

Die Salzsäurelösung zum Entkalken, welche zugleich als Pickel dienen soll, wird aus

1 kg Kochsalz und
300 g Salzsäure

für je einen Croupon durchschnittlichen Gewichts angesetzt. Zuerst wird das Kochsalz gelöst, dann die Salzsäure in die nötige Flotte gefüllt und hierin die Croupons auf 12 Stunden eingehängt bzw. eingelegt, die Flüssigkeit hin und wieder bewegt oder die Croupons einige Male aufgenommen, dann in 20—40gradigem Wasser leicht abgespült, worauf dieselben zum Gerben fertig sind.

Die Gerbung geschieht am besten nach dem Einbadverfahren, da das Reduzieren der dicken Leder sich sehr schwer gleichmäßig durchführen läßt. Es muß bei dem Reduktionsprozeß eine verhältnismäßig viel größere Menge des Reduktionsmateriales, namentlich der Säure, angewendet werden, wodurch in den Außenpartien sehr starke Schwefelablagerungen stattfinden, wodurch das Riemenleder brüchig werden muß, auch dehnt sich das nach dem Zweibadverfahren gegerbte Riemenleder mehr, wie das nach dem Einbadverfahren gegerbte.

Die Blößen werden nach den beim Einbadverfahren angegebenen Vorschriften gegerbt, aber nicht im Faß, sondern in Hängefarben, wo die Durchgerbung nach etwa 8 Tagen beendet ist. Das Gerben geschieht in 6—8 Farben oder wechselnden Brühen, von denen die erste Farbe oder Brühe die schwächste und die sechste bzw. achte Farbe die stärkste Brühe enthält, und werden die Blößen, wo die Brühen bewegt werden können, täglich in die bessere Brühe aufgerückt. Wo dies nicht der Fall, werden die Croupons täglich aufgezogen und jeden zweiten Tag umgehängt. Nach dem Gebrauch wird die schlechteste Brühe fortgelassen, die Grube gereinigt und zum Ansetzen der stärksten Brühe benutzt.

Auf 100 kg Blößen
nach der Entkalkung und dem Abtropfen festgestellt rechnet man auf die 1. Farbe $^2/_{80}$, die 2. $^3/_{80}$, die 3. $^5/_{80}$, die 4. $^7/_{80}$, die 5. $^{10}/_{80}$, die 6. $^{15}/_{80}$, die 7. $^{18}/_{80}$, die 8. $^{20}/_{80}$ des zu gebrauchenden Gerbemateriales, welches für das angegebene Gewicht durchschnittlich die für das Einbadverfahren angegebene Menge ausmacht. Da in den schwachen Brühen die Aufnahme um so viel langsamer vor sich geht, wie in den entsprechenden stärkeren, wo die Aufnahme in demselben Verhältnis um soviel rascher vor sich geht, so ist der Aufenthalt in den schwächsten Brühen auf dieselbe Zeit berechnet, und gehen aus schwächeren Brühen bei langsamer Gerbung vollere Leder hervor wie aus stärkeren Brühen bei rascherer Gerbung.

Nach der Gerbung werden die Croupons glatt auf einen Haufen hingelegt und einen Tag liegen gelassen, und zwar so, daß die hierbei sich auspressende Brühe so abläuft, daß dieselbe aufgefangen und nochmals benutzt werden kann.

Jetzt erfolgt ein sehr intensives Ausrecken von der Aasseite, am besten auf der Ausreckmaschine, und ist dieses intensive Ausrecken für die Chromriemenleder sehr wichtig, da die frisch gegerbten Leder am dehnbarsten sind.

Hierauf erfolgt das Auswaschen, welches nur in klarem Wasser geschehen soll, zu welchem Zwecke die ausgereckten Croupons in geräumiger Flotte von 25° C eingehängt werden und dort 4—6 Stunden verbleiben, um dann wieder ausgereckt zu werden, und muß diese Manupilation je nach Bedarf noch ein- oder zweimal wiederholt werden, wobei es erlaubt ist, in dem zweiten oder dritten Wasser die Croupons über Nacht hängen zu lassen.

Ein Auswässern im Walkfaß würde sich schneller vollziehen, aber der Effekt des Ausreckens ginge dabei verloren. Nach dem letzten Ausrecken nach dem Wässern erfolgt gleich hinterher das Ausrecken vom Narben und das Fassonieren der Croupons.

Chromgegerbte Riemenleder würden bei einer Fettnachgerbung im Fasse zu weich und zu dehnbar werden, weshalb auch die Seifenfettemulsion keine Anwendung findet. Das nötige Fetten geschieht durch echten Moëllon, welchem etwas flüssiges Mineralfett beigemischt ist, aber nur in sehr geringem Maße.

Die fassonierten Croupons werden auf dem Narben mit einem kräftigen Vaselin- oder Knochenöl mäßig eingeölt, und nachdem dieses Fett eingezogen ist, wird die Aasseite mit echtem Moëllon, welchem Knochen- oder Vaselinöl zugesetzt ist, eingerieben, und zwar auf 4 Teile Moëllon 1 Teil Öl; diese Fettmischung zieht rasch in die Aasseite ein. Die eingefetteten Croupons werden zum Auftrocknen genagelt, damit dieselben Fasson behalten.

Sollen ganz feste, steife Riemenleder hergestellt werden, wie solche bei Kreuzung, Gabelung und Überecklaufen nötig sind, so können dieselben am geeignetsten durch Einbrennen von Hartparaffin (nicht Stearin) erreicht werden mit dem Schmelzpunkt bis 60°, wovon das nach dem Einbadverfahren gegerbte Leder bis zu 40% seines Gewichts aufnehmen kann und auch sehr leicht aufnimmt und zwar im geschmolzenen Zustande, wobei es rasch und vollständig eindringt.

Zum Einbrennen genügen 15—20% des Ledergewichtes und richtet sich der Prozentsatz nach dem ungeschmiert gewogenen trocknen Croupon. Die nötige Paraffinmenge wird geschmolzen, aber nicht auf freiem Feuer, da dieselbe leicht entzündlich ist, sondern mit Dampf oder mit kochendem Wasser in doppeltem Kessel. Sie wird im gelösten Zustande mit der Einbrennbürste auf die Aasseite aufgetragen. Die eingebrannten Leder werden nach dem Abkühlen 2—3 Tage in kaltes Wasser gelegt, dann herausgenommen und mit dem scharfen Stahlschlicker fest von der Fleischseite aus gestoßen, wodurch gleichzeitig die dunkel gewordene Farbe verschwindet. Dann erfolgt das Auftrocknen und werden die Croupons dann über Nacht gepreßt, um hiernach zuerst von der Aasseite und dann vom Narben gewalzt zu werden. Vor dem Walzen kann die Fleischseite mittels eines Lappens mit Talkum eingerieben und dann mit einer strammen Bürste abgebürstet werden.

Riemenleder, welches mehr Fett erhalten soll als die erste Fettung gibt und nicht eingebrannt zu werden braucht, erhält nach dem ersten Schmieren und leichtem Abwelken eine Lagerung von einigen Tagen, glatt auf einen Haufen geschichtet, um dann analog den lohgaren Ledern geschmiert zu werden. Die passendste Schmiere besteht aus Mineralfett, Klauen- oder Wollfett, welchem etwas neutraler Unschlitt beigefügt werden kann. Man berechnet gleiche Teile Mineral- und Klauen- oder Wollfett und die Hälfte Unschlitt, wovon 15—20% des Ledergewichtes aufgetragen werden, und legt man dann die geschmierten Croupons Aas- auf Aasseite glatt aufeinander, aber in nicht zu hohen Haufen und läßt dieselben 2—3 Tage gut zugedeckt liegen, um dann an Stangen genagelt getrocknet zu werden, wo nun, da das Fett beinahe ganz eingezogen ist, kein Rinnen des Fettes mehr stattfinden kann. Ein Einwalken der Schmiere im Walkfaß ist aus bereits angeführten Gründen nicht angängig und auch nicht nötig, da die passend zusammengesetzte Schmiere sehr leicht einzieht. Nach dem Auftrocknen erfolgt dieselbe Bearbeitung wie bei den eingebrannten Ledern.

Ein Strecken der ganzen Croupons findet nicht statt, da das Chromleder eine bedeutende Elastizität besitzt und nach beendigtem Strecken sich wieder zurückziehen würde, denn eine Kraft, die nötig sein würde, um zu Erfolg zu führen, ist in den wenigsten Fabriken vorhanden. Aus diesem Grunde werden die ausgeschnittenen Riemenbahnen gestreckt und zwar auf einer kräftigen Riemenstreckmaschine, wobei der so sehr beliebte Zug des Chromleders erhalten bleibt.

Näh-, Binde- und Schlagriemenleder.

Dieselben werden ebenfalls nach dem Einbadverfahren gegerbt, nur ist die Zurichtung eine verschiedene.

Die Gerbung kann im Gerbfasse erfolgen. Wo dieselbe in

Farben geschehen soll, sind wenige Farben genügend, da die zu gerbenden Häute flacher und dünner sind, dazu auch stärkere Brühen angewendet werden dürfen.

Die Näh- und Binderiemenleder werden in ganzen Häuten, die Schlagriemenleder in Croupons geschnitten gegerbt.

Die gegerbten Näh- und Binderiemenleder werden, aus der Gerbung kommend, einen Tag zum besseren Fixieren des Gerbstoffes glatt auf Haufen gelegt, und gut zugedeckt liegen gelassen, um dann im Walkfaß mit zu- und ablaufendem Wasser oder mit Erneuerung des Wassers ausgewaschen zu werden, ein Neutralisieren braucht hier nicht stattzufinden.

Nach dem Auswaschen werden die Leder auf der Maschine ausgereckt, der Narben mit Knochen- oder Mineralöl abgeölt und zum Abwelken aufgehängt, wobei darauf geachtet werden muß, daß kein Antrocknen stattfinden darf, wozu das Abölen des Narbens behilflich ist, da dadurch einem zu raschen Antrocknen vorgebeugt ist.

Nach dem Abwelken werden die Leder auf der Tafel von der Aasseite glatt ausgestrichen und mit einer Schmiere, bestehend aus:

5 Teilen Moëllon,
5 „ Mineralfett,
1 „ Knochenöl,

welches gut zusammengemischt sein muß, geschmiert. Hierzu rechnet man 15—20% des abgewelkten Leders, worauf die geschmierten Leder im Walkfaß 2 Stunden gewalkt werden. Hierauf folgt ein leichtes Abwelken, worauf der Narben mit warmem Wasser gebürstet wird, um dann von der Aasseite auf dem Tisch fest glattgestoßen und zum Trocknen an die Stange genagelt zu werden. Nach dem Trocknen findet ein Abreiben des Narbens und ein Putzen der Fleischseite statt, worauf Narben- und Aasseite mit Talkum abgerieben und dann gebürstet werden, womit die Prozedur beendigt ist.

Schlagriemenleder werden nach der Gerbung mit Wasser im Walkfaß ausgewaschen zum Entfernen der überflüssigen Gerbbrühe und erhalten dann ein Boraxbad mit $1^1/_2$ kg Borax auf 100 kg Blößengewicht, worin die abgespülten Leder $1—1^1/_2$ Stunde im Walkfaß in hinreichender Flotte behandelt werden, worauf die neutralisierten Leder nochmals in frischem Wasser 15 bis 20 Minuten gewalkt, um dann auf der Maschine so trocken wie möglich ausgereckt zu werden. Hierauf erfolgt das Abölen des

Narbens mit Klauen- oder Mineralöl, ein leichtes Abwelken, worauf die Leder von der Aasseite folgende Fettemulsion erhalten auf 100 kg Blöße:

3 kg Olivenseife in heißem Wasser gelöst, welcher Lösung
12 kg Moëllon beigemischt werden.

Die damit geschmierten Croupons werden im Walkfaß etwa 2 Stunden bewegt, wonach die Fettmischung vollständig aufgenommen sein muß, dann herausgenommen, etwas abgewelkt und auf der Tafel ausgereckt. Zu dem Zwecke erfolgt dieselbe Bearbeitung wie bei Näh- und Binderiemenleder, womit die Zurichtung beendet ist.

Chromwichsleder.

Zu Chromwichsleder können Kalbfelle verwendet werden, welche kleinere Narbenschäden besitzen und infolgedessen zu Narbenleder nicht geeignet sind. Die Beschaffenheit des Felles selber muß aber zu Wichsleder mindestens ebensogut sein, man muß sogar besseres Rohmaterial verwenden wie zu Narbenleder, das in den Seiten kompakter, also nicht abfällig ist.

Das Weichen bzw. Wässern ist konform dem der Narbenware, das Äschern ebenfalls, wobei aber bei Wichsledern ein Nachäschern im frischen Äscher stattfinden muß, wie vorne angegeben, während solches bei Narbenledern eventuell fortfallen kann, je nachdem die Felle kompakter oder schütterer Natur sind.

Das Beizen der Wichsleder soll etwas stärker durchgeführt werden als bei Narbenledern, damit die Blöße etwas mehr gelockert wird, da durch die vegetabilische Nachgerbung ein Füllmaterial der Blöße zugeführt wird, welches auch den nötigen freien Raum vorfinden muß, um sich ablagern zu können.

Die Vorarbeiten bis zum Gerben sind genau dieselben wie bei mit reinem Chrom zu gerbenden Ledern. Das Gerben kann sowohl im Zweibad- wie im Einbadverfahren durchgeführt werden, wenn dasselbe nur mit der nötigen Vorsicht ausgeführt wird; da das Einbadverfahren aber leichter und einfacher durchzuführen ist, so ist es ratsam, das Einbadverfahren anzuwenden.

Bei vegetabilischer Nachgerbung darf die Chromgerbung nicht so intensiv sein, als ob nur mit Chrom gar gemacht werden soll; es muß für den vegetabilischen Gerbstoff hinreichender Raum vorhanden sein, um sich einlagern zu können, jedoch darf der vegetabilische Gerbstoff nicht in konzentrierter Lösung gegeben werden, sondern er muß entweder vor dem Zusetzen verdünnt oder den in Bewegung befindlichen Blößen in so kleinen Portionen zugeführt werden, daß derselbe in der in dem bewegten Faß befindlichen Brühe sofort verteilt wird, da sonst die konzentrierte Brühe die Außenseite sehr bald festgerben würde. Der Narben würde dabei hart, spröde und brüchig und das Einlagern im Innern sehr langsam vor sich gehen, oft ganz unmöglich sein. Wird dagegen der vegetabilische Gerbstoff in verdünnter Lösung den mit Chrom vorgegerbten Blößen zugeführt, so findet ein allmähliches Durchdringen und Einlagern bis in das Innerste der Blöße statt und der Narben bleibt milde. Durch diese vegetabilische Nachgerbung soll ein Wichsleder hergestellt werden, welches die Tugenden beider Gerbarten in sich vereinigt; dasselbe soll die milden, zügigen, wasserabhaltenden Eigenschaften des Chromleders und die Körperfülle, wie die Eleganz des vegetabilisch gegerbten Leders besitzen, wie solche einzeln mit rein vegetabilischer oder mit reiner Chromgerbung nicht zu erreichen sind. Die Chromgerbung für sich allein angewendet, liefert auch keine glatte, sondern nur eine wollige poröse Fleischseite, und darin lag der Grund, daß man nach dem Chromgerbverfahren Wichsleder nicht herstellen wollte.

Das Vermögen der Mineralsalze, die Hautfibrillen aufzulösen, sowie die Eigenschaft des vegetabilischen Gerbstoffes, die Hautfasern zu durchdringen und die Zwischenräume des Hautgewebes zu füllen, sind wohl die Hauptursachen, welche für diese Methode sprechen, wobei auch noch das leichte Schwellvermögen des Chroms und seine oxydierenden Eigenschaften mitwirken. Eine rein vegetabilische Gerbung ist nicht imstande, Milde und Durchdringlichkeit gegen Luft ohne jegliche Anwendung von Fett zu schaffen, wogegen auch nur eine teilweise Chromgerbung das Leder milde und weich macht, dennoch aber zähe und wasserabhaltend. Kommt dann noch die Behandlung mit Fettbrühe hinzu, so bietet diese Methode, Wichsleder zu bereiten, außerordentliche Vorteile gegen jedes der beiden Verfahren, einzeln für sich zur Gerbung angewendet.

Bei der sorgfältigsten Art der Gerbung, ob mit Vegetabilien, Mineralien oder Metallsalzen ausgeführt, bleibt bei allen Vorzügen, welche die betreffende Gerbart für eine gewisse Ledersorte haben kann, doch noch manches für andere Zwecke zu wünschen übrig, was der Verbesserung bedarf, und lassen sich die kleinen Nachteile, welche die Natur der Gerbung mit sich bringt, auch durch die vollkommenste spätere Behandlung nicht beseitigen. So nimmt vegetabilisch gegerbtes Leder leicht Feuchtigkeit auf, wird dann beim Trocknen gerne spröde und besitzt als solches im allgemeinen weniger Zugkraft und Dehnbarkeit als „chromgare" Leder. — Chromleder ist für manche Zwecke zu weich und elastisch, läßt sich nur schwer zurichten, besitzt dagegen außerordentliche Zähigkeit und große Widerstandskraft gegen Wasser, wogegen vegetabilisch gegerbte Leder sich wieder durch größere Fülle und durch schöneres Aussehen auszeichnen.

Ist man nun in der Lage, die angeführten Vorzüge der einen Gerbart mit denen der andern Methode zu vereinigen, so muß hieraus ein Produkt resultieren, welches allen, auch den größten Anforderungen Genüge leistet. Diese durch kombinierte Gerbung hergestellten Wichsleder lassen sich, ähnlich wie die mit reinem Chrom gegerbten Leder, nicht nach Gewicht verkaufen, sondern müssen nach Maß gehandelt werden.

Der Unterschied der einzelnen vegetabilischen Gerbstoffe unter sich, wie solche in ihrer Einwirkung auf das Leder zum Ausdruck kommen, muß bei diesem Verfahren sehr in Betracht gezogen werden, ebenso die Wirkung des Chroms auf die vegetabilischen Gerbstoffe, wodurch bei nicht richtiger Kombination der betreffenden Gerbstoffe die größten Verschiedenheiten im Resultat und oft auch die größten Enttäuschungen vorkommen können. Rechnet man noch hinzu die Wirkung der Fette, die Verschiedenartigkeit der Farbwirkung der Gerbstoffe, die Reaktion der pflanzlichen auf die Mineralgerbstoffe, wobei unlösliche Verbindungen geschaffen werden können, welche ausgefällt und auf die Zurichtung usw. recht schädlich wirken können, so ist einleuchtend, welch große Mannigfaltigkeit sich bei der Kombination der pflanzlichen mit der Chromgerbung ergeben kann.

Bei den Chromwichsledern ist es für jeden Fabrikanten am passendsten, die mit Chrom vorgegerbten Leder mit denjenigen Vegetabilien nachzugerben, welche von ihm bisher zur Herstellung der betreffenden Leder benutzt worden waren, weil dann das fertige Produkt dem bisher gewohnten am ehesten ähnlich sein wird. Aber es ist bei dieser Gerbart darauf zu achten, daß die zu benutzenden Vegetabilien keine säurehaltigen Stoffe mit in die Gerbung bringen und andererseits hinreichend Polstermaterial besitzen, um die zu diesem Zwecke gelockerten Hautstellen auszufüllen. Auch soll mit den pflanzlichen Gerbstoffen eine rasche Durchgerbung angestrebt werden.

Das Nachgerben mit vegetabilischen Gerbstoffen darf erst nach dem völligen Entsäuern und Auswaschen der chromgegerbten Leder erfolgen, weil die Säure gar nicht mehr aus den Ledern zu entfernen wäre und die vegetabilischen Gerbstoffe auch in ihrem Gerbstoffgehalt verändert würden, wodurch ein Teil des Gerbstoffes seinen Zwecken verloren gehen müßte. Das fertige Fabrikat würde dann nicht milde, elastisch und zähe sein, sondern hart, ohne Zug und blechig, wenn nicht sogar brüchig, also das Gegenteil von dem gewünschten Resultat erzielt werden.

Sind die Leder genügend entsäuert, gut ausgewaschen, völlig neutralisiert, und kommen sie dann abgetropft in die geeignete vegetabilische Gerbbrühe, so werden daraus Chromwichsleder resultieren, welche sämtliche Tugenden in sich vereinigen, die der vegetabilischen als auch der Chromgerbung eigen sind. Die Wichsleder werden milde, elastisch, zähe, wasserabhaltend, gefüllt und glatt sein, wenn der Zurichter ebenso seine Schuldigkeit tut, wie der Gerber.

Im nachstehenden sollen die Manipulationen bis zum Gerben nochmals kurz aufgeführt werden, woran sich dann die Gerbung und Zurichtung anschließt.

Die in bekannter Weise vorbereiteten abgezogenen Blößen gelangen nun zum Chromgerben im Einbadverfahren und erhalten als

Vorgerbung

pro 100 kg Blöße:

$2^1/_2$ kg Alaun,
5 kg Kochsalz,
100 Liter Wasser von 25° C,

in welcher Brühe die Blößen $1-1^1/_2$ Stunde bewegt werden.

Dann, nachdem die Blößen abgeträufelt sind, ein

Salzwasserbad

aus 5 kg Kochsalz,
100 Liter Wasser von 25° C

werden darin 10 Minuten behandelt und darauf, nachdem abgetropft, in das

Chrombad

gebracht von

5 kg Chromalaun in
30 Liter kaltem Wasser gelöst,
2 kg Soda in
10 Liter Wasser von 35° C gelöst.

Die Lösungen werden zusammengemischt und in das Gerbfaß mit dem Salzwasserbad von 25° C gebracht und darin 4 Stunden bewegt. Sollte nicht genügend Flüssigkeit mehr vorhanden sein, so wird klares Wasser von 25° C nachgefüllt. Bei allen Operationen muß eine genügende Flüssigkeitsmenge vorhanden sein. Die Neutralisierung des Chromalauns erfolgt in bekannter Weise.

Sollte bei ganz schweren Ledern eine stärkere Chromierung für nötig gehalten werden, so kann man eine Nachchromierung in der Stärke von $^1/_8$ bis zu $^1/_2$ des Chrombades erfolgen lassen, im allgemeinen reicht das angegebene Chrombad aus.

Die chromierten Blößen werden nun vom Aas ausgestoßen, darauf im Walkfaß 15—20 Minuten in 25° C Wasser aufgewalkt, abtropfen gelassen und in die vegetabilische Gerbbrühe gebracht.

Die vegetabilische Nachgerbung.

Das Nachgerben mit Vegetabilien kann geschehen in einer

2—4° (Bé) -igen Sumachbrühe,

oder in Bädern folgender Zusammensetzung:

3° (Bé) -ige Sumach und
1° (Bé) -ige Fichtenlohbrühe oder
2° (Bé) -ige Eichen- und
2° (Bé) -ige Fichtenlohbrühe oder
4° (Bé) -ige Eichenbrühe,

wie überhaupt die Wahl der vegetabilischen Gerbstoffe den Verhältnissen angepaßt werden muß.

Die vegetabilische Nachgerbung kann sowohl im Faß oder im Haspel gegeben werden und dauert im Faß 4—6 Stunden, im Haspel, bei anfänglicher 3stündiger und dann von Zeit zu Zeit unterbrochener Bewegung, 2—3 Tage. Die Anfangsgerbung beginnt uit $^1/_2$—1° Bé starker Brühe, dann setzt man nach und nach den Vorrat an gelöstem Gerbstoff zu, so daß die zu gerbenden Leder sich stets in hinreichend starker Brühe befinden.

Würde man die Brühen stärker nehmen und diese nur kürzere Zeit auf die chromierten Leder einwirken lassen, so gerben sich die Außenpartien der Blößen zu und kann der Gerbstoff wenig mehr in das Innere eindringen, der Narben müßte an Zähigkeit verlieren und könnte nicht glatt sein, ebenso wie die Aasseite rauh werden müßte, da beide von dem zu starken Gerbstoff zusammengezogen werden.

Die durchgegerbten Leder kommen nun zum Walken, Ausrecken und können nun, wo es nötig ist, gleich auf die richtige Stärke gefalzt werden, nach welcher Arbeit das Einfetten erfolgt.

Die in der Seifenemulsion im Faß gefetteten Leder werden einige Tage lagern gelassen, um dann konform den vegetabilisch gegerbten Wichsledern zugerichtet zu werden, also auf den Wind machen, fassonieren, schmieren von Aas und Narben, dégrasieren, blanchieren, aufkrausen usw., wichsen und glänzen, wie man es bei Wichsledern gewohnt ist.

Die Einrichtung der modernen Chromlederfabrik.

Organisation.

Es dürfte außer Zweifel sein, daß neben guter, kaufmännischer Leitung es hauptsächlich die technische Einrichtung einer Lederfabrik ist, welche auf der Höhe sein muß, wenn ihr Betrieb gewinnbringend sein soll. Dies ist zwar schwieriger in die Praxis umgesetzt, als es ohne weiteres erscheint, weil alte, gut eingeführte Fabriken zunächst glauben, diese sowieso zu haben und selten dazu kommen, rechtzeitig der vorgeschrittenen Technik entsprechende Um- und Neubauten zu erstellen, neben Aufrechterhaltung des laufenden, gewöhnlich drängenden Betriebes. Die Umwandlung einer alten Fabrik in eine moderne ist auch deshalb schwierig, weil das alte Vorhandene mitverwendet werden muß, bis das Neue sich eingeführt hat und dadurch eine Scheinberechtigung erhält, die ihm haften bleibt und das Unternehmen dann dauernd ungünstig belastet.

Viele alte, veraltete Fabriken werden immer mehr unfähig, in der vorderen Linie des Wettbewerbes zu bleiben. Die ungesunde Folge ist dann zeitweilige Verschleuderung der Fabrikate, nur, um sich über Wasser zu halten und damit eine Gefährdung der normalen Preisbildung für alle anderen. Man sollte darum rechtzeitig an Mittel und Wege denken, die Hilfe bringen können, und als dessen Bestes uns die Zeit den Zusammenschluß gelehrt hat. Man wird sich entschließen müssen, mehr als seither, unter Hintansetzung persönlichen Ehrgeizes, mit den Nachbarn oder auch Konkurrenten eine Vereinigung der Interessen herbeizuführen, in der Voraussetzung, daß dieser sich in gleich bedrängter Lage befindet oder aus anderen Gründen ein Zusammenarbeiten wünschenswert erscheint. Eine direkte, klipp und klare Aussprache ohne Umständlichkeiten führt gewöhnlich am besten zum Ziel. Notwendig wäre es in viel mehr Fällen, als es öffentlich scheint. Denn man schafft sich damit nicht nur einen Konkurrenten vom Markt, sondern stärkt auch die Stellung dort, verbilligt in vielem den Bezug der Rohmaterialien, vermehrt den Kredit und die Erfahrungen und erleichtert in vieler Beziehung eine gewinnbringende Fabrikation.

Das Leder bildet einen Welthandelsartikel und kann sich als solcher nicht mehr handwerksmäßig mit Gewinn herstellen lassen; sobald sich fremde, uns oft unbekannte Einflüsse mit uns messen, müssen wir raschmöglichst die Konsequenz ziehen und uns so stark wie möglich machen, denn nur der wirtschaftlich Starke behauptet das Feld. Wer sich Illusionen hingibt, verkennt die Zeit, nicht rückwärts, sondern vorwärts schaut der Erfolgreiche. Manche altrenommierte Fabrik wurde im Laufe der Zeit räumlich eingeengt, hat widrige Verkehrs- oder Abwässerverhältnisse, und würde es sich für ihre Fabrikation oder Zweige derselben empfehlen möglichst frühzeitig die notwendige Änderung herbeizuführen, häufig sehr zweckmäßig im Einvernehmen mit einer moderneren, aber noch weniger eingeführten Fabrik.

In erster Linie ist sodann das Vorhandensein und die richtige Verwaltung größtmöglichsten Betriebskapitals ins Auge zu fassen; kann man damit rechnen, so können alle günstigen Konjunkturen und technischen Fortschritte ausgenutzt werden. Es ist sogar sehr vorteilhaft, wenn der Leitung finanztechnische Erfahrungen und eine gute Bankverbindung zur Verfügung stehen. Ohne genaue Kenntnis des Geldmarktes kann man auch bei besten Fabrikationskenntnissen empfindliche Verluste erleiden. Für das Endergebnis, den Gewinn, ist es ja sowieso gleichbleibend, ob es durch fabrikatorische Fertigkeit oder richtige und rechtzeitige Anwendung der Kapitalskraft erzielt wurde; würde in Verkennung des Zweckes der Arbeit der Erfolg lediglich vom technischen Fortschritt erwartet werden, so würde diese einseitige Belastung sehr bald zum Ruin des Erwerbsfeldes führen. Im geschickten Zusammenwirken beider liegt der Erfolg.

Daß bei Anlage einer Lederfabrik auf günstige Verkehrs- und Wasserverhältnisse von vornherein besonders geachtet wird, ist eigentlich selbstverständlich; gerade so wichtig ist aber auch die Rücksicht auf die mögliche Ausdehnung, und muß nach den notwendigen Richtungen hin genügend Raum zur Verfügung stehen, um einer organischen Fortentwicklung dienlich zu sein. Es muß die Möglichkeit bestehen, von Anfang an, daß auf lange Jahre hinaus immer mit Erweiterungen gerechnet werden kann, die sich unbemerkt, ohne die geringste Störung des laufenden Betriebes einzufügen haben. Da es von Vorteil ist, daß der Fabrikationsgang derart geregelt ist, daß keine Arbeit einen Weg zweimal macht, so ergibt dies unter Berücksichtigung des vorher Erwähnten ungefähr das folgende Bild:

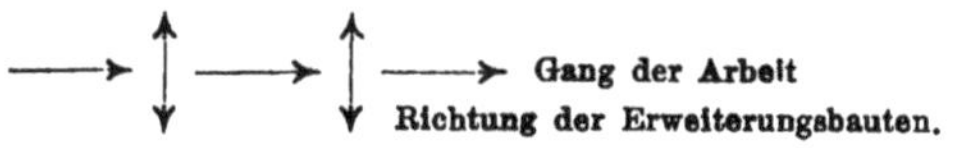

Wenngleich ja aus vielen Gründen die Anlage in der Nähe verarbeitender Industrien wünschenswert erscheint, so sprechen doch viele Gründe für die davon unabhängige Wahl des Platzes, wo sonst die besten Vorbedingungen zutreffen. Es gibt viele Orte, welche sich Industrie wünschen und gute Gründe dafür haben; diese sollten in Betracht gezogen werden, ehe man sich anderswo aufdrängt und dazu obendrein mancherlei Ungünstiges in den Kauf zu nehmen hat. Fällt ein ungünstiger Anfang weg, so kann man sich überall einarbeiten, zumal man ja in der Arbeit selber Befriedigung findet. Persönliche Interessen müssen zurückstehen, der geschäftliche Vorteil muß oberstes Gesetz sein und bleiben.'

Als besondere Vorteile wären ins Auge zu fassen guter, eben gewachsener Baugrund, ohne Hochwassergefahr mit reichlichem, nicht zu hartem Betriebswasser und günstiger Regelung der Abwässerfrage, womöglich auch Wasserkraft und billigen Kohlen. Leicht erreichbare Bahn- und Schiffsverbindungen sowie gute Zufahrtstraßen sind wesentliche Vorteile; niedrige bzw. gar keine Steuern, wenigstens für die Anfangsjahre, können viel erleichtern. Das Vorhandensein anderer, aber zurückgehender Industrien, deren Arbeiterstamm brauchbar ist, nützt. Die Arbeiter sollten die Möglichkeit haben, nebenher in kleinem Maßstabe Landwirtschaft zu betreiben. Tritt sodann noch der erleichterte Bezug der wichtigsten Rohmaterialien, Häute oder Gerbstoffe, oder der erleichterte Absatz des fabrizierten Leders hinzu, so beginnt das Unternehmen unter einem günstigen Stern, da anzunehmen ist, daß dann sowohl die kaufmännische als auch technische Leitung in erfahrenen, gut miteinander harmonierenden Händen liegt.

Bei all diesen Punkten muß natürlich immer nicht nur die Gegenwart, sondern weitblickend die Zukunft mit ins Auge gefaßt werden, und zwar, wie es dem Interesse des Unternehmens wohl am besten entspricht, stets als eigene, vertrauliche Angelegenheit. Die Gelegenheit, nachhaltigen Einfluß auf die kommunale Verwaltung des Bezirks zu gewinnen, möglichst indirekt und wenig auffallend, sollte von vornherein gesucht und immer wieder verstärkt werden.

Großzügiges, geschäftliches Vorgehen schließt Vorteile für die Gemeinde nicht aus, birgt sie im Gegenteil gewöhnlich in sich. Der für richtig erkannte geschäftliche Standpunkt muß nur mit eiserner Konsequenz durchgeführt werden in der Erkenntnis, daß vermehrte Rechte von selber vermehrte Pflichten bringen.

Ein guter Arbeiterstamm kann auch ohne übermäßig hohe Löhne herangezogen werden. Ist für eigene, passende Arbeiterwohnungen mit Gärten und anderen ergänzenden Wohlfahrtseinrichtungen, wie z. B. gemeinsamen Bezug wichtiger Nahrungsmittel, Kohlen u. dgl., in richtiger Weise Sorge getragen — immer ohne Hervorkehrung des „Herren"- oder „Wohltätigkeits"standpunktes der Leitung — und wird den Leuten mehr und mehr der Schutz der Kapitalsmacht fühlbar in all ihren kleinen, privaten Nöten, so hat es eine vernünftige Leitung nicht schwer, mit relativ geringen Kosten durchzukommen. Man muß nur all die Vorteile, die die Bedeutung eines größeren Werkes oder der vorgeschlagene Zusammenschluß von mehreren von selbst mit sich bringt, für das Gemeinwohl der Arbeiter im reichsten Maße mit heranziehen und deren rücksichtslose Ausnützung zugunsten einzelner verhüten. Eine gewisse Beteiligung der Arbeiter und Angestellten am Reingewinn, gerecht verteilt, kann Wunder wirken, erleichtert zum mindesten die Leitung, da sodann alle für einen, einer für alle eintreten.

Gleichmäßigkeit des Fabrikats ist bekanntlich ein Vorzug, der selbst bessere Qualität schlägt, und da sie am besten durch Maschinenarbeit erreicht wird, so sollte sie in weitmöglichstem Maße angestrebt werden. Und noch mehr die Spezialisierung auf gewisse Gebiete. Es würde unbedingt zu größerer Vollkommenheit führen, wenn sich Betriebe nur mit der Kalkbehandlung, andere nur mit der Gerbung und wieder andere nur mit der Zurichtung befassen würden, statt alles vereinigt in ein und demselben Betrieb auszuführen. Die dadurch für den einzelnen bedingte Zeitabkürzung der Fabrikation bedeutet dann nicht nur Ersparnis an Geld, sondern auch bedeutende Erleichterung der Übersicht in der Fabrikation und Verringerung der Gefahrenmöglichkeit. Der Markt der Rohware und der des fertigen Leders sind so grundverschieden, wie die einzelnen Fabrikationsabschnitte unter sich selbst auch; die notwendigen Hilfsmittel und Nebenprodukte sind so zahlreich, wie kaum in einer anderen Industrie, und die Fabrikationsdauer ist zu lang, um bei den häufig sehr empfindlichen Konjunkturschwankungen nicht ein zu großes Risiko in sich zu bergen. Weshalb verringert man die Schwierigkeiten nicht, wenn man sie erkannt hat und alles dafür und nichts dagegen spricht? Gerade beim Zusammenschluß von kleinen Betrieben auf genossenschaftlicher Grundlage ließe sich der Gedanke leicht verwirklichen und so die Bildung von Trusts verhindern.

Im Ausland hat man bereits ähnliches, wie z. B. der Handel mit entwollten, gepickelten Schaffellen zeigt. Dies ließe sich aber bei uns in weit besserem Maße durchführen, zumal wir Orte mit ziemlich viel zusammenliegenden Lederfabriken haben, wie z. B. Mülheim a. d. Ruhr, Neustadt a. d. Orla, Freiberg i. Sa., Backnang, Metzingen u. a. m. Außerdem sind aber auch in Deutschland die Verkehrsverhältnisse derart günstig, daß auch eine gewisse räumliche Trennung kein wesentliches Hindernis bilden würde.

Wenn man nicht zu vielseitig sein muß, läßt sich eine viel größere Vollkommenheit in der Arbeit erreichen, die allgemeinen Unkosten verringern sich und der Gewinn wird vermehrt. Mehrere Betriebe zusammen können leicht einen Chemiker beschäftigen, der die Qualität der Rohmaterialien prüft und sich durch die entstehenden Ersparungen mehr als bezahlt macht, von der Sicherheit nicht zu reden, die man durch die genaue Kenntnis der Materialien in der Fabrikation gewinnt. Ähnliches gilt auch für Reisende, für die Benutzung von Auskunfteien, für Fachbibliotheken und alle Wohlfahrtsbestrebungen zugunsten der Arbeiter.

Wenn der Zusammenschluß zum Anfang auch noch kein völliger ist, es gibt so viele gemeinsame Berührungspunkte, die ihre Vorteile im Zusammenschluß nach und nach zeigen, daß es sich erübrigt, sie zu nennen. Die Lage der Lederindustrie war früher im allgemeinen nicht so rosig, daß man nicht jeden gebotenen Vorteil wahrzunehmen gehabt hätte, und das trifft jetzt nicht minder zu.

Zum Gelingen der Chromgerberei und zur Rentabilität gehört aber nun nicht nur ein wirklich gutes Fabrikat, sondern auch ein marktfähiger Preis. Es ist gewiß Tatsache, daß es eine ganze Reihe Erzeugnisse gibt, die gewissermaßen außerhalb des „Marktes“ stehen, die auf Grund ihrer ganz vorzüglichen Beschaffenheit dem Wettbewerb nicht unterstehen, sondern ihre eigene Notierung haben. Aber dies sind eben nur Ausnahmen. Jedenfalls gehört das Rechnen in allererster Linie zum Erfolg. Die Produktionsverhältnisse haben sich so gewaltig verschoben, daß bei der Einrichtung einer Lederfabrik die maschinelle Einrichtung nach den modernsten Gesichtspunkten getroffen werden muß, um die menschliche Einzelarbeit so weit wie möglich durch die Maschinenarbeit zu ersetzen. Das

Bestreben der Lederfabrikanten, sich Maschinen anzuschaffen, wo sonst von Hand gearbeitet wurde, entspringt aber in der Hauptsache dem Bedürfnis nach größerer Menge und Gleichmäßigkeit.

Aber nicht allein von der möglichst vollkommenen maschinellen Einrichtung der Gerberei hängt der Erfolg ab, auch von der praktischen baulichen Einrichtung. Die Baulichkeiten müssen sich in den rationellen Gang der Arbeiten einpassen, es muß unbedingt vermieden werden, daß die Haut bzw. das Fell weiter getragen oder geschleppt werden muß, als von einem Stadium der Bearbeitung zum andern. Jeder Handgriff kostet Geld, jedes unnötige Anfassen muß daher vermieden werden. Ganz automatisch muß eine Handlung in die andere eingreifen und dabei gleichzeitig Raum und Material gespart werden. Der Betrieb muß die Häute förmlich selbst weiter tragen, bis sie von den Wasser-, durch die Äscher-, Reinmach- usw. Arbeiten in die Gerbung und von dort weiter in die Zurichtung gelangt sind. Die praktische Einrichtung der Gerberei ist aber nicht nur von oft entscheidendem Einfluß auf die Rentabilität, sondern auch auf die Beschaffenheit des fertigen Erzeugnisses. Denn beispielsweise hat schon das Herumliegen der noch kalkhaltigen Blößen an der Luft usw. den denkbar ungünstigsten Einfluß auf die Narbenbildung und eine ganze Reihe von Fehlern des fertigen Leders sind auf unkorrekte Behandlung der Blößen und der gegerbten, aber noch nicht weiter zugerichteten Häute zurückzuführen. Daher ist die sachgemäße Einrichtung einer Gerberei von erheblichem Einfluß auf die Herstellung selbst. Dazu kommt die unbedingte Notwendigkeit zur Sparsamkeit an Transport-, Heiz-, Beleuchtungs- usw. Mitteln. Nachdem sich die Architekten auch der Gerbereiwissenschaft zugewandt haben, ist in dieser Richtung vieles besser geworden. Mit den alten mittelalterlichen Gerbereien hat man gründlich aufgeräumt, und wenn heute der Laie in die „verrufene" Gerberei kommt, die nach solchen Gesichtspunkten errichtet oder umgebaut ist, so staunt er gewöhnlich über die saubere „Einrichtung" und „Geruchlosigkeit" und erklärt freimütig, daß er sich unter einer Gerberei ganz etwas anderes vorgestellt habe. Und in der Tat, unsere Gerbereitechniker haben mit den berufenen Baufachleuten bereits ganz Hervorragendes in der Einrichtung von Lederfabriken erreicht.

Ist der Bau an sich nach den obigen Gesichtspunkten entstanden, so ist die maschinelle Einrichtung von ausschlaggebender Bedeutung für die Rentabilität des Unternehmens. Unsere Maschinentechniker haben die Handarbeiten sowohl in den Vorarbeiten, als auch in der Gerberei und Zurichtung fast vollständig ersetzt. Nur zur Bedienung der Maschine ist der Arbeiter natürlich unersetzlich.

Im nachstehenden sind die wichtigsten Maschinen angeführt, die ein wirklich moderner Betrieb haben muß. Daß das ordnungsmäßige Funktionieren einer solchen Maschine naturgemäß auch von der korrekten Behandlung abhängig ist, versteht sich wohl von selbst. Eine mit diesen Maschinen ausgestattete Chromledergerberei wird bei tüchtiger Leitung und sonstiger rationeller Führung ein Fabrikat hervorbringen, das einen noch so scharfen Wettbewerb bestehen wird.

Wasserwerkstattmaschinen.

Walkfaß.

Zum Walken der Felle und Häute, sowie zum Auswaschen der Blößen benutzt man meist ein Walkfaß, wie untenstehend abgebildet.

Abb. 1. Walkfaß.

Je nach Art der Felle oder Häute sind die Walkfässer verschieden dimensioniert und ausgeführt. Gangbare Größen sind 2,5 m lichter Durchmesser auf 1,25 m lichte Breite oder auch 2 m lichter Durchmesser auf 1,15 m lichte Breite. Im Innern befinden sich 15—20 cm hohe abgerundete Zapfen in gleichmäßigen Abständen; besonders vorteilhaft ist es, wenn dieselben ganz oder teilweise durch in regelmäßigen Abständen angebrachte etwa 12 bis 15 cm hohe Bretter ersetzt werden. Zapfen sowohl, als auch die Bretter dienen zum Bewegen der Häute und Flüssigkeit. Der Antrieb des Walkfasses erfolgt durch ein Zahngetriebe. Der am Fasse angeschraubte möglichst große Zahnkranz ist zweckmäßig aus einzelnen Segmenten zusammengesetzt.

Äscherfaß.

Das Äschern der Häute und Felle wurde bis vor wenigen Jahren stets nur in Gruben vorgenommen, in welche sie meistens eingehängt wurden. In neuerer Zeit ist man dazu übergegangen, die Äscherung in Walkfässern entsprechender Konstruktion auszuführen. Diese sogenannte Faßäscherung bietet dem alten Äscherverfahren gegen-

Abb. 2. Äscherfaß.

über die ganz bedeutenden Vorteile, daß die Äscherzeit wesentlich verkürzt, eine absolut gleichmäßige Äscherung erzielt wird und außerdem bedeutende Ersparnisse an Arbeitslöhnen gemacht werden.

Die zur Faßäscherung gebräuchlichsten Fässer haben 3,10 m Durchmesser und 3,00 m Breite oder 3,10 m Durchmesser und

2,50 m Breite. Durch einen Antriebsmechanismus für zwei Geschwindigkeiten und durch im Faßumfang durch Holzstopfen verschließbare Öffnungen kann das Faß sowohl zum Walken und Auswaschen als auch zum Äschern benutzt werden.

Es werden unter normalen Verhältnissen die einige Tage geweichten rohen Häute in das Äscherfaß gegeben und nach Einschaltung der größeren Geschwindigkeit kurze Zeit unter Wasserzufluß gewalkt und ausgewaschen. Während des Walkens sind die Holzstopfen im Faßumfang geöffnet, damit das durch einen der Lagerzapfen reichlich eintretende Wasser abfließen kann. Nach vollendetem Auswaschen werden die Öffnungen im Umfang des Fasses geschlossen und die Äscherbrühe, die entweder aus reiner Kalkbrühe oder auch aus Kalkbrühe mit Schwefelnatrium besteht, wird in das Faß gepumpt. Während der nun folgenden Äscherung ist die niedrige Umdrehungszahl eingeschaltet. Es sei hier bemerkt, daß das Faß während der Äscherung nicht ununterbrochen laufen muß. In vielen Fällen genügt es, täglich das Faß 3—4mal etwa 10—15 Minuten lang laufen zu lassen.

Sind die Haare genügend gelockert, so werden die Holzstopfen wieder entfernt und unter Wasserzufluß die Häute ausgewaschen und gleichzeitig durch Walken enthaart. Als vollständig reine Blößen verlassen die Häute das Äscherfaß.

„Tabula" Enthaarmaschine.

Zum Enthaaren von Kalb- und Ziegenfellen ist in vielen Lederfabriken die Eintisch-Ausreckmaschine als Enthaarmaschine eingeführt. Das Arbeitsprinzip ist sehr einfach, und zwar wird das Fell mit der Haarseite nach außen über den vertikal zwischen zwei Reckwalzen hindurch bewegten Tisch gelegt. Der Tisch hat als elastische Unterlage für das Fell eine Lederdecke und darunter eine weiche Filzdecke, damit das Fell nicht so stark beansprucht bzw. gedrückt wird.

Durch einen Fußtritt werden die Arbeitswalzen gegen den Tisch bzw. auf das Fell gedrückt. Der Arbeiter ist in der Lage, den Arbeitsdruck in jedem Augenblick zu verändern oder ganz aufzuheben. Auf der Antriebsseite der Maschine liegt ein Handhebel, durch den der Tischantrieb ein- und ausgerückt wird. Jedes Fell muß zweimal bearbeitet werden, denn nach einmaligem Durchgang ist ein schmaler Streifen auf dem Rücken des Tisches noch unbearbeitet. Es ist das Fell also nach dem ersten Durchgang um etwa

10 cm zu verhängen, damit beim zweiten Hochgehen des Tisches auch die noch stehengebliebenen Haare entfernt werden.

Zur Bedienung der Maschine ist ein Mann und ein Junge erforderlich, die so arbeiten, daß der Arbeiter vorn vor der Maschine

Abb. 3. „Tabula" Enthaarmaschine.

das Fell auflegt, die Maschine ein- und ausrückt und den Fußtritt betätigt und der Junge, der hinter der Maschine steht, das Fell verhängt und abnimmt.

Mehrtisch-Ausreckmaschine zum Enthaaren.

Im Großbetrieb wird zum Enthaaren von Kalb- und Ziegenfellen auch die Mehrtisch-Ausreckmaschine benutzt, bei der ein Verhängen der Felle selbsttätig vor sich geht. Die Leistung dieser Maschine ist dreimal so groß, als die einer „Tabula"-Maschine mit einem Tisch, d. h. in 10 Stunden können 2400—3000 Felle bearbeitet werden. Bezüglich der Konstruktion der Maschine ist zu bemerken, daß die an zwei endlosen Ketten in gleichmäßigen Abständen hängenden 3, 4 oder 5 Tische zwei Paar Ausreckwalzen passieren. Auf dem Wege des Tisches zwischen dem ersten und zweiten

Abb. 4. Mehrtisch-Ausreckmaschine.

Walzenpaar wird das Fell automatisch verhängt, damit der beim Durchgehen durch das unterste Walzenpaar unbearbeitet gebliebene

Teil von den oberen Walzen nachgeholt wird. Zur Bedienung ist ein Mann nötig, der auf der Vorderseite der Maschine die Felle auflegt und abnimmt. Die Maschine wird nur in den Größen von 1520 und 1820 mm Walzenlänge gebaut.

Entwollmaschine.

Beim Entwollen von Schaffellen, muß fast stets die Wolle nach Qualität und Farbe sortiert werden. Wenn dies für den Handarbeiter verhältnismäßig leicht war, so stellten sich dem Entwollen mit der Maschine und der Möglichkeit, die Wolle gleichzeitig zu sortieren, große Schwierigkeiten entgegen. In der Abbildung ist nun eine Entwollmaschine dargestellt, auf der geäscherte oder geschwödete Schaffelle mit bestem Erfolge entwollt werden können. Bei der Konstruktion dieser Maschine ist besonderer Wert darauf gelegt, daß die durch den Arbeitszylinder von den Schaffellen entfernte Wolle schön ausgebreitet auf einem in bequemer Höhe angeordneten Transportband aus der Maschine heraus auf den hinter derselben befindlichen Sortiertisch transportiert wird. Das Wollfließ, das auf dem endlosen Transportband umgekehrt — Wurzeln nach oben — aufliegt, wird beim Abwerfen auf den Sortiertisch gewendet, so daß alsdann die Wolle auf dem Tisch genau so geordnet liegt — Wurzeln nach unten —, wie sie auf dem Felle gewachsen ist.

Der Transport der Felle während der Bearbeitung erfolgt durch eine Gummiwalze als Fellauflage und eine angetriebene Stahlriffelwalze als Gegenwalze. Die Einleitung sowohl, als auch die Unterbrechung eines jeden Arbeitsganges erfolgt in jedem beliebigen Zeitmoment durch die Betätigung eines Fußtrittes.

Zur Bedienung der Entwollmaschine sind erforderlich ein Mann zum Einlegen der Felle und zwei Mädchen oder Jungen zum Sortieren der Wolle.

Trommelentfleischmaschine.

In den Großbetrieben der Lederfabrikation ist die Entfleischmaschine mit einer Trommel als Fellauflage — kurz Trommelentfleischmaschine genannt — eine beliebte und vielverbreitete Wasserwerkstattmaschine. Sie wird in vier Größen von 1340 bis 2720 mm Walzenlänge bzw. Arbeitsbreite gebaut.

Die Maschinen von etwa 1,30 und 1,80 m Arbeitsbreite werden

sowohl mit rotierender Trommel, als auch mit oszillierender Trommel, dagegen diejenigen von etwa 2,20 und 2,70 m Arbeitsbreite nur

Abb. 5. Entwollmaschine.

mit oszillierender Trommel ausgeführt. Die rotierende Trommel dreht sich stets nach einer Richtung; sie ist mit zwei Einlegestellen bzw. Stangen ausgerüstet und dementsprechend werden die Felle vorn eingelegt und auf der Rückseite der Maschine abgenommen. Die oszillierende Trommel hingegen ist nur mit einer Zange ausgerüstet und die Haut bzw. das Fell wird vorn eingelegt und auch vorn abgenommen. Die Trommel läuft also, nachdem das Fell oder die Haut die Messerwalze passierte, wieder in ihre Anfangsstellung zurück, in der der Arbeiter das Werkstück entweder umlegt oder,

Abb. 6. Entfleischmaschine.

falls es fertig bearbeitet ist, abnimmt. Bei der vorstehend abgebildeten Trommelmaschine liegen die Messerwalzen in feststehenden Ringschmierlagern, während die Trommel mittels Fußtritt gegen die Messerwalze angehoben wird. Das Schärfen der Messerwalze geschieht durch einen an jeder Maschine angebrachten Schleifapparat. Die Bedienung der Entfleischmaschine mit rotierender Trommel ist einfach.

Es sei angenommen, daß die betreffende Maschine auf die entsprechende Fell- oder Hautstärke eingestellt ist. Dann hat der Arbeiter auf der Vorderseite derselben die Felle in die rotierende Trommel einzuwerfen, während auf der Rückseite der Maschine ein Junge die bearbeiteten Felle abnimmt. Der Fußtritt bleibt während der Dauer der täglichen Arbeitszeit mit einem Gewicht belastet.

Anders ist die Bedienung der Entfleischmaschine mit oszillierender Trommel. Die Trommel steht in ihrer Einlegestellung still, der Arbeiter wirft das Fell oder die Haut in die geöffnete Zange und rückt alsdann den Trommelantrieb durch einen rechts an der Maschine befindlichen Handhebel ein und tritt gleichzeitig auf den Fußtritt, womit die Trommel gegen die Messerwalze angehoben wird. Ist die Trommel so weit unter der Messerwalze durchgelaufen, daß der auf der Trommelfläche liegende Teil des Felles usw. bearbeitet ist, so läßt der Arbeiter, während er den Fußtritt freigibt, die Trommel wieder in ihre Anfangsstellung zurücklaufen, in der entweder das Fell umgelegt oder abgenommen wird, sofern der eingespannte Teil schon bearbeitet ist. Die Trommelmaschinen bieten durch ihre mit weichen Gummidecken überzogenen großen Fellauflageflächen den Fellen eine derart vorteilhafte elastische Unterlagsdecke, daß selbst ganz dünne und wenig widerstandsfähige Felle mit bestem Erfolg bearbeitet werden können, ohne dabei beschädigt zu werden. Je nach der Größe der Felle kann man auf den Maschinen mit rotierender Trommel etwa 2—3000 Felle und auf denjenigen mit oszillierender Trommel etwa 600—1000 Felle oder 3—400 Häute bei den größeren Maschinen täglich bearbeiten.

Walzenentfleischmaschine.

Diese Maschinentypen sind neuerer Konstruktion, die bei schmaler Arbeitszone, Billigkeit bei Erneuerung des Bezuges der Gummiwalze ebenso vorteilhaft wie die Trommelmaschinen arbeiten. Analog den Trommelmaschinen werden diese neueren Entfleischmaschinen sowohl als vollständig automatisch arbeitende Maschinen gebaut, bei denen der Arbeiter nur die Felle einzulegen hat, als auch derart, daß der Arbeiter nach dem Einlegen des Felles bzw. der Haut durch Betätigen eines Fußtrittes die Arbeitsperiode der Maschine einleitet.

Die nachfolgende Maschine ist für mittlere Fellsorten, also für Kipse und leichte Rindhäute geeignet.

Zur Bearbeitung von Schaf-, Ziegen- und Kalbfellen wird die Maschine (Abb. 8) verwendet. Sie ist mit einer patentierten Moment-

Abb. 7. Walzenentfleischmaschine.

regulierung und Feineinstellung versehen, um ungleichmäßig gewachsene Fellteile bequem bearbeiten zu können.

Ähnlich arbeitet die weiter unten abgebildete Maschine (Abb. 9), die bis zu 2740 mm Walzenlänge geliefert werden kann.

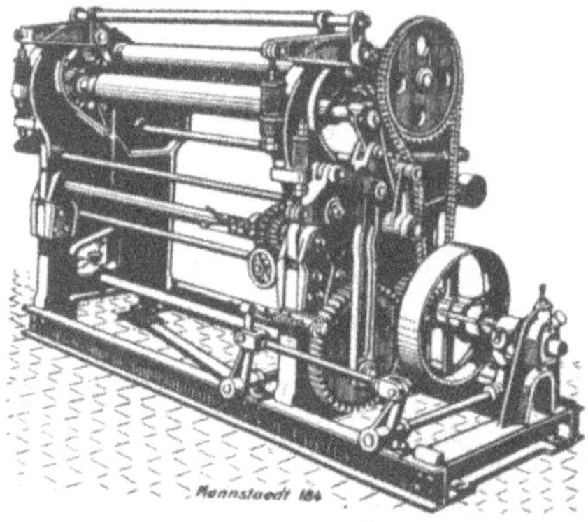

Abb. 8. Walzenentfleischmaschine.

Die Richter-Patent-Einzylinder-Entfleisch- bzw. Enthaar-, Glätt- und Streichmaschine (D. R.-P. Nr. 324155 nebst Zusatzpatent) ist eine langjährig praktisch ausprobierte Walzenmaschine, die ein genaues selbsttätiges Anpassen des Arbeitszylinders und der Auflagewalze an die Stärke des Felles ermöglicht und dadurch ein tadelloses sicheres Entfleischen bzw. Glätten und Streichen des Felles gewährleistet. Diese Maschine hat dieselbe Stückleistungsarbeit wie die bekannten rotierenden Walzenmaschinen. Die Neuerung besteht

Abb. 9. Walzenentfleischmaschine.

darin, daß die Auflagewalze (Gummi) und die Transportwalze (Riffelwalze) während der Bearbeitung des Felles gegen den festgelagerten Arbeitszylinder ein leicht bewegbares Ganzes bilden. Es ist dadurch möglich, das Fell mit beliebig starkem Druck zu bearbeiten, außerdem kann der Druck durch eine Einstellungsvorrichtung reguliert werden.

Ferner hat sich die Maschine durch ihr großes Anpassungsvermögen an das unterschiedlichste Hautmaterial sehr vorteilhaft zum Strecken roher Felle und Häute bewährt, und dieselbe kann auch dazu bestens empfohlen werden. Die Bedienung ist einfach und erfordert einen Mann.

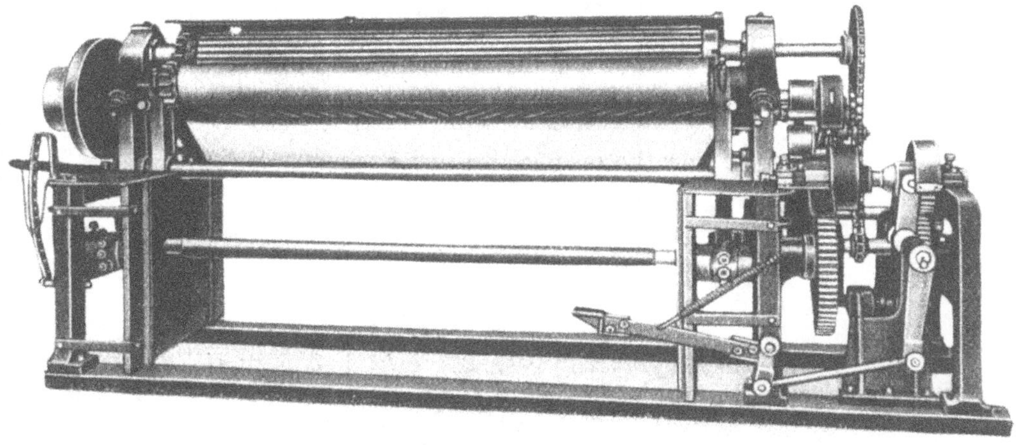

Abb. 10. Walzenentfleischmaschine.

Die vom selben Hause herausgebrachte „Hochleistungsmaschine" ist sozusagen eine doppelte Walzenentfleischmaschine. Die Arbeitsweise (durch eine schematische Darstellung illustriert) ist folgende:

Das zu bearbeitende Fell oder Haut *A—B* wird in Stellung Fig. 1 seitens des Arbeiters eingehängt, während welcher Zeit die Messerwalze Nr. 2 noch den Rest des vorher eingehängten Felles bearbeitet. Durch einen Fußtritthebel in Verbindung mit einer Kupplung wird eine Umdrehung von Exzentern getätigt, welche die Walze 5 in Stellung Fig. 2 bringt, und Walze 6 folgt derselben. Das Fell liegt von *A—B* auf den Walzen 5 und 6, während das Stück *A—C* von der Messerwalze 1 unter Verwendung bekannter Förderwalzen in Richtung des Pfeiles Fig. 2 bearbeitet wird.

Während des Arbeitsganges schwingt nun die Walze 6 in Stellung Fig. 3, so daß Teile *C*—*B* in Richtung des Keiles Fig. 3 von der Messerwalze 2 bearbeitet wird.

Ist das Fell bis *A* von der Messerwalze 1 bearbeitet, dann schwingt auch die Walze 5 in Stellung Fig. 1, und das Spiel beginnt von neuem.

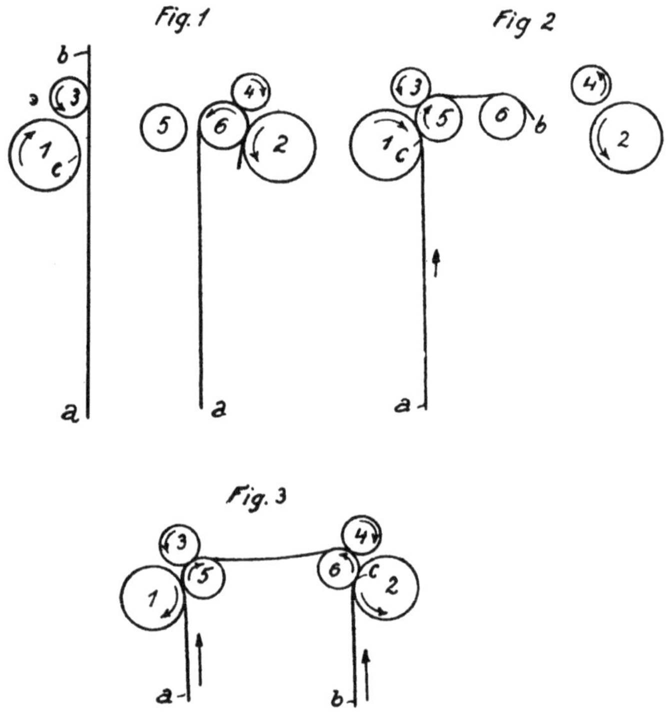

Abb. 11. Schematische Darstellung.

Das fertig bearbeitete Fell gleitet auf einem Rutschbrett hinter der Maschine heraus, oder kann durch Transportband in einem Wagen, oder an die nächste Arbeitsstelle geleitet werden, und der bedienende Arbeiter braucht nur fortwährend neue Felle einzuhängen. — Die Leistung der Maschinen ist eine ganz bedeutende, indem auf derselben pro Stunde 400 Stück große Kalb- und Schaffelle entfleischt und bei etwas langsameren Gang, unter Verwendung von Hohlgummiunterlagen, 200—300 Stück pro Stunde enthaart oder geglättet werden können.

Die Maschine hat den Vorteil, daß sie die zu bearbeitende Haut mit einem einmaligen Einlegen, ohne jede Umschaltung fix und fertig bearbeitet, wobei Fleisch- und Schmutzteile nach unten

Abb. 12. „Hochleistungs"-Entfleischmaschine.

fallen. Ferner ist dieselbe nach den Richter-Patenten mit vollständig selbsttätiger Stärkeeinrichtung ausgerüstet, so daß durcheinander Felle jeder Stärke bearbeitet werden können, ohne die

Maschine besonders einstellen zu müssen. — Die neueren Konstruktionen sind außerdem mit einer Momentausschaltung versehen, so daß bei irgendeinem Vorkommnis jedes Fell sofort von den Walzen freigemacht werden kann.

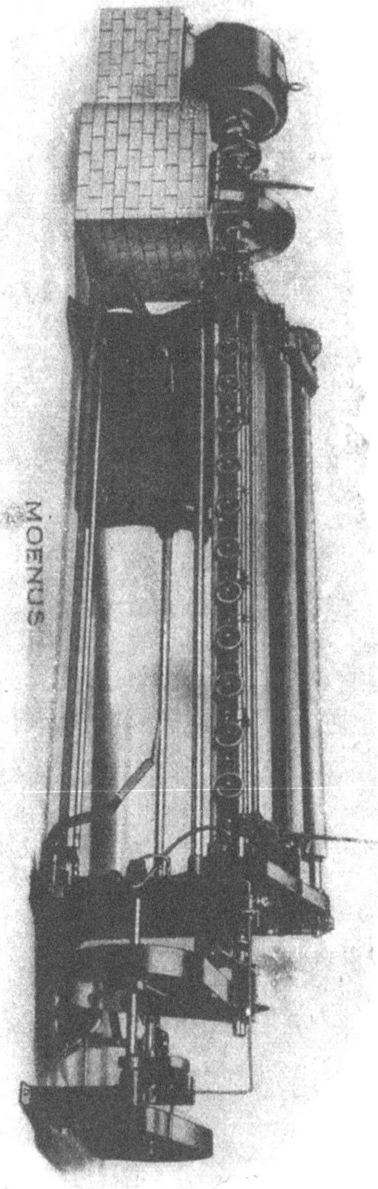

Abb. 13. Pneumatische Entfleischmaschine.

Pneumatische Entfleischmaschine.

Diese Maschine mit pneumatisch abgestütztem, patentiertem Werkstückträger eignet sich für Großhäute mit erheblichen Stärkeunterschieden. Der neue Werkstückträger dieser Maschine besitzt eine Anpassungsfähigkeit an Häute mit großen Dickenunterschieden und gestattet den Arbeitsdruck sowohl insgesamt, wie auch stellenweise zu regulieren. Der Gummischlauch liegt in einem Gußgehäuse eingeschlossen und ist durch eine vorgelagerte Gummileiste gegen eine Verletzung durch die Messerwalze geschützt.

Das Ab- und Beistellen der Hautauflage während der Entfleischarbeit und das Einstellen schnellstens und bequem für stärkere und schwächere Häute kann durch einen Handhebel erfolgen.

Wenn die Maschine nur zum Entfleischen und Strecken verwendet werden soll, empfiehlt sich der Antrieb mittelst direkt gekuppeltem Motor wie vorstehende Abbildung zeigt.

Zum Ausspalten bei Kalbfellen wird die

Kalbskopfspaltmaschine

benutzt.

In der Konstruktion ist diese Spaltmaschine der bekannten „Union“-Spaltmaschine ähnlich; denn zwischen der Schneide des

Abb. 14. Kalbskopfspaltmaschine.

feststehenden Messers und einer einstellbaren Gegendruckwalze wird der zu spaltende Kalbskopf mittels einer Wickelwalze durchgezogen. Der Antrieb der Wickelwalze erfolgt durch ein Zahnradvorgelege, das durch den Fußhebel eingeschaltet wird. Um den Kopf des Kalbfelles einlegen zu können, wird die Gegendruckwalze durch einen Handgriff hochsgestellt. Zum Einstellen der Spaltdicke dient das mitten über der Maschine befindliche Handrad. Bei der einfachen Bedienung der Maschine kann man bei einiger Übung eine Leistung bis zu 1000 Kalbfellen pro Tag mit Leichtigkeit erzielen.

Zum Spalten von Großhäuten, Kalb- und Schaffellen dient heute allgemein die

Bandmesserspaltmaschine.

Sie übertrifft alle anderen Spaltmaschinen dadurch, daß man die Felle oder Häute in der Blöße, sowie in jedem Gerbstadium spalten kann, einen Narbenspalt in der Stärke bis zu Bruchteilen eines Millimeters ohne Narbenbruch erreicht und außerdem quantitativ mehr leistet. Während bei den Spaltmaschinen mit feststehendem oder oszillierendem Messer das zu spaltende Leder gegen die Messerschneide mittels einer Wickelwalze gezogen wird, transportieren bei der Bandmesserspaltmaschine zwei einstellbare Transportwalzen das Material gegen die Schneide des raschlaufennde, endlosen Bandmessers. Dieses System ermöglicht, daß jede Haut bzw. jedes Fell mit Kopf, Klauen und Schwanz auf einmal durchgespalten wird. Bei allen andern Spaltmaschinen ist ein Umspannen erforderlich, d. h. bei jedem Durchziehen des zu spaltenden Leders wird nur ein Teil desselben ausgespalten; man erhält nur Teilspalte, wohingegen die Bandmesserspaltmaschine einen Spalt in Form und Größe der gespaltenen Haut liefert.

Die folgende Abbildung zeigt eine neueste Ausführung der schon seit mehreren Jahren in der Lederfabrikation benutzten Bandmesserspaltmaschine. Ihr wichtigster Teil, das Bandmesser, läuft über zwei mit einem Bord versehene Laufscheiben, von denen die eine angetrieben ist. Zwischen den Laufscheiben ist für das Messer eine präzis einstellbare Messerführung eingebaut, damit das dünne Bandmesser beim Spalten nicht ausweichen kann. Mit der Schneide ragt dieses Bandmesser zwischen die nach der Lederdicke einstellbaren Zuführungswalzen, von denen die obere eine geriffelte Stahl- oder eine glatte Messingwalze und die untere eine aus einzelnen kurzen Gliedern bestehende Walze ist. Die letztgenannte Gliederwalze stützt sich auf eine Gummiwalze, damit die Ringe unabhängig voneinander den ungleichen Stärken der Haut entsprechend nachgeben können. Da die obere Transportwalze verstellbar, aber nicht nachgiebig ist, so ergibt sich, daß zwischen Messer und der oberen Walze der gleichmäßig starke Spalt bzw. der Narbenspalt und zwischen Messer und der darunter liegenden Gliederwalze der Fleisch- oder Abfallspalt abgeführt wird.

Zum Schleifen des Bandmessers ist in jede Maschine ein Schleifapparat eingebaut, der durch zwei übereinander liegende Schmirgelscheiben das Messer von zwei Seiten gleichmäßig anschleift.

Da für verschiedene Lederarten nicht ein und dieselbe Transportgeschwindigkeit benutzt werden kann, hat die Maschine die Einrichtung, durch Wechselräder vier verschiedene Geschwindigkeiten einzuschalten. Ebenso wichtig ist auch die Einrichtung zum momentanen Ausrücken des Transportes, durch die ermöglicht wird, daß man bei etwaiger Faltenbildung das Spalten sofort unterbrechen und dadurch Spaltfehler vermeiden kann.

Abb. 15. Bandmesserspaltmaschine.

Bevor bei einer Bandmesserspaltmaschine zum Spalten geschritten werden kann, ist das Messer auf genügende Schärfe zu untersuchen und, falls nicht scharf genug, durch Einrücken des Schleifapparates vorsichtig bis zur nötigen Schärfe nachzuschleifen. Darauf werden die Zuführungswalzen genau nach dem Messer eingestellt. Die Stellung der

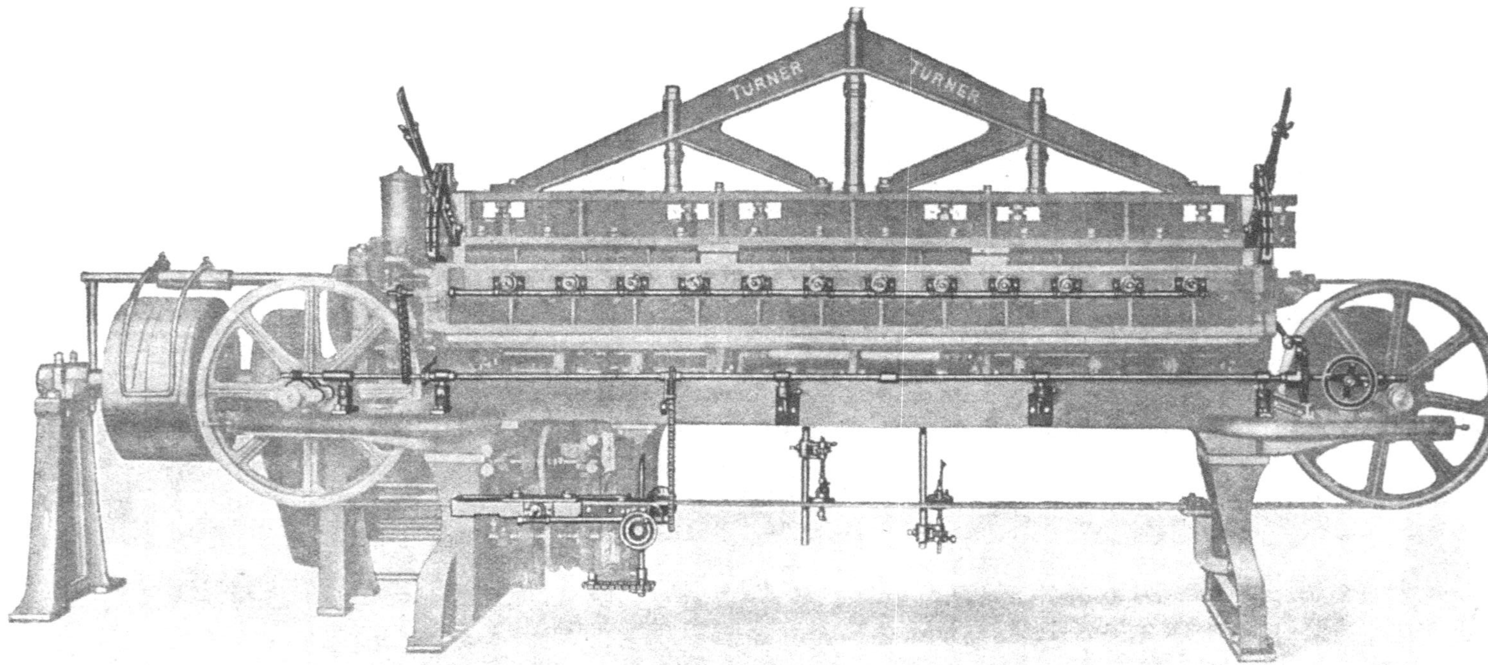

Abb. 16. Bandmesserspaltmaschine.

Walzen richtet sich einesteils nach dem Zustand der zu spaltenden Leder, ob gegerbt oder noch im Blößezustand, andernteils auch nach der beabsichtigten Spaltstärke. Eine Kontrolle über die richtige und parallele Einstellung der Transportwalzen kann man ausüben, indem je ein Stückchen Leder ganz am äußersten Ende rechts und links durch die in Gang gesetzte Maschine gelassen wird. Vergleicht man die Spalte dieser beiden Lederstücke mit dem Dickenmesser, so wird sich ergeben, ob die Stellung der Zuführungswalzen parallel zum Messer und der gewünschten Spaltdicke entsprechend ist.

Zur Bedienung der Bandmesserspaltmaschine sind je nach Größe 2—5 Mann nötig. Die Haut bzw. das Fell wird mit Schwanz

Abb. 17. Bandmesserspaltmaschine mit abhebbarem Kopf.

und den Hinterklauen beginnend zwischen die Zuführungswalzen gegeben. Die Bedienungsmannschaft hat dabei auf eine durchaus faltenlose, gleichmäßige Einführung in die Maschine zu achten. Zur vorteilhaften und bequemen Entnahme bedient man sich der sogenannten Spaltzangen.

Die Bandmesserspaltmaschinen werden in vier Größen gebaut. Die nutzbaren Schnittlängen der einzelnen Größen sind 1520, 1820, 2180 und 2720 mm. Der jeweiligen Größe entsprechend können Schaf-, Ziegen- und Kalbfelle, Croupons, Kipse, Roßhälse, sowie leichte und schwere Kuh-, Ochsen- und Bullenhäute gespalten werden. Sie können ebensogut zum Egalisieren oder Ausspalten starker Hautstellen, wie auch zum Abnehmen dünnster Narbenspalte benutzt werden.

Eine besonders sinnreiche Bauart der Bandmesserspaltmaschine ist die mit automatischem Schleif- und **Kopfspaltapparat** nach umstehender Abbildung (Abb. 17).

Wenn dicke Köpfe an Kalbfellen oder Rindhäuten ausgespalten werden sollen, drückt man mit einer einfachen Hebelbewegung den Oberteil der Maschine bis zu 90 mm hoch, um den Kopfteil der Haut bequem in die Maschine einzuführen. Mit einer ebenso kurzen Bewegung des Hebels wird der Maschinenoberteil wieder in die gewünschte Stellung zurückgebracht und die Haut von hinten aus der Maschine gezogen. In dieser Weise arbeitet man rascher und zuverlässiger und erspart das jedesmalige Einstellen durch die Kopfschrauben.

In der Fabrikation von Vachetten, Zeug- und Geschirrleder, Möbelleder, Fahl- und Roßleder, Rindbox, Boxcalf- und Rindlackleder usw. hat sich diese Bandmesserspaltmaschine als sehr nutzbringend erwiesen und ist heute für die genannten Lederspezialitäten unentbehrlich.

Die Tagesleistung bei 10stündiger Arbeitszeit einer modernen Bandmesserspaltmaschine beträgt etwa, 500—800 Häute je nach Größe, etwa 800 Kalbfelle oder etwa 1000 Schaffelle, Hälse oder Croupons.

Beizhaspel.

Für alle Ober- und Feinledersorten wird zum Beizen der Häute bzw. Felle ein Haspel benutzt, um den Beizprozeß gleichmäßiger

Abb. 18. Beizhaspel.

zu gestalten und zu beschleunigen. Die Einrichtung der Beizhaspel ist sehr einfach, indem je nach Größe der Gefäße ein Flügelrad mit 4—8 Flügeln so eingebaut ist, daß auf der vorderen Seite so viel Raum zwischen Gefäßwand und den Flügeln ist, um die Häute bzw. Felle bequem herausnehmen zu können. Der Antrieb erfolgt entweder mittels Riemen oder Ketten. Öfters kommt es vor, daß für zwei oder mehr Gefäße die Flügelräder (Haspelräder) auf einer Welle angebracht sind und daher einen gemeinsamen Antrieb haben. Die Haspeleinrichtung wird sowohl an gemauerten Gruben, als auch an Holzgefäßen angebracht.

Maschinen für den Gerbraum.

Für den Gerbraum kommen verhältnismäßig sehr wenig Maschinen in Frage. Neben dem Gerbfaß, das mit und ohne automatische Umsteuerung gebaut wird, werden für einige Lederarten auch offene Haspelgefäße gebraucht, wie sie bereits unter Beizhaspel besprochen sind.

Gerbfaß.

Das Gerbfaß für Großhäute ist fast stets mit automatischer Umsteuerung ausgerüstet, d. h. es ist mit einer Einrichtung versehen, die je nach Einstellung nach 1—5 Minuten durch eine Riemen-

Abb. 19. Gerbfaß.

umsteuerung die Drehrichtung des Fasses wechselt. Durch die wechselnde Drehrichtung wird erreicht, daß die Häute sich nicht in Ballen zusammenwickeln, sondern sich stets wieder aufrollen. Für Kleinfelle (Kalb-, Schaf- oder Ziegenfelle) werden im allgemeinen nur Gerbfässer ohne Umsteuerung verwendet. Im übrigen ist die Einrichtung der Gerbfässer nicht viel verschieden von derjenigen der Walkfässer, denn sie haben innen ebenfalls in gleichmäßigen Abständen 15—20 cm hohe Zapfen oder Leisten. Beide Lagerzapfen sind durchbohrt, um die Brühenzuleitung in das Faß von der einen oder anderen Seite einführen zu können. Als besondere Armatur ist noch zu erwähnen ein Thermometer, ein Brühenprobierhahn und für den Fall, daß das Faß über die Hälfte gefüllt wird, noch ein Entlüftungsventil, das die sich während der Gerbung erwärmende und sich ausdehnende Luft aus dem Fasse entweichen läßt. Die gebräuchlichste Größe für Gerbfässer ist 2 m lichter Durchmesser und 2 m lichte Breite, allerdings gibt es Abweichungen in beiden Abmessungen bis zu 3 m. Für Felle sind die Fässer meistens kleiner dimensioniert; eine häufig vorkommende Größe ist 2,5 m lichter Durchmesser und 1,25 m lichte Breite.

Das Fassungsvermögen der Fässer richtet sich ganz nach der Größe der Häute und dem Grad der Füllung. Ein Gerbfaß von 2 m lichter Durchmesser und 2 m lichter Breite faßt bei einer Füllung bis zum Zapfen etwa 25—30 mittelschwere Häute. Die Tourenzahl der Fässer ist nach dem speziellen Gerbverfahren verschieden und schwankt zwischen 5 und 10 Umdrehungen in der Minute.

Falzmaschine.

Wenn auch vor der Gerbung die Häute oder Felle durch die Spaltmaschine egalisiert bzw. auf gleiche Stärke gespalten werden, so ist trotzdem nach der Gerbung ein nochmaliges Egalisieren, das sogenannte Falzen, nötig, denn durch den Gerbprozeß sind einzelne Hautpartien infolge der verschiedenen Struktur wieder unegal in ihrer Stärke geworden. Da nun das Falzen von Hand an die Geschicklichkeit des Arbeiters große Anforderungen stellt, und da es in den modernen Großbetrieben nur noch wenig gelernte Gerber gibt, so ist heute die Falzmaschine für die Ober- und Feinlederfabrikation eine absolut unentbehrliche Hilfsmaschine. In der Chromlederfabrikation würde man heute ohne Falzmaschine nicht auskommen, da das Handfalzen von mineralgegerbtem Leder größere Schwierigkeiten bietet, als dasjenige von vegetabilisch gegerbtem. Außerdem ist die Leistung des Maschinenfalzers qualitativ und quantitativ bei weitem derjenigen des Handfalzers überlegen. Die nebenstehende Abbildung zeigt eine Falzmaschine neuesten Modells, die bezüglich sauberen Schnittes, absoluter Betriebssicherheit, bequemer und leichter Bedienung die vollkommenste Maschine darstellt. Als Werkzeug dient eine durch zwei Riemen angetriebene Messerwalze, bei der von der Mitte aus in Schraubenform die Messer rechts- und linksgängig verlaufen. Das Schleifen der Messerwalze erfolgt durch einen in die Maschine eingebauten Schleifapparat, und zwar wird meistens eine schnell rotierende Schmirgel-

Abb. 20. Falzmaschine.

scheibe längs der Messerwalze hin und her bewegt. Als Auflage für das Leder ist eine drehbare Gummiwalze, in speziellen Fällen auch Metallwalze, angebracht. Dieselbe wird mittels Doppelhebel und Fußtritt an das Werkzeug (die Messerwalze) bewegt, fällt aber, sobald der Fußtritt freigegeben wird, wieder zurück. Als besondere Einrichtungen der Falzmaschinen, die aber nur auf speziellen Wunsch ausgeführt werden, sind zu erwähnen:

a) Eine Sicherheitsvorrichtung in Form eines Windflügels, die unterhalb der Messerwalze liegt und bezweckt, daß das Fell von der Messerwalze nicht mitgerissen und dadurch der Arbeiter nicht verletzt werden kann. Sie ist unbedingt erforderlich beim Falzen von leichten Fellen und solchen mit langen Klauen.

b) Der zwangsläufige Antrieb der Druckwalze ist für alle schweren Lederarten, sowie da, wo man mit ungeschulten Arbeitern zu rechnen hat, empfehlenswert.

c) Der Falzapparat „Rapid" ist eine Vorrichtung, bestehend aus einer kleinen zwangsläufig angetriebenen Druckwalze und einem dahinter liegenden gewölbten Tisch, an dessen beiden Enden eine freilaufende Holzrolle zum leichten Dirigieren des Leders angebracht ist. Beim Falzen von schweren Ledern (Rindbox, Vachetten usw.) bietet der Apparat die Vorteile des leichteren Arbeitens der Bedienung, größerer Leistungsfähigkeit, sauberen Schnittes und geringeren Kraftbedarfes.

d) Ein Ventilator zum Absaugen des Schleif- und Falzstaubes. Der Ventilator ist stets beim Falzen von trockenen und hellfarbigen loh- und sumachgaren Fellen erforderlich.

Die Falzmaschine wird in zwei Modellen auf den Markt gebracht. Das normale Modell wird für Ziegen-, Schaf- und Kalbfelle verwendet, während das hohe Modell für alle Großhäute zu wählen ist.

Um auf der Maschine arbeiten zu können, hat der Arbeiter die Gummiwalzen, je nach Stärke der Leder, die er bearbeiten will, einzustellen. Ist die Messerwalze genügend geschliffen, so kann der Arbeiter mit dem Falzen beginnen. Es sei angenommen, daß er Kalbfelle zu falzen habe, so bearbeitet er erst die Randpartien des ganzen Felles und dann erst wird das Schild bzw. der Kern des Felles gefalzt, und zwar am besten vom Kern nach den Flanken zu, in der Richtung der sog. Mastrunzeln und nicht vom Kopf zum Schwanz. Beim Falzen wird das Leder vom Arbeiter zwischen Messer und Druckwalze hineingelassen, davon ausgenommen sind einige Randpartien, die leicht zur Faltenbildung neigen und daher durch Herausziehen gefalzt werden.

Die Falzmaschine wird zur Bearbeitung der verschiedensten Leder benutzt und können pro Tag Leistungen von etwa 15 bis 20 Dtzd. Kalbfellen, 20—25 Dtzd. Ziegenfellen, 20—30 Dtzd. Schaffellen oder 80—100 Vachetten erzielt werden. Man erleichtert sich das Falzen sehr, wenn man die Felle möglichst trocken ausgepreßt oder abgelüftet zum Falzen bringt. Die Ansicht, daß die Leder entsäuert sein müssen, weil andernfalls die Messer schnell stumpf werden, ist irrig.

Die nachstehende Falzmaschine ist auch in bedeutender Zahl im Gebrauch zum Egalisieren aller Sorten chromgegerbter Leder und kann in Sonderausrüstung für den jeweiligen Verwendungszweck geliefert werden. Die durch Kettenantrieb zwangläufig be-

Abb. 21. **Falzmaschine.**

wegte Andruckwalze führt das Leder gleichmäßig in die Maschine hinein, und können bei Ausrüstung mit Falzapparat „Perfekt" auch sehr ungleichmäßige Häute auf einen Zug ausgefalzt werden. Unter dem Messerkopf kann eine rotierende Bürstenwalze als Abstreifer angeordnet werden, welche verhindert, daß leichtere Leder sich um den Messerkopf wickeln und in die Maschine hineingerissen werden. Die Maschine ist sehr stark und widerstandsfähig gebaut und wird den höchsten Anforderungen der Praxis gerecht.

Bei der untenstehenden Falzmaschine ist besonders der neue Falzapparat mit freirücklaufender Andruckwalze hervorzuheben. Derselbe besteht im wesentlichen aus einer angetriebenen Zuführungswalze von großem Durchmesser, welche außer Arbeitsstellung frei zurückläuft und einer davor gelagerten freilaufenden Andruckwalze von kleinem Durchmesser. Die Geschwindigkeit der Fellzuführung kann durch ein Stufengetriebe vom Bedienungsstande aus augenblicklich geändert werden. Ein großer Vorteil gegenüber anderen ähnlichen Apparaten besteht darin, daß die Haut nicht mehr über die stillstehende oder laufende Zuführungswalze hinweggezogen werden muß, was besonders bei schweren, nassen Häuten sehr mühevoll ist.

Die Haut läuft außer Arbeitsstellung über die freilaufende Zuführungs- bzw. Andruckwalze zurück. Die Bedienung ist demzufolge äußerst einfach und bequem und können selbst die schwersten Häute von einem — einzigen — Manne bearbeitet werden. Die freilaufende Andruckwalze gestattet außerdem eine überaus leichte Bearbeitung der Klauen-, Köpfe- und Randpartien. Die zwangläufig angetriebene Zuführungswalze und die freilaufende kleine Andruckwalze gestatten eine faltenlose Zuführung der Haut. Die Haut wird in gespanntem Zustande dem Falzzylinder zugeführt, was eine vollkommen einwandfreie Falzarbeit zur Folge hat. Die augenblickliche Veränderung der Zuführungsgeschwindigkeit der Haut hat den Vorteil, daß der Stärke des Spanes genau Rechnung getragen werden kann. Soll die Haut weniger stark ausgefalzt werden, so läßt sich durch Einschaltung einer größeren Geschwindigkeit der Fellzuführung eine wesentlich höhere Leistung erzielen.

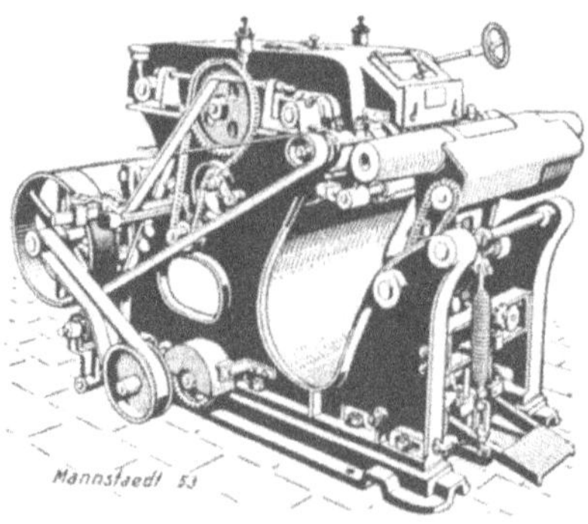

Abb. 22. Falzmaschine.

Den Beschluß mache noch eine Falzmaschine von sehr einfacher Konstruktion. Hierbei ist die bisher verwendete rotierende Schleifscheibe durch einen festen, automatisch hin- und hergehenden Schleifstein ersetzt, wodurch ein schöner Schnitt und besserer Schliff sowie eine nicht unbedeutende Kraftersparnis erzielt wird. Auch wäre zu erwähnen, daß die bedeutend billigeren, eckigen Schleifsteine einer weit geringeren Abnützung unterworfen sind.

Abb. 23. Falzmaschine.

Falzmaschine mit 60 cm breiter Messerwalze.

Die Falzmaschine mit 60 cm breiter Messerwalze ist aus dem Bedürfnis entstanden, die Leistungsfähigkeit des Maschinenfalzers in bezug auf Menge und Güte der Arbeit zu vergrößern. In der Hauptsache findet diese Maschine bei der Fabrikation von Boxcalf, Rind-, Kips und Roßbox, Vachetten und Lackleder Verwendung. Im Arbeitsprinzip unterscheidet sich diese Falzmaschine nicht von der gewöhnlichen Falzmaschine. Eine besondere Einrichtung gestattet, die Unterlagswalze in der Arbeitsstellung festzustellen, so, daß der Arbeiter den Fußtritt verlassen und bei langen Arbeitsbahnen vor allem sein Augenmerk auf die faltenlose Zuführung des Leders richten kann. Andererseits läßt sich durch eine zweite Einrichtung die Maschine wie die normale Maschine benützen, so daß auch die Randpartien, Klauen usw. fertig gefalzt werden können.

Abb. 24. Falzmaschine.

Ausreck- und Abwelkmaschine.

Von der Falzmaschine gelangen die Felle bzw. Häute in der Regel zum Färben und Fetten und darauf zum Nachrecken auf die Ausreck- und Abwelkmaschine, der die Aufgabe zufällt, das Leder auf gute Stellung auszurecken, den wilden Narben herauszuarbeiten und gleichzeitig abzuwelken. Bei allen chromgaren Oberledern erreicht man auch noch ein günstigeres Maßresultat als auf einer Ausreckmaschine mit vertikalem Tisch, so daß dieselbe gerade für diese Lederarten besonders wertvoll ist.

In der Bauart ähnelt sie der Entfleischmaschine mit Walzentransport, nur ist die obere Transportwalze mit einem starken Filzüberzug versehen, damit der durch die Ausreckwalze bearbeitete

Abb. 25. Ausreckmaschine.

Narben nicht beschädigt wird. Die Ausreck- und Abwelkmaschine wird in 6 Größen (1300, 1500, 1800, 2220, 2700 und 3000 m Arbeitsbreite) gebaut.

Abb. 26. Ausreckmaschine.

Da zum Abwelken allgemein ein größerer Arbeitsdruck als zum Entfleischen nötig ist, sind insbesondere die Typen von 2220, 2700 und 3000 m in allen Teilen sehr kräftig gebaut. Beim Arbeiten auf der Maschine verfährt man oft so, daß die Felle bzw. Häute nicht nur zweimal, d. h. einmal nach dem Kopf und einmal nach dem Schwanze zu eingelegt werden, sondern viermal, um eine möglichst gute Ausarbeitung und schöne Stellung zu erreichen. Trotz des öfteren Einlegens bleibt die Leistung der Maschine hinter derjenigen der „Tabula"-Maschine nicht zurück, denn die Maschinengrößen von 1300—1800 mm leisten täglich (10 Stunden) bei einem Manne Bedienung etwa 700—800 Felle und diejenigen

Abb. 27. Ausreckmaschine.

von 2220—3000 mm Arbeitsbreite können mit 2 Mann Bedienung je nach Größe der Häute 700 bzw. 600 und 400 Stück bearbeiten.

Bei Anschaffung einer Ausreck- und Abwelkmaschine kommt außer einer guten, kräftigen Bauart eine Maschine in Betracht, welche sich leicht dem zu bearbeitenden Hautmaterial anpassen kann. Die Maschine muß die Haut zwar kräftig, aber immer schonend, gleichmäßig und vollkommen geglättet bearbeiten können.

Alle bisherigen Walzenmaschinen erfüllen aber diese Bedingungen nicht oder wenigstens sehr unvollkommen. Der Fehler lag darin, daß bei allen diesen Maschinen der Druck der Auflage- (Gummi-) Walze vom Druck der Förderwalze abhängig ist und sich folglich erstere nur sehr schwer dem verschieden starken Hautmaterial anpassen konnte. Um diesem abzuhelfen, hat man auch Maschinen gebaut mit schwingbar angeordneter Arbeitswalze, wobei sich diese der Haut anpassen konnte. Diese Maschinen hatten aber wieder den Nachteil, daß die schwingend gelagerte Arbeitswalze bei der großen Tourenzahl ins Vibrieren kommt, wodurch die Haut ungleichmäßig bearbeitet wird.

Die abgebildete (Abb. 28) Richter-Patent-Ausreck- und Abwelkmaschine ist eine vollständige Neukonstruktion, welcher das D. R.-P. Nr. 324155 nebst Zusatzpatent zugrunde liegt.

Durch den eigenartigen Einbau der Auflage- und der Transportwalze bilden dieselben während der Bearbeitung der Haut gegen den festgelagerten Arbeitszylinder ein leicht bewegbares Ganzes.

Abb. 28. Ausreckmaschine.

Diese leichte Bewegbarkeit zum Arbeitszylinder ist vollständig unabhängig vom sehr starken Gegendruck der Filzwalze auf die Gummiwalze, welcher zu einer kräftigen Auswelkarbeit benötigt wird. Die Gummiwalze kann sich also vollkommen frei dem zu bearbeitenden Hautmaterial anpassen, was bei keiner der bisherigen Maschinen mit festgelagerten Arbeitszylindern erzielt werden konnte. Eine Momentdruckregulierung gestattet die Einstellung des Bearbeitungsdruckes durch einen Handgriff, worauf sich die Maschine vollständig selbsttätig jeder Hautmaterialstärke anpaßt.

Hydraulische Leder-Abwelkpressen.

Die Presse besteht aus einem kräftigen Walzeisengestell, das zwischen den oberen Querträgern den Stahlgußpreßzylinder trägt. In diesem gleitet, durch eine leicht auswechselbare Chromledermanschette abdichtend, der Kolben. An letzterem ist ein Druckklotz mit der oberen Preßplatte befestigt. Diese Befestigung ist jedoch nicht vollkommen starr, sondern durch Zwischenschaltung einer Feder etwas beweglich, damit bei einseitigem Aufschichten des Preßguts keine Brüche entstehen können. Ein Gegengewicht, das vermittelst einer über mehrere Rollen geführten Kette an dem Druckklotz angreift, bringt die Preßplatte nach beendigter Pressung stets wieder selbsttätig in ihre Höchststellung zurück.

Abb. 29. Hydraulische Abwelkpresse.

Der untere Teil des Gestells besteht aus mehreren Querträgern mit zwischengebauten, federnden Trägerrollen zur Unterstützung des Bietwagens. Diese Tragrollen drücken sich beim Druck so weit herunter, bis das Biet auf den Querträgern ein festes Widerlager findet. Ein unter der Presse hin und her fahrender Bietwagen ist zur Aufnahme der Eichenholzbiete bestimmt. Diese sind solide verschraubt, haben Randleisten, Ablaufrillen und verschließbare Abflußöffnungen für die ausgepreßte Flüssigkeit.

In der Regel werden Pressen mit Doppelbiet bevorzugt, weil bei diesen das eine Biet entleert und gefüllt werden kann, während das andere noch unter Druck steht. Das Verschieben der Wagen erfolgt entweder direkt von Hand oder mittels Handkurbel und Kettentrieb. Zum Betrieb einer hydraulischen Presse gehört eine Hand- oder Kraftpumpe. Die Pressen werden mit den verschiedensten Preßflächen, Einlegehöhen und Preßdrücken hergestellt.

Abb. 30. Hydraulische Abwelkpresse.

Rotierende Lederabwelkpresse.

Gegenüber den hydraulischen Pressen bietet die rotierende Abwelkpresse den Vorteil eines absolut gleichmäßigen Abwelkens ohne Faltenbildung und ohne Hautbeschädigungen. Gleichzeitig mit dem Abwelken findet ein leichtes Vorstoßen statt, welches die weitere Zurichtung wesentlich erleichtert.

Das abgebildete Modell bietet noch den weiteren Vorteil, daß es durch einen einzigen Riemen angetrieben werden kann, so daß kein besonderes Deckenvorgelege erforderlich ist.

Die Bedienung ist sehr einfach und verlangt kein geschultes Personal. Ein Druck des Arbeiters auf den Fußtritt läßt die obere Druckwalze nach rückwärts ausschwingen; nachdem das Leder durch den entstandenen breiten Spalt eingelegt ist, werden die Walzen durch einen erneuten Druck auf den Fußtritt wieder geschlossen, worauf das Leder bearbeitet und gegen den Arbeiterstand heraustransportiert wird.

Die Maschine wird in Größen von 2000—3000 mm Arbeitswalzenlänge gebaut.

Abb. 31. Rotierende Lederabwelkpresse.

Maschinen für die Zurichtung.

Im Laufe der Jahre haben sich für die verschiedenen Lederarten mehrere Maschinentypen herausgebildet, die nachfolgend näher beschrieben werden:

Stollmaschine.

Die Stollmaschine „Suprema", eine Konstruktion neuerer Zeit, hat, um auch schwerere Leder stollen zu können, eine besondere Haltevorrichtung, eine Einrichtung, um den Eingriff der Stollwerkzeuge während der Arbeit verändern zu können und außerdem eine Abdeckung des Tischausschnittes durch einen Gurt. Der Vorteil der Haltevorrichtung, die durch einen Fußtritt außer Tätigkeit gesetzt werden kann, ist ein ganz bedeutender, denn der Arbeiter wird durch das Halten des Leders nicht mehr in Anspruch genommen, sondern kann eine größere Aufmerksamkeit der eigentlichen Stollarbeit zuwenden. Eine ebenso wichtige Verbesserung ist die Vorrichtung, die gestattet, während des Arbeitens die Stollwerkzeuge stärker oder schwächer angreifen zu lassen. Man wird diese Einrichtung benutzen, wenn die Seiten bzw. die weniger kräftigen

Teile beim Stollen geschont oder die stärkeren Partien kräftiger gestollt werden sollen. Außer der normalen Maschine wird auch eine mit größerer Ausladung für Vachetten geliefert.

Abb. 32. Stollmaschine.

Die weiter unten abgebildete Maschine ist ohne Haltevorrichtung und Gurt und daher mehr für geübtere Arbeiter geeignet.

Abb. 33. Stollmaschine.

Abweichend von den beiden vorgenannten Stollmaschinen arbeitet die abgebildete Stollmaschine nicht mit einer Gummiwalze als Werkzeug, sondern eine Stollklinge sitzt an einem besonderen Werkzeugkopf und wird mittels einer Kurve, die ihrerseits durch die Pleuelstange beeinflußt wird, auf dem Rückgang niedergedrückt und auf dem Vorgang aufgehoben. Mit der Bewegung des Werkzeuges korrespondiert diejenige eines Schlittens mit der bereits erwähnten schlitzartigen Öffnung. Der Schlitten nebst Auflagetisch ist durch einen einstellbaren Fußtritthebel heb- und senkbar, und zwar ist die Stollklinge mit dem Schlitten im Eingriff, wenn der Tisch angehoben ist. Durch diese Einrichtung hat der Arbeiter die Möglichkeit, die Stollarbeit in jedem Augenblick zu unterbrechen bzw. wieder aufzunehmen. Da die Stollmaschine auch eine automatische Haltevorrichtung zum Festhalten des Leders hat, so ist sie von jedem ungeübten Arbeiter leicht zu bedienen.

Abb. 34. Stollmaschine.

Im allgemeinen bewährt sich diese Stollmaschine für fast alle Lederarten, doch ist sie vor allem für die Chromoberleder wohl die geeignetste, da sie neben dem Weichmachen auch noch gleichzeitig Streckarbeit leistet. Wir finden sie daher sowohl für Chromziegen, Boxcalf, Mastbox usw., als auch bis zu dem schweren Rindbox in Benutzung. Unter normalen Verhältnissen leistet der geübte Arbeiter bis 150 Häute bzw. bis 400 kleine Felle.

Das Hand- und Kniestollen von Kleintierfellen gehört nunmehr der Vergangenheit an. Durch die abgebildeten neuen Maschinen wird das Aufbrechen, Debordieren, Stollen und Überlassen in vortrefflicher Weise von ungelernten Leuten bewerkstelligt. In kürzester

Zeit können Männer und Frauen diese Maschine bedienen und erzielen größere und bessere Leistungen, als von geübten Hand- oder Kniestollern erreicht werden konnten.

Abb. 35. **Aufbrechmaschine.**

Abb. 36. **Kantenaufbrechmaschine.**

Für die Zurichtung der Fleischseite finden wir in der modernen Lederfabrikation verschiedene Maschinen. Kommen nicht gefettete, trockene Leder in Betracht und soll nur ganz wenig abgenommen werden, so wird eine Schleifmaschine verwendet, hat man dagegen gefettete Leder, so ist die Blanchiermaschine am Platze.

Lederschleifmaschine.

Während auf den einfachen Schleif- und Poliermaschinen die Felle stets mit der Fleischseite nach unten geschliffen werden mußten, wobei der Arbeiter den Schleifeffekt nie direkt sieht, sondern erst das Fell umdrehen muß, ist die hier abgebildete Lederschleifmaschine derart eingerichtet, daß der Arbeiter die geschliffene Fläche stets vor Augen hat. Die Arbeitsweise ist ähnlich, wie bei einer Falzmaschine, denn zwischen der Schleiftrommel und der schräg davor liegenden Fellauflage ist das Leder einzuführen. Das Andrücken der Fellauflage, auch Sattel genannt, erfolgt durch einen Fußtritt, der durch Stellschraube regulierbar ist. In das Maschinengestell ist ein langer Blechkasten eingebaut, in den das Fell beim Schleifen hineinhängt, und in dem sich der große Schleifstaub sammelt. Um das Schleifrad selbst ist eine Blechschutzhaube mit Anschluß an einen hinter der Maschine angebrachten Ventilator gebaut, der für ein absolut staubfreies Arbeiten der Maschine sorgt. Als Schleifmittel dient `Schmirgelleinen. Es wird durch eine besondere Klemm-

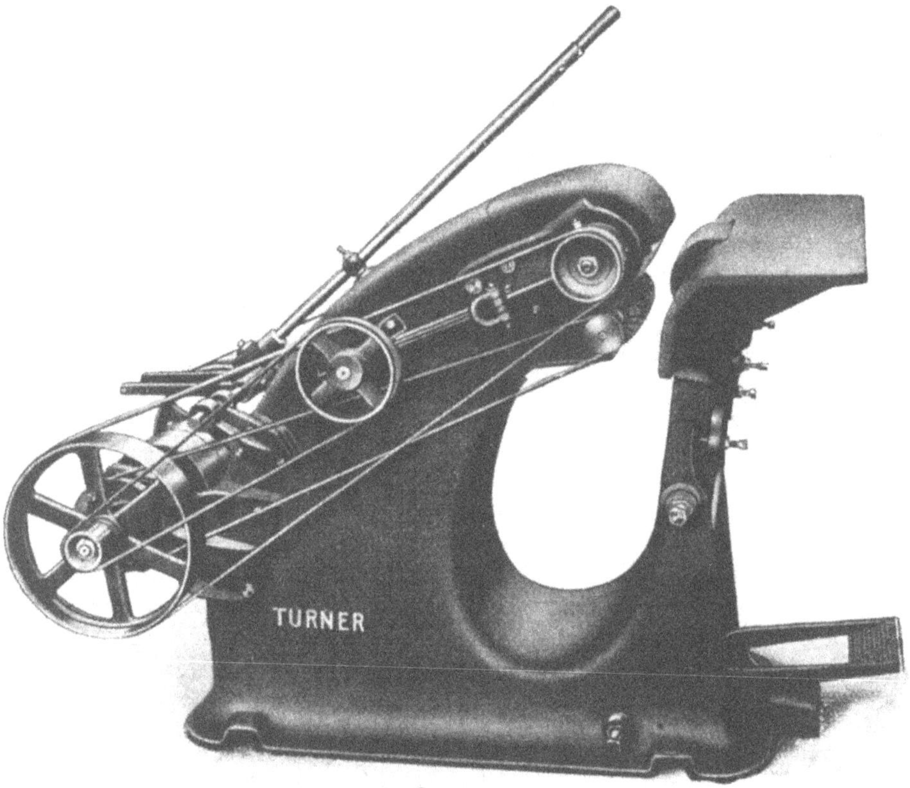

Abb. 37. Schleifmaschine.

vorrichtung auf das Schleifrad aufgezogen und das Neubeziehen des Schleifrades ist eine Arbeit von wenigen Minuten. Eine besondere Vorrichtung an der Hebeleinrichtung der Fellauflage gestattet auch die Maschine zum Effleurieren zu verwenden. Beim Schleifen auf der Maschine kann der Arbeiter das Leder sowohl hineinlassen, als auch herausziehen. Die Leistung der Schleifmaschine ist je nach der Fellgröße etwa 400—600 per Tag.

Blanchiermaschine.

Diese Blanchiermaschine dient zur Bearbeitung von leichterem Fahlleder, Kipsen, Kalb- und Schaffellen, Spalten, Zeug-, Roßleder und dergleichen. Ebenso zum Blanchieren von chromgegerbten Häuten und Fellen, welche auf gleichmäßige Stärke gebracht werden müssen.

Das zu bearbeitende Leder wird durch einen elastischen Sattel, welcher mit einem leicht verstellbaren Fußgestänge in Verbindung steht, an die Blanchierwalze angedrückt, und zwar unter stets gleichbleibendem Druck.

Der Tisch ist einstellbar und kann der jeweiligen Abnutzung der Messerwalze sowie der Größe des Arbeiters entsprechend eingestellt werden. Die Bedienung wird hierdurch leicht und bequem.

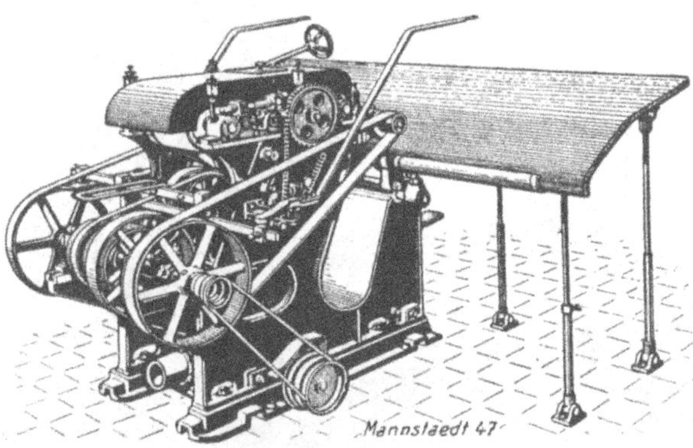

Abb. 38. Blanchiermaschine.

Besonders zweckmäßig ist die Anordnung des Schleifapparates. Der Schleifstein wird durch eine Doppelspindel über die Messerwalze geführt, was einen tadellosen Schliff derselben bewirkt. Der Schnitt ist vollkommen sauber, glatt und gleichmäßig. Staub und Blanchierspäne werden durch einen eingebauten Ventilator abgesaugt.

Glanzstoßmaschine.

Diese Glanzstoßmaschine stellt eine Neukonstruktion dar, bei welcher alle Mängel, welche den alten amerikanischen Maschinen anhafteten, vermieden worden sind. Insbesondere ist der Zugstangenkopf zwischen zwei Kurbelscheiben gelagert, wodurch der Verschleiß des Kurbelgetriebes sehr vermindert und ein absolut ruhiger Gang erzielt wird. Infolge der besonderen Ausbildung des Tisches und des Geradlenkers erzielt man einen sehr weichen, elastischen Stoß und einen streifenfreien Hochglanz des Leders.

Eine weitere Neukonstruktion stellt die nebenstehend (Abb. 40) abgebildete Maschine dar.

Hervorzuheben ist die neue, federnde und zapfenartige Ausbildung des Werkzeughalters, wodurch erreicht wird, daß der Druck

Abb. 39. Glanzstoßmaschine.

des Werkzeuges auf die Unterlage in jeder beliebigen Stellung des Werkzeuges gleich bleibt. Um ein Abtropfen von Schmiermaterial auf das zu bearbeitende Leder zu verhindern, ist der Werkzeughalter mit Graphitschmierung versehen und braucht daher keinerlei Wartung.

Eine durch ein Handrad betätigte Keilverschiebung bewirkt, daß auch während der Arbeit die Stoßbahn beliebig verstellt werden kann, was eine sofortige, gleichmäßige Druckveränderung zur Folge hat. In der Querrichtung ist die Stoßbahn durch Holzkeile einstellbar. Die Einstellschrauben zum Einstellen der Stoßbahn in der Längsrichtung ruhen auf Kugeln, so daß dieselbe durch den Fußtritt leicht und bequem gehoben und gesenkt werden kann.

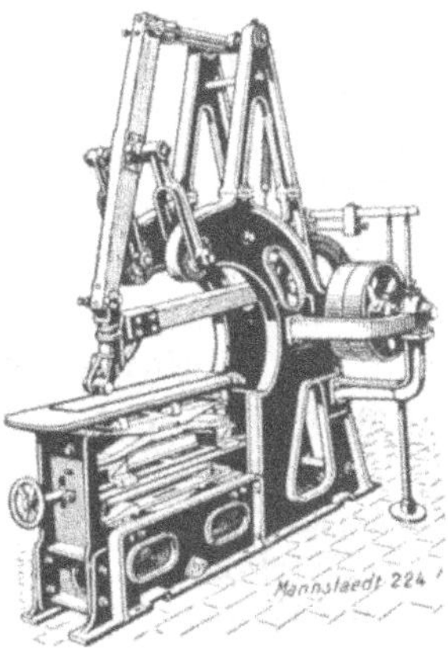

Abb. 40. Glanzstoßmaschine.

Die Maschine kann auch mit einer Abstoßvorrichtung versehen werden, welche ein Nachstoßen des Leders unter stets gleichbleibendem Druck ermöglicht. Die Betätigung dieser Vorrichtung erfolgt durch einfaches Umlegen eines Handhebels.

Sämtliche Lager sind kugelartig ausgebildet, leicht einstell- und auswechselbar. Die Lenkhebel pendeln in sich selbst einstellbaren Lagern.

Bügelmaschine.

Diese Maschine dient zum Bügeln der verschiedensten Ledersorten, wie Chevreaux, Chevreaux-Imitation, Boxkalf und dergl. Sie bietet gegenüber den bisher bekannten Maschinen den Vorteil,

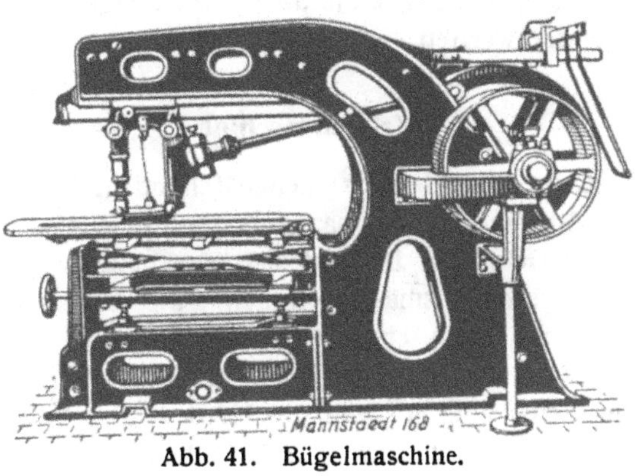

Abb. 41. Bügelmaschine.

daß das Bügeleisen federnd angeordnet ist, und durch einen Schlitten sicher geführt wird. Das Bügeleisen ist außerordentlich breit, wodurch die Leistung gesteigert wird, es wird elektrisch geheizt und ist regulierbar. Die Stromzuführung erfolgt nicht mehr wie bisher durch Zuleitungsdrähte, sondern durch einen ges. gesch. Schleifkontakt. Die Betriebssicherheit wird hierdurch ganz erheblich erhöht.

Die Bügelbahn ist horizontal und federnd angeordnet; mittels Handrad kann der Druck, auch während der Arbeit, beliebig geregelt werden. Im Bedarfsfalle kann die Bügelbahn durch Fußtritt schnell gesenkt und wieder angehoben werden. Die Einstellschrauben der Bügelbahn ruhen in Kugeln, wodurch die gleitende Reibung verringert wird und der Fußtritt sich leicht bedienen läßt.

Das Bügeleisen ist an einem Lenker federnd angeordnet und kann alle Unebenheiten des Leders ausgleichen. Letzterer ist mit Graphitschmierung versehen und braucht daher keine Wartung. Ein Abtropfen des Schmiermaterials auf das zu bearbeitende Leder ist ausgeschlossen. Die Schlittenführung ist nach jeder Richtung hin verstellbar, und die Führungsleisten des Schlittens können nachgestellt werden.

Alle Lager sind kugelartig ausgebildet, einstellbar und auswechselbar. Die Maschine hat Fest- und Losscheibe und kann unmittelbar von der Transmission aus angetrieben werden. Das Ein- und Ausschalten erfolgt mittels Riemenrücker. Die Maschine ist ganz aus Eisen gefertigt und daher Formänderungen, wie z. B. bei Maschinen mit Holzlenkern, nicht ausgesetzt.

Durch Ausbau des Bügeleisens und Einsetzen einer Chagrinier- oder Glasrolle kann die Maschine auch zum Chagrinieren und Glanzstoßen verwendet werden.

Krispelmaschine.

Die Maschine, welche wir nebenstehend (Abb. 42) im Bilde vorführen, stellt eine Krispelmaschine dar, wie sie in zahlreichen Exemplaren im Gebrauch ist und sich gut bewährt hat. Bau wie Gebrauch sind verhältnismäßig einfach. Sie bewährt sich sowohl bei pflanzlich-, als auch chromgegerbten Ledern. Ihr sinnreicher Bau gestattet das kräftige Bearbeiten der stärkeren und größte Schonung der schwächeren Teile der Haut. Ihre Anwendung stellt eine ganz erhebliche Ersparnis an menschlicher Arbeitsleistung dar. Man kann die Haut bzw. das Fell in so viel Quartieren krispeln, als gewünscht und erforderlich ist.

Die Krispel-Levantier- und Pantoffelmaschine „Fortuna“ der Fortuna-Werke Stuttgart-Cannstatt dient zum Weichmachen und Krispeln von Häuten und Fellen in einer von den üblichen Maschinen abweichenden Weise. Der Arbeitsdruck der Krispel-

Abb. 42. Krispelmaschine.

Abb. 43. Fortuna-Krispelmaschine.

platten läßt sich für jede Ledersorte und Lederstärke in weiten Grenzen leicht und schnell verstellen. Durch eine besondere Anordnung der Krispelplatten wird eine gleichmäßige Bearbeitung ungleich starker Hautstellen gewährleistet, und die harten Teile der Haut werden kräftig bearbeitet, während die weichen Bauchseiten und Flemmen geschont werden.

Narbenpreß-, Satinier- und Bügelmaschine.

Sie weicht im System von den übrigen Maschinen wesentlich ab und übertrifft alle älteren Systeme an Leistung und Vollkommenheit der Narbenpressung. Die Hauptgesichtspunkte der Konstruktion

Abb. 44. Narbenpreß- und Bügelmaschine „Altera".

sollen kurz erwähnt werden. Das Maschinengestell setzt sich wie bei den Karrenwalzen aus zwei gußeisernen Ständen und je zwei schmiedeeisernen Traversen unten und oben zusammen. An den oberen Traversen ist ein heizbarer Plattenträger befestigt, an dem die Chagrinierplatte angeschraubt wird. Eine auf den unteren Traversen laufende Walzenkarre trägt die Preßwalze, die in den Ausschnitt des automatisch auf und ab beweglichen Tisches hineinragt. Zur Abdeckung des Tischausschnittes und als elastische Zwischenlage dient eine Lederdecke und auf dieser noch eine Filzdecke. Der Antrieb der Walzenkarre erfolgt durch eine Gewindespindel mit Riemenantrieb, der durch eine Steuerung derartig beeinflußt wird, daß der Wagen nach jedem Arbeitsweg wieder selbsttätig ausgerückt wird.

Der Arbeitsgang ist wie folgt:

Das Fell oder die Haut wird mit der Narbenseite nach oben auf den Tisch derart zurecht gelegt, daß von der Haut von der Schwanz- oder Kopfseite her eine Bahn von etwa 30 cm Breite unter die Preßplatte kommt. Darauf rückt der Arbeiter die Maschine ein. Der Tisch mit dem Fell bewegt sich gegen die Preßplatte, die Preßwalze passiert die Narbenplatte und damit wird die Pressung vollführt. Am Ende ihrer Bahn rückt die Walze selbsttätig aus und der Tisch senkt sich, so daß das Leder um die Preßplattenbreite für eine weitere Pressung verschoben werden kann. Das Arbeiten an der „Altera"-Maschine ist leicht und bequem, denn während des Chagrinierens hat der Arbeiter das Fell nicht zu halten, sondern nur nach dem Durchlaufen der Preßwalze um Bahnenbreite zu verschieben.

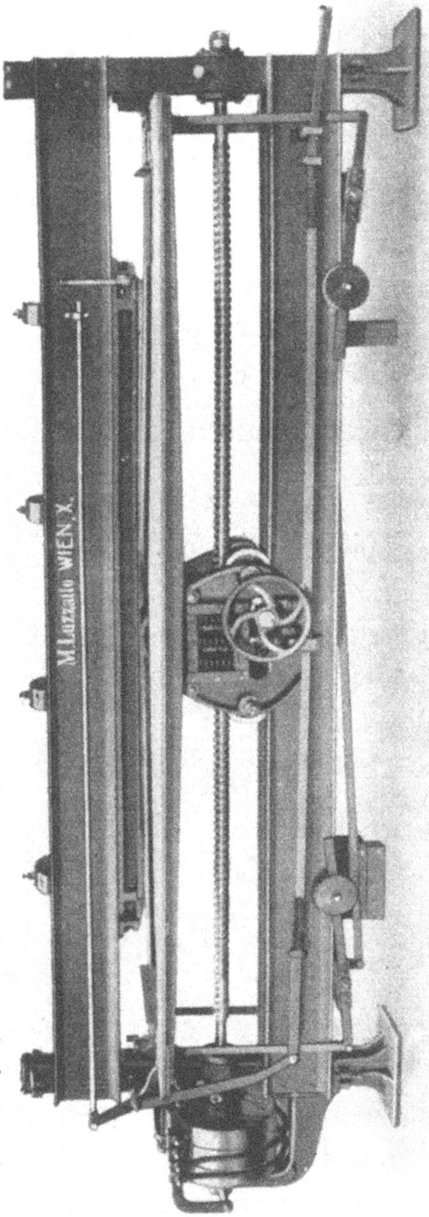

Abb. 45. Narbenpresse.

Nichtgefettete vegetabilisch gegerbte Leder werden feucht, dagegen gefettete und chromgegerbte Leder etwas warm gepreßt.

Neben dem Chagrinieren kann auch ebensogut auf der „Altera“ mit einer glatten Platte gebügelt werden. Die „Altera“-Maschine wird für 1,20, 2,00, 2,50 und 3,00 m Plattenlänge geliefert und zur Bedienung der 1,20 und 2 m-Maschine genügt je 1 Mann und bei den 2,50 und 3,00 m-Maschinen je Mann und 1 Junge. Die Leistungen der „Altera“ betragen

bei	1,20 m	Plattenlänge	bis	40	Dutzend	Felle	pro	Tag
„	2,00 m	„	„	35	„	„	„	„
„	2,50 m	„	„	25	„	Häute	„	„
„	3,00 m	„	„	15	„	„	„	„

Hydraulische Narbenpresse bzw. Bügelmaschine.

Im Gegensatz zu den allgemein bekannten Maschinen dieser Art, bei welchen das Narbenpressen oder Bügeln unter Anwendung von Rollendruck geschieht, kommt bei der abgebildeten Maschine

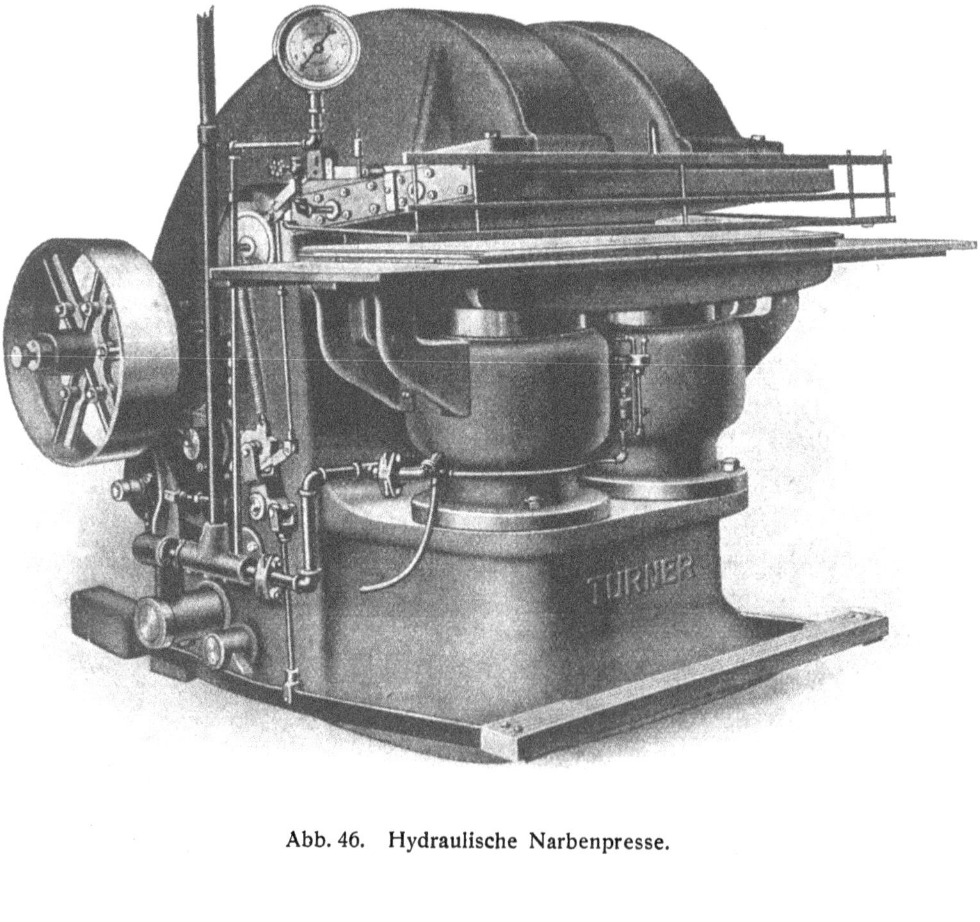

Abb. 46. Hydraulische Narbenpresse.

der Plattendruck in Betracht. Dieser wird jedoch nicht mittels Schraubenspindel oder Kniehebel, sondern in einer äußerst feinfühligen und sich selbst regulierenden Art auf hydraulischem Wege erzeugt.

Infolge dieser Druckregulierung spielen Stärkeunterschiede des Leders keine Rolle, und es werden z. B. halbe Häute an den dickeren Rückenpartien mit dem gleichen Druck bearbeitet wie an den schwächeren Seiten. Ebenso ist es gleichgültig, ob nacheinander dicke oder dünne Leder zur Behandlung gelangen; der einmal eingestellte oder gewünschte Höchstdruck bleibt bei jedem einzelnen

Abb. 47. Hydraulische Narbenpresse.

Stück immer derselbe. Ohne jede Gefahr für die Maschine kann man den gewünschten Höchstdruck beliebig lange auf dem Leder wirken lassen, da eine sinnreiche Vorrichtung jede weitere Drucksteigerung automatisch verhindert.

Ein bequem angeordneter Meßapparat zeigt während der Arbeit den vorhandenen Druck an und man kann diesen in jeder gewünschten Höhe wirken lassen, unterbrechen oder bis zu 300000 Kilo steigern. Der jeweilige Grad der Erwärmung der Narbenpräge- oder Bügelplatte ist von einem an der Maschine befindlichen Thermometer abzulesen. — In einfacher Weise kann die Erwärmung reguliert werden.

Die mit der Maschine erzielten Resultate sind von höchster Bedeutung für Aussehen und Güte des behandelten Leders. Während selbst das schwierigste Narbenbild — bei sehr hohen Kunstprägungen können Matrize und Patrize verwendet werden — in vollendetster Weise zum Ausdruck kommt, zeigen die gebügelten Leder eine schöne Gleichmäßigkeit des Narbens und im Glanz und erhalten einen überraschend vollen und milden Griff.

Die Preßplatte, bzw. der Arbeitstisch ist nach allen Seiten frei und nicht durch Säulen usw., wie bei sonstigen Pressen begrenzt. Hierdurch wird das Beschmutzen und Verdrücken des Leders vermieden und die Hantierung bei der Arbeit erleichtert.

Bürstmaschine.

In vielen Fällen, insbesondere bei farbigen Ledern bzw. Fellen, wird nach dem Glanzstoßen und Chagrinieren die Narbenseite nachgebürstet. Zu diesem Zwecke dient die hier abgebildete Bürst-

Abb. 48. Bürstmaschine.

maschine. Zwischen zwei Ständern ist ein Tisch eingebaut, der durch einen Fußtritthebel gegen die Bürstenwalze angehoben wird. Die Bürsten der Walze sind in Pfeilform angeordnet, um ein Auseinanderarbeiten des Leders zu erreichen. Für einen guten Bürsteneffekt muß die Bürstenwalze etwa 500 Umdrehungen in der Minute machen. Je nach Größe der Felle beträgt die Leistungsfähigkeit der Bürstenmaschine etwa 40—50 Dutzend.

Meßmaschine.

Seit einigen Jahrzehnten ist man dazu übergegangen, Oberleder und Vachetten nach Maß zu verkaufen. Es wird dadurch eine leichtere Kontrolle für den Ausschnitt und eine bessere Grundlage für die Kalkulation ermöglicht. Von den verschiedenen Meßapparaten und Maschinen ist die nach dem Sawyer-System gebaute MOENUS

Abb. 49. Meßmaschine.

Meßmaschine „Normal" die gebräuchlichste. Sie wird in vier Größen von 1525, 1830, 2000 und 3050 mm auf den Markt gebracht. Die zu messenden Häute oder Felle werden zwischen die untere Transportwalze und auf derselben laufenden Meßrädchen der Maschine eingelegt. Das Leder muß vollkommen ausgebreitet, ohne Falten, die Maschine passieren, damit die ganze Fläche gemessen wird. Sobald ein Meßrädchen, das beim Leerlauf auf der

Transportwalze aufläuft, durch das eingeführte Leder gehoben wird, greift der angegossene Zahntrieb in das dazu gehörige Segment ein. An der Nabe eines jeden einzelnen Segmentes ist ein Kettchen befestigt, das über eine kleine Messingrolle zur Nabe des nächsten Segmentes geht, so daß immer zwei Segmente auf einen Rollenaufhängepunkt wirken. Sobald also die Meßrädchen durch das hindurchlaufende Leder angehoben werden und die Segmente in Drehung versetzen, tritt ein Hinunterbewegen der Messingrollen ein. Durch ein mehrfaches Wagebalkensystem werden die Bewegungen der kleinen Messingrollen auf den Haupthebel übertragen, der mittels Zahnsegment in den Trieb des Zeigerwerkes eingreift. Der auf der Zeigerwelle sitzende Zeiger gestattet auf dem Zifferblatt die gleichzeitige Ablesung in englischen Quadratfuß und in Quadratmetern.

Um alsdann eine neue Messung vornehmen zu können, muß man die Arretierung der Zahnsegmente mittels des an der rechten Seite der Maschine befindlichen Handhebels auslösen. Die Segmente fallen durch Einwirkung eines angegossenen Gewichtes in ihre Anfangsstellung zurück und der Zeiger geht in seine Nullstellung.

Das richtige Funktionieren der Maschine wird durch sogenannte Kontrollbogen kontrolliert, die auch in Fellform mit der Maschine geliefert werden. Die Einstellung der Meßmaschine muß stets von einem erfahrenen Spezialisten für Meßmaschinen erfolgen.

Beim Messen sehe man darauf, daß faltige Leder auf dem Tische glattgestrichen werden. Man führt die Felle stets mit dem Schwanzende und mit dem Narben nach unten liegend ein.

Zur Umstellung der Maschine für dicke und dünne Leder ist die untere Transportwalze mit Zentralstellung einstellbar, und um ein genaues Messen zu erreichen, ist es unbedingt nötig, daß die Einstellung nach der ungefähren Dicke des Leders erfolgt. Um stets gleichbleibende genaue Resultate zu erhalten, ist die Maschine sehr sauber zu halten, insbesondere Meßrädchen, Zahnrädchen und Segmente von etwa anhaftendem Schmutz und Staub zu befreien; auch ist stets auf leichten Gang aller beweglichen Teile der Maschine zu achten. Die durchschnittliche Leistung einer Meßmaschine beträgt bis zu 2500 und 3000 Felle täglich.

Bei den meisten Meßmaschinen kommt das sogenannte Sawyer-System zur Anwendung, nach welchem das Messen des Leders durch Heben der sogenannten Tastrollen eingeleitet bzw. veranlaßt wird. Die Abb. 50 zeigt den hierbei in Betracht kommenden Teil dieses

Systems, und es ist daraus auch ohne weiteres ersichtlich, daß eine genaue Einstellung der Tastrollen zu der Zuführungswalze für das zu messende Leder erforderlich ist. Wenn nämlich die Entfernung zwischen den Tastrollen und der Zuführungswalze zu gering ist, so kann es leicht vorkommen, daß einzelne Segmente leer mitlaufen und hierdurch eine unrichtige Maßangabe entsteht. Wenn man nun andererseits bei zu weiter Stellung dünne Leder oder

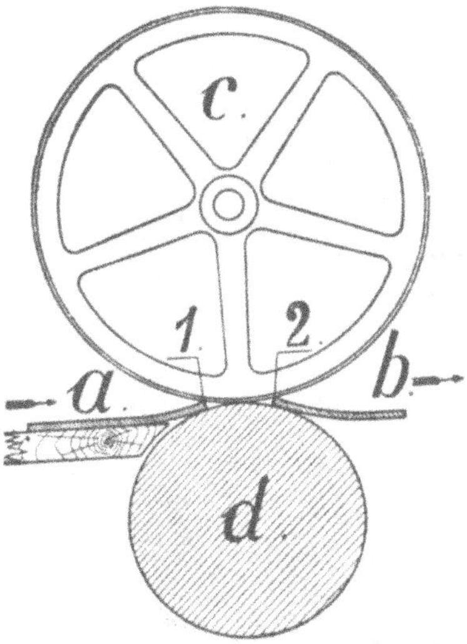

a. Eintritt des Leders — b. Austritt des Leders
1. Beginn der Messung — 2. Schluß der Messung
c. Tastrolle — d. Führungsrolle

Abb. 50. Sawyer-System.

Abb. 51. Detail zu Abb. 52.

solche mit sogenannten flachen Stellen messen wollte, so würden einzelne Tastrollen nicht gehoben werden und ein Mindermaß wäre die Folge. Diese geschilderten Möglichkeiten, bzw. die zur Vermeidung derselben erforderlichen jeweiligen Umstellungen der nach dem Sawyer-System gebauten Maschinen kommen bei der weiter unten abgebildeten Meßmaschine nicht in Betracht. Ein Einstellen des Meßapparates für dünne und dicke, kleine und große Leder ist nicht erforderlich und die verschiedensten Ledersorten — auch die dünnsten Schaffellnarbenspalte — die durch die Maschine geführt werden, veranlassen ein korrektes Messen. Es sind eben nicht mehr die Tastrollen, welche durch das Leder gehoben werden müssen, sobald ein Messen stattfinden soll, sondern leicht bewegliche, praktisch gewichtslose, rotierende Stahlstifte, die diese Funktion übernehmen. Es kommt also hierbei gar nicht in Betracht, wie dick oder wie dünn das Meßmaterial ist; die Wirkung der Stifte auf den

Abb. 52. **Meßmaschine.**

Registrierapparat bleibt stets die gleiche. Aus der Abb. 51 ist dieser Vorgang leicht ersichtlich.

Um nun auch eine Beeinflussung des Meßergebnisses durch den bedienenden Mann zu verhindern, kann die Maschine auch mit einem Kontrolltisch geliefert werden. Sobald nämlich die Bedienung durch übermäßige Dehnung des Leders bei der Einführung in die Maschine ein unberechtigtes Mehrmaß zu erzielen wünscht, veranlaßt der Kontrolltisch automatisch das Auslösen des Zeigers derart, daß derselbe auf den Nullpunkt des Zifferblattes zurückkehrt und also den Meßvorgang annulliert. Diese Vorrichtung verhindert natürlich in keiner Weise ein zweckentsprechendes Ausstreichen und glattes Einführen des Leders, sie erlaubt aber nicht eine Manipulation, die den reellen Grundsätzen des Handels zuwiderläuft. Schließlich kann man auch diesen Kontrolltisch, wenn seine Verwendung nicht in Betracht kommt, durch eine einfache Vorrichtung in einen feststehenden Tisch ändern.

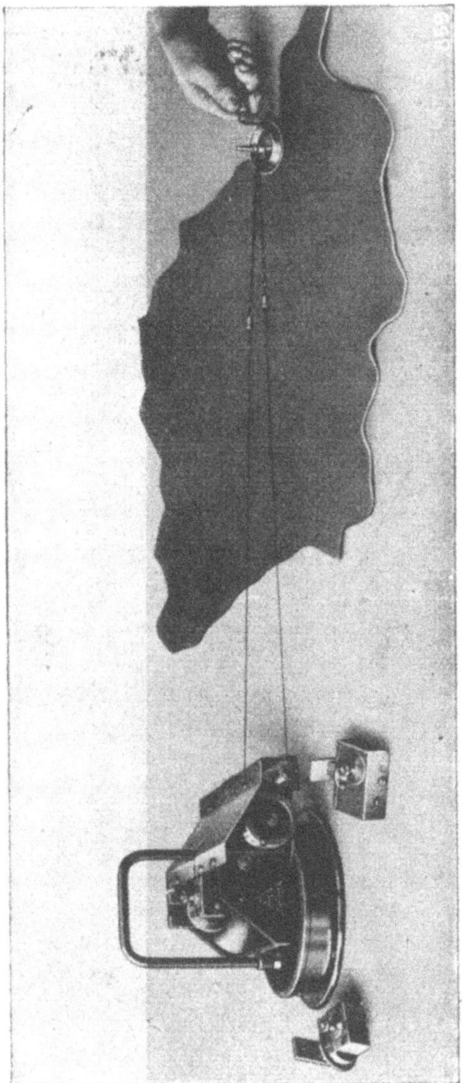

Abb. 53. Fadenplanimeter.

Handmeßmaschinen.

Die Kruppschen Faden- bzw. Zahnstangenplanimeter messen die Flächen beliebiger Häute durch einfaches Umfahren der Begrenzungslinie.

Man erfaßt den Apparat an seinem Handgriff und stellt ihn mit seiner Fußplatte bei größeren Häuten auf und bei kleineren neben die zu messende Fläche. Dann bezeichnet man einen möglichst nahe gelegenen Punkt der Umgrenzungslinie mit einem kleinen Strich und setzt mit der einen Hand den Umfahrstift darauf, der am Ende zweier, unter Federkraft ausziehbarer Stahldrähte befestigt ist. Nachdem mit der anderen Hand die Anzeigeskalen durch Zurückdrehen des Meßrädchens und der Zählscheiben auf Null gestellt sind, führt man den Stift rechts um die zu messende Fläche herum bis zum Ausgangspunkte zurück und liest den Inhalt bei dieser Stellung ab. Die Zählscheiben zeigen die vollen Quadratmeter oder die Zehner der Quadratfuß an und die Rädchen die zehntel und hundertstel Quadratmeter oder die vollen Quadratfuß mit Zehnteln, Achteln und Vierteln. Ist der Planimeter mit Feinablesung ausgerüstet, so liest man an der Zählscheibe die ganzen und zehntel Quadratmeter, oder die vollen Quadratfuß ab und an einer Zahlentrommel die hundertstel und tausendstel Quadratmeter oder die zweiunddreißigstel und hundertstel Quadratfuß. Den Ausgangspunkt kann man, um die Nullstellung und das Ablesen bequem ausführen zu können, gegebenenfalls auch näher beim Apparat wählen, muß ihn aber dann mit der Umfangslinie durch einen Strich verbinden. Man führt hierbei den Umfahrstift über den Strich bis zum Hautrand und nach dessen Umfahren wiederum über den Strich bis zum Ausgangspunkt zurück. Löcher in der

Abb. 54. Zahnstangenplanimeter.

Haut, die natürlich von der eigentlichen Fläche abgezogen werden müssen, werden über einen Verbindungsstrich mit der Umfangslinie in einem Zuge umfahren, die Umfangslinie rechts, die Löcher links herum. Sind bei einer zu messenden Fläche kleinere vorspringende Zipfel mit dem Umfahrstift nicht zu erreichen, so kann man die Zipfel umschlagen, muß sie aber rechts herum schleifenförmig umfahren.

Der Umfahrstift wird je nach Wunsch entweder mit Kettendreieck ausgeführt oder mit Tellerfuß. Letzterer soll das Senkrechtstellen des Stiftes noch mehr erleichtern und gleichzeitig den Hautrand glattstreichen. Beide Arten sind gegeneinander austauschbar und können auch einzeln bezogen werden. Die Umfahrstifte geeichter Planimeter sind stets mit Tellerfuß versehen.

Der Meßbereich geht bis 10 qm bzw. 100 Quadratfuß.

Der Planimeter beansprucht wenig Raum und ist aus einfachen Teilen zusammengesetzt. Die eigentliche Anzeigevorrichtung kann bequem aus dem Apparat herausgenommen und wieder eingesetzt werden. Sie wird in vier verschiedenen Arten ausgeführt, und zwar für Quadratmeter bzw. Quadratfuß mit gewöhnlicher Ablesgenauigkeit und für Quadratmeter bzw. Quadratfuß mit erhöhter Ablesgenauigkeit (Feinablesung), aber alle sind gegeneinander austauschbar und können einzeln bezogen werden. Die Quadratfußablesung kann nach den jetzigen Eichvorschriften nicht geeicht werden.

Infolge der leichten, einfachen Handhabung und des großen Meßbereichs ist die Anzahl der in der Stunde zu messenden Häute, besonders solcher, die von außen gemessen werden können, außerordentlich hoch. Das Umfahren des Randes wird bei kleineren Stücken durch das Auflegen einer durchsichtigen Platte (Zelluloid) noch wesentlich erleichtert.

Die Kruppsche Ledermeßrolle dient zum Messen von Längen, Flächen und Dicken.

Sie besteht aus einer als Handgriff ausgebildeten Gabel, einer Laufrolle, die man über das zu messende Leder abrollen läßt und drei verschiedenen drehbaren Zifferblättern, die Skalen für die einzelnen Maßangaben tragen. Für die Flächenmessung sind noch drei Paar Leitschienen und eine Leitstange vorhanden, während für die Dickenmessung eine kleine Schieblehre in der Gabel vorgesehen ist.

Will man die Rolle zur **Längenmessung** benutzen, so setzt man sie so auf die zu messende Strecke, Riemen usw., daß die spitze Marke der Gabel auf den Anfang zeigt und rollt sie dann in Richtung des Handgriffes über die Strecke hinweg, bis die Marke das

Ende erreicht hat. Die Skala des kleinen seitlichen Zahlenrädchens zeigt die Zentimeter und die innere Teilung des großen Zifferblattes die vollen Meter an. Meßbereich bis 100 m.

Die Meßrolle kann aber auch zur **Flächenmessung** dienen: Diese ist im Grunde auch eine Längenmessung, da die zu messende Fläche mit den Leitschienen und der Leitstange in gleich breite Streifen zerlegt wird, deren Längen von der Meßrolle nacheinander überfahren und summiert werden. Das Maß für die Fläche (Summe der Streifenlänge × Breite derselben) wird sowohl in Quadratmetern,

Abb. 55. Ledermeßrolle.

in Zehntel und halbe Hundertstel unterteilt, als auch in Quadratfuß, die in Achteln abgelesen werden, an den beiden Zifferblättern angezeigt. Diese, sowie das seitliche Zahlenrädchen, sind unter Reibung auf ihren Achsen drehbar, so daß sie leicht auf Null gestellt werden können.

Gemessen wird auf folgende Weise: Man legt die Leitstange mit den Führungskreuzen in die ersten Löcher der beiden parallel zueinander liegenden, mit Dübeln auf der Unterlage festgehaltenen Schienenpaare und heftet die Haut so zwischen letztere fest, daß diese am Ende etwas unter der Leitstange hervorsieht. Dann führt man die Rolle nach jedesmaligem Umkanten (Viertelumfang) an der Leitstange entlang von Hautrand zu Hautrand über die Haut hinweg.

Ist auf diese Weise die ganze Fläche überstrichen, so liest man den Inhalt in Quadratmetern oder Quadratfuß von den Zifferblättern ab.

Die Meßrolle als Flächenmeßgerät ist hauptsächlich für Stichproben gedacht, bei denen es auf kurze Meßdauer weniger ankommt, als auf ein genaues zuverlässiges Maß.

Was die Meßrolle anzeigt, ist das eigentliche, richtige Maschinenmaß, weshalb sie zum Nachprüfen solcher Häute, die mit Meßmaschinen gemessen worden sind, das gegebene Instrument ist. Dann ist sie aber auch wegen ihres geringen Preises für Geschäfte mit kleinerem Umsatz vorzüglich geeignet.

Abb. 56. Anwendung der Ledermeßrolle zur Flächenmessung.

Dickenmessung. Die kleine Schieblehre in der Gabel gibt die Dicke bis 12 mm an, die mit deuı Nonius in Zehnteln abzulesen sind. Beim Messen hält man die Meßrolle wie gewöhnlich mit der rechten Hand, schiebt mit der linken das zu messende Stück hinter den winkelförmigen Ansatz und drückt es mit der verschiebbaren Taste durch den rechten Daumen an. Will man Oberleder weiter vom Rande messen, so muß man das Leder an der betreffenden Stelle doppelt schlagen und die gemessene Dicke durch 2 dividieren.

Die Meßrolle wird entweder mit Schienen und Stange geliefert für Längen-, Flächen- und Dickenmessung oder ohne Schienen und Stange für Längen- und Dickenmessung. Sie kann auf Wunsch auch geeicht werden, erhält dann aber keine Quadratfußteilung.

Ledertrocknungsanlagen.

Ledertrockenanlagen mit ungleichmäßiger Trocknung sind gewöhnlich so gebaut, daß am Boden der Trockenräume Rippenrohre oder glatte Heizschlangen liegen. Ein Teil der Leder, welche über den Rohren hängen, wird hart, während andere noch feucht bleiben. Auch durch Absaugeventilatoren wird die Unregelmäßigkeit der Trocknung in diesem Falle nicht beseitigt. Bei einer Raumtrockenanlage, System Schilde, bei welcher der Boden frei von Rippenrohren

Abb. 57. Schilde-Sturmluft-Reihengebläse.

ist, wird die Trockenluft in einer durch Blechwände abgeschlossenen Heizbatterie erwärmt und von einem Ventilator durch Ausblaseleitungen gleichmäßig über den ganzen Trockenraum verteilt. Durch Mischen der Frischluft mit zugesaugter Raumluft lassen sich derartige Anlagen für die günstigsten Betriebsverhältnisse einstellen.

Zur Erzeugung eines großen Luftwechsels in Trockenräumen dienen Reihengebläse, welche in der verschiedensten Weise den örtlichen Verhältnissen entsprechend zur Aufstellung gelangen. Mit großen Ansauge- und Ausblasequerschnitten können enorme Luftmengen bei 100—200fachem Luftwechsel, geringen Widerständen und dementsprechend geringem Kraftbedarf gefördert werden.

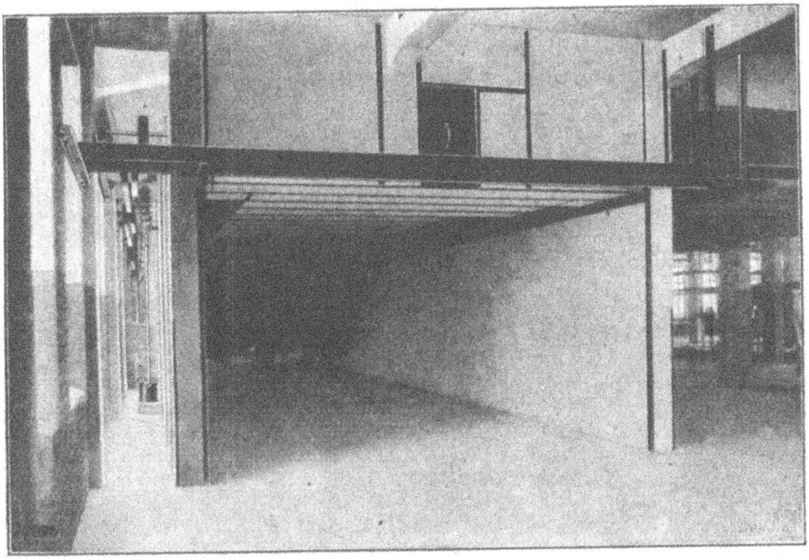

Abb. 58. An beiden Enden offener Schilde-Kanaltrockner für Großhäute.

Abb. 59. Automatischer Schilde-Kanaltrockner für Kaninpelze.

Diese Art Trocknung wird auch als „Sturmlufttrocknung" bezeichnet, und ist besonders in solchen Fällen geeignet, bei denen große Wassermengen zu verdunsten sind.

Weiter besteht die Möglichkeit der Trocknung von Ledern in Kanälen, System Schilde, mit Bewegung des Trockengutes. Diese kommen vor allem da in Betracht, wo die Trockenzeit so weit wie möglich abgekürzt werden soll. Unter Verwendung von kreisenden Luftströmen mit mehrstufiger Erwärmung haben die Kanäle vor allem auch den Vorteil einer äußerst hohen Wärmeökonomie, sowie

Abb. 60. An beiden Enden offener Kanaltrockner mit automatischem Transport für abgeölte Rindhäute.

eine bequeme Bedienung, da die Leute beim Auf- und Abhängen außerhalb des eigentlichen Trockenkanals arbeiten und große Stückzahlen von wenigen Leuten bewältigt werden können.

Maschinen für die Bearbeitung von Nebenprodukten.

Haarwaschmaschine.

Die meisten Lederfabriken gewinnen als wichtiges Nebenprodukt die Haare der Häute und Felle, die gewaschen und getrocknet verkauft werden. Für das rationelle Waschen und Trocknen der Haare benutzt man dafür konstruierte Maschinen, denn ohne dieselben wird man in den modernen Lederfabriken nicht auskommen.

Abb. 61. Haarwaschmaschine.

Zum Waschen von Kuh-, Kälber- und kurzen Ziegenhaaren hat sich die abgebildete Maschine eingeführt. Ein besonderer Vorzug der Maschine liegt darin, daß sie das Zusammenballen der

Haare zu Klumpen verhindert, wodurch ein besseres Waschen bedingt ist. In der Hauptsache besteht die Maschine aus einem mit einem Siebboden versehenen Waschtrog, in dem eine Flügelwelle läuft. Alle Schmutzteile, Kalk usw. fließen durch den Siebboden und den Überlaufabfluß ab. Sind die Haare so weit gewaschen, daß das Wasser ziemlich klar geworden ist, so wird eine mechanische Aushebevorrichtung in Tätigkeit gesetzt, die die gewaschenen Haare in den an der Maschine angebrachten Ablauftrog wirft, aus dem sie der Arbeiter zur Zentrifugalmaschine bringt. Die Haarwaschmaschine wird in zwei Größen gebaut, von denen die kleinere Type etwa 250—300 kg und die große Maschine etwa 400—500 kg trocken gewogene Haare liefert.

Zentrifuge.

Für ein rationelles und rasches Trocknen der Haare müssen dieselben nach dem Waschen durch eine Zentrifugalmaschine von dem größten Teile des anhaftenden Wassers befreit werden. Die

Abb. 62. Zentrifuge.

Einrichtung solcher Maschinen ist höchst einfach. Eine innerhalb eines feststehenden Zylinders schnell rotierende gelochte Trommel schleudert das spezifisch schwere Wasser aus den Haaren heraus.

Unter normalen Verhältnissen werden auf der Zentrifugalmaschine etwa 40% Wasser aus den Haaren geschleudert, wodurch der Trockenprozeß erheblich abgekürzt wird.

Hordentrockenapparat.

Zum Trocknen von Haaren und Wolle ist in jeder Beziehung der hier abgebildete Trockenapparat praktisch erprobt. Das Material, das, bevor es in den Trockenapparat gelangt, auf einer Zentrifuge

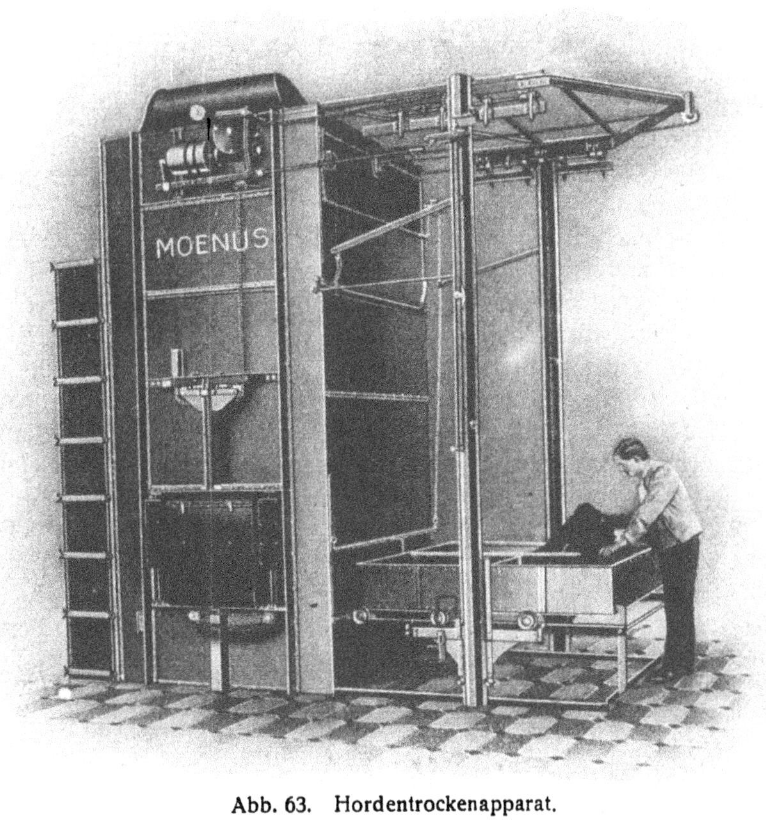

Abb. 63. Hordentrockenapparat.

ausgeschleudert sein muß, liegt zum Trocknen in mit Siebböden versehenen Horden. Die Horden ruhen im Apparat direkt aufeinander und schließen dicht an den vier Seitenwänden desselben ab, so daß der Luftstrom durch das Trockengut hindurch muß und ein seitliches Ausweichen ausgeschlossen ist.

Die Konstruktion des Apparates beruht auf dem bereits vielfach angewendeten, allein richtigen Gegenstromprinzip, wobei die durch einen Heizungsapparat erhitzte Luft mittels Ventilator von unten nach oben durch die Horden hindurchgedrückt wird, während die letzteren von oben nach unten dem Luftstrom entgegen wandern.

Die Bewegung der Horden in und außer dem Apparat geschieht automatisch. Die trockene Ware wird unten aus dem Apparat herausgezogen, dann wird frische nasse Ware aufgelegt, die betreffende Horde mittels Fahrstuhl in die Höhe gewunden und oben wieder in den Apparat eingeschoben. Die Wärmeausnutzung ist die denkbar günstigste, denn die heißeste Luft erreicht zunächst die trocknere Ware, kommt, indem sie durch die einzelnen Horden hindurchstreicht, mit immer feuchterem Material in Berührung und verläßt schließlich, mit Feuchtigkeit gesättigt, den Apparat. Äußerst wichtig ist die Tatsache, daß der Apparat im Innern keinerlei zerbrechliche Bewegungsmechanismen enthält, die bei vielen Systemen so unangenehme Betriebsstörungen verursachen. Der gesamte Mechanismus ist nach außen verlegt und jederzeit ohne Demontage des Apparates zu erreichen. Dabei ist er von höchster Einfachheit, äußerst solid gebaut und von jedem Arbeiter leicht zu bedienen.

Die Hordentrockenapparate werden komplett mit Lufterhitzer, Ventilator und Rohrleitung geliefert. Bei den kleineren Typen hat nur der Ventilator Kraftbetrieb, während der Hordenaufzug mit Handbetrieb eingerichtet ist; bei den größeren Apparaten ist auch der Hordenaufzug mit Kraftbetrieb versehen. Die Heizung des Lufterhitzers kann sowohl mit Abdampf, als auch mit Frischdampf erfolgen, doch ist immer anzugeben, welche Art Dampf und von welchem Druck benutzt werden soll, da sich danach die Dimensionierung des Erhitzers richtet. Für Abdampf ist ein größerer Heizungsapparat (Erhitzer) notwendig, als für Frischdampf. Wird Ab- und Frischdampf abwechselnd zur Heizung benutzt, so ist der größere Erhitzer für Abdampf am Platze.

Die Klärung und Reinigung der Abwässer der Lederfabriken und das Kolloidtonreinigungsverfahren.[1])

Das neue preußische Wassergesetz ist am 7. April 1914 in vollem Umfange in Kraft getreten. Sehr viele ältere Gesetze und Polizeiverordnungen sind damit annulliert worden; z. B. bestimmte

[1]) Prof. Dr. Rohland, Stuttgart, Collegium 1914, S. 702 u. f.

eine Polizeiverordnung vom 4. Juli 1887 in Gütersloh in Westfalen, daß überhaupt keine schmutzigen Wässer abgeleitet werden dürfen.

§ 24 des neuen Wassergesetzes hat nunmehr einen anderen Inhalt als diese Polizeiverordnung und macht für den Schaden, der durch die unerlaubte und über das Maß des Gestatteten hinausgehende Verunreinigung des Vorfluters durch Abwässer hervorgerufen wird, den Unternehmer, von dem diese herrührt, haftbar, wie schon eingangs erwähnt worden ist. Da die Wasserpolizei, bei Strömen der Regierungspräsident, bei Flüssen der Landrat, bei Bächen und kleineren Flüssen die Ortspolizei, also Laien darüber zu entscheiden haben, ob eine unerlaubte oder über das Maß des Gestatteten hinausgehende Verunreinigung des Vorfluters, oder ob eine Schädigung vorliegt, so befinden sich jetzt viele Fabriken Deutschlands in einer schwierigen Lage, da die Behörden auf Anzeigen hin, die von allen möglichen Seiten kommen, einschreiten müssen. Auch die Lage der Lederfabriken ist recht ungünstig, da gerade ihre Abwässer starke Verunreinigungen haben. Ich möchte noch darauf hinweisen, daß das neue preußische Wassergesetz, so sehr es mit Freuden zu begrüßen ist, für die Industrie doch eine Verschlechterung der Rechtslage bedeutet, während auf die Landwirtschaft durch die zu erfolgende Bodenentwässerung, die Beseitigung von Stauanlagen usw. größere Rücksicht genommen worden ist.

Auch bestehen die landwirtschaftlichen Betriebe, wie Brennereien, Molkereien, wenn sie einem Besitzer gehören und keine G. m. b. H. sind, nach § 6 der deutschen Gewerbeordnung nicht den Gewerbeinspektionen, so daß ihnen von diesen keine Auflage gemacht werden kann.

Sollte aus mancherlei Gründen später eine Novelle notwendig werden, wäre eine reichsgesetzliche Regelung der Abwasserfrage, die Schaffung eines Reichswassergesetzes das Beste.

Aus diesen Gründen ist nicht nur für die Lederfabriken in Preußen und Deutschland, sondern auch in den andern Ländern wichtig, ein brauchbares Klärungs- und Reinigungsverfahren für die Abwässer zu besitzen, und es sei daher auf das „Kolloidtonreinigungsverfahren" hingewiesen, das diese vollständig klärt und reinigt.[1])

Die Abwässer der Lederfabriken sind mit den bisherigen Mitteln nur sehr schlecht zu reinigen, da sie viel feste, kleine Bestandteile

[1]) Vgl.: Die chemische Industrie 1910.

enthalten, so genügen einfache Absitzbecken, wie sie vielfach angewendet werden, nicht.

Diese Abwässer enthalten organische Farbstoffe, aus den benutzten Gerbhölzern stammend, kolloidgelöste Substanzen, Gerbstoffe, auch Chromsalze, wenn Chromgerbung angewandt wird, außerdem anorganische Salze, die aber weiter nicht von Bedeutung sind, außerdem viele feste Bestandteile.

Genaue Analysen dieser Abwässer liegen wenig vor; besonders wünschenswert ist es, daß außer dem Stickstoff, der organischen oxydierbaren Substanz, dem Glühverlust, dem Glührückstand auch noch die Menge der kolloidgelösten Stoffe bestimmt wird, da diese, in den Vorfluter geleitet, am meisten Schaden hervorrufen.

Auf eine Methode hierfür, die auf kolorimetrischem Wege die Kolloide quantitativ bestimmt und die leicht auszuführen ist, sei hingewiesen.[1])

Beim Einfluß der Abwässer der Lederfabriken in den Vorfluter beobachtet man eine starke und andauernde Schaumbildung, die daher stammt, daß viele kolloidgelöste Stoffe darin enthalten sind.[2])

Diese sind aber dadurch besonders schädlich, daß sie das Nahrungssubstrat für die Bakterien und andere Mikroorganismen, die aus den städtischen Abwässern stammen, bilden und daß, wenn sie im Vorfluter mit den Abwässern der Lederfabriken zusammentreffen, ein zersetzender, biologischer Prozeß, der mit üblem Geruch verbunden ist, eintritt.

Nach dem „Kolloidtonreinigungsverfahren" wurde z. B. das Abwasser der Lederfabrik von Gebr. Dix in Weida in Thüringen (Deutschland) und das der Lederfabrik R. Ha, fils ainé in Mer bei Orléans in Frankreich geklärt und gereinigt.

Das Abwasser der Firma Dix war dunkelrot gefärbt, die Farbe stammte wahrscheinlich von den Gerbhölzern her, hatte feste, kleine Bestandteile und einen ziemlich starken Geruch.

Nach Behandlung mit Kolloidton war es vollständig farblos, die kleinen festen Bestandteile waren daraus entfernt, der Geruch war so gut wie verschwunden. Das Abwasser der Lederfabrik von R. Ha hatte sehr viele feste kleine Bestandteile, eine dunkelgrüne Farbe und einen unangenehmen Geruch. Nach Behandlung mit

---

[1]) Kolloidzeitung 1913. Eine Methode zur Bestimmung der Kolloide in den Abwässern.

[2]) P. Rohland. Der kolloide und kristalloide Zustand der Materie. Stuttgart 1910.

Kolloidton war es so gut wie farblos, die kleinen festen Bestandteile waren durchaus entfernt und der Geruch war verschwunden. Die Abwässer der Lederfabriken sind, abgesehen von den Farbstoffen und Salzen, eine Kombination von Suspensions- und Emulsionskolloiden, sie müssen also sowohl geklärt wie gereinigt werden.

Bei der Theorie der Klärung und Reinigung von Abwässern sind die Begriffe der Klärung und Reinigung streng auseinander zu halten. Die Klärung bezieht sich ausschließlich auf die kleinen und kleinsten festen, im Abwasser suspendierten Bestandteile, die Reinigung auf die im Abwasser gelösten oder nur mit ihm vermischten Bestandteile, wie Farbstoffe, Kolloide, Fette, Öle, Salze, und die biologische Reinigung auf die im Abwasser enthaltenen Mikroorganismen, Bakterien, Typhusbazillen usw. und Sporen von Pilzen.

Für das „Kolloidtonreinigungsverfahren" sind auch Absitzbecken notwendig. Die Absitzbecken sollen am Einfluß des Abwassers 2 m tief sein, damit ein ruhiges Absitzen erfolgen kann, am Ausfluß 1 m tief. Abbildung 66 zeigt, wie die Querwände in den Absitzbecken nicht eingebaut werden dürfen. Das Abwasser muß über die Querwand überlaufen, aber nicht seitlich vorbei, wie ersteres in Abbildung 66 angedeutet ist. Das hat nämlich den Nachteil, daß gröbere feste Bestandteile noch in das zweite Absitzbecken mit hinübergeführt werden, die schon im ersten sedimentieren sollten. Der bequemen Entleerung der Absitzbecken wegen muß von Zeit zu Zeit ein wechselnder Einfluß des Abflusses des Abwassers eingerichtet werden, wie es in Abbildung 67 aufgezeichnet ist.

Der besseren Sedimentation und auch der leichteren Reinigung wegen sollen die Absitzbecken mit schräg verlaufenden Seitenwandungen eingerichtet sein, wie Abbildungen 64 und 65 angeben.

Aus der Beobachtung, daß am schnellsten die festen Bestandteile im Wasser zum Absitzen kommen, wenn es aus der mehr oder weniger rasch fließenden Bewegung an eine ruhige tiefe Stelle des Baches oder Flusses gelangt, muß auch für die Ableitung und den Einfluß der Abwässer in die Absitzbecken ähnliches eingerichtet werden.

In den Fabriken sind jetzt meistens die Absitzbecken so unpraktisch wie möglich eingerichtet, sie sind meist nur in die Erde eingegraben, gleichmäßig etwa 1 m tief, ohne jeglichen Niveauunterschied ihrer Bodenfläche. Die Folge ist, daß nur eine sehr schlechte Sedimentation der festen Stoffe eintritt, ja häufig sogar Verschlammung.

Ohne einen Zusatz ist die Klärung des Abwassers immer unvollständig, weil die kleinen und kleinsten, festen Bestandteile nicht sedimentieren, ganz besonders die kolloidveranlagten Stoffe.

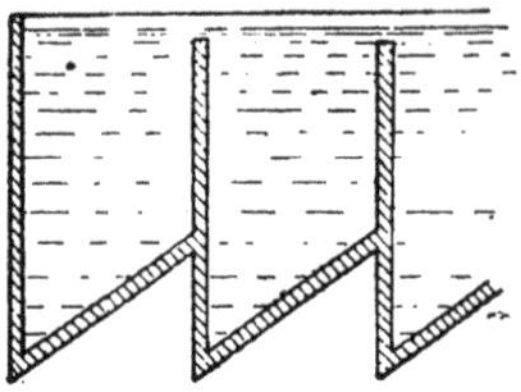

Abb. 64. Absitzbecken.

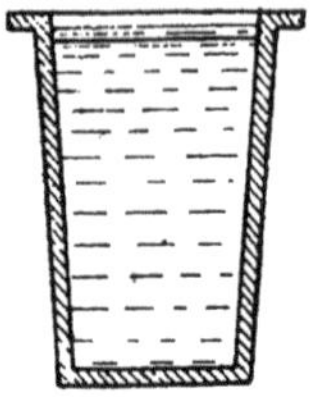

Abb. 65. Absitzbecken.

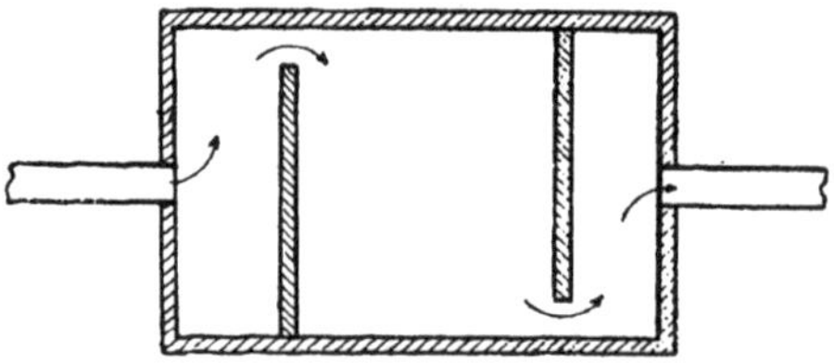

Abb. 66. Veraltete Kläranlage.

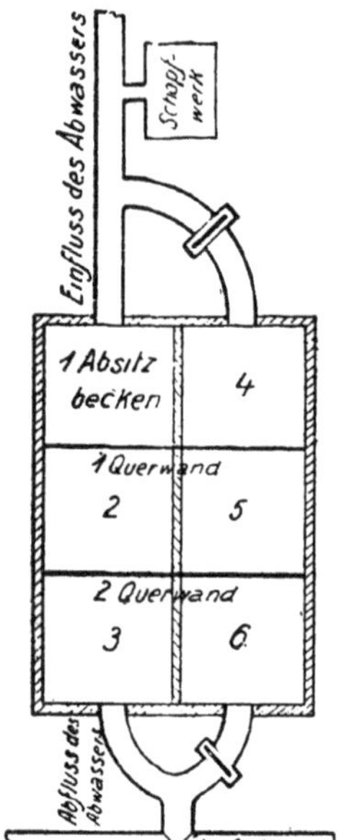

Abb. 67. Kolloidtonkläranlage.

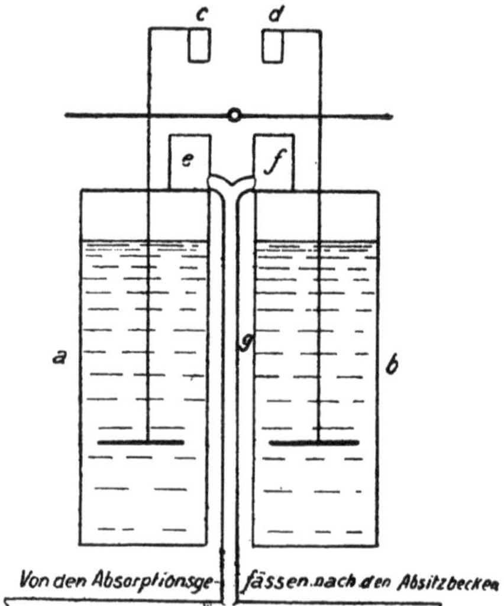

Abb. 68. Schöpfwerk.

Sind aber die Abwässer sauer und zuckerhaltig, so müssen die Innenwandungen der Absitzbecken mit säurebeständigem Steinzeug, mit Knauffschen Platten, wie sie die Deutsche Steinzeugwarenfabrik für Kanalisation und chemische Industrie in Friedrichsfeld in Baden herstellt, bekleidet sein.

Vielfach war in den Zuckerraffinerien und Rohzuckerfabriken der Kalkmörtel der Absitzbecken von solchen Abwässern zerfressen worden.

Weiterhin besteht die technische Apparatur noch in einem Schöpf- oder Rührwerk, das die Tonemulsion zum Abwasser hinzusetzt; die Kosten betragen hierfür 150—200 Mark (Abbildung 68). Die Anordnung von Schöpfwerk und Absitzbecken gibt Abbildung 67.

Der Kolloidton ist billig, 10000 kg kosten 50—60 Mark, im Jahr werden etwa für 150—200 Mark gebraucht.

Die Rentabilität des Verfahrens ist also gesichert, und es ist ganz bedeutend billiger als die andern Verfahren, die mit künstlich hergestellten Chemikalien reinigen, oder als das „Berieselungsverfahren".

Das Schöpfwerk hat folgende Einrichtung: *a* und *b* Gefäße mit in Wasser suspendiertem Ton; *c* und *d* Schöpfbecher, am andern Ende Rührer; *e* und *f* kleinere Gefäße, in die der Ton durch die Schöpfbecher geschöpft wird; *h* Kanal für das Abwasser zum Absitzbecken (Abbildung 68).

Von dem Schöpfwerk fließt die Tonemulsion dem Abwasser zu, das sich im Abwasserkanal mit ihr vereinigt, von da aus fließt letzteres nach den Absitzbecken, wo die Sedimentation des Kolloidtons mit den niedergeschlagenen festen, kleinen Bestandteilen des Abwassers und den adsorbierten Farbstoffen, Kolloiden, Gerbstoffen, Fetten und Ölen usw. rasch erfolgt.

Aus dem letzten Absitzbecken fließt das Abwasser in vollständig geklärtem und gereinigtem Zustande in den Vorfluter.

Das Verfahren beruht auf folgendem: Bestimmte Tone bilden im lufttrocknen Zustande gewissermaßen im latenten Stadium kolloide Substanzen, die Hydroxyde des Aluminiums, Siliciums und Eisens, sie bilden diese Kolloidstoffe in Berührung mit dem Wasser oder Abwasser aus, es findet eine Ausflockung statt, wodurch die Oberfläche des Tons stark vergrößert wird.

Diese Kolloidstoffe adsorbieren nun:

1. Alle kolloid gelösten Substanzen, wie Kohlehydrate, Gerbstoffe, Eiweißstoffe usw. und ihre Zersetzungsprodukte.

2. Alle kompliziert zusammengesetzten Farbstoffe, natürliche, wie sie in den verschiedenen Gerbhölzern vorkommen, tierische,

z. B. Carmin, künstliche, wie alle Anilinfarbstoffe; je kolloider ein solcher Farbstoff konstituiert ist, um so leichter wird er von Kolloidton adsorbiert.

3. Fette, Öle, Maschinenöle, wie sie häufig auf dem Abwasser und auch auf der Oberfläche des Vorfluters schwimmen und die irisierenden Interferenzfarben hervorrufen.

4. Starke Gerüche, auch üble; diese gehen häufig von Substanzen aus, die analytisch mit der Wage gar nicht faßbar sind und doch weithin einen unangenehmen Geruch verbreiten. Dabei wird der schwache, charakteristische Tongeruch auf das Abwasser übertragen.

5. Bestimmte Ionen, und die Bicarbonat-Carbonationen, auch die Borationen vollständig, die Phosphationen nur zum Teil.

Will man sich von diesen Adsorptionen ein Bild, wenn auch nur ein grobes machen, so kann man sich vorstellen, daß in dem engmaschigen Tonkolloidgewebe die kompliziert zusammengesetzten, selbst kolloidkonstituierten Moleküle der Kolloide, der Farbstoffe, der Öle usw. zurückgehalten werden, während die kleineren Moleküle und Ionen diffundieren, und Stoffe mit kompliziertem Aufbau haben ganz besonders die Fähigkeit, sich an solchen Kolloidgeweben zu konzentrieren. Diese Kolloidtone bilden in Berührung mit dem Abwasser zahlreiche Grenz- und Trennungsflächen, dadurch wird ihre Oberfläche ganz wesentlich vergrößert. Diese Grenz- und Trennungsflächen sind aber der Sitz der Oberflächenenergie, auf welche die Erscheinungen der Oberflächenspannung und der Kapillarität zurückzuführen sind.

Auf diesen beruhen diese Adsorptionsvorgänge; und diese Adsorption ist also ein physikalisch-kolloidchemischer Vorgang.

Tabellen.

Ameisensäure.

Spezifisches Gewicht bei 20° C (nach Richardson und Allaire).

Ameisensäure		Spezif. Gewicht	Ameisensäure		Spezif. Gewicht	Ameisensäure		Spezif. Gewicht
Gew.-%	Vol.-%		Gew.-%	Vol.-%		Gew.-%	Vol.-%	
5	4,14	1,0116	40	35,90	1,0964	75	72,27	1,1760
10	8,40	1,0247	45	40,82	1,1086	80	77,67	1,1861
15	12,80	1,0371	50	45,88	1,1208	85	83,19	1,1954
20	17,17	1,0489	55	51,01	1,1321	90	88,74	1,2045
25	21,23	1,0610	60	56,13	1,1425	95	94,48	1,2141
30	26,37	1,0730	65	61,44	1,1544	100	100	1,2213
35	31,10	1,0848	70	66,80	1,1656			

Essigsäure.

Spezifisches Gewicht bei 15° C (nach Oudemans).

% Essig-säure	Grad Bé	% Essig-säure	Grad Bé	% Essig-säure	Grad Bé	% Essig-säure	Grad Bé	% Essig-säure	Grad Bé
5	1	25	4,9	45	7,75	65	9,7	85	9,97
10	2	30	5,8	50	8,35	70	9,95	90	9,7
15	3	35	6,5	55	8,9	75	10,07	95	9,0
20	4	40	7,15	60	9,3	80	10,1	100	7,2

Die Werte über $7^1/_2{}^0$ Bé entsprechen zwei Flüssigkeiten von verschiedener Stärke; um festzustellen, ob die Säure mehr oder weniger als 77% reine Essigsäure enthält, ist sie nach dem Messen mit ein wenig Wasser zu verdünnen und wieder zu messen; wird alsdann ein höheres spezifisches Gewicht erhalten, so enthält die Säure mehr als 77% Essigsäure, andernfalls weniger.

Schwefelsäure.

Spezifisches Gewicht bei 15° C (nach Lunge und Isler).

Grad Bé	% Schwe-felsäure	Gramm Säure in 1 Liter	Grad Bé	% Schwefel-säure	Gramm Säure in 1 Liter	Grad Bé	% Schwefel-säure	Gramm Säure in 1 Liter
1	1,15	11	27	31,23	384	53	66,71	1054
2	2,20	22	28	32,40	402	54	68,28	1091
3	3,34	34	29	33,66	420	55	69,89	1128
4	4,39	45	30	34,91	441	56	71,57	1170
5	5,54	57	31	36,17	460	57	73,02	1207
6	6,67	71	32	37,45	481	58	74,66	1248
7	7,72	82	33	38,85	504	59	76,44	1293
8	8,77	93	34	40,12	523	60	78,04	1334
9	9,78	105	35	41,50	548	61	80,02	1387
10	10,90	117	36	42,93	572	62	81,86	1435
11	12,07	130	37	44,28	596	63	83,90	1489
12	13,13	144	38	45,61	619	64	86,30	1549
13	14,35	158	39	46,94	643	65	90,05	1639
14	15,48	169	40	48,36	669	65,1	90,40	1647
15	16,49	185	41	49,85	697	65,2	90,80	1656
16	17,66	199	42	51,15	721	65,3	91,25	1666
17	18,82	213	43	52,51	747	65,4	91,70	1676
18	19,94	227	44	53,91	775	65,5	92,30	1690
19	21,16	243	45	55,35	804	65,6	92,75	1700
20	22,45	261	46	56,75	833	65,7	93,43	1713
21	23,60	277	47	58,13	862	65,8	94,60	1739
22	24,76	292	48	59,54	893	65,9	95,60	1759
23	26,04	310	49	61,12	926	66[1])	97,70	1799
24	27,32	328	50	62,53	957	65,9[1])	99,20	1825
25	28,58	346	51	63,99	990	65,8[1])	99,95	1838
26	29,84	364	52	65,36	1021			

[1]) Schwefelsäure von 97,70% hat das höchste, stärkere Säure ein etwas geringeres spezifisches Gewicht.

Salzsäure.

Spezifisches Gewicht bei 15° C (nach Lunge und Marchlewski).

Grad Bé	% Salzsäure	Gramm 20 gräd. Säure in 1 Liter	Grad Bé	% Salzsäure	Gramm 20 gräd. Säure in 1 Liter
1	1,58	49	13	20,01	686
2	2,98	94	14	21,62	746
3	4,57	145	15	23,05	801
4	6,01	192	16	24,78	868
5	7,58	245	17	26,54	938
6	9,16	298	18	28,14	1002
7	10,60	348	19	29,95	1075
8	12,19	403	20	32,10	1163
9	13,61	453	21	33,65	1227
10	15,16	508	22	35,39	1301
11	16,81	567	23	37,23	1380
12	18,30	622	24	39,11	1462

Kochsalz.

Spezifisches Gewicht von wässerigen Lösungen bei 15° C (nach Gerlach).

% Kochsalz	5	10	15	20	25	26,4 gesättigt.
Spezif. Gewicht	1,0362	1,0733	1,1114	1,1510	1,1923	1,2043
Grad Bé	5	10	14,5	19	23,25	24,4

Die Löslichkeit von Kochsalz ist bei allen Temperaturen ziemlich die gleiche und schwankt nur von 35,5 Teilen Kochsalz bei 0° bis zu 39,2 Teilen bei 100° C in 100 Teilen Wasser.

Um die bedeutende Salzsteuer zu ersparen, welche von dem im freien Verkehr befindlichen Kochsalz erhoben wird, gebraucht man in der Industrie gern das unter steueramtlicher Kontrolle denaturierte und steuerfrei abgegebene sogenannte Gewerbesalz. Als für die Färberei am besten geeignete Denaturierungsmittel sind zu bezeichnen Petroleum ($^1/_4$%) und Lösungen von Anilinfarbstoffen.

Ammoniakflüssigkeit (Salmiakgeist).

Spezifisches Gewicht bei 15° C (nach Lunge und Wiernik).

Spez. Gew. bei 15° C	% NH_3	1 Liter enthält Gramm NH_3	Spez. Gew. bei 15° C	% NH_3	1 Liter enthält Gramm NH_3
1,000	0,00	0,0	0,940	15,63	146,9
0,995	1,15	11,4	0,935	17,12	160,1
0,990	2,31	22,9	0,930	18,64	173,4
0,985	3,55	34,9	0,925	20,18	186,7
0,980	4,80	47,0	0,920	21,75	200,1
0,975	6,05	59,0	0,915	23,36	213,6
0,970	7,31	70,9	0,910	24,99	227,4
0,965	8,59	82,8	0,905	26,65	241,1
0,960	9,91	95,1	0,900	28,33	255,0
0,955	11,34	108,1	0,895	30,03	268,7
0,950	12,74	121,0	0,890	31,75	282,6
0,945	14,22	133,9	0,885	33,68	298,0

Soda.

Spezifisches Gewicht von Sodalösungen bei 15° C (nach Lunge).

Grad Bé	% Soda calc.	Gramm Soda calc. in 1 Liter	Grad Bé	% Soda calc.	Gramm Soda calc. in 1 Liter
1	0,67	6,8	11	7,88	85,3
2	1,33	13,5	12	8,62	94,0
3	2,09	21,4	13	9,43	103,7
4	2,76	28,4	14	10,19	112,9
5	3,43	35,5	15	10,95	122,2
6	4,29	44,8	16	11,81	132,9
7	4,94	52,0	17	12,61	143,0
8	5,71	60,5	18	13,16	150,3
9	6,37	68,0	19	14,24	164,1
10	7,12	76,5			

Soda löst sich in Wasser am reichlichsten bei 32,5° C. 100 Teile Wasser lösen die folgenden Mengen reinen kohlensauren Natrons bei:

0°	5°	10°	15°	20°	30°	32,5°	34° und 79°	100°	
7,1	9,5	12,6	16,5	21,4	38,1	59	46,2	45,1	Teile Soda.

Calcinierte Soda kommt in verschiedenen Stärkegraden in den Handel, welche nach Prozenten reinen, kohlensauren Natrons bezeichnet werden; die gebräuchlichsten Stärken sind 81%, 88—95% und 98%. Solvay- oder Ammoniaksoda enthält 98—99% Soda und ist für alle Zwecke der Färberei genügend rein.

Unsere Angaben betr. calcinierte Soda beziehen sich auf die guten Sorten 95—98%iger Soda, gleichviel welcher Fabrikationsart. 100 Teile guter calcinierter Soda sind ungefähr 270 Teilen Kristallsoda gleichwertig.

Vergleich der Thermometerskalen nach Celsius, Réaumur und Fahrenheit.

Grad			Grad			Grad		
Celsius	Réaumur	Fahrenheit	Celsius	Réaumur	Fahrenheit	Celsius	Réaumur	Fahrenheit
0	0,0	32,0	10	8,0	50,0	20	16,0	68,0
1	0,8	33,8	11	8,8	51,8	21	16,8	69,8
2	1,6	35,6	12	9,6	53,6	22	17,6	71,6
3	2,4	37,4	13	10,4	55,4	23	18,4	73,4
4	3,2	39,2	14	11,2	57,2	24	19,2	75,2
5	4,0	41,0	15	12,0	59,0	25	20,0	77,0
6	4,8	42,8	16	12,8	60,8	26	20,8	78,8
7	5,6	44,6	17	13,6	62,6	27	21,6	80,6
8	6,4	46,4	18	14,4	64,4	28	22,4	82,4
9	7,2	48,2	19	15,2	66,2	29	23,2	84,2

Vergleich der Thermometerskalen nach Celsius, Réaumur und Fahrenheit. (Fortsetzung.)

Grad			Grad			Grad		
Celsius	Réaumur	Fahrenheit	Celsius	Réaumur	Fahrenheit	Celsius	Réaumur	Fahrenheit
30	24,0	86,0	54	43,2	129,2	78	62,4	172,4
31	24,8	87,8	55	44,0	131,0	79	63,2	174,2
32	25,6	89,6	56	44,8	132,8	80	64,0	176,0
33	26,4	91,4	57	45,6	134,6	81	64,8	177,8
34	27,2	93,2	58	46,4	136,4	82	65,6	179,6
35	28,0	95,0	59	47,2	138,2	83	66,4	181,4
36	28,8	96,8	60	48,0	140,0	84	67,2	183,2
37	29,6	98,6	61	48,8	141,8	85	68,0	185,0
38	30,4	100,4	62	49,6	143,6	86	68,8	186,8
39	31,2	102,2	63	50,4	145,4	87	69,6	188,6
40	32,0	104,0	64	51,2	147,2	88	70,4	190,4
41	32,8	105,8	65	52,0	149,0	89	71,2	192,2
42	33,6	107,6	66	52,8	150,8	90	72,0	194,0
43	34,4	109,4	67	53,6	152,6	91	72,8	195,8
44	35,2	111,2	68	54,4	154 4	92	73,6	197,6
45	36,0	113,0	69	55,2	156,2	93	74,4	199,4
46	36,8	114,8	70	56,0	158,0	94	75,2	201,2
47	37,6	116,6	71	56,8	159,8	95	76,0	203,0
48	38,4	118,4	72	57,6	161,6	96	76,8	204,8
49	39,2	120,2	73	58,4	163,4	97	77,6	205,6
50	40,0	122,0	74	59,2	165,2	98	78,4	208,4
51	40,8	123,8	75	60,0	167,0	99	79,2	210,2
52	41,6	125,6	76	60,8	168,8	100	80,0	212,0
53	42,4	127,4	77	61,6	170,6			

Maße und Gewichte.

Metrisches System.

1 Meter (m) = 10 Dezimeter (dm) = 100 Zentimeter (cm) = 1000 Millimetr (mm).
1 Liter (l) = 1000 Kubikzentimeter (ccm). 1 Kubikmeter (cbm) = 1000 Liter.
1 Gramm (g oder gr) = 10 Dezigramm (dg) = 100 Zentigramm (cg) = 1000 Milligramm (mg).
1 Kilogramm (kg oder Kilo) = 1000 Gramm.
1000 Kilogramm = 1 Tonne (t).
100 Kilogramm = 1 Meter- oder Doppelzentner oder Quintal.
50 Kilogramm = 1 Zentner.
10 Gramm = 1 Dekagramm (Deka oder Dg). 100 Gramm = 1 Hektogramm (hg).

Das Gramm ist die Gewichtseinheit des metrischen Systems und gleich dem Gewicht eines Kubikzentimeters reinen Wassers (im Zustande größter Dichte unter 45° Breite, im luftleeren Raum auf der Höhe der Meeresfläche gemessen). Daraus ergeben sich folgende Maß- und Gewichtsbeziehungen:

1 Kubikzentimeter Wasser = 1 Gramm.
1 Liter „ = 1 Kilogramm.
1 Kubikmeter „ = 1 Tonne.

Umrechnungstafeln.

I. Maße.

Zur Umrechnung vom Fußmaß auf das metrische System dienen folgende Zahlen:

1	Quadratfuß	rheinisch	= 0,0985	qm	oder	985	qcm
1	,,	österr.	= 0,0999	,,	,,	999	,,
1	,,	württ.	= 0,0821	,,	,,	821	,,
1	,,	englisch	= 0,0929	,,	,,	929	,,
1¹/₄	,,	,,	= 0,1161	,,	,,	1161	,,
1¹/₂	,,	,,	= 0,1393	,,	,,	1393	,,
1³/₄	,,	,,	= 0,1625	,,	,,	1625	,,
2	,,	,,	= 0,1858	,,	,,	1858	,,
2¹/₄	,,	,,	= 0,2090	,,	,,	2090	,,
2¹/₂	,,	,,	= 0,2322	,,	,,	2322	,,
2³/₄	,,	,,	= 0,2554	,,	,,	2554	,,
3	,,	,,	= 0,2787	,,	,,	2787	,,
3¹/₄	,,	,,	= 0,3019	,,	,,	3019	,,
3¹/₂	,,	,,	= 0,3251	,,	,,	3251	,,
3³/₄	,,	,,	= 0,3483	,,	,,	3483	,,
4	,,	,,	= 0,3716	,,	,,	3716	,,
4¹/₄	,,	,,	= 0,3948	,,	,,	3948	,,
4¹/₂	,,	,,	= 0,4180	,,	,,	4180	,,
4³/₄	,,	,,	= 0,4412	,,	,,	4412	,,
5	,,	,,	= 0,4645	,,	,,	4645	,,
5¹/₄	,,	,,	= 0,4877	,,	,,	4877	,,
5¹/₂	,,	,,	= 0,5109	,,	,,	5109	,,
5³/₄	,,	,,	= 0,5341	,,	,,	5341	,,
6	,,	,,	= 0,5574	,,	,,	5574	,,
6¹/₄	,,	,,	= 0,5806	,,	,,	5806	,,
6¹/₂	,,	,,	= 0,6038	,,	,,	6038	,,
6³/₄	,,	,,	= 0,6270	,,	,,	6270	,,
7	,,	,,	= 0,6503	,,	,,	6503	,,
7¹/₄	,,	,,	= 0,6735	,,	,,	6735	,,
7¹/₂	,,	,,	= 0,6967	,,	,,	6967	,,
7³/₄	,,	,,	= 0,7199	,,	,,	7199	,,
8	,,	,,	= 0,7432	,,	,,	7432	,,
8¹/₄	,,	,,	= 0,7664	,,	,,	7664	,,
8¹/₂	,,	,,	= 0,7896	,,	,,	7896	,,
8³/₄	,,	,,	= 0,8128	,,	,,	8128	,,
9	,,	,,	= 0,8361	,,	,,	8361	,,
9¹/₄	,,	,,	= 0,8593	,,	,,	8593	,,
9¹/₂	,,	,,	= 0,8825	,,	,,	8825	,,
9³/₄	,,	,,	= 0,9057	,,	,,	9057	,,
10	,,	,,	= 0,9290	,,	,,	9290	,,

II. Preise.

Wenn 1 □-Fuß kostet:	kostet 1 □-Meter:	Wenn 1 □-Fuß kostet:	kostet 1 □-Meter:	Wenn 1 □-Fuß kostet:	kostet 1 □-Meter:
Mark 0,50	Mark 5,38	Mark 1,12	Mark 12,06	Mark 1,39	Mark 14,96
,, 0,60	,, 6,46	,, 1,13	,, 12,16	,, 1,40	,, 15,07
,, 0,65	,, 7,00	,, 1,14	,, 12,27	,, 1,41	,, 15,18
,, 0,70	,, 7,53	,, 1,15	,, 12,38	,, 1,42	,, 15,29
,, 0,71	,, 7,64	,, 1,16	,, 12,49	,, 1,43	,, 15,39
,, 0,72	,, 7,75	,, 1,17	,, 12,59	,, 1,44	,, 15,50
,, 0,73	,, 7,86	,, 1,18	,, 12,70	,, 1,45	,, 15,61
,, 0,74	,, 7,97	,, 1,19	,, 12,81	,, 1,46	,, 15,72
,, 0,75	,, 8,07	,, 1,20	,, 12,92	,, 1,47	,, 15,82
,, 0,76	,, 8,18	,, 1,21	,, 13,02	,, 1,48	,, 15,93
,, 0,77	,, 8,29	,, 1,22	,, 13,13	,, 1,49	,, 16,04
,, 0,78	,, 8,40	,, 1,23	,, 13,24	,, 1,50	,, 16,15
,, 0,79	,, 8,50	,, 1,24	,, 13,35	,, 1,51	,, 16,25
,, 0,80	,, 8,61	,, 1,25	,, 13,46	,, 1,52	,, 16,36
,, 0,81	,, 8,72	,, 1,26	,, 13,56	,, 1,53	,, 16,47
,, 0,82	,, 8,83	,, 1,27	,, 13,67	,, 1,54	,, 16,58
,, 0,83	,, 8,93	,, 1,28	,, 13,78	,, 1,55	,, 16,68
,, 0,84	,, 9,04	,, 1,29	,, 13,89	,, 1,56	,, 16,79
,, 0,94	,, 10,12	,, 1,30	,, 13,99	,, 1,57	,, 16,90
,, 0,99	,, 10,66	,, 1,31	,, 14,10	,, 1,58	,, 17,01
,, 1,04	,, 11,19	,, 1,32	,, 14,21	,, 1,59	,, 17,12
,, 1,05	,, 11,30	,, 1,33	,, 14,32	,, 1,60	,, 17,22
,, 1,06	,, 11,41	,, 1,34	,, 14,42	,, 1,61	,, 17,33
,, 1,07	,, 11,52	,, 1,35	,, 14,53	,, 1,62	,, 17,44
,, 1,08	,, 11,63	,, 1,36	,, 14,64	,, 1,63	,, 17,55
,, 1,09	,, 11,73	,, 1,37	,, 14,75	,, 1,64	,, 17,65
,, 1,10	,, 11,84	,, 1,38	,, 14,85	,, 1,65	,, 17,76
,, 1,11	,, 11,95				

Literatur.

Dr. S. Hegel, Die Chromgerbung. Berlin 1898.

J. Jettmar, Handbuch der Chromgerbung. 3. Aufl. Leipzig 1924.

A. Wagner u. J. Paeßler, Handbuch für die gesamte Lederindustrie. Leipzig 1924.

F. Kohl, Die Luxuslederfabrikation. Berlin 1921.

J. Jettmar, Moderne Gerbmethoden. Leipzig 1913.

J. Paeßler, Die Färberei des loh-summach- u. chromgaren Leders. Freiberg Sa. 1922.

H. Zeidler u. A. Matthesius, Die moderne Lederfabrikation. 2. Auflage. Leipzig 1922.

Dr. A. Gansser, Taschenbuch des Gerbers. 2. Aufl. Leipzig 1921.

Ausführlicher siehe „Taschenbuch des Gerbers“.

Wir empfehlen für die Lederfärberei

Anilinfarben

in allen Farbtönen und
für sämtl. Lederarten

Echtdeckfarben

für die Zurichtung

Für die Gerberei

Chromalaun

und gebrauchsfertige

Einbad-Chromgerbstoffe

Ordoval G u. 2G

Neradol D u. ND

Gerbstoff F

patentierte synthetische Gerbstoffe für
Ober- und Unterleder aller Art

Gefärbte Muster, Gebrauchsanleitungen
u. technische Beratung stehen zu Diensten

**Badische
Anilin- & Soda-Fabrik
Ludwigshafen a. Rh.**

Leopold Cassella & Co.

G · m · b · H

Frankfurt a. M.

Chromlederechtfarben
in schwarz und allen Farbtönen,
einfach in der Anwendung, für Chromleder besonders geeignet

Säurefarben, basische Farben, Diaminfarben
für loh- u. chromgare Leder, für Glacé-, Chair- u. Nappaleder
sowie auch für alle anderen Kombinationsgerbungen
und für Appreturen

Epidermol C z. Pat. angem.
Hilfsstoff zur Erzielung besonders gedeckter Färbungen auf chromgarem Leder
Bietet beim Färben von Glacé-Leder und Sämisch-Leder wesentliche Vorteile

Immedialfarben
für waschechte Sämisch- und Formaldehydleder

Furrole
für die Pelzfärberei

Musterkarten und Gebrauchsanweisungen stets gern zu Diensten

Vertreter an allen Hauptplätzen

HAHN & EWERS
Importeure

Sämtliche Qualitäten und Provenienzen

TRAN

garantiert naturrein und unverfälscht

Hamburg 35
Büro und Betrieb: Hammerdeich 106/110

Telegramm-Anschrift: Derivat, Hamburg
Fernsprech-Anschluß: Vulkan 411, 1373, 2383

HAP

liefert
moderne, erstklassige
Gerberei- und Riemereimaschinen

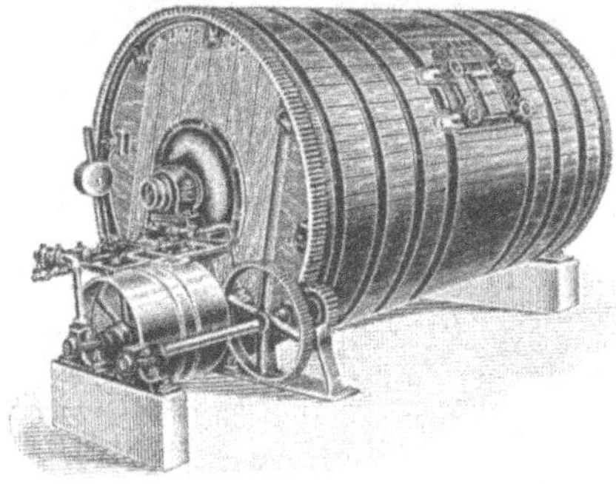

H. A. Plarre
Maschinenfabrik und Eisengießerei

Greiz i. V.

Gegr. 1874

Dr. Röhm's Chemikalien und Fette

für die Herstellung von

Chromleder

Für die Äscherwerkstatt:

OROPON, zum Beizen der Blößen
AMEISENSÄURE, zum Entkälken der Blößen
ARAPALI, ARAZYM, } für den Ara-Äscher

Für Gerbung und Neutralisierung:

KOREON A, Chromextrakt mit 23,5% Chromoxyd
KOREON WEISS BF, Neutralisierungsmittel

Für die Fettung:

GERBERSEIFE M, hartfettarme Marseiller Seife mit 88% Fettsäure, pulverisiert
LIPON A, gebrauchsfertiger Fettlicker
LIPON K_2, reines sulfuriertes Klauenöl
LIPON R, reiner sulfurierter Tran
LIPON S, vorzügliches mineralölhaltiges Lickeröl
EIGELB, Qualität OCLT und OFS

Für die Zurichtung:

STOSSGLANZ C
BLUTALBUMIN, schwarz und hell, zum Glänzen der Leder

Genaue, erprobte Gebrauchsanweisungen für die Herstellung aller Arten Chromleder, insbesondere Boxcalf, Rindbox, Roßchevreaux, Chevrettes, Lackleder, Chromsportleder, Chromsohlleder, Semichromleder, Bekleidungsleder u. dergleichen.

Einführung von Verfahren auf Wunsch durch erfahrene Techniker.

Röhm & Haas A.-G., Darmstadt
Chemische Fabrik

Severin Heusch, Aachen

Erste Spezialfabrik des Kontinents für Entfleisch-, Falz- und Blanchiermesser

Maschinenmesser für alle Zwecke der Gerberei u. Lederfabrikation

Technische Filze

für alle Zweige der Leder-Industrie
liefern seit Jahrzehnten als Spezialerzeugnis

Steinhäuser & Kopp · Filzfabrik · Offenbach a. M.

Rotierende Ausreckmaschine „Rekord"

Neuestes Modell, in vereinfachter und verbesserter Konstruktion, für 1000 – 3350 mm Arbeitsbreite

An **erste** und bedeutendste Lederfabriken nacheinander bis zu **20 Stück geliefert**
:: **In sehr großer Anzahl im Betrieb** ::
Feinste Referenzen

Sämtliche Gerberei-Maschinen

Badische Maschinenfabrik, Durlach

Aktiengesellschaft für Anilin-Fabrikation Berlin
Chemische Fabrik Griesheim-Elektron
Frankfurt am Main

Anilinfarben für die gesamte Lederindustrie
Farbstoffe für Lederappreturen und Schuhcremes
Ursole für die Pelzfärberei

SPEZIALITÄT:

PROTECTOL

verhindert die allzu starke **Schwellung der Rohhäute**

schützt sie vor der nachteil. Wirkung des **Schwefelnatriums**.

und gibt dadurch ein

kräftigeres und volleres Leder.

Keine Änderung des Äscherprozesses.

Nähere Angaben und Prospekte durch

Verkaufsgesellschaft Agfa-Griesheim m. b. H.
(Berlin-Frankfurt a. M.)
Frankfurt am Main

Vertreter und Lager in allen Industrieplätzen

Wasserlösliches Gerberöl **„Emulsol"**

laut Gutachten der Deutschen Versuchsanstalt für Lederindustrie, Freiberg in Sachsen, besonders geeignet zur **Faßgerbung** (Verhütet das Schäumen der Brühe, macht den Narben geschmeidig und verhindert das Wundscheuern der Leder), sowie zur Herstellung von **Fatliquor als Ersatz für Klauenöl**

Süddeutsche Oel- u. Melanolwerke G. m. b. H.
Freiburg i. Br. ▫ Filiale Suhl i. Thür.

Maschinenfabrik Turner Akt.-Ges. Frankfurt a. M.

Spez.: Gerberei-Maschinen

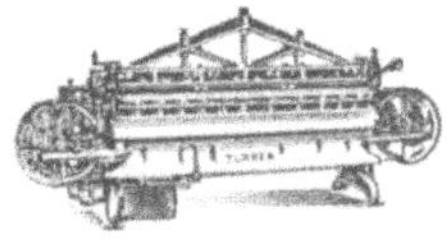

Wir empfehlen für die **Feinlederfabrikation** unsere gebleichten und raffinierten

Schellacke sowie **Rubinschellacke**

mit Spezialsorten für hohen, matten und Mittelglanz, helle und dunkle Farben, ferner für helle und dunkle Lederappreturen und Lederfarben.

Auf Wunsch gerne Muster und Gebrauchsanweisung

Rheinische Schellackbleiche Ernst Kalkhof, A.-G., Mainz
Telefon 1368/9 Tel.-Adr.: Weisslack

M. KRAYN, Verlagsbuchhandlung für technische Literatur, **BERLIN W 10**

Die Lederfabrikation

Praktisches Handbuch für die gesamte Leder-Industrie

von

Joseph Borgman

weil. Fabrikdirektor und Lehrer an der Lehrgerberei der Deutschen Gerberschule zu Freiberg in Sachsen

und

Oskar Krahner

Redakteur der Deutschen Gerberzeitung, Berlin

Zweite, durchgesehene und neu bearbeitete Auflage der „Rotlederfabrikation“

herausgegeben von

Prof. Dr. Hans Friedenthal

I. TEIL:

Die Unterlederfabrikation

Praktisches Handbuch für die Herstellung sämtlicher Unterledersorten

Mit 43 Abbildungen / Umfang 288 Seiten

Preis brosch. Mk. 10.—, geb. Mk. 12.—

II. TEIL:

Die Oberlederfabrikation

Praktisches Handbuch für die Herstellung sämtlicher Oberledersorten

Mit 20 Abbildungen / Umfang 185 Seiten

Preis brosch. Mk. 8.—, geb. Mk. 10.—

M. KRAYN, Verlagsbuchhandlung für technische Literatur, **BERLIN W 10**

Die Feinlederfabrikation

in ihrer ganzen Herstellungsweise

inkl. der Kombinations-Gerbung, von der Rohware bis zum fertigen Produkt

Praktisches Handbuch für die gesamte Leder-Industrie

besonders zum Gebrauch für Gerber, Lederfärber und Lederzurichter

Nach langjährigen praktischen Erfahrungen bearbeitet von

Joseph Borgman

Gerber und Fabrikdirektor

2. Auflage bearbeitet von

Prof. Dr. Hans Friedenthal

Mit zahlreichen Abbildungen

Preis brosch. Mk. 16.—, geb. Mk. 18.—

Die Mineralgerbung

Die Herstellung von mineralgegerbtem Leder

für alle Lederarten

von der Rohhaut bis zum fertigen Produkt

Praktisches Handbuch
für die gesamte Leder-Industrie

insbesondere für

Gerber, Lederfärber und Lederzurichter

von

Prof. Dr. Hans Friedenthal

außerordentlicher Professor für Physiologie

an der Universität Berlin

Mit ca. 40 Abbildungen

MASCHINENFABRIK

ING. M. LUZZATTO

VORM. H. R. GLÄSER - WIEN X/1

FALZMASCHINE „MODERNA“

Modell 1924

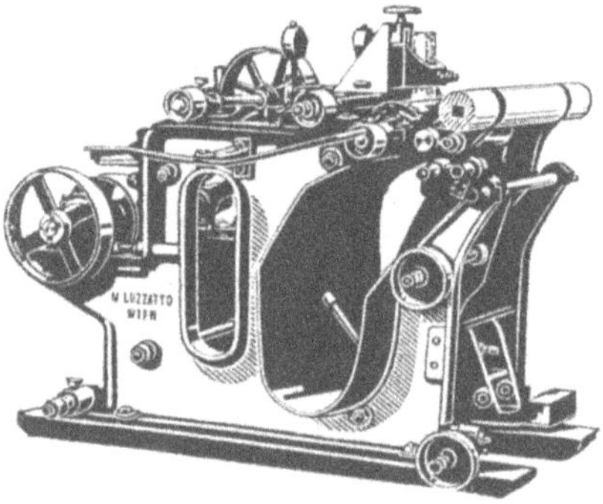

Glattester Schnitt ▫ Billigster Betrieb
Einfachste Konstruktion

SÄMTLICHE
LEDERBEARBEITUNGSMASCHINEN

KOMPLETTE, MODERNE
LEDERFABRIKS-
EINRICHTUNGEN

Dr. EBERLE's

PURGATOL
Ersatz für Mist- und Kleienbeize

HAEMATINE
seit 50 Jahren eingeführte Spezialmarken

CHROMALIN
gebrauchsfertiger Einbad-Chromgerbstoff

LICROL
Likkeröl für „schwarz" und „farbig"

sind einzigartig bewährt u. bei ersten Firmen ständig im Gebrauch

Dr. G. EBERLE & CIE.

Chemische Fabrik **STUTTGART** Gegründet 1875

Bayerische Maschinenfabrik
F. J. Schlageter Regensburg

Gegründet 1863

Spezialfabrik für moderne Maschinen für die Ober- und Unterlederfabrikation

Falzmaschine

D.R.P. angem.

„Preciosa"

neuestes Modell

Hamburger Original SAND's

LEDERSCHWÄRZEN

für gefettete und trockene Levant-Leder
für Lederfabriken, Gerber und Zurichter

geben die schönste tiefblauschwarze Farbe und einen hohen Stoßglanz, dieselben werden von fast sämtlichen größeren Lederfabriken usw. des In- und Auslandes seit Jahren mit Erfolg angewandt

Vor wertlosen Nachahmungen wird gewarnt

Lederschwärzefabrik

H. W. & W. F. Duncker, Hamburg

Chemische Fabrik Haltingen

Haltingen (Baden)

Chromesco in Pulver, basisch gestellter Chrom-Extrakt.

Tannesco in Pulver (Esco Extrakt), der bekannte synthetische Gerbstoff, für alle Ledersorten geeignet; kann allein oder auch in Kombinations-Gerbung verwendet werden.

Synthesco V, synthetischer Gerbstoff, chromhaltig, der Spezialgerbstoff für Lackleder.

Esco-Beize und **Naipin,** altbekannte, überall aufs beste bewährte Beizmittel.

Graminon I und II. Das neue Schnelläscher-Verfahren.

Neutralisiersalz, in der Anwendung sicherer als Borax uud andere Alkalien.

Lederfettungsmittel, besondere Spezialitäten für feine Qualitätsleder, wie Ovinon CO, Ovinon NO, Ovinon SO, Merinol AF, Lacklederspezialfett.

Hämatine, Anilinfarbstoffe nach Musterkarte.

Vanadia-Entwickler gewährleisten gleichmäßigere und lichtechtere Färbung.

Escolorin, Aufhellungs- bzw. Bleichmittel für Sohl- und Vacheleder.

Eigene Versuchsgerberei

Techniker und erprobte Verfahren zu Diensten

M. KRAYN, Verlagsbuchhandlung für technische Literatur, **BERLIN W 10**

Rechen-Resultate. Tabellen zum Ablesen der Resultate von Multiplikationen und Divisionen bis 100 × 1000 = 100000 in Bruchteilen und ganzen Zahlen. Rechenhilfsmittel für alle Arten des Rechnens mit Zahlen jeder Größe, Radizieren (Wurzelsuchen) nach vereinfachtem Verfahren. Zum praktischen Gebrauch für Stückzahl-, Lohn- und Prozentberechnungen. Herausgegeben von **F. Triebel,** Revisor der Reichsdruckerei. Dritte Auflage. 296 Seiten. Gr.-Oktav. Preis M. 10.—

Der Rundfunk auf dem Lande und in Kleinstädten. Mit 34 Abbild. und 2 Vollbildern, von Dr. **Eugen Nesper.** Zweite Auflage. Preis M. 2.50

Das Zeppelinluftschiff seine Entwicklung, Tätigkeit und Leistungen. Von **Franz Kollmann.** Mit 69 Abbildungen. 89 Seiten. Preis brosch. M. 8.—, geb. 10.—

Das neue russische Patentgesetz. Der gewerbliche Rechtsschutz in Rußland unter besonderer Berücksichtigung des Rechtes der Ausländer. Vollständiger Text der Gesetze mit ausführlichem Kommentar. Von Prof. **I. J. Heifetz,** Patent- u. Rechtsanwalt in Leningrad. Übersetzt von Rechtsanwalt Dr. Hellmut Rost, Berlin. Mit einem Vorwort von L. Martens, Vorsitzenden des russ. Patentamts. 116 Seiten. Preis brosch. M. 4.—, geb. M. 5.—

Gerbereimaschinenfabrik

Knappschneider & Waltz
A.-G.
Kirchheim-Teck

liefert als ausschließliche Spezialität
sämtliche modernen Maschinen
für die Gerberei und Zurichterei

Sämtliche Maschinen und Einrichtungen für
Gerbereien u. Lederfabriken
in modernster Ausführung

Größte
Leistungsfähigkeit
infolge
modernster Werkstatteinrichtungen und
Serienherstellung

Man verlange
Vorratslisten,
Angebote und
Ingenieur-Besuche

KLÖCKNER-WERKE A.-G. Abt. MANNSTAEDT-WERKE
TROISDORF b. Köln · Abt. Lederbearbeitungs-Maschinen

M. KRAYN, Verlagsbuchhandlung für technische Literatur, **BERLIN W10**

Die Essigsäure ihre Gewinnung und wirtschaftliche Bedeutung von **Viktoria Kessler.** 117 Seiten. Preis M. 2.50

Ausgewählte Vorträge und Schriften. Von **Adolf Frank** über Kalisalze, Kalistickstoff, Moorkultur und Torfverwertung, Zellstoffgewinnung, Mosaikindustrie usw. Herausgegeben und eingeleitet von Professor Dr. **H. Großmann.** Mit 14 Figuren im Text. 291 Seiten.
Preis broschiert M. 8.—, gebunden M. 10.—

Technische Maßnahmen, um den Rückstau des Hochwassers für Wasserkraftanlagen unschädlich zu machen. Vortrag, gehalten in der Turbinentechnischen Gesellschaft zu Berlin am 13. März 1909 von **Danckwerts,** Geheimer Baurat und Professor für Wasserbau an der technischen Hochschule Hannover. — Sonderabdruck aus der Zeitschrift „Die Turbine". V. Jahrgang. Heft XII und XIII. Mit 27 Abbildungen. 30 Seiten. Preis M. —.50

Chemie. Die Chemie in Industrie, Handwerk und Gewerbe. Ein Lehrbuch zum Gebrauch an technischen und gewerblichen Schulen, sowie zum Selbstunterricht von **Joseph Spennrath,** weil. Direktor der gewerblichen Schulen der Stadt Aachen. Fünfte vermehrte und verbesserte Auflage, bearbeitet von Jos. Niessen, Seminarlehrer u. Dr. L. Sender, Chemiker. 260 Seiten. Preis brosch. M. 3.50, kart. M. 5.—

Der praktische Maschinenwärter. Anleitung für Maschinisten und Heizer sowie zum Unterricht in techn. Schulen. Von **Paul Brauser** und **Joseph Spennrath.** Achte Auflage. Mit 45 Abbildungen. 114 Seiten. Klein-Oktav. Preis broschiert M. 1.—

Der praktische Heizer und Kesselwärter. Anleitung für Heizer und Machinisten sowie zum Unterricht in techn. Schulen. Von **Paul Brauser** und **Joseph Spennrath.** Zwölfte vermehrte und verbesserte Auflage. Mit 82 Abbildungen. 160 Seiten. Klein-Oktav. Preis broschiert M. 1.50

Die Wasserkräfte in der Natur. Eine gemeinverständliche Darstellung der Entstehung der Wasserkräfte, ihres Ausbaues und ihrer wirtschaftlichen Ausnutzung von **Leo Galland,** Baurat und Zivilingenieur in Berlin. Mit 90 Abbildungen und Zeichnungen. 112 Seiten.
Preis gebunden M. 5.—

Grundlagen der Elektrotechnik von **Joseph Spennrath.** Dritte neubearbeitete Auflage von O. Kirstein, berat. Ing.

I. Teil: Einführung in die Grundlagen der Elektrotechnik mit 135 Abbildungen im Text. 123 Seiten.

II. Teil: Einführung in den Bau und die Wirkungsweise der elektrischen Maschinen mit 132 Abbildungen im Text. 121 Seiten. Preis broschiert je M. 2.50

III. Teil: Herstellung und Wartung elektrischer Anlagen von O. Kirstein, berat. Ing. Mit 99 Abbildungen und vielen Tabellen. 175 Seiten. Preis broschiert M. 3.—

www.ingramcontent.com/pod-product-compliance
Lightning Source LLC
LaVergne TN
LVHW060627300926
849162LV00008B/1731